일반기계공학

GENERAL MECHANICAL ENGINEERING

구민사

머 리 말

현대의 자동차산업은 기계공업을 기반으로 전기·전자·화학·공업 등이 총 망라된 종합 기계 산업이다. 국내외적으로도 자동차 산업은 규모 면에서도 가장 왕성한 성장을 하는 유망 산업이며, 소재 및 기술의 개발과 적용 속도가 매우 빠른 분야 중 하나이다. 그래서 본 필자는 다년간 교단에서 학생들과 자격시험에 응시하려는 수험생들과 면담을 하면서 이들의 애로점을 감안하여 다음과 같은 점에 중점을 두고 일반기계공학을 출간하기로 결심하였다.

1. 짧은 시간 내에 관련 지식을 숙지할 수 있도록 각 장마다 요점정리를 하였다.
2. 각 장마다 이해를 돕기 위하여 출제 예상문제를 수록하였다.
3. 출제 예상문제는 한국산업인력관리공단에서 출제되었던 문제들을 엄선하여 철저히 분석 · 정리 및 해설을 실었다.

문제의 선정과 해설 그리고 편집과정에서 세심한 정성을 기울였으나 본의 아니게 간혹 오류가 있으면 아낌없는 지도 편달을 바라며, 또한 새로운 출제문제가 나오면 계속하여 수정 · 보완할 것을 약속한다.

이 책의 출판을 위해 적극적으로 도움주신 도서출판 구민사 조규백 대표님과 직원 여러분께 깊은 감사를 드립니다.

저자 일동

| CONTENTS |

차 례

CHAPTER 01
기계 재료

CHAPTER 02
기계공작법

CHAPTER 03
측정기기

CHAPTER 04
재료역학

CHAPTER 05
기계요소

CHAPTER 06
재료시험

CHAPTER 07
유 · 공압기계

CHAPTER 00

부 록(과년도 출제문제)

CHAPTER 01 기계재료

산업 전반에 사용되는 기계는 여러 가지 재료로 구성되어 있으며, 기계를 구성하는 기계요소에 사용하는 재료를 기계재료(materials of machine)라 한다.

- 기계 재료
  - 금속 재료
    - 철금속 재료
      - 순철
      - 강
        - 탄소강
        - 특수강
      - 주철
        - 백주철
        - 회주철
        - 특수주철, 합금주철
    - 비철금속재료
      - 구리계
        - 구리(동)
        - 황동, 청동
      - 니켈, 니켈 합금계
      - 경합금 : Al, Mg, Ti와 그 합금
      - Ni, Co 및 고용점 합금
      - 아연, 납, 주석 및 그 합금
      - 귀금속, 희유금속 및 저용점 합금
  - 비금속재료
    - 시멘트, 내화재료, 보온재료, 연삭재료, 패킹재료
    - 벨트 및 고무, 합성수지, 유리
    - 윤활유, 절삭유, 페인트

기계재료는 기계의 운전조건에 충분히 견디고 오랫동안 사용하여도 파손되거나 변형되지 않는 강도·내구성 및 기능이 요구되며, 또한 재료의 가공성과 경제성을 고려하여 사용 목적에 적합한 재료를 선정하여 사용하여야 한다. 기계재료는 금속재료와 비금속재료로 크게 나누며, 금속재료는 철 금속재료와 비철금속 재료로 구분한다.

1. 금속재료의 특성

금속의 종류는 매우 많으며, 원자번호 93번 이상의 원소는 모두 인공적으로 만들어진 원소이다. 이것들을 제외하고 자연에 존재하는 92종의 원소 중에서 금속원소는 68종, 아금속 원소는 7종, 그리고 비금속 원소는 17종이므로 대부분이 금속원소라 할 수 있다.

금속의 용융점은 상온에서 액체상태를 지니는 수은(Hg)이 −38.4℃로 가장 낮고, 가장 높은 것은 텅스텐(W)으로 3410℃에 이른다. 또 금속의 비중은 물보다 가벼운 리튬(Li)이 0.53으로 최소이고, 이리듐(Ir)이 22.5로 가장 크다.

일반적으로 용융점이 높은 금속은 비중도 큰 편이다. 따라서 열에 잘 견딜 수 있을 뿐만 아니라 가벼운 2가지 특성을 동시에 구비하는 금속재료를 얻기란 매우 어렵다. 금속이 일반적으로 지니는 특성은 다음과 같다.

1.1. 금속의 특징

① 수은(Hg) 이외는 상온에서 고체이며, 고체상태에서 결정조직을 갖는다.

② 전성(展性, malleability)과 연성(延性, ductility)이 풍부하여 소성변형이 쉽다.

③ 전기와 열의 양도체이다(열전도율이 크다).

④ 불투명하며, 금속 특유의 광택이 있고 불투명하다.

⑤ 일부 금속(칼륨, 리튬, 나트륨 등의 비중은 1 이하)을 제외하고는 비중이 비교적 크다.

㉮ 경금속 : 비중 4.5 이하인 알루미늄(Al), 마그네슘(Mg), 티탄(Ti), 베릴륨(Be), 칼슘(Ca) 등의 금속이 여기에 해당한다.

㉯ 중금속 : 비중 4.5 이상인 철(Fe), 구리(Cu), 코발트(Co), 몰리브덴(Mo), 카드뮴(Cd), 비스머드(Bi), 아연(Zn), 니켈(Ni), 세륨(Ce), 크롬(Cr) 등이 여기에 해당한다.

⑥ 강도와 경도가 비교적 높다.

⑦ 산화물이 염기성(鹽基性)이다. ― 공기 속에서 산소와 화학변화를 일으켜 소금과 물이 발생한다.

이와 같이 금속은 여러 가지 우수한 성질을 지니고 있으므로 기계재료의 대부분을 차지하고 있다. 득히 철(Fe)은 다른 금속에 비해 자원이 풍부하고 강도가 크며 가격이 비교적 싸기 때문에 가장 널리 사용되고 있다. 금속재료 가운데 단일 금속(원소)으로 사용되는 것은 구리, 알루미늄, 주석, 납, 아연 등이며, 그 밖의 대부분은 합금(合金, alloy)으로 사용된다.

합금은 한 종류의 금속에 다른 종류의 금속 또는 비금속(C, P, S, Si 등)을 배합한 것이며, 그 주성분 원소에 따라, 2성분으로 된 것을 2원(元)합금, 3성분으로 된 것을 3원 합금이라 한다. 합금은 성분원소의 종류와 배합 비율에 따라 주성분만의 단일 금속에서는 얻을 수 없는 우수한 성질을 지니므로 단일 금속으로 사용하는 경우는 드물다.

1.2. 금속의 기계적 성질

[1] 강도(strength)

강도란 외력(外力)에 저항하는 세기의 정도로 압축, 굽힘, 인장, 충격, 비틀림, 피로강도 등이 있다. 단위는 면적당 하중(kg_f/cm^2, N/m^2)이다.

[2] 경도(hardness)

경도란 금속 표면이 외부에서 가해지는 힘에 저항하는 성질을 말한다. 재료의 경도를 나타내는 방법에는 브리넬 경도(H_{ro}), 비커스 경도(H_v), 로크웰 경도(H_R) 등 여러 가지 경도계가 있으며 각각 독자적인 경도번호(硬度 番號)를 갖고 있다.

[3] 인성(toughness)

인성이란 파괴에 대한 재료의 저항력으로 질긴 성질, 즉 연성과 강도가 큰 성질을 말한다.

[4] 탄성(elasticity)

탄성이란 외력을 가했을 때는 변형이 되나 외력을 제거하면 원래의 상태로 되돌아오는 성질을 말한다.

[5] 소성(plasticity)

소성이란 외력을 가했다가 가해진 외력을 제거하여도 발생된 변형이 회복되지 않고 영구변형의 상태로 남아있는 성질이다.

[6] 피로(fatigue)

피로란 재료의 강도보다 작은 외력이 반복하여 작용되면 파괴되는 성질을 말한다.

[7] 연성(ductility)

연성이란 철사 등을 당길 때 가늘고 길게 늘어나는 성질을 말한다.

[8] 전성(malleability)

전성이란 압축하여 눌렀을 때 넓게 퍼지며 늘어나는 성질을 말한다.

[9] 가단성(forge ability)

가단성이란 압연, 인발, 단조 등에 의해 변형을 시킬 수 있는 성질을 말한다.

[10] 주조성(cast ability)

주조성이란 주물로 만들 수 있는 성질을 말한다.

[11] 취성(여림 : brittleness)

취성이란 주철과 같이 외력을 가했을 때 부서지고 깨지는 여린(메짐) 성질을 말한다.

[12] 가공경화(work hardening)

가공경화란 냉간가공을 할 때 강도 및 경도가 증가하는 성질을 말한다.

[13] 크리프(creep)

크리프란 재료가 고온에서 장시간 노출되어 기간이 경과함에 따라 그 변형이 증가하는 현상이다.

[14] 항복점(yield point)

항복점이란 탄성한계 이상의 하중의 증가 없이 연신율은 변화하는데 이 항복현상이 일어나는 점을 말한다.

알아두기

연성과 전성을 순서

- 연성 : 금(Au) > 은(Ag) > 알루미늄(Al) > 백금(Pt) > 납(Pb) > 아연(Zn) > 철(Fe) > 니켈(Ni)
- 전성 : 금(Au) > 은(Ag) > 백금(Pt) > 알루미늄(Al) > 철(Fe) > 니켈(Ni) > 구리(Cu) > 아연(Zn)

1.3. 금속의 물리적 성질

1.3.1. 비중(specific gravity)

4℃의 물 1cc의 무게와 동일 체적의 다른 물질의 무게와의 비율을 말한다. 비중이 가장 작은 금속은 리튬(Li : 0.53)이며, 가장 큰 것은 이리듐(Ir : 22.5)이다. 금속재료의 비중은 같은 금속이라도 온도, 가공방법, 순도에 따라 약간 다르다. 일반적으로 단조, 압연, 인발 등으로 가공한 것은 주조한 것보다 비중이 크다.

1. 3. 2. 열전도율(thermal conductivity)

물체 내에서 서로 온도의 차이가 있으면 열은 높은 부분에서 낮은 부분으로 전달되는데 이것을 열전도라 한다. 열전도율은 물체 내에서 1cm 떨어진 두 점사이의 온도 차이가 1℃일 때, 단면적 $1cm^2$에 대해 1초 동안에 전달되는 열량을 말한다. 금속의 열전도율은 순도가 높으면 좋고 불순물을 함유하고 있으면 나빠진다. 따라서 합금의 열전도율은 일반적으로 좋지 않다.

알아두기

열전도가 큰 순서

은(Ag) > 구리(Cu) > 금(Au) > 알루미늄(Al) > 니켈(Ni) > 철(Fe)

1. 3. 3. 용융점(fusion point)

금속에 열을 가할 때 고체의 금속이 액체로 변할 때의 최저온도를 말한다. 용융점이 가장 높은 금속은 텅스텐(W : 3400℃), 가장 낮은 것은 수은(Hg : —38.8℃)이다.

1. 3. 4. 자성(magnetism)

금속을 자석의 극에 가까이 했을 때 금속에 자석의 극과 반대의 극이 발생하여 서로 끌어당기는 것을 상자성체(常磁性體)라 하고, 그 작용이 특히 강한 것을 강자성체(强磁性體)라 한다. 또한 같은 극이 생겨 서로 반발하는 것을 반자성체(反磁性體)라 한다.

① 상자성체에 속하는 금속 : 알루미늄(Al), 크롬(Cr), 망간(Mn), 백금(Pt) 등이 있다.

② 강자성체에 속하는 금속 : 철(Fe), 코발트(Co), 니켈(Ni) 등이 있다.

③ 반자성체에 속하는 금속 : 구리(Cu), 은(Ag), 수은(Hg), 금(Au), 안티몬(Sb), 비스머드(Bi) 등이 있다.

1. 3. 5. 선팽창계수(coefficient of liner expansion)

금속에 열을 가할 때 온도 1℃ 올라감에 따라 단위 길이에 대하여 늘어난 비율을 의미한다. 금속가운데 선팽창율이 가장 큰 것은 아연(Zn)이며, 그 다음이 납(Pb), 마그네슘(Mg) 등이며, 텅스텐(W), 몰리브덴(Mo) 등이 가장 적다.

주석(Sn) 등 2~3가지 금속 이외에는 용융점이 낮은 금속일수록 팽창이 크며, 일반적으로 용융점(鎔融點)의 순서와 선팽창율의 순서는 대부분 일치한다.

1.3.6. 비열(specific heat)

비열이란 어느 금속 1g를 1℃ 높이는데 필요한 열량을 말한다. 일반적으로 금속의 비열은 작으나 마그네슘(Mg), 알루미늄(Al) 등은 비열이 크다. 단위는 kcal/kg_f, deg이다.

1.4. 금속의 화학적 성질

금속의 화학적 성질에는 내열성(耐熱性)과 내부식성(耐腐蝕性)이 있다. 대기(大氣) 중에 철이나 강을 방치해 두면 녹이 슬고, 구리나 구리합금은 녹청(綠靑)이 발생하며, 또한 철과 강을 공기 속에서 가열하면 검은 녹이 생긴다.

이와 같이 금속 표면이 화학적 또는 전기 화학적작용을 받아 비금속적인 물질이 발생하면서 점차 침식 소모되는 현상을 부식(corrosion)이라 한다. 금속의 부식은 상온 또는 높은 온도에서 발생하는 산화(酸化), 질화(窒化), 황화(黃化) 등과 같이 수분이 없는 건조한 상태에서 직접 접촉하여 발생하는 화학적 부식과 금속과 물 또는 전해질(電解質)과 접촉으로 발생하는 전기 화학적 부식 등 2가지로 나눌 수 있다.

금속의 부식에는 그 전체 면에 걸쳐서 발생하는 전면부식과 일부분에서 발생하는 부분부식이 있다. 부분적으로 발생한 녹은 습기로 인하여 더욱더 부식된다. 그리고 이것이 금속의 내부로 깊이 들어가면 점식(點食, pitting)이 된다. 부식은 금속의 종류에 따라 다르고 산, 알칼리, 염분(鹽分) 등의 종류, 농도, 온도 그 밖의 상태에 따라서 내부식성이 다르다.

금속은 고온으로 가열하면 산소에 의해 화학적 부식을 일으켜 산화하여 그 표면에 산화물이 발생한다. 금속의 산화는 온도가 높을수록 빠르고, 또한 산소가 금속 내부로 확산하는 속도가 빠를수록 빨리 진행된다.

1.5. 금속의 응고

용융(熔融)한 금속은 무질서한 운동을 활발하게 하다가 온도가 점차 내려감에 따라 원자의 운동이 둔해지고 응고점에 도달하면 원자는 입체적으로 규칙적인 배열을 한다. 이 규칙적으로 배열한 것을 결정이라 한다.

응고한 금속을 잘 연마하여 그 연마 면을 약 액으로 부식시켜 금속 현미경으로 보면 그물 모양의 가는 선으로 둘러 싼 불규칙한 다변형(多邊形) 결정체가 많이 집합되어 있는 것을 볼 수 있다. 이 그물 모양의 결정체의 경계를 결정 경계(grain boundary)라 하고, 이 다면체(多面體)를 결정입자(crystal grain)이라 한다. 금속이 응고점에 도달하면 융액(融液) 속에는 결정의 핵심이 되는 작은 핵(nucleus)이 여기저기에서 발생하여 이 핵을 중심으로 원자가 규칙적인 일정한 방향으로 발달하는데 이것을 결정의 성장이라 한다.

결정이 성장하면 융액은 감소하고 이웃 핵에서 성장한 결정과 접촉하게 되면 성장은 멈춘다. 결정의 성장과정은 줄기에서 많은 가지가 나오고, 그 가지에서 더 작은 가지가 나오는 것처럼 발달한다. 이와 같은 결정을 수지상 결정(樹枝狀 結晶, dendrite)이라 한다. 결정입자의 형상은 핵의 발생 수, 핵 간격, 핵의 축방향 등에 따라서 다르며 크기도 다르다. 순수한 금속의 응고 온도(응고점)는 융액이 모두 응고할 때까지 상당한 시간이 걸리지만 온도는 변화하지 않고 일정하다.

그러나 금속에 불순물이나 다른 금속이 섞이면 응고하기 시작한 온도와 끝나는 온도에는 차이가 있다. 합금이 응고할 때에는 처음에 응고한 부분과 나중에 응고한 비분의 합금비율이 다르고 성분이 변화한다. 최후에 응고하는 부분에는 불순물이 모이며, 이 현상을 편석(偏析, segregation)이라 한다.

2. 금속의 합금

한 종류의 금속에 다른 종류의 금속이나 비금속(C, P, S, Si 등)을 고온에서 용융시켜 혼합하여 만드는 것을 합금이라 하며, 순수한 금속성분으로는 얻을 수 없는 각종의 우수한 기계적, 물리적 성질을 얻을 수 있으며 다음과 같은 특징이 있다.

① 인장강도와 경도는 증가하고, 전성·연성 및 연신율이 감소한다.

② 담금질 효과가 커진다.

③ 내열성과 내 산성이 커진다.

④ 용해점이 낮아지므로 주조성이 좋아진다.

⑤ 전기저항이 증가하고, 열전도율이 낮아진다.

⑥ 색깔이 아름답다.

⑦ 가단성이 나빠진다.

그리고 합금의 성분원소에는 고용체, 금속사이의 화합물, 공정 및 공석정 등의 4가지 싱태로 존재힌다.

2.1. 고용체(solid solution)

하나의 금속 속에 다른 금속 또는 비금속이 들어가 서로 융합하여 어느 부분이고 균일한 고체상태로 된 것을 고용체라 한다. 즉, 용매(溶媒)금속의 결정 속에 용질(溶質)금속의 원자 또는 분자가 들어가 서로 용해되어 2종류 또는 그 이상의 성분이 마치 한가지 성분처럼 된 것이다. 또한 용매란 액체에 어느 물질을 녹여 용액으로 만들 때 그 액체를 말하며, 용질이란 액체에 용해되어 있는 물질을 말한다.

2.2. 금속사이의 화합물(inter metallic compound)

합금에서 결합력이 큰 성분 금속이 간단한 비율로 화학적으로 결합하여 원래의 성분금속과 다른 새로운 성질의 화합물을 만든 것을 금속사이의 화합물이라 한다. 금속사이의 화합물은 일정한 온도범위에서는 안정되어도 그 밖의 온도에서는 분해하는 경우가 많으며, 대부분 고체상태에서만 안정되고 용액상태에서는 분해된다.

또한 다른 성분 금속과 고용체를 만들기 쉬우며, 이렇게 된 고용체는 원래의 고용체와 구별하기 어렵다.

2.3. 공정(eutectic)

성분 금속이 융합되어 있는 하나의 융액(融液)에서 일정한 온도(공정온도)에 도달하면 2가지 고체가 일정한 비율로 동시에 정출하여 발생한 혼합물을 공정이라 한다. 정출(晶出, ctystallization)이란 액체에서 고체가 발생하는 것을 말한다.

공정의 조직은 매우 미세한 조각이 층상(層狀)으로 혼합되어 있거나 또한 한쪽 입상(粒狀)으로 되어 다른 결정사이에 산재되어 있다. 공정은 그 성분 금속의 각가지 비율로 된 모든 합금 가운데 용융점이 가장 낮다.

2.4. 공석정(eutectiod)

공정은 하나의 액체에서 동시에 2가지의 고체가 발생하는 것이나, 하나의 고체에서 일정한 온도(공정온도)로 되었을 때 2가지 고체가 일정한 비율로 동시에 석출하여 발생한 혼합물을 공석정이라 한다. 공석정 조직은 주로 층상이다. 또한 석출(析出, precipitation)이란 어느 고체에서 새로운 고체가 발생하는 것을 말한다.

합금이란 위에서 설명한 고용체, 금속사이의 화합물, 공정 및 공석정 등의 결정의 1가지 또는 몇 가지가 혼합되어 있으며, 공정이나 공석정 속의 하나하나의 결정은 고용체이거나 금속사이의 화합물이다.

2.5. 금속의 재결정

상온에서 가공하여 변형된 금속이나 합금의 결정입자를 적당한 온도로 가열하면 변형된 큰 결정입자가 파괴되어 점차 다각형 결정체로 변화한다. 이것을 금속의 재결정(recrystallization)이라 하고, 재결정이 시작되는 최저 온도를 재결정 온도라 한다.

변형된 결정입자가 완전한 재결정 조직으로 되려면 특정 온도에서 일정한 시간을 지속하여야 한다. 금속이나 합금의 재결정 온도는 그 종류에 따라서 다르고 가공정도의 크기나 가열시간에 따라서도 변화한다. 가공정도가 클수록 재결정 온도는 낮고, 가공시간이 길수록 재결정 온도는 낮다.

합금의 재결정은 성분 금속의 재결정 온도보다 높은 온도에서 일어난다. 재결정에 의해 결정조직이 회복되면 금속의 성질이 가공 전의 성질로 되돌아간다. 재결정으로 발생한 새로운 결정입자는 온도의 상승과 시간이 경과함에 따라 큰 결정입자가 작은 것을 흡수하여 점차 커져 굵은 입자가 되는데 이 현상을 재결정 입자의 성장이라 한다. 재결정 온도 이하의 온도에서 가공하는 것을 냉간가공(cold working)이라 하고, 냉간가공으로 인하여 결정입자는 변형되어 금속이나 합금은 단단해지는데 이것을 가공경화(加工硬化)라 한다.

이와 같이 경화된 것을 가열하여 재결정 온도에 도달하면 재결정이 생겨 원래의 무른 성질이 되는데 이것을 연화(軟化)라 한다. 또한 가공경화한 재료를 연화할 목적으로 가열하는 조작을 풀림(annealing)이라 한다. 가공온도가 재결정 온도 이상이면 가공 중에 재결정이 일어나 풀림 작용에 의해 재료가 경화되지 못한다.

이와 같은 온도에서 가공하는 것을 열간가공(hot working)이라 한다. 따라서 재료가 다르면 같은 온도에서 가공을 하여도 각 재료의 재결정 온도가 다르므로 냉간가공인 경우도 있고 열간가공인 경우도 있다.

[금속의 재결정 온도]

금 속	재결정온도(℃)	금 속	재결정온도(℃)	금 속	재결정온도(℃)
텅스텐	1200	금	200	마그네슘	150
니켈	600	은	200	아연	5~25
철	450	구리	200	납	-3
백금	450	알루미늄	150	주석	7~25

3. 금속의 조직과 변태

3.1. 금속의 조직

금속의 원자가 규칙 있게 배열된 상태를 결정체라 하며, 그 1개의 결정체를 결정입자라고 한다. 그리고 1개의 결정격자를 X선으로 보면 원자들이 규칙적으로 배열되어 있는데 이것을 결정격자라고 한다. 결정격자에는 체심 입방격자, 면심 입방격자, 조밀 육방격자 등이 있다.

3.1.1. 체심 입방격자(BCC : body centered cubic lattice)

입방체의 각 모서리와 입방체의 중심에 1개의 원자가 배열된 결정구조이며, 원자가 점유하고 있는 비율은 약 68%이고, 원자가 없는 빈 공간은 32%이다. 체심 입방격자는 입방체의 꼭지점에 $\frac{1}{8}$개 × 8 = 1개와 단위격자 중심에 원자 1개가 있다. 그러므로 단위격자에 속해 있는 원자 수는 2개이다.

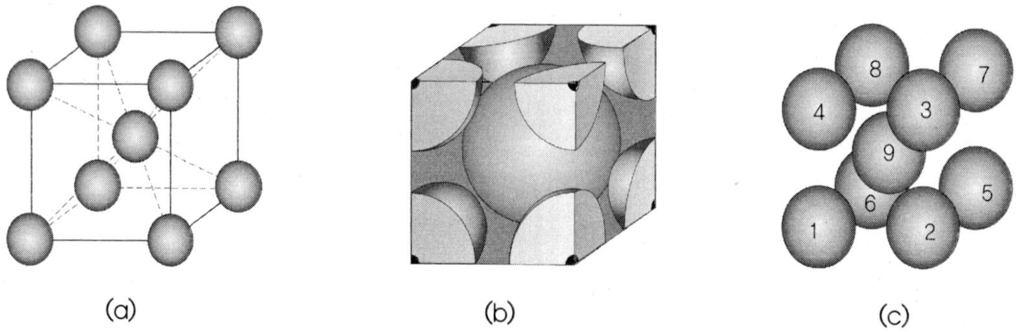

[그림 1] 체심 입방격자

또 원자사이에 서로 접촉하고 있는 원자를 최 근접원자, 그 중심사이의 거리를 근접원자사이 거리라 한다. 1개의 원자를 중심으로 생각할 때, 그 원자 주위에 있는 최 근접원자 수를 배위수(coordination number)라 한다. 체심입방격자에서 배위수는 8이다.

3.1.2. 면심 입방격자(FCC : face centered cubic lattice)

입방체의 각 모서리와 각 면의 중심에 1개씩의 원자가 배열된 결정구조이며, 원자 충전율은 약 74%이고, 원자가 없는 빈 공간은 26%이다. 면심 입방격자는 단위격자 안에는 4개의 원자를 가진다. 즉, 각 면의 중심에 $\frac{1}{2}$개 × 6면 = 3개와 입방체 각 8개 꼭지점에 $\frac{1}{8}$개 × 8= 1개 원자를 합하면 4개가 된다. 또, 면심 입방격자에서는 배위수가 12개이다.

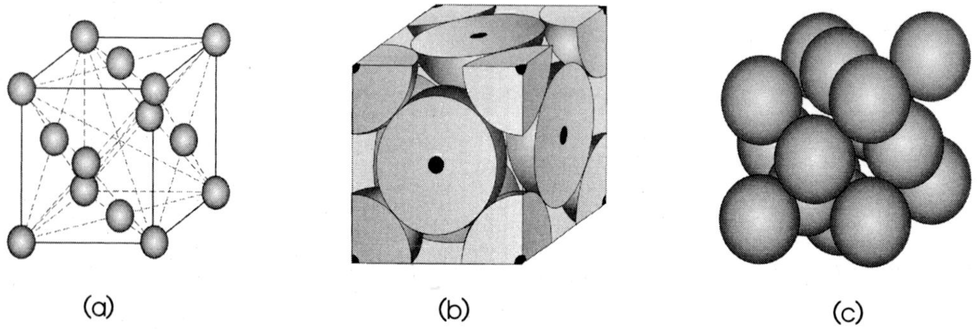

[그림 2] 면심 입방격자

3.1.3. 조밀 육방격자(HCP : hexagonal close packed lattice)

육각기둥 상하 면의 각 모서리와 그 중심에 한 개씩의 원자가 존재하고, 또한 육각기둥을 구성하는 6개의 삼각기둥 중에서 1개씩 띄워서 삼각기둥의 중심에 1개의 원자가 배열된 결정구조이다.

조밀 육방격자의 배위수는 12개이다. 일반적으로 면심 입방격자는 전성과 연성이 크기 때문에 금속을 가공하는데 좋으며, 체심 입방격자는 면심 입방격자보다 전성과 연성은 작으나 강한 성질을 지닌다. 또, 조밀 육방격자는 면심 입방격자와 체심 입방격자에 비해 취약하며 전성과 연성이 작다.

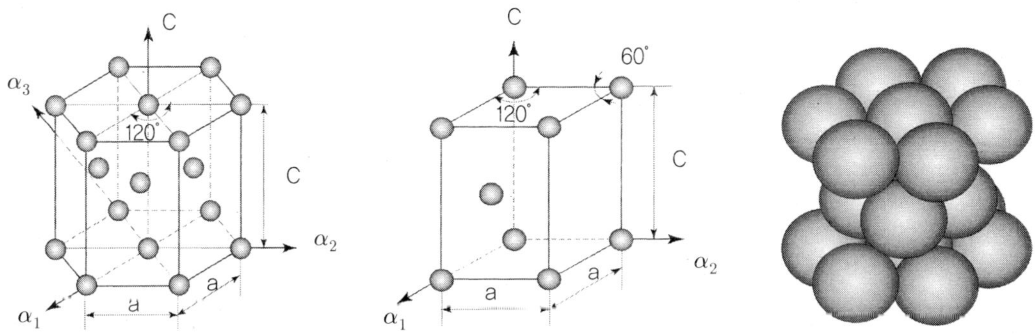

(a) (b) (c)

[그림 3] 조밀 육방격자

[중요 금속의 상온에서의 결정 구조]

결정 구조	금속의 예
체심 입방격자	바륨(Ba), 크롬(Cr), 철(Fe), 칼륨(K), 리튬(Li), 몰리브덴(Mo), 니오브(Nb), 루비듐(뀨), 탄탈(Ta), 바나듐(V)
면심 입방격자	은(Ag), 알루미늄(Al), 팔라듐(Pd), 백금(Pt), 로듐(Rh), 스트론튬(Sr), 토륨(Tb), 세륨(Ce)
조밀 육방격자	베릴륨(Be), 카드뮴(Cd), 코발트(Co), 하프늄(Hf), 마그네슘(Mg), 란탄(La), 티탄(Ti), 아연(Zn), 지르코늄(Zr)

3.2. 금속의 변태

3.2.1. 자기변태

자기변태는 원자의 배열에는 변화가 없으나 원자 자체의 내부에 변화가 일어나는 경우가 있다. 예를 들면 어느 자장(磁場)에 놓은 순철은 강자성이나 온도가 높아짐에 따라 서서히 자기(磁氣)의 강도가 약해지나 768℃ 부근에서는 급격히 자기(磁氣)의 크기에 변화를 일으켜 상자성으로 된다. 이와 같은 급격한 변태를 자기변태라 하고 이 변태온도를 큐리점(curie point)이라 한다.

3.2.2. 동소변태

금속은 온도변화에 따라 기체, 액체 및 고체상태 등의 3가지 상태가 있으며, 또한 동일한 금속의 고체상태에서도 결정의 원자배열이 다른 것이 있는데 이것을 동소(同素, allotropy)라 하고, 어느 온도를 경계로 하여 동소끼리의 변태를 말한다. 즉, 동소변태는 고체 내에서 결정격자의 형상 즉, 원자의 배열이 변화되는 것이다.

순철(pure iron)에는 α, γ, δ의 3개의 동소체가 있다. α철은 910℃ 이하에서는 체심입방격자, γ철은 910℃에서 1400℃사이에서 면심입방격자, δ철은 1400℃에서 1539℃사이에서는 체심입방격자이다.

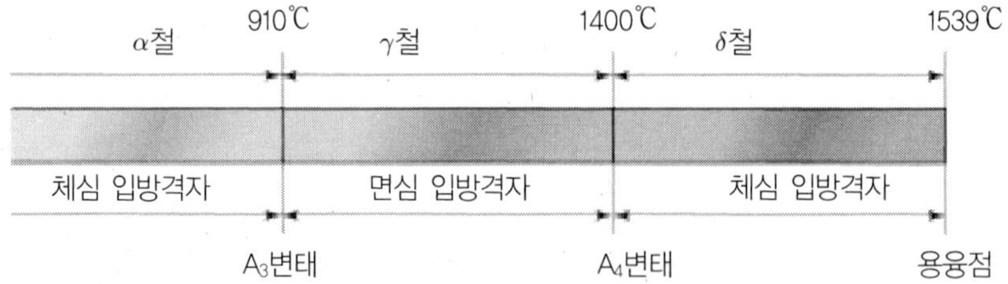

[그림 4] 순철의 동소변태

알아두기

순철의 변태점

- A_0 변태점 : 210℃
- A_1 변태점 : 723℃
- A_2 변태점(자기변태점) : 768℃
- A_3 변태점(동소변태점) : 910℃
- A_4 변태점 : 1400℃

4. 철과 강

철강재료는 기계재료 중에서 가장 널리 사용되고 있는데 이것은 철이 강(强)하고 가격이 싸며, 비교적 쉽게 생산을 할 수 있기 때문이다. 철과 강의 재료는 크게 나누어 주철과 강철로 사용되며, 주철은 녹여서 주형에 부어 주물로 사용되고, 강철은 압연 및 단조 등으로 소성 변형시켜서 사용한다.

금속재료로 가장 널리 쓰이고 있는 강(鋼)은 철(鐵)과 탄소의 합금(철합금)이며, 우리가 일반적으로 철이라 부르는 것은 순수한 원소를 가리키는 것이 아니고 금속원소(원자번호 26)로서의 철에 약간의 탄소가 함유된 것이며, 그밖에 작은 양의 규소(Si), 망간(Mn), 인(P), 황(S) 등이 함유되어 있다. 이 성분 원소 가운데 가장 중요한 것이 탄소(C)이며, 탄소의 함유량에 따라 그 성질이 현저하게 변화한다.

탄소 함유량이 2.0% 이상 6.67%까지의 것을 주철(cast iron)[실용상은 2.0~4.5% 범위]이라 하고, 2.0% 이하의 것을 강(steel)[실용상은 구조용 강이 0.05~0.6%, 공구강이 0.8~1.3% 범위]이라 한다. 탄소 이외에 니켈(Ni), 크롬(Cr) 등의 원소를 첨가한 것을 합금주철 또는 합금강이라 한다. 이것이 함유되지 아니한 것을 보통주철 또는 탄소강이라 한다.

4.1. 제철법과 제강법

4.1.1. 제철법

제철 원료로는 철광석으로 자철광, 적철광, 갈철광 등이 있으나 철분이 55~65% 이상이어야 제철 원료로 쓸 수 있다.

철광석은 용광로(鎔鑛爐 : blast furnace)에서 생산되며 불순물을 제거하는 용제(溶劑)에는 석회석을 이용되며, 열원(熱源) 및 환원제로 사용되는 코크스를 번갈아 용광로에 넣고 열풍(熱風)을 보내어 코크스를 연소시킨다. 이때 연소온도는 1600℃ 정도의 고온이 된다. 이 철광석을 용해·환원시켜 선철(2.5~4.5%C)을 생산한다.

선철은 경도가 높고 취약하기 때문에 파쇠와 함께 용선로에서 용해하여 주철로 만든다. 그리고 용광로의 크기는 24시간 동안 산출된 선철의 무게(ton)로 표시한다.

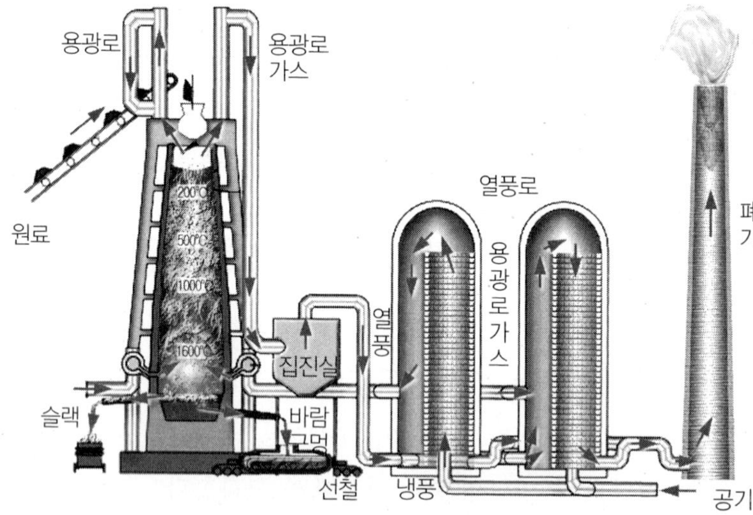

[그림 5] 용광로와 부속설비

4.1.2. 제강법

용광로에서 생산된 선철 중의 탄소와 불순물을 산화시켜 제거하여 탄소 함유량을 0.02~2.0%로 감소시켜 강을 제조하는 방법이다. 제강법에는 평로(open hearth) 제강법, 전로(converter) 제강법(산성 내화물을 사용하는 베세머법과 염기성 내화물을 이용하는 토마스법이 있다) 및 전기로 제강법 및 도가니로 제강법 등이 있다.

[1] 평로 제강법

가스 또는 중유를 원료로 하여 직사각형의 평로에 선철과 파쇠(스크랩)의 배합물을 넣어 예열된 가스(중유)와 공기를 보내어 용해시키므로 불순물을 제거하는 방법이며, 대량의 제강에 가장 적합하다. 평로의 크기는 1회 넣는 양으로 나타낸다.

(1) 산성법

노상(爐床)이 규석과 같은 산성 내화재료로 만들어진 것으로 인이나 황(S)의 성분이 적은 원료를 쓰며 제품도 비싸다.

(2) 염기성법

일반적으로 쓰이는 제강법으로 노(爐)상에 염기성 내화 재료인 소성 돌로마이트나 마그네시아를 쓴다. 선철과 파쇠의 배합물을 노 내에서 용해하고 망간 광석을 넣어 탄소(C), 규소(Si), 망간(Mn), 인(P) 등을 산화시키고 용제 및 합금철을 첨가하여 불순물의 함유량을 제거시켜 양질의 강을 제조한다.

[2] 전로 제강법

용선을 베세머 전로라 부르는 가경식(可傾式)의 전로에 넣고 노 밑에 뚫어 놓은 많고 작은 구멍을 통하여 1.5~2.0기압의 공기를 불어넣어 용선 중의 탄소(C) 및 황(S), 기타의 불순물을 산화 연소시켜 강철로 변화시킨다.

(1) 산성법

원료에는 인(P)의 함유량이 적은 베세머 선철을 쓰고 노안의 내화재료에는 규산질의 규석 벽돌을 사용한다.

(2) 염기성법

원료에는 인의 함유량이 많은 토머스 선철을 쓰며 노안의 내화 재료에는 염기성 내화 재료인 백운석을 구워서 만든 CaO나 MgO를 사용하고, 제강 중에는 인을 제거하기 위하여 석회를 가한다.

[3] 전기로 제강법

아크방식은 노 내에서 아크를 발생시키며, 저항방식은 노 내의 원료인 선철에 직접전류를 통하여 그 저항 열로서 정련한다. 전기로는 온도가 높고 성분의 조절이 자유로우며 높은 순도의 강을 얻을 수 있기 때문에 주로 내열강 및 기타 합금강 등의 제조에 사용된다.

[4] 도가니로 제강법

도가니에 제강의 원료인 선철을 넣고 뚜껑을 꼭 덮은 상태로 불꽃이 직접적으로 접촉되지 않고 녹이므로 공기나 가스가 닿지 않아 원료의 소모나 침투가 없는 관계로 좋은 질의 강을 제조할 수 있다.

4.2. 철강의 분류

금속재료 중 철과 강, 즉 철강은 다른 금속재료보다 강도 및 경도 · 연성 등의 기계적 성질이 우수하고 열처리 등에 의해 그 성질을 알맞게 변화시킬 수 있어 기계재료 중 가장 많이 사용되고 있다. 이러한 철강은 탄소(C)의 함유량에 따라 순철, 강, 주철로 구분한다.

구 분	순 철	강	주철(선철)
제조법	전기분해법으로 제조	제강로에서 제조	큐폴라에서 제조
탄소(C) 함유량	0~0.03%	0.03~2.0%	2.0~6.67%
열처리 경화성	담금질 효과가 작다.	담금질 효과가 크다.	담금질을 안한다.
가공성 및 용접성	연하고 우량하다.	용접이 가능하다.	용접성이 불량하다.
기계적 성질	연성이 크다.	강도 및 경도가 크다.	취성이 크다.

4.2.1. 순철

철 중에서 불순물이 거의 없는 탄소 함유량이 0.03%C 이내의 것을 순철이라 하나 실용상으로는 철의 순도가 99.98%인 전해철 또는 암코철을 순철이라 하며, 경도와 강도가 낮으나 연성이 풍부하므로 기계재료의 구조물로는 사용되지 않으나 전기재료로 많이 사용되고 있다.

4.2.2. 강

일반적으로 공업용 재료로 가장 널리 쓰이며 탄소량, 경도 등에 따라 여러 가지로 분류된다.

4.2.3. 주철

주철은 탄소를 2.0~6.67% 정도를 함유하고 있으므로 경도가 높고 메짐이 크기 때문에 그대로 가공을 할 수 없다. 따라서 이를 용해하여 여러 가지 물품을 주조하는데 쓰이고 있다. 일반적으로 주도 가능한 탄소량은 2.5~4.5% 정도이다.

4.3. 탄소강의 분류

철에 0.03~2.0%의 탄소(C)가 함유된 것을 탄소강 또는 강이라 한다. 단소강은 탄소 외에도 규소(Si), 망간(Mn), 인(P), 황(S) 등의 원소가 포함되며, 이들 원소의 영향으로 각각 특유한 성질을 나타낸다. 이 중에서 가장 큰 영향을 주는 원소는 탄소이다.

4.3.1. 탄소 함유량에 따른 분류

[1] 아 공석강(hypoeutectiod steel)

아 공석강은 0.85%C 이하인 페라이트와 펄라이트의 공석강이다. 이 경우 인장강도, 경도 항복점 등은 탄소 함유량에 따라서 증가한다.

[2] 공석강(eutectiod steel)

공석강은 0.85%C인 펄라이트 조직이다. 이것을 경계로 인장강도, 경도의 증가, 또 연신율, 단면 수축율, 충격값의 감소는 점차 완만해진다.

[3] 과 공석강(hypereutectiod steel)

과 공석강은 0.85%C 이상의 시멘타이트와 펄라이트의 공석강이다.

4.3.2. 제강방법에 따른 분류

정련 또는 용해가 완료된 용강(溶鋼)을 탈산제를 첨가하여 탈산한 다음 주형에 부어 응고시켜 강괴(鋼塊, steel ingot)로 만든다. 강괴는 탈산한 정도에 따라서 완전 탈산한 킬드강, 거의 완전 탈산한 세미킬드강, 가볍게 탈산한 림드강 등이 있다.

[1] 킬드강(killed steel)

킬드강은 페로실리콘 알루미늄(ferro silicon aluminum)을 탈산제로 사용하여 산소나 가스를 제거하고 진정시켜 주형에 조용히 부어 응고시킨 것으로 진정 강이라고도 부른다. 용강은 주형의 주위나 아래쪽에서 중앙 위쪽을 향하여 응고하며, 위쪽 중앙에 체적의 축소로 인한 깊은 수축관이 발생하고 그 부분에 불순물이 모인다. 이것을 제거하기 위해 전체 길이의 10~20%를 단련작업을 할 때 절단하므로 질이 좋은 강이 되고 재질도 균일하므로 모든 탄소강이나 합금강의 선삭 가공이나 열처리를 하는 강의 재료로 적합하다.

[2] 림드강(rimmed steel)

림드강은 평로나 전로에서 페로망간(ferro manganess)의 가벼운 탈산제로 불완전한 탈산을 하므로, 과잉의 산소와 탄소가 반응하여 가스가 발생한다. 주형에 주입한 후에도 불꽃이 발생하여 가스가 나오면서 끓어서 응고할 때 바깥쪽에 입상(粒狀) 결정이 생겨 그 두께가 50~70mm 정도의 선이 발생하고 내부에 많은 기포가 발생하여 질이 균일하지 않다.

그러나 수축관이 없고 기포는 열간 압연작업을 할 때 압착되므로 탄소가 0.3% 이하의 일반 저탄소강으로 압연한 채로 구조용으로 사용해도 좋으며, 생산비가 싸고 규소의 함유량이 적으므로 용이 쉽다.

[3] 세미킬드강(semi killed steel)

세미킬드강은 킬드강과 림드강의 중간에 속하며, 알루미늄을 탈산제로 사용하여 거의 탈산시킨 저탄소강이다. 킬드강보다 수축관을 짧게 하고 주위에 소수의 기포가 있다. 주로 저 탄소강으로 림드강에 킬드강의 특징을 첨가한 강의 재료이다.

알아두기

탈산과 탈산제

탈산이란 산화에 의해 피해를 제거하기 위하여 주조를 하기 전에 탈산제를 쇳물에 첨가하여 용입되어 있는 산소나 질소를 화합시켜 산화물나 슬래그(slag)로 만들어 제거하는 것이다. 탈산제는 철강에는 페로망간, 페로실리콘을 구리에는 인동, 페로망간 등을 사용한다.

4.3.3. 강의 취성(blue shortness)

[1] 청열 취성

강은 일반적으로 상온에서보다 온도가 상승하였을 때 연하고 끈기가 있으나 200~300℃로 가열되면 오히려 단단해지며 여리게 된다. 이 온도는 강이 청색으로 착색하는 온도에 해당하기 때문에 청열 취성이라 한다.

[2] 적열 취성

강을 900~1000℃의 적열상태(赤熱 常態)로 가열하면 여려지는 성질(깨지기 쉬운 성질)로서 황(S)의 함유량이 많은 강에서 나타난다.

[3] 상온 취성

인은 강의 결정입자를 조대 화시켜서 강을 여리게 만들며, 특히 상온 또는 그 이하의 저온에서 특별해 현저해지는데 이것을 상온 취성이라 한다.

[4] 고온 취성

강은 구리의 함유량이 0.2% 이상이 되면 고온에서 현저히 여리게 되어 고온 취성을 일으킨다.

[5] 냉간 취성

일반적으로 강의 충격값은 100℃ 부근에서 최대를 나타내며, 상온 이하에 있어서는 현저히 여려지게 된다. 이것을 냉간 취성이라 한다.

4.3.4. 탄소강의 조직

[1] 표준 조직

(1) 페라이트(ferrite)

페라이트는 탄소를 고용한 α고용체이며, 상온에서는 강자성체이나 768℃에서 자기변태를 일으킨다.

(2) 펄라이트(pearlite)

펄라이트는 페라이트와 시멘타이트(α고용체와 Fe_3C)의 공석정이다.

(3) 시멘타이트(cementite)

시멘타이트는 고용 한계 이상으로 탄소가 고용되면 탄소와 철이 화합하여 탄화철(Fe_3C)이 된다.

[탄소강의 조직과 결정구조]

기 호	명 칭	결정구조
α	α ferrite	B.C.C
γ	austenite	F.C.C
δ	δ ferrite	B.C.C
Fe_3C	cementite	금속간 화합물
α + Fe_3C	pearlite	α와 Fe_3C의 기계적 혼합물
γ + Fe_3C	ledeburite	γ와 Fe_3C의 기계적 혼합물

[탄소강 조직의 기계적 성질]

구 분	페라이트	펄라이트	시멘타이트
인장강도(kg/mm^2)	35	90	3.5
연신율(%)	40	10	0
브리넬 경도(HB)	80	200	800
결정구조	B.C.C	α와 Fe_3C의 혼합	금속간 화합물

[2] 담금질 조직

강은 담금질할 때의 냉각속도에 따라, 오스테나이트, 마르텐사이트, 트루스타이트, 솔바이트 등 4가지 조직이 발생한다.

(1) 오스테나이트(austenite)

오스테나이트는 γ철에 1.7% 이하의 탄소를 고용(금속의 결정격자사이에 다른 금속의 원자가 침투하는 현상)한 것이다. 일반적인 탄소강은 세게 담금질하여도 모두 이 조직만으로 될 수 없으나 고 탄소강을 매우 높은 온도에서 수중 급랭(水中 急冷)하며 마르텐사이트와 혼합하여 나타난다. 이것을 조금 가열하면 마르텐사이트 또는 트루스타이트로 변화한다.

그러나 탄소 니켈, 망간, 크롬 등을 많은 양으로 배합한 합금강은 그다지 급랭히지 않아도 모두를 쉽게 오스테나이트 조직으로 할 수 있다.

(2) 마르텐사이트(martensite)

마르텐사이트는 탄소강을 수중(水中)에서 급랭시켰을 때 금속의 중앙에 발생하는 조직이며, 경도가 매우 높다. 현미경으로는 침상(針狀)조직으로 보이나 결정구조는 α—마르텐사이트와 β—마르텐사이트가 있다.

강을 담금질할 때 발생한 것이 α—마르텐사이트이며, 이것은 비교적 불안정하고 100 ~150℃로 가열하면 수축하여 β—마르텐사이드가 된다. 그리고 강을 기름에 담금질하면 모두가 β—마르텐사이트로 된다.

(3) 트루스타이트(troostite)

트루스타이트는 기름이나 더운 물(溫湯)에서 급랭시켰을 때 금속의 중앙에 발생하며, α철과 시멘타이트가 혼재(婚材)된 조직이다. 이 조직은 마르텐사이트보다는 무르나 경도가 매우 크고, 여리지 않으며 Ar_1변태를 마친 것이다.

트루스타이트, 솔바이트, 펄라이트가 서로 다름 점은 시멘타이트의 응집(凝集)상태가 다르다. 가장 미세한 상태가 트루스타이트이고, 다음이 솔바이트이며 가장 거친 조직이 펄라이트이다. 트루스타이트는 500℃부근의 냉각이 빠르면 나타나지 않거나 적고, 속도가 느리면 그 양이 증가한다.

(4) 솔바이트(sorbite)

솔바이트는 큰 강 재료를 기름 속에서 담금질할 때 또는 작은 강편(鋼片)을 공기 중에서 냉각할 때 나타나며 α철과 미세한 시멘타이트의 기계적인 혼합조직이다. 또한 담금질한 강을 400℃ 이상의 A_1변태점까지 뜨임을 하여도 일어난다.

트루스타이트와 솔바이트는 뜨임 온도에 따라 시멘타이트 입자의 크기에 차이가 있으며, 뜨임온도가 높을수록 그 입자는 커진다. 솔바이트 조직은 트루스타이트보다 무르고, 강의 조직 중에서 인성이 가장 크다.

[3] 탄소강 중에 함유된 성분

(1) 황(S)

적열 취성을 가지고 있으므로 고온 가공성을 불량하게 한다. 또한 인장강도, 연신율, 압력값을 크게 저하시킨다. 그러나 망간이 첨가되면 황화망간이 되어 절삭성을 향상시킨다.

(2) 망간(Mn)

황과 결합하여 황의 피해를 방지하며, 강의 점성을 증대시키고 고온 가공을 쉽게 한다. 담금질성이 매우 좋아지고, 강도, 경도 인성을 증가시키나 연성은 약간 감소한다. 그리고 고온에서 결정이 거칠어지는 것을 감소시킨다.

(3) 규소(Si)

용융된 금속의 유동성을 향상시키며, 강의 경도, 탄성한계, 강도를 증가시키나 연신율이나 충격값은 감소한다. 그러나 입자의 크기를 증가시켜 가단성과 전성을 감소시킨다.

(4) 인(P)

편석을 일으키기 쉬워 가공할 때 균열이 일어나기 쉬우며, 냉간 취성이 있으며, 경도와 인장강도는 증가시키나 연성을 감소시킨다.

(5) 수소(H)

헤어 클랙(hair crack)의 원인이 된다.

4.3.5. 특수강(합금강)

철—탄소합금에 특수한 성질을 갖도록 하기 위하여 다른 원소를 1가지 또는 2가지 이상을 넣은 것이다. 특수강은 그 목적에 맞도록 니켈(Ni), 크롬(Cr), 망간(Mn), Si(규소), 텅스텐(W), 몰리브덴(Mo), 바나듐(V), Co(코발트), 알루미늄(Al), 티탄(Ti) 등의 특수 원소를 배합한 것이다.

[1] 구조용 합금강

(1) 강인강

강인강은 탄소강에서 얻을 수 없는 강성과 인성을 지니는 재료를 얻기 위해 탄소강에 Ni, Cr, W, Mn, Ti, Mo, Si 등을 첨가한 것이다. 이 중에는 합금된 상태 그대로 사용되는 경우도 있으나, 적당히 담금질, 뜨임 등의 열처리를 하여 그 성질을 개선하여 사용하는 것이 더 많다.

1) 니켈강(Ni steel)

강성 및 인성과 열처리성, 내마멸성, 내부식성을 향상시키기 위해 탄소강에 Ni를 첨가시킨 것이다. Ni강을 적정하게 열처리 해 주면 인성이 탄소강의 5~6배 정도 증가하고, 내부식성 및 내마멸성이 개선된다.

2) 크롬강(SCr : chrome steel)

일반적으로 2% 이하의 크롬을 첨가한 펄라이트 조직의 크롬강은 담금질성이 좋으며, 기계적 성질 중 경도, 인장강도, 항복점 등을 증가시키고, 내부식성과 내열성이 증가하지만 연신율과 충격값은 감소한다. 볼 베어링과 구름 베어링 등에서 사용된다.

3) 망간강(manganese steel)

망간강은 기계적 성질이 별로 좋지 못하며, 뜨임 취성을 일으키기 쉽다. 특징은 인장강도가 높은데 비해 연신율이 저하하지 않는다. 공업적으로 사용되는 것은 저 망간강(펄라이트계 : 탄소(C) 0.18% + 망간(Mn) 0.8~1.7%)과 고 망간강(오스테나이트계 : 고 탄소강에 10~15%의 망간 첨가)의 2가지가 있다.

① 저 망간강 : 일반적으로 사용되는 저 망간강은 C 0.2~0.3%, Mn 1.2~2.0%의 저 탄소 저 강간 강으로 듀콜(ducol)강이라 한다. 강하고 연신율이 좋다.

② 고 망간강 : Mn 10~14%, C 0.9~1.3%의 고 탄소, 고 망간강으로 하드필드(hard field)강 또는 상온에서 오스테나이트 조직을 지니고 있어 오스테나이트 망간강이라고도 한다. 완전한 오스테나이트 조직은 공랭에 의해서는 얻을 수 없기 때문에 1000~1100℃에서 수중 냉각하는 수인법을 사용한다. 이 강은 내마멸성과 내충격성이 우수하고, 특히 인성이 우수하다.

4) 니켈-크롬강(SNC : nickle-chrome steel)

구조용 강으로 널리 사용되는 것이며, 특징은 매우 강인하며, 탄성한도가 높고, 담금질성이 좋다. 구조용 탄소강에 비해 인장강도와 충격강도가 크다. 동력 전달용 축, 크랭크축, 기어, 커넥팅로드, 터빈의 베인 등에서 사용된다.

5) 니켈 - 크롬 - 몰리브덴강(SNCM : nickle - chrome molybdenum steel)

니켈-크롬강에 1% 이하의 몰리브덴(Mo)을 첨가한 것이며, 몰리브덴의 첨가로 기계적 성질이 증대되고, 담금질성도 양호하며, 내열성이 크다. 강인하며 탄성 한계가 크고, 질량효과가 우수하다. 크랭크축, 커넥팅로드, 기어, 기계부품 등으로 사용된다.

6) 크롬-몰리브덴강(SCM : chrome-molybudenum steel)

크롬-몰리브덴강의 특징은 고온가공이 쉽고, 가공결과가 깨끗하며, 용접성이 좋고, 얇은 판이나 파이프 가공이 가능하고, 내열성이 좋다. 크랭크축, 조향 너클, 볼트 및 기어 등에서 사용된다.

[2] 공구용 합금강

공구는 금속가공에서 절삭, 전단 등에 사용되는 칼 또는 계측에 사용하는 기구를 말한다. 공구재료로서 갖추어야 할 조건은 용도에 따라 다르나 대략 다음과 같다.

① 상온 및 고온에서 경도가 높아야 한다.

② 내마멸성 및 강인성이 커야 한다.

③ 열처리와 제작이 쉬워야 한다.

④ 가격이 싸야 한다.

따라서 각종 공구재료로서 사용되는 합금강은 탄소 공구강보다 경도, 강도, 인성, 내마멸성이 우수하여야 한다. 공구용 합금강은 높은 탄소 함유량 이외에 Cr, W, Ni, Mn 등의 1종 또는 그 이상이 첨가되며, 고급 합금강에서는 성질 개선을 위하여 Mo, V, Co 등이 더 첨가된다.

(1) 탄소 공구강(STC)

탄소 공구강은 고 탄소강(0.6～1.5%C)을 사용하며, 담금질성이 좋지 않으므로 담금질 균열이나 담금실 변형을 일으키기 쉬워 고온에서 경도와 충격력이 저하되며 절삭력도 불량하다.

(2) 합금 공구강(STS : alloy tool steel)

합금 공구강은 0.45～1.5%C에 담금질성과 내마모성을 증가할 목적으로 크롬(Cr)이나 텅스텐(W)를 첨가시킨 것이다.

1) 절삭용 합금 공구강

높은 경도와 절삭성을 증가시키기 위해 탄소 함유량을 높이고 Cr, W, V 등을 첨가한 것이다. Cr은 자경성을 지니며, 또 뜨임 저항성 있으므로 고온에서도 어느 정도의 경도를 유지한다. 크롬-텅스텐강이나 텅스텐강보다 매우 우수하다. 특히 W는 담금질 경도와 고온 경도를 높이고 내마멸성을 크게 증가시키나 자경성은 그다지 좋지 못하다. 그러나 크롬-텅스텐강은 이 2가지를 모두 갖추고 있다.

2) 내충격용 공구강

공구강에서 정이나 펀치류와 같이 충격을 받는 것은 어느 정도의 인성이 있어야 한다. 경도와 인성은 서로 상반되므로, 내충격용의 공구강은 탄소 함유량이 낮아야 한다.

3) 게이지용 강

게이지용 강은 정밀기계, 기구, 게이지 등에 사용되며 다음과 같은 성질을 지녀야 한다.

① HRC 55 이상의 경도를 가져야 한다.

② 담금질에 의하여 변형이나 담금질 균열이 없어야 한다.

③ 시간이 지남에 따라 치수 변화가 없어야 한다.

④ 팽창계수가 보통강보다 작아야 한다.

4) 열간 금형용 공구강

열간 전단 칼, 열간 압출 공구, 단조용 공구, 다이 캐스팅용 다이스 등 고온 상태에서 사용되는 공구류는 고온 강도가 높고 열변형에 강한 재료이어야 한다. 일반적으로 탄소의 양의 적게한 Cr, W, Mo 및 V계가 사용된다.

(3) 고속도강(SKH : high speed steel)

고속도강은 절삭 공구강의 일종이며, 500~600℃까지 가열하여도 뜨임에 의해서 연화되지 않고, 또 고온에서도 경도 감소가 적다. 이것의 기계적 성분은 탄소(C) 0.8~1.5%에 텅스텐(W) 18%, 크롬(Cr) 4%, 바나듐(V) 1%를 첨가한 것이 표준이다.

(4) 경질 공구용 합금

1) 스텔라이트(stellite)

경질 주조 합금 공구재료로서, 주조한 상태 그대로를 연삭하여 사용하는 비철 합금이다. 또, 열처리를 하지 않아도 충분한 경도를 지닌다.

코발트를 주성분으로 한 Co – Cr – W – C계의 이 합금은 단련이 불가능하므로 금형주조에 의해서 소정의 모양으로 만들어 사용한다. 상온에서는 담금질한 고속도강보다 다소 연하나, 600℃ 이상에서는 고속도강보다 단단하므로, 절삭능력이 고속도강의 1.5~2.0배 정도 크다.

스텔라이트는 코발트(Co) 40~60%, 크롬(Cr) 25~35%, 텅스텐(W) 12~20%, 탄소(C) 2.5~2.75%의 합금으로 항상 광택이 있는 은백색이다. 특징은 다음과 같다.

① 단조(鍛造)와 열처리가 불가능하다.

② 주조한 상태 그대로 연삭 다듬질한다.

③ 용도는 절삭공구, 내연기관의 밸브, 인발 다이스, 밀링 커터 등이다.

2) 초경합금(cemented carbide alloy)

초경합금의 성분은 대부분이 텅스텐(W) 85~95%이며, 여기에 탄소(C) 5~6%, 티타늄(Ti) 외에 코발트(Co) 4~6%를 결합제로 첨가하여 이들의 분말을 프레스로 성형한 후 고온에서 소결시킨 것이다. 초경합금의 상품명으로는 비디아. 탕갈로이, 카볼로이 등으로 불리며 특징은 다음과 같다.

① 열처리가 안 된다.

② 내마모성이 매우 크다.

③ 코발트(Co)가 많은 것은 강인해지나, 경도가 저하한다.

④ 소결합금이므로 여리고 압축력에는 강하지만 휨이나 인장력에는 약하다.

[3] 세라믹(ceramic)

세라믹은 알루미나(Al_2O_3)를 주성분으로 결합제를 사용하지 아니하고 소결시킨 공구이다.

[4] 내열강(heat resisting steel : HRSC, STR)

내열강은 500℃ 이상의 가혹한 조건에서도 잘 견디며, 내 산성, 내 부식성, 고온 강도가 높은 재료이며, 내 열강 주강품으로는 고 크롬계(HRSC 1~3), 고 크롬–니켈 계(STR 11~22)를, 내열강으로는 STR을 사용한다.

알아두기

서밋(cermet)

높은 용융점의 탄화 티타늄(TiC)을 주체로 하여 여기에 산화물, 질화물 등의 분말을 사용하며, 적당한 결합제를 넣어서 소결(燒結)시킨 것이다. 최고 사용온도가 1000℃ 이상이다.

[5] 스프링강(spring steel)

스프링강은 주로 규소(Si)—망간(Mn)강과 규소(Si)—크롬(Cr)강을 사용한다. 규소를 첨가시키면 항복점, 피로한계를 높일 수 있으나 탈탄(脫炭)이 용이하므로 저온 열처리를 하여 이를 방지한다. 또 고 탄소강에 크롬(Cr) 1%, 바나듐(V) 0.1～0.2%를 이용한 크롬(Cr)—바나듐(V)강은 성능이 우수한 스프링강으로 사용된다.

[6] 비자성강

비자성강이란 전기계기의 부품이나 나침반 케이스 등 맴돌이 전류의 발생을 방지하기 위해 만든 강이다. 대표적인 것으로는 25% 니켈(Ni)강, 니켈(Ni)—망간(Mn)강, 니켈(Ni)—크롬(Cr)—망간(Mn)강 등이 있다.

[7] 불변강

불변강은 철(Fe)에 니켈(Ni)을 첨가하면 열팽창계수가 매우 적어지며, 탄성계수가 온도에 대해 거의 변화가 없으며 열을 가하여도 거의 팽창하지 않는다. 종류에는 인바(invar), 초인바(super invar), 엘린바(elinvar), 플래티나이트(plati nite) 등이 있으며, 용도는 표준자, 시계부품, 각종 계기, 정밀기기의 부품 등이다.

(1) 인바

0.2% 이하의 탄소, 35～36% 니켈, 약 0.4%의 망간이 함유된 Fe합금이며, 200℃ 이하에서의 선팽창계수가 매우 작다. 20℃에서의 선팽창계수가 1.2×10^{-6} 정도로 탄소강의 12.0×10^{-6}에 비해 1/10밖에 되지 않아 줄자, 표준자, 시계추의 재료로 사용된다.

(2) 슈퍼 인바

30.5~32.5%, 니켈, 4.0~6.0% 코발트가 함유된 Fe합금이며 20℃에서의 선팽창계수가 0.1×10^{-6} 정도로 인바의 1/12밖에 되지 않으므로 정밀기계 부품의 재료로 사용된다.

(3) 엘린바

약 36% 니켈, 약 12% 크롬이 함유된 Fe합금이며, 온도 변화에 따른 탄성률의 변화가 거의 없다.

(4) 코엘린 바

0~16.5% 니켈, 10~11% 크롬, 26~58% 코발트가 함유된 것이며, 온도변화에 따른 탄성률이 매우 적고, 공기나 물속에서 부식되지 않는 특성을 지니고 있다.

[8] 쾌삭강(free cutting steel)

강에 특수원소를 첨가시켜 절삭할 때 피삭성을 향상시키고, 절삭 칩이 가늘어지도록 한 강이다. 종류에는 저 탄소강에 황(S)과 망간(Mn)을 첨가한 황 쾌삭강과 납(Pb)을 탄소강이나 합금강에 0.1~0.3% 첨가한 납 쾌삭강이 있다.

[9] 스테인리스 강(stainless steel : STS)

(1) 크롬계 스테인리스 강

크롬(Cr)을 12% 이상 함유한 것을 스테인리스강이라고 하며, 12% 이하인 것을 내식강이라 한다.

① 마르텐사이트계 : 13크롬강을 말하며, 12~18%의 크롬(Cr)을 함유하고 있으며, 고온으로부터 담금질하여 조직이 마르텐사이트가 되도록 한 것이다.

② 페라이트계 : 크롬(Cr)을 16~18% 정도 함유한 것이며, 열처리에 의한 재질 개선은 되지 않으나 용접이 가능하고 내부식성이 좋다.

(2) 오스테나이트계 스테인리스강(크롬(Cr)—니켈(Ni)계)

18~8 스테인리스강을 말하며, 이것은 크롬(Cr) 18%에 니켈(Ni)을 7~10% 함유한 것이다. 조직이 오스테나이트이므로 연하고, 가공성이 좋으며 내 부식성이 우수하고 비자성이다.

4.4. 주철

선철의 일부는 제강용(製鋼用)으로 사용되고, 일부는 주철용으로 사용되는데 이 주물용 선철에 파철이나 다른 원소를 첨가한 것을 주철(鑄鐵, cast iron)이라 한다. 주철은 학술적으로 철(Fe)과 탄소(C)의 2원소 합금으로 탄소를 1.7~6.68% 함유한 Fe—C계열을 합금이고 실제로 사용하고 있는 탄소 함유량은 2.5~4.5%의 범위이다.

탄소 이외에 규소(Si), 망간(Mn) 등의 여러 원소도 함유되어 있다. 주철 속의 탄소는 흑연(graphite)과, 철과의 화합물 즉, 화합 탄소(Fe_3C) 등의 2가지 형태로 존재한다. 흑연이 되거나 Fe_3C가 되는 것은 주철 속에 함유된 규소의 양이나 주물의 냉각속도와 밀접한 관계가 있다. 흑연의 석출이 작고 Fe_3C가 많은 경우에는 주물의 파단면이 희고 단단하고 메진 백주철(white cast iron)로 되고, 이것은 기계가공에 적합하지 않다.

또한 흑연이 많이 석출하는 주물은 파단면이 회색이고 질이 무른 회주철(gray cast iron)이 된다. 주철은 용융점이 낮고 유동성과 주성성이 좋아 주조 성형이 용이하다.

4.4.1. 주철의 특징

탄소 함유량이 2.5~4.5%인 주조용 철이며 그 특징은 다음과 같다.

① 용융점이 낮고, 유동성이 좋다.

② 압축강도는 크나 인장강도가 부족하다.

③ 가단성 · 전연성이 적고, 취성이 크다.

④ 마찰저항이 크고, 값이 싸다.

⑤ 녹이 잘생기지 않고, 내마모성이 크다.

⑥ 절삭성이 좋아 가공은 가능하나 용접성이 불량하다.

4.4.2. 각종 원소의 영향

[1] 탄소(C)

탄소 함유량이 가장 큰 영향을 주며, 탄소 함유량이 클수록 결정조직이 거칠어진다.

[2] 규소(Si)

규소의 양에 따라 흑연화반응이 촉진되며, 주조성을 향상시키며, 응고할 때 수축률을 개선한다.

[3] 망간(Mn)

망간은 주물에 유해한 황(S)을 제거하며, 결정입자를 미세화시키고 경도를 증가시킨다. 또한 강인성과 내열성을 증가시킨다. 그러나 망간의 양이 너무 많으면 절삭성이 나빠진다.

[4] 황(S)

주물에 피해를 주는 원소이며, 탄화의 흑연화 방해, 쇳물의 유동성을 저하시키며, 재질을 단단하게 하고 여리게 한다. 또한 수축이나 균열을 일으킨다.

[5] 인(P)

쇳물의 유동성을 증가시키며 수축률을 감소시킨다. 또한 0.2~0.3%까지는 강도를 증가시키나 그 이상에서는 인장강도, 휘는 힘을 감소시키며 약하게 하고 여리게 한다.

[6] 니켈(Ni)

결정입자를 미세화 및 균일화하며, 주물 조직을 균일화하기 때문에 급랭이나 얇은 살로 인해 칠(chill : 주철의 파단면이 백주철이 되는 것)화 하는 것을 방지한다.

4.4.3. 주철의 종류

[1] 보통주철(common grade cast iron)

보통주철은 탄소(C) 2.8~3.8%, 규소(Si) 1.4~2.4%, 망간(Mn) 0.4~1.0%, 인(P) 0.1~0.8%, 황(S) 0.08% 이하인 회주철이며, 주철의 강도는 성분만으로는 정할 수 없다. 흑연의 형상, 분포상태 및 그 조직조건에 따라 변화하므로 기계의 중요한 부품을 제작하려면 강력하고 내마모성을 가진 주물이 되어야 한다.

주물이 마모에 잘 견디는 것은 Fe_3C와 α—철이 펄라이트 조직으로 된 바탕에 미끄러운 흑연이 균일하게 분포되어 있어 윤활재 역할을 하고 또한 윤활유가 여기에 고이는 역할을 하기 때문이다. 주철은 500℃ 정도까지는 강도의 저하가 적고, 윤활성도 유지하기 때문에 내연기관의 실린더, 피스톤 링 등에서 사용한다.

[2] 고급주철(high grade cast iron)

(1) 펄라이트(pearlite)주철

펄라이트 주철은 흑연 편을 모세상태(毛細 常態)로 한 것으로, 강인하며, 내마모성, 내열성, 내수성 등이 크다. 실린더 라이너 등에서 사용된다.

(2) 구상 흑연주철(GCD : spheroidal graphite iron castings)

구상 흑연주철은 덕타일 주철(ductile cast iron) 또는 노듈러 주철(nodular cast iron)이라고도 부르며, 주철에 마그네슘(Mg)을 첨가하여 흑연의 모양을 구상화(球狀化)한 것이다. 그 방법은 마그네슘(Mg)나 세륨(Ce) 등의 원소를 첨가하고 여기에 철(Fe)~규소(Si)를 첨가하여 접종(inoculation)하여 주조한 것이다.

접종은 흑연의 분포를 균일하게 하고 미세하게 하기 위해 규소철이나 규화칼슘 분말을 첨가하여 흑연의 핵을 만드는 조작을 말한다. 이렇게 하면 주철 속의 흑연이 구상으로 되어 강과 비슷한 강인한 주물이 된다. 파이프, 압연용 롤러, 크랭크축, 실린더 라이너, 차량용 부품 등에서 사용된다.

(3) 미하나이트 주철(meehanite cast iron)

미하나이트 주철은 재료에 저 탄소, 저 규소의 것을 선택하여 용해하고 레이들(ladle) 속에 0.3% 정도의 칼슘 실리나이트(Ca—si)를 첨가하는 접종방법에 의하여 만든 것으로 다음과 같은 특징이 있다.

① 인장 강도는 35~45kg_f/mm^2 정도이며, 점성, 내 충격력이 크고, 비틀림과 전단력에도 충분한 강도가 있다.
② 가공성이 크고, 공구의 손상을 경감시키므로 치밀한 가공 면을 만들 수 있다.
③ 내부식성이 크며 아크 용접이 가능하다.
④ 용도는 원심펌프의 임펠러, 크랭크축, 캠축, 공작기계용 주물 등에서 사용된다.

4.4.4. 특수주철

[1] 합금주철(alloy cast iron)

합금주철이란 주철의 5원소(탄소, 규소, 망간, 인, 황)이외에 니켈, 크롬, 몰리브덴, 알루미늄, 티탄 등을 첨가하여 기계적 성질 향상, 내마모성, 내산성, 내부식성, 내열성이 있는 주철이다. 내열성 및 내산성이 요구되는 기계부품, 밸브, 파이프 등에 사용된다.

[2] 칠드주철(chilled cast iron)

칠드주철은 주조를 할 때 주물의 표면을 급랭시켜 백주철로 만들고 경도를 증가하며 마모, 압축력에 견딜 수 있도록 한 것이다. 내부는 서서히 냉각되어 흑연이 많은 점성이 큰 회주철이므로 파손이 잘 되지 않는다.

[3] 가단주철(malleable cast iron)

가단주철은 백선철을 탈탄하여 시멘타이트를 흑연화시켜 인장강도와 연신할 수 있도록 한 것이다. 가단이라 하여도 단조하는 것이 아니고 일반적인 주철보다 때리거나 구부려도 즉시 파괴되지 않는 가단성이 있다는 의미이다. 종류에는 백심 가단주철과 흑심 가단주철이 있다.

(1) 백심 가단주철

백선철을 산화철의 탈산제와 함께 풀림상자 속에 넣고, 적철광 분말, 밀 스케일(mill scale) 등의 산화철 속에 묻고 고온으로 장시간 유지하여 Fe_3C를 분해함과 동시에 산화철 속의 산소작용으로 탈탄(脫炭)시켜 주물에 가단성을 지니도록 한 것이다. 주물의 주위 부분은 탈탄되어 백색의 펄라이트로 되고 내부는 펄라이트와 뜨임 흑연으로 된다.

(2) 흑심 가단주철

백선철을 풀림상자 속에 밀폐하고 장시간 고온으로 유지하여 유리 시멘타이트(Fe_3C)를 α—철과 흑연으로 단순히 분해되도록 한 것으로서 표면은 탈탄하여 지철이 되지만 내부는 모두 입상 흑연이 되어 남게되고 파단면은 흑색을 보인다. 절삭성이 좋으며, 용접과 단접이 가능하고, 진동을 흡수하는 능력이 높다.

5. 비철금속

5.1. 구리와 구리합금

5.1.1. 구리의 특성

구리의 특성은 열과 전기의 전도율은 좋으나 기계적 강도가 낮다. 그러나 냉간가공에 의해 경도가 강도가 증가하므로 가공 정도에 따라 연질(軟質), 1/4 경질, 1/2 경질 및 경질 등으로 구분한다. 또한 구리가 철(Fe)과 크게 다른 것은 변태점이 없다는 점이다.

따라서 변태점을 이용한 재질 개선은 할 수 없다. 구리와 고용체를 만드는 원소가 첨가된 합금은 용해도의 변화를 이용하여 개선할 수 있다.

[1] 구리의 일반적인 특성

① 전기 및 열 전도성이 좋고, 반자성(反磁性)이다.

② 전・연성이 크며, 가공 경화된다.

③ 철(Fe)보다 내 부식성은 크나 공기 중의 습기나 탄소 가스가 있으면 표면에 유해성 녹(patina)이 발생한다.

④ 맑은 물에는 침해되지 않으나 바닷물에는 약하다.

⑤ 수축률이 크고, 주조가 어려우며, 절삭성이 나쁘다.

5.1.2. 구리의 성질

[1] 물리적 성질

구리의 원자배열은 면심입방격자이고 철과 같은 동소 변태는 없다. 그리고 불순물의 양이나 온도 및 가공 정도에 따라 물리적 성질이 다르며, 전기의 양도체이나 반자성체이다.

[2] 기계적 성질

냉간가공을 하면 강도와 경도가 증가하며, 풀림을 하면 무르고 전성과 연성이 좋아진다.

[3] 화학적 성질

내부성이 강하며 습기가 있는 공기 중에서도 거의 변화가 없다. 그러나 탄산가스의 작용을 받으면 녹청(綠靑, $Cu_2(OH)_2CO_3$)으로 변화한다. 또한 산화력이 큰 초산이나 진한 황산에도 침식되지 않는다.

5.1.3. 구리의 제조

구리 광석은 황동광($CuFeS_2$), 휘동광(Cu_2S)이나 자연 구리 등이 있다. 광석에서 구리를 만드는 데는 2단계 조작을 한다. 제1단계는 용광로에서 광석과 코크스를 배합하여 용융한다. 노(爐) 안의 최고 온도는 1250℃ 정도이고, 구리는 휘동광이 되어 노 밑에 모이며 이것을 매트(matt)라 한다. 제2단계는 매트는 철에서 선철에 해당되며 휘동광과 황화철(FeS)의 혼합물로 20~40%의 구리가 함유되어 있으며 이것을 정련하여 구리를 만든다.

[1] 전로 제련

전로에서 매트를 용해하여 그 속에 공기를 불어넣어 산화 조작을 한다. 이때 먼저 황화철이 산화하여 철분은 슬래그 속으로 들어가고, 다음에 휘동광의 황이 산화되어 용동(溶銅)이 남는다. 이것을 조동(粗銅)이라 부르며 98~99.5% 정도의 구리가 함유된 것으로 불순물이 많다.

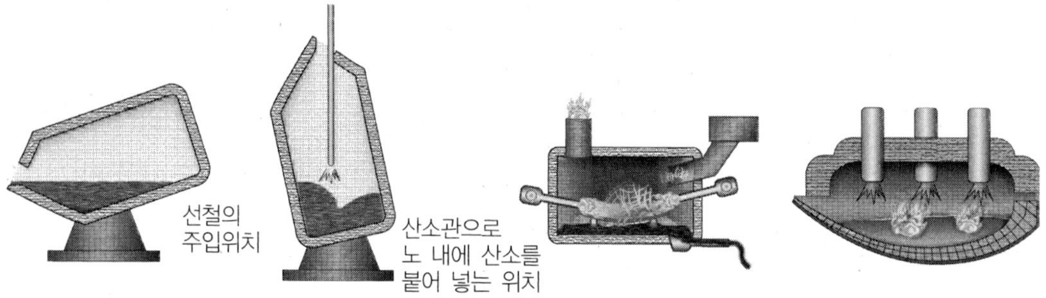

[그림 6] 제강용 로의 종류

[2] 반사로

용해 온도가 낮은 동, 황동, 청동 등 비철금속을 용해시키는데 주로 이용된다.

[3] 정동

정동은 반사로(反射爐)를 이용하여 정련하거나 전해(電解) 정련한다. 전해 정련한 것을 전기 구리라 하며 이것을 다시 반사로에서 녹여 동괴(銅塊, ingot)로 만든다.

5.1.4. 구리합금

[1] 황동(brass)

황동은 구리와 아연의 합금이며, 놋쇠라고도 한다. 구리와 아연의 배합 비율에 따라 7—3 황동, 6—4 황동이 있으며, 여기에 철(Fe), 망간(Mn), 주석(Sn), 납(Pb), 규소(Si), 알루미늄(Al), 니켈(Ni) 등을 첨가한 것을 특수 황동이라 한다. 그 특징과 종류는 다음과 같다.

(1) 황동의 특징

① 주조와 압연이 용이하며, 기계적 성질이 우수하다.

② 대기 중에서는 내부식성이 크나, 바닷물에는 침식되기 쉽다.

③ 냉간가공 후 풀림 처리를 하지 않으면 자연 균열이 일어나기 쉽다.

알아두기

자연균열(season crack)

주로 한 방향으로 냉간가공을 한 황동 관이나 봉 등은 저장 중에 축방향으로 균열을 일으키는 경우가 있는데 이것을 말한다. 가공에 의한 내부 응력 변형과 표면의 입계 부식이 원인이다. 이를 방지하기 위해서는 표면에 도금을 하거나 250~300℃에서 저온 풀림을 하고 가공으로 인한 잔류 응력을 제거하여야 한다.

(2) 구리합금의 종류

1) 7—3 황동

구리 70%, 아연 30% 이며 냉간 가공성이 좋다.

2) 6—4 황동

구리 60%, 아연 40% 이며, 주조성・열간 가공성이 좋다.

3) 톰 백(tam bac)

구리 85%, 아연 15%인 황동이다.

4) 특수 황동

첨가 원소에 따라 납 황동, 철 황동, 주석 황동, 망간 황동이라 부르며, 기계적 성질이나 절삭성을 개선하고 내부식성을 크게하기 위한 것이다. 특수 황동에는 다음과 같은 것이 있다.

① 네이벌 황동(naval brass) : 6—4황동에 주석 1%를 첨가한 황동이며, 선박용 축, 플랜지, 볼트, 너트, 수동용 밸브 등에서 사용한다.

② 애드머럴티 황동 : 7—3황동에서 1%의 아연(Zn)을 주석(Sn)으로 대치한 것이며 가열관, 냉각관, 증류관 등에서 사용한다.

[2] 청동(bronze)

청동은 구리와 주석의 합금이며 아연(Zn), 납(Pb), 인(P) 등을 소량 첨가한 것이다. 그 특징과 종류는 다음과 같다.

(1) 청동의 특징

① 주조성과 내부식성이 크다.

② 기계적 성질이 우수하며, 내마모성이 크다.

③ 주조나 단조용으로 사용된다.

(2) 청동합금의 종류

① 인청동(phosphor bronze) : 청동에 인을 첨가한 것이며 내부 식성, 내마모성, 인성 및 내피로 성이 크다.

② 포금(gun metal) : 구리(88%), 주석(10%), 아연(2%)의 합금이다. 아연은 주조성을 향상시키고, 기계적 성질을 강하게 하기 위해 첨가한다.

5.2. 알루미늄과 알루미늄합금

알루미늄(Al)은 비중이 2.7로 경(輕)금속이다. 열이나 전기의 전도성이 좋고 무르며, 전성과 연성이 크고, 알칼리에는 약하나 대부분의 유기산에는 침식되지 않아 화학공업에서 널리 사용된다.

5.2.1. 알루미늄의 특징

① 비중이 2.7로서 마그네슘 다음으로 가볍다.

② 전기와 열 전도성이 매우 크다.

③ 바닷물, 산, 알칼리에 침해되지 않는다.

④ 공기 중에서나 물 속에서는 표면에 얇은 산화 피막이 생겨 부식을 방지한다.

⑤ 주조성이 좋으며, 가공성은 상온에서 압연, 와이어 드로잉(wire drawing), 프레스 등이 가능하다.

5.2.2. 알루미늄의 제조

알루미늄 원료로 사용되는 광석을 보크사이트(bauxite, $Al_2O_3 \cdot 2H_2O$)라 한다. 보크사이트에서 순수한 산화알루미늄(alumina, Al_2O_3)을 제조하여 이것을 용융한 빙정석(氷晶石, Na_3AlF_6)속에서 용해, 전해(電解)하여 알루미늄을 얻는다.

순도 99.5%에서 최고 99.8이며 이 알루미늄을 1번 지금(地金)이라 한다. 1번 지름을 (+)극으로 하고, 정제한 지금을 (—)극으로 하여 다시 900~1100℃에서 전기분해하면 99.99% 이상의 순도가 높은 알루미늄을 얻는다. 그리고 파쇠를 다시 재생한 알루미늄을 2번 지금이라 한다.

5.2.3. 알루미늄의 성질

물리적 성질과 기계적 성질은 순도에 따라서 다르며, 순도가 같아도 그 가공도에 따라서 변화한다. 순도가 높을수록 전성과 연성이 크고, 인장강도는 감소하므로 가공성이 좋다. 가공을 하면 인장강도와 내력이 커지고 전성과 연성은 급속히 감소한다.

화학적 성질은 알루미늄이 화학적으로 활성금속이므로, 공기 속의 산소와 화합하여 알루미나(Al_2O_3)로 된다. 이 알루미나는 알루미늄의 표면을 보호하여 부식이 내부로 진행되는 것을 방지한다. 이 산화 막은 투명하고 표면에 단단히 밀착된다. 알루미나를 인공적으로 생성시켜 내부성을 증가시키는 방법을 알루마이트 처리법이라 한다. 알루미늄의 내 부식성은 순도가 높을수록 크고 불순물이 조금만 들어 있어도 현저하게 나빠진다. 불순물 중 내 부식성에 가장 해로운 것은 구리이다.

알아두기

알루마이트(alumite) 처리법

알루미늄 판의 표면을 전기로 산화시켜 표면에 치밀하고 단단한 산화 막을 발생시켜 내부를 보호하고, 내 부식성을 크게 한 것이다. 그 방법은 수산(蓚酸) 용액이나 5~25%의 황산 용액속에서 알루미늄 제품을 (+)극으로 전해한다. 주로 가정용 기구나 식기(食器) 등으로 사용된다.

5.2.4. 알루미늄합금의 종류

(1) 주조용 알루미늄합금

① 알루미늄(Al) — 구리(Cu)계 합금

② 알루미늄(Al) — 규소(Si)계

③ 알루미늄(Al) — 구리(Cu) — 규소(Si)계 — 실루민

④ 알루미늄(Al) — 마그네슘(Mg)계

⑤ 알루미늄(Al) — 규소(Si) — 구리(Cu) — 니켈(Ni) — 마그네슘(Mg)계 — 로엑스

⑥ 알루미늄(Al) — 구리(Cu) — 마그네슘(Mg) — 니켈(Ni)계 — Y합금

(2) 가공용 알루미늄합금

① 내부식 알루미늄합금

② 강력 알루미늄합금 — 두랄루민

③ 내열 알루미늄합금

[1] 하이드로날륨(hydronalium)—Al—Mg계열 합금

하이드로날륨은 알루미늄(Al)에 마그네슘(Mg) 4~7%를 첨가한 것이다. 기계적 성질은 주조(鑄造)만의 상태보다는 열처리를 한 것이 인장강도 및 전성과 연성이 좋아진다. 특히 내부 식성이 크고 알루마이트 피막성이 좋아 식품용, 화학용, 건축용, 차량용 및 항공기용 부품 등으로 사용한다.

[2] 두랄루민(duralumin)—강력 알루미늄합금

두랄루민은 알루미늄(Al), 구리(Cu), 마그네슘(Mg)의 합금이며, 시효경화(時效 硬化)를 일으키며, 열처리를 하면 강도가 증가한다.

알아두기

시효경화(aging)

열처리나 가공에 의하여 조직이 불안정한 상태에 있는 금속이나 합금은 안정 상태로 되돌아가려는 경향이 있다. 이 때문에 이들의 여러 가지 성질이 시간이 경과함에 따라서 서서히 변화하는 성질을 말한다.

[3] 초 두랄루민(super duralumin)

초 두랄루민은 알루미늄(Al), 구리(Cu), 망간(Mn)에 마그네슘(Mg)을 0.5~1.5% 정도 첨가한 것이다

[4] 로 엑스(Lo—ex: low expansion)—Al—Si—Cu—Ni—Mg계 합금

로 엑스는 알루미늄(Al), 규소(Si), 니켈(Ni), 구리(Cu)의 합금이며, 내열성이 크고 열팽창 계수가 적어 피스톤 재료로 사용된다.

[5] 실루민(silumin)—Al—Si계 합금

실루민은 알루미늄(Al)에 규소(Si, 12%)를 첨가시킨 것이며 주조성, 내식성, 기계적 성질이 우수하다. 이 실루민은 주조할 때 작은 양의 나트륨(Na)을 첨가하면 규소의 결정아 매우 미세한 공정으로 되어 기계적 성질이 개선된다. 용도는 브레이크 드럼, 변속기 케이스, 기어박스, 수랭식 실린더 블록 등으로 사용한다.

[6] Y합금(Y—alloy)—Al—Cu—Mg—Ni계 합금

Y—합금은 알루미늄(Al), 구리(Cu), 마그네슘(Mg), 니켈(Ni)의 합금이며 내열성이 커 피스톤·실린더헤드의 재료로 사용한다. 주조는 약간 어려우나 시효 경화성이 있다.

[7] 라우탈(lautal)—Al—Cu—Si계 합금

라우탈은 알루미늄(Al), 구리(Cu), 규소(Si)의 합금이며, 주조성, 기계적 성질, 열처리 효과가 우수하다.

5.3. 니켈과 니켈합금

니켈(Ni)은 윤이 나는 백색금속이며 전성과 연성이 크고 내 부식성에 강하다. 상온에서 강자성체이나 360℃ 이상에서는 자성(磁性)을 잃는다. 상온에서도 가공이 되며, 또한 고온 가공은 1000~1200℃에서 하며, 재결정 온도는 500℃ 정도에서 시작되고, 풀림 온도는 800℃ 정도이다.

니켈의 결정은 면심 입방격자이다. 니켈은 고온으로 가열하여도 얇은 산화 피막(被膜)이 발생하여 스스로 보호하므로 산화되지 아니하고 내부식성이 우수하므로 바닷물 속에서도 거의 부식되지 않는다. 니켈은 일반적으로 스테인리스강(stein less steel), 내열강, 그 밖의 합금 성분원소로 사용한다.

5.3.1. 니켈의 특징

① 전・연성과 내 부식성이 풍부하며, 색깔이 아름답다.

② 내열성 및 전기 저항이 크다.

③ 열간 가공성이 좋다.

5.3.2. 니켈합금의 종류

[1] Ni—Cu합금

(1) 모넬메탈(monel metal)

모넬메탈은 니켈(N, 50~75%), 구리(Cu), 철(Fe)의 합금이며, 내부식성 좋고 주조나 소성가공, 용접성이 우수하며, 터빈의 날개 등에서 사용된다. 니켈이 40~60%까지는 인장 강도와 경도 등의 기계적 성질이 증가하지만 함유량이 이 이상 증가하면 서서히 감소한다.

모넬메탈은 원래 천연합금이나 인장강도나 경도를 증가시키기 위해 약 3%의 알루미늄 또는 3~4%의 규소를 첨가하여 시효성을 가진 K모넬, N모넬, S모넬 등의 합금이 된다.

(2) 베네딕트메탈(benedict metal)

니켈의 함유량이 증가함에 따라 서서히 백색이 되어 15~20% 니켈에서 거의 백색으로 되며, 연성이 좋고 냉간 단조성이 매우 우수하다.

(3) 백동

니켈이 20~30%로 되면 완전 백색이 되며, 가공성과 내부식성이 좋으며, 화폐나 복수관(復水管) 등으로 사용한다.

(4) 콘스탄탄(constantan)

니켈이 40~50% 함유된 것이며, 기전력이나 전기저항이 크고, 저항의 온도계수가 적으므로 열전대(thermo couple) 및 측정용 전기 저항선으로 사용한다.

[2] 양은(양백, nickle silver)

양은은 구리(Cu), 아연(Zn : 20~30%), 니켈(Ni : 8~20%)의 합금이며 내열성, 내부식성, 가공성이 우수하며, 전기저항이 온도 변화에 따라 변화가 없다. 양은은 단일 고용체이며, 열간가공이 어려워 제품을 만들 때에는 냉간가공을 하여 가공 경화된 후 풀림하여 산(酸)으로 세척작업을 한 후 완제품이 된다.

[3] Ni Cr합금

이 합금은 니켈이 60~90%, 크롬이 10~30%이며, 니크롬(nicrome)이라 한다. 값이 비싸므로 철을 첨가하여 사용하기도 하며, 또 가공성이 좋은 이 재료는 전열재료(電熱材料)로 사용한다. 그밖에 알루멜 크로멜(alumel chromel)이라 부르는 열전대용 합금이 있다. 알루멜의 성분은 니켈이 94%이고, 알루미늄 2%, 규소 1%, 철 0.5%, 망간 2.5%이며 용융 온도는 1400℃이다.

크로멜의 성분은 니켈이 89%, 크롬 9.8%, 철 0.2%, 망간 0.2%이며 용융 온도는 1420℃이다. 이것은 백금 로듐(Pt—Rh)선 보다 값이 싸고 내열성과 기전력이 크다.

5.4. 아연(zinc, Zn)

아연은 비중이 7.14이고 청색을 띤 백색 금속으로 결정구조는 조밀 육방격자이다. 아연은 주조한 상태로는 결정이 거칠어 인장강도와 연신이 매우 낮고 여리므로 상온에서는 가공을 할 수 없으나 가열하여 압연, 프레스 및 인발 등의 가공을 하면 주조 조직이 파괴되어 냉간가공이 쉬워진다. 순도가 높은 아연을 냉간 압연하여 가공도가 20~30%까지는 경도가 증가하나 가공도가 그 이상 되면 연화(軟化)하는 특성이 있다.

가공도 30% 정도인 것을 경질(硬質)이라 하고, 30% 이하인 것을 반경질(半硬質), 30% 이상인 것을 연질(軟質)이라 한다. 아연은 건조한 공기 속에서는 거의 산화하지 않으나 습기와 탄산가스가 있으면 표면에 염기(鹽基)성 탄산 아연($ZnCO_3 \cdot Zn(OH)_2$)의 얇은 막이 발생하여 내부를 보호한다. 이것을 이용하여 철판에 아연 도금한 것이 아연 도금판이며 주로 함석(tutanaga)이라 부른다.

[1] 아연의 특성

① 매우 여리고, 연하다.

② 100~150℃로 가열하면 전·연성이 커지므로 철사나 얇은 판으로 늘릴 수 있다.

③ 상온에서 습기나 탄산가스와 접촉하면 표면에 보호피막이 생겨 산화가 내부에 미치지 않으므로 방청용 도금재료로 사용된다.

④ 바닷물에 강하며, 인체에는 해롭다.

5.5. 주석(tin, Sn)

주석은 은백색이며, 전성과 연성이 매우 커 얇게 만들 수 있다. 상온에서 재결정을 하므로 가공을 하여도 단단해지지 않는다. 묽은 산이나 유기산에 대한 내부성이 있어 철강 판에 도금하여 함석판을 만든다. 주석의 특성은 다음과 같다.

① 전·연성이 좋으며, 얇은 판으로 제작할 수 있다.

② 내부식성이 우수하다.

③ 주조성, 단조성이 좋으며, 다른 금속과 합금이 용이하다.

5.6. 납(lead, Pb)

납은 공업용 금속재료 중에서 가장 무겁고, 무르고, 전성이 큰 회백색 금속이며 결정은 면심입방격자이다. 전성과 연성이 크므로 소성가공이 용이하고 상온에서 재결정을 하나 속도가 느리다. 가공방법은 인발은 불가능하고 압출방법으로 선재, 봉, 관 등을 만든다.

납은 독성이 있으나 천연수(天然水) 속에서는 표면에 불용성(不溶性) 탄산납이 발생하여 보호 작용을 하기 때문에 수도용 납관으로 사용한다. 2~3%의 안티몬(Sb)이 함유된 것을 경납이라 하여 전선피복에 사용하고, 6~8%의 안티몬이 함유된 것은 화학 공업용(내산 재료) 밸브 및 코크(cock) 등에 사용한다.

[1] 납의 특성

① 비중이 11.4로서 매우 크다.

② 금(Au) 다음으로 연하다.

③ 전성이 풍부하며, 상온에서 쉽게 얇은 판으로 만들 수 있으나 연성과 인장강도가 작아 가는 선으로는 만들 수 없다.

④ 인체에 유해하다.

⑤ 내산성이 크고 대기 중에서도 거의 부식되지 않는다.

5.7. 마그네슘과 마그네슘합금

마그네슘(Mg)은 광석인 마그네사이트(magnesite, $MgCO_3$)를 구어서 얻은 산화마그네슘(MgO)이나, 바닷물에서 얻은 염화마그네슘($MgCl_2$)을 용융 전해하여 만든다. 비중이 1.74로 알루미늄보다 30% 정도 가볍고 화학적으로 활성금속이므로 부식에 약하며 강도와 연성이 적어 주조용으로 사용되는 경우는 적다. 마그네슘의 결정구조는 조밀 육방격자이며, 냉간가공은 거의 어려우나 온도를 225℃ 이상 높이면 열간가공이 쉬워진다.

5.7.1. 마그네슘의 특징

① 매우 산화하기 쉬우며, 미세 분말은 착화할 염려가 있으므로 절삭을 하거나 주조할 경우에는 주의해야 한다.

② 바닷물이나 산에 침해되기 쉽다.

③ 매우 가벼우며, 시효 경화한다.

5.7.2. 마그네슘합금

마그네슘합금은 기계적 성질은 알루미늄합금에 비해 그다지 뒤지지 않으며, 첨가원소의 종류에 따라 내부식성도 개선된다. 용도는 항공기 부품, 특히 제트기관 부품이나 이동용 기계 및 기구류, 광학기계, 사진 제판용 판 등에서 사용한다.

① 일렉트론(electron) : 마그네슘(90%)+알루미늄(Al)+아연(Zn)+망간(Mn)

② 마그네슘(Mg) — 아연(Zn) — 지르코늄(Zr)계열

③ 마그네슘(Mg) — 망간(Mn)계열

④ 마그네슘(Mg) — 세륨(Ce)계열

5.8. 티탄(Ti : titanium)과 티탄합금

티탄의 원료는 티탄 철광($FeTiO_3$) 및 금홍석(金紅石, TiO_2)이며 이 광석에서 4염화 티탄($TiCl_4$)을 얻어 이것을 마그네슘으로 환원하여 티탄을 만든다. 이것을 해면상(海綿狀, sponge) 티탄이라 부르며 크롤(kroll)법에 의한 것이다.

강도는 알루미늄이나 마그네슘보다 크고 내열성, 내부식성, 용접성이 좋고, 순수한 티탄은 은백색으로 매우 단단하며, 상온에서는 가공이 어렵다.

5.8.1. 티탄합금의 특징

① 비중 4.507이며, 강이나 구리에 비해 가볍다.

② 스테인리스강과 비슷한 내부식성이 있다.

③ 순수한 티탄으로 가공하여 열처리한 것은 인장 강도 $90kg_f/mm^2$, 합금은 $120kg_f/mm^2$이다.

④ 열팽창계수가 적고, 전기 저항값이 크다.

⑤ 단조 및 열간가공이 가능하다.

5.8.2. 티탄합금의 종류

① 티탄(Ti)—망간(Mn)계열은 내부식성이 양호하며, 티탄(Ti)—망간(Mn)—알루미늄(Al)계열은 내산성이 크다.

② 티탄(Ti)—크롬(Cr)—알루미늄(Al)계열

③ 티탄(Ti)—크롬(Cr)—철(Fe)계열 : 내열성이 양호하다.

④ 티탄(Ti)—알루미늄(Al)—바나듐(V)계열 : 내부식성, 고온 강도가 양호하다.

5.9. 베어링합금

5.9.1. 베어링합금의 구비조건

① 하중에 견딜 수 있는 경도와 강도를 지닐 것

② 축면과 길들임성이 좋을 것

③ 마찰계수가 적을 것

④ 내마모성이 클 것

⑤ 열 전도성이 클 것
⑥ 내부식성이 클 것
⑦ 가격이 싸고, 주조성이 좋을 것

5.9.2. 베어링합금의 종류

[1] 화이트메탈(white metal)

주석(Sn), 납(Pb), 아연(Zn)을 각각 주성분으로 하는 합금이며, 백색으로 용융점이 낮고 연하며, 다소 강도가 낮다.

[2] 배빗메탈(babbit metal)

화이트메탈의 한 종류로서 주석(Sn)을 주성분으로 하고, 구리(Cu 3~7%), 안티몬(Sb 3~12%)이 표준 조성인 베어링 합금이며, 취급이 쉽고, 매입성, 길들임성 및 내부식성 등은 크나 강도, 피로강도 및 열 전도성이 나쁘다.

[3] 켈밋합금(kelmet alloy)

구리(Cu 60~70%), 납(Pb 30~40%)이 표준 조성인 베어링합금이며, 열 전도성이 양호하며, 융착되지 않아 고속, 고 하중 및 고온에 잘 견디나 경도가 커 매입성, 길들임성, 내부식성 등이 적다.

[4] 오일 리스 베어링(oilless bearing)

이것은 베어링합금으로 특히 소결방법으로 만든 합금이다. 구리와 주석의 분말에 흑연 분말을 첨가하여 혼합 가압하여 성형시켜 700~750℃의 수소 기류 속에서 소결한다.

성분은 주석 8~10%, 흑연 2~5%로 된 것이 많다. 이 합금은 오일 속에서 가열하면 무게로 20~30%의 오일을 흡수한다.

6. 강의 열처리 및 표면경화

6.1. 열처리

금속을 적당한 온도에서 가열과 냉각 등의 각종 조작을 하여, 특별한 성질을 부여하는 방법을 말한다. 열처리의 종류로는 다음과 같은 것이 있다.

① 계단 열처리

② 항온 열처리

③ 연속 냉각 열처리

④ 표면 경화 열처리

이중에서도 계단 열처리와 표면경화 방법에 대해서 설명하겠다.

[1] 담금질(quenching)

담금질은 강을 A_1변태점 이상으로 가열하여 기름이나 물 속에서 급랭시켜 강도와 경도를 증가시키는 열처리이다.

[2] 뜨임(tempering)

뜨임은 담금질한 강에 인성을 주기 위하여 A_1변태점 이하의 적당한 온도로 가열한 후 서서히 냉각시키는 열처리이다.

[3] 불림(normalizing)

불림은 금속을 A_3변태점 이상에서 30～60℃의 온도로 가열한 후 대기 중에서 서서히 냉각시켜 조직을 미세화하고 내부 응력을 제거하는 열처리이다.

[4] 풀림(annealing)

풀림은 A_3, A_1 이상에서 20～50℃의 온도로 가열한 후 노속에서 서서히 냉각시키는 열처리이며, 풀림의 목적은 열처리로 가공된 재료의 연화, 가공경화된 재료의 연화, 가공 중의 내부 응력제거 등이다. 또한 풀림 중에서 재결정 풀림이란 냉간 가공한 재료를 가열하면 600℃ 정도에서 응력이 감소하고, 재결정이 발생하는 것을 말한다. 재결정은 결정 입자의 크기, 가공 정도, 석출물, 순도 등에 큰 영향을 받는다.

6.2. 표면경화

기계 부분품의 표면은 경도가 크고 내부는 인성이 큰 것이 요구될 때가 많다. 이와 같은 용도에는 특별한 방법으로 표면경화를 한 표면 경화강을 사용한다. 방법에는 다음과 같은 것이 있다.

6.2.1. 침탄법(carbonizing)

침탄법은 저탄소강의 표면에 탄소를 침투시켜 고 탄소강으로 만든 후 담금질하는 것이다. 즉 표면은 경강(硬鋼)이 되고 내부는 연강(鍊鋼)이 된다. 밀폐된 노속에서 800~900℃로 장시간 가열하면 탄소가 재료 표면에서 1mm 정도 침투한다.

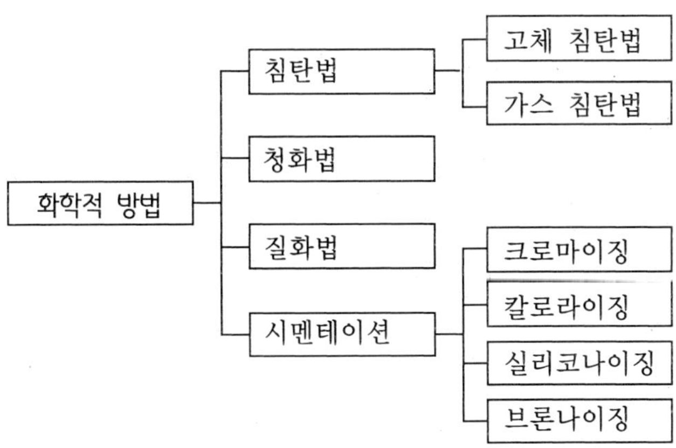

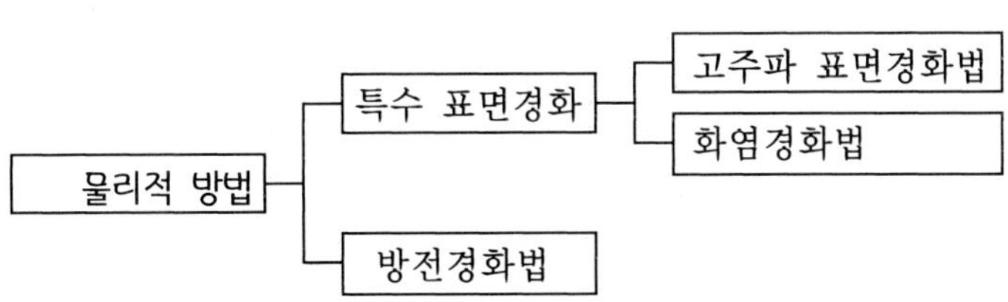

6.2.2. 질화법(nitriding)

질화법은 암모니아 가스 속에 강을 넣고 장시간 가열하여 철과 질소가 작용하여 질화 철이 되게 하는 방법이다. 침탄법보다 경화층이 얇고 조작시간이 길다.

[침탄법과 질화법의 차이점]

침 탄 법	질 화 법
경도(硬度)가 낮다.	경도가 높다.
침탄 후 열처리가 필요하다.	열처리가 필요 없다.
경화에 의한 변형이 생긴다.	경화에 의한 변형이 적다.
침탄층이 여리지 않다.	질화층이 여리다.
침탄 후 수정이 가능하다.	질화 후 수정이 불가능하다.
고온 가열을 할 때 뜨임이 되고, 경도는 낮아진다.	고온 가열을 하여도 경도가 낮아지지 않는다.

6. 2. 3. 청화법(cyaniding)

청화법은 NaCN, KCN 등의 청화물이 철과 작용하여 금속표면에 질소와 탄소가 동시에 침투되게 하는 방법이다.

6. 2. 4. 화염 경화법(flame hardening)

화염 경화법은 산소—아세틸렌불꽃으로 강의 표면만 가열하여 열이 중심부에 전달하기 전에 급랭시키는 방법이다.

6. 2. 5. 고주파 경화법

고주파 경화법은 금속표면에 코일을 감고 고주파 전류로 표면만 고온으로 가열 후 급랭시키는 방법이다.

7. 플라스틱

플라스틱은 재료로서 매우 중요하며, 우리가 원하는 복잡한 여러 가지 모양으로 가공이 가능하다. 또, 플라스틱은 가볍고 단단하며, 녹이 슬지 않고 대량 생산으로 가격도 싸기 때문에 생활용품 등 여러 가지 용도로 매우 많이 사용되고 있다.

플라스틱은 우수한 절연성을 지니고 있으므로 전기 재료로서도 매우 유용하여 전선을 비롯하여 스위치, 커넥터, 전기기계 기구부품 등에 많이 사용하고 있다. 플라스틱은 열가소성 수지와 열경화성 수지의 2종류로 크게 나눌 수 있다.

7.1. 열가소성 수지

열가소성 수지는 가열하여 성형한 후 냉각시키면 경화한다. 이 수지는 재가열하면 녹아서 원상태로 되며, 새로운 모양으로 다시 성형할 수 있다. 이와 같이 가열과 냉각을 반복하여도 이 재료의 성질 변화는 거의 없다. 열가소성 수지의 종류·특징과 용도는 다음과 같다.

[1] 폴리에틸렌 수지

이 수지는 무색, 투명하며 절연성·내약품성 및 내수성이 우수하고 유연성·내한성이 좋고 충격에 강하다. 용도는 용기, 필름, 병류, 전선 피복, 전기부품 등이다.

[2] 폴리프로필렌 수지

이 수지는 인장 강도·절연성 및 휨이 우수하다. 용도는 상자, 식기, 전기부품 등이다.

[3] 폴리스티렌 수지

이 수지는 무색이며 착색이 쉽고 상온에서 단단하다. 용도는 컵, 용기 장난감, 가전부품 등이다.

[4] 염화비닐 수지

이 수지는 강도·절연성 및 내약품성은 우수하나 내열성이 약하다. 용도는 파이프, 필름, 병류, 절연 테이프, 전선 피복 등이다.

[5] 폴리아미드 수지

이 수지는 내열성과 내수성이 우수하며 용도는 커넥터, 소켓, 스위치, 조명기구, TV 부품 등이다.

[6] 폴리카보네이트 수지

이 수지는 충격 강도가 우수하며, 용도는 절연 볼트, 너트 전동 공구류 등이다.

[7] 아크릴 수지

이 수지는 무색, 투명하며 미려한 광택을 낸다. 내산・내 알칼리성이 우수하다. 용도는 조명 기구, 투명 부품, 고급 외장식 부품 등이다.

[8] 아크릴니트릴 브타디엔 스티렌 수지

이 수지는 내충격성・내화학 약품성이 우수하며, 착색이 쉽다. 용도는 라디오, TV, 청소기, 세탁기, 전화기, 헤어드라이어, 에어컨, 조명기구 부품 등이다.

7.2. 열경화성 수지

열경화성 수지는 가열을 하면 경화하고, 재 용융하여도 다른 모양으로는 다시 성형할 수 없다. 따라서 이 수지는 재생할 수 없다. 이와 같이 다시 가열하여도 원래의 성질로 돌아오지 않는 성질을 가진 것으로 열경화성 수지의 종류・특성 및 용도는 다음과 같다.

[1] 페놀 수지

이 수지는 압축 강도, 절연성, 내열성이 우수하지만 내습성 및 충격에는 약하다. 용도는 전화기, TV, 커넥터, 스위치, 배선기구, 가전제품, 전열기구 부품이다.

[2] 멜라민 수지

이 수지는 착색이 쉬우며 무색, 투명하고 표면이 강하지만 내습성이 취약하다. 용도는 식기, 쟁반, 재떨이, 합판, 버튼, 손잡이 등의 착색 부품이다.

[3] 에폭시 수지

이 수지는 내열성, 내습성, 절연성이 우수하며 저압 성형이 가능하다. 용도는 통신기 부품, 콘덴서, 절연 케이스 등이다.

[4] 요소 수지

이 수지는 착색이 용이하나, 내습성이 약하다. 용도는 가전제품, 착색부품, 형광등 소켓, 배선기구 등이다.

CHAPTER 01

출제예상문제

01. 금속재료의 일반적 특징 중 옳지 않은 것은 ?

① 전·연성이 풍부하며 소성변형이 쉽다.
② 전기와 열의 양도체이다.
③ 금속 특유의 광택이 있고 불투명하다.
④ 비중이 비교적 작으며 강도와 경도도 비교적 낮다.

02. 경금속과 중금속의 구분은 비중 값 얼마를 기준으로 하는가 ?

① 3.5 ② 4.0
③ 4.5 ④ 5.0

비중 4.5 이하를 경금속(Al, Mg, Ti, Be, Ca 등)이라 하고, 비중 4.5 이상을 중금속(Fe, Cu, Co, Mo, Cd, Bi, Zn, Ni, Ce, Cr 등)이라 한다.

03. 다음 중 경금속에 속하는 것은 ?

① 합금 주철 ② 황동
③ 규소 강판 ④ 알루미늄

04. 다음 금속 중 비중이 가장 낮은 경금속인 것은 ?

① Cu ② Pb
③ Ag ④ Na

구리 : 8.96, 납 : 11.36, Ag : 10.49, Na : 0.97

05. 철사 등을 당길 때 가늘고 길게 늘어나는 성질은 ?

① 연성 ② 전성
③ 전연성 ④ 인성

06. 파괴에 대한 재료의 저항력으로 질긴 성질, 즉 연성과 강도가 큰 성질을 무엇이라 하는가 ?

① 강도 ② 인성
③ 탄성 ④ 피로

07. 다음 재료 중 고온에서 취약하므로 일반적으로 단조하지 않는 재료는 ?

① 탄소강 ② 동합금
③ 주철 ④ 합금강

08. 다음 기계재료의 열팽창 계수가 큰 순서별로 나열한 것은 ?

① Al 〈 18—8스테인리스강 〈 Cu 〈 Fe
② 18—8스테인리스강 〈 Al 〈 Fe 〈 Cu
③ Cu 〈 Al 〈 스테인리스강
④ Fe 〈 Al 〈 스테인리스강 〈 Cu

열팽창 계수는 18—8스테인리스강 < Al < Fe < Cu 순서이다.

09. 금속을 가공할 때 가공도가 크면 그 성질은 어떻게 변하는가 ?

① 내부 응력 감소 ② 충격값 감소
③ 경도 증가 ④ 연신율 증가

10. 금속의 결정입자의 크기와 관계없는 것은?

① 불순물 ② 높은 온도
③ 금속의 종류 ④ 냉각 속도

정 답 1. ④ 2. ③ 3. ④ 4. ④ 5. ① 6. ② 7. ③ 8. ② 9. ③ 10. ②

11. 금속을 현미경으로 보면 작은 알맹이의 모임으로 구성되어 있다. 이 알맹이(결정체)를 무엇이라 하는가?

① 단위세포 ② 결정입자
③ 결정격자 ④ 격자 상수

결정체는 금속의 원자가 규칙 있게 배열된 상태를 말하고 그 1개의 결정체를 결정입자라 한다. 또한 결정격자는 1개의 결정격자를 X선으로 보면 원자들이 규칙적으로 배열되어 있는 상태를 말한다.

12. 2개의 성분 금속이 용융되어 있는 상태에서 서로 융합되어 균일한 액체를 형성하고 있으나 응고된 후에는 성분 금속이 각각 결정으로 되어 2개의 성분 금속이 전혀 고용체를 만들지 않고 기계적으로 혼합된 조직을 형성할 때를 무엇이라 하는가?

① 공석 ② 초정
③ 초석 ④ 공정

공정이란 2개의 성분 금속이 용융된 상태에서는 균일 상태이나 응고 상태에서는 각각 분리된 결정으로 되어 혼합된 조직으로 되는 것을 말한다.

13. Fe—C 상태도에서 공정점의 탄소 함유량은 몇 % 인가?

① 6% ② 1.7%
③ 2.1% ④ 4.3%

14. 금속에서 볼 수 없는 결정구조는 어느 것인가?

① 체심 입방격자
② 면심 입방격자
③ 면심 정방격자
④ 조밀 육방격자

15. 면심입방격자의 격자 내 원자의 충전율은 얼마인가?

① 30% ② 45%
③ 68% ④ 74%

16. 상온에서 철의 결정격자는?

① 체심 입방격자 ② 면심 입방격자
③ 면심 정방격자 ④ 조밀 육방격자

17. 같은 물질이 다른 상으로 변하는 것을 무엇이라 하는가?

① 결정격자 ② 융해도
③ 변태 ④ 변화

18. 금속 또는 합금의 온도변화에 따라 내부의 결정격자가 바뀌는 변태를 무엇이라고 하는가?

① 자기변태 ② 편석변태
③ 소성변태 ④ 동소변태

동소변태란 금속 또는 합금의 온도 변화에 따라 내부의 결정격자(원자의 배열)가 바뀌는 변태를 말한다.

19. 자기변태에 대한 설명으로 틀린 것은?

① 철의 자기 변태점은 910℃이다.
② 원자의 내부에 어떤 변화를 일으킨다.
③ 자기 변태가 일어나는 점을 자기 변태점이라 하며, 이 온도를 퀴리점(cure point)이라고 한다.
④ 강한 자성 금속 즉, 철, 니켈, 코발트 등은 가열하면 어느 온도에 이르러 보통 자성이 없어진다.

철의 자기 변태점은 768℃, 910℃점은 동소 변태점이다.

20. 순철에서 α 및 δ철의 결정격자는?

① F. C. C ② B. C. C
③ H. C. P ④ T. C. C

α와 δ철은 체심입방격자(B. C. C)이다.

정 답 11. ② 12. ④ 13. ④ 14. ③ 15. ④ 16. ① 17. ③ 18. ④ 19. ① 20. ②

21. 순철의 동소 변태점과 자기 변태점은 다음과 같다. 맞는 것은 어느 것인가 ?(단, 동소 변태점은 A_3, 자기 변태점은 A_2)

① A_3: 907℃, A_4: 930℃, A_2: 520℃

② A_3: 907℃, A_4: 1400℃, A_2: 768℃

③ A_3: 520℃, A_4: 907℃, A_2: 780℃

④ A_3: 450℃, A_4: 525℃, A_2: 410℃

순철의 변태점
- A_0변태점 : 210℃
- A_1변태점 : 723℃
- A_2변태점(자기 변태점) : 768℃
- A_3변태점(동소 변태점) : 910℃
- A_4변태점 : 1400℃

22. 평형 상태도란 무엇인가 ?

① 합금의 각 성분이 융합상태와 모든 온도와의 관계를 한 그림에 표시하고 상의 구역을 곡선으로 표시한 것

② 합금의 응고에서 온도와 시간과의 관계를 곡선으로 나타낸 것

③ 합금의 각 성분의 구역을 평형적으로 표시한 것

④ 합금의 용해에서 온도와 시간과의 관계를 곡선으로 나타낸 것

23. 제철을 할 때 용광로 속에 주입되지 않는 것은 ?

① 철광석　② 석회석
③ 코크스　④ 석탄가스

24. 선철을 만드는 과정에서 철분과 불순물을 분리하는 것은 무엇인가 ?

① 석회석　② 망간
③ 내화물　④ 코크스

25. 선철은 다음의 어느 노에서 만들어지는가?

① 용광로　② 전기로
③ 평로　④ 용선로

26. 용광로의 용량은 ?

① 기계의 전 용량

② 10시간의 제철 용량

③ 1일의 제선 용량

④ 12시간 동안의 제선 능력

27. 1회 생산되는 양으로 크기를 표시하는 노(furnace)가 아닌 것은 ?

① 전로　② 평로
③ 용광로　④ 아크식 전기로

용광로는 24시간 동안 생산된 선철의 무게를 ton으로 그 크기를 표시한다.

28. 다음 중 제강법이 아닌 것은 ?

① 평로 제강법　② 전로 제강법
③ 전기로 제강법　④ 용광로 제강법

29. 평로의 용량은 ?

① 1시간에 용해할 수 있는 용선의 무게

② 1회당 용해할 수 있는 용선의 무게

③ 10시간 용해할 수 있는 용선의 무게

④ 1일에 용해 할 수 있는 용선의 무게

30. 용해 온도가 낮은 동, 황동, 청동 등 비철금속을 용해시키는데 주로 이용되는 용해로는 ?

① 큐폴라(cupola)

② 전기로(electronic furnace)

③ 반사로(reverberatory furnace)

④ 평로(open heat furnace)

정 답 21. ② 22. ① 23. ④ 24. ① 25. ① 26. ③ 27. ③ 28. ④ 29. ② 30. ③

31. 다음은 도가니로의 크기를 설명한 것이다. 이중 옳은 것은 ?

① 1회 용해할 수 있는 구리의 무게(kg)로 표시한다.

② 1회 용해할 수 있는 철의 무게(kg)로 표시한다.

③ 1일(24시간) 동안 용해할 수 있는 구리의 양(kgf)으로 표시한다.

④ 1일(24시간)동안 용해할 수 있는 철의 양(kgf)으로 표시한다.

도가니로의 크기는 1회 용해할 수 있는 구리의 무게(kg)로 표시한다.

32. 다음 중 철광석이 아닌 것은 ?

① 적철광 ② 자철광

③ 능철광 ④ 휘철광

33. 철광석이 갖추어야 할 성분 중 옳은 것은?

① 철분이 50% 이하, 황이 0.5% 이상

② 철분이 50% 이상, 황이 0.5% 이하

③ 철분이 50% 이상, 황이 0.1% 이하

④ 철분이 40% 이하, 황이 0.1% 이상

제철용으로 사용되는 철광석에는 자철광, 적철광, 갈철광, 능철광이 있다. 철광석은 철분이 50% 이상이어야 하며, 불순물이 적은 것이 사용된다. 특히 인과 황은 절대로 0.1%를 초과해서는 안 된다.

34. 철강의 분류는 무엇에 의해서 하는가 ?

① 성질 ② 탄소 함유량

③ 조직 ④ 제작방법

35. 탄소강은 탄소 함유량이 얼마인가 ?

① 0.006～2.0% ② 0.03～2.0%

③ 0.86～2.0% ④ 2.5～4.5%

36. 강과 선철의 한계는 탄소 함유량으로 구분하면 얼마인가 ?

① 0.035% ② 0.85%

③ 2.0% ④ 2.5%

37. 주철의 탄소함유량은 몇 %인가 ?

① 0.85～2.0% ② 0.5～4.5%

③ 2.0～6.67% ④ 0.03～2.0%

38. 탄소 함유량이 0.6～1.5%인 철을 무엇인가?

① 순철 ② 경강

③ 특수강 ④ 베어링 강

39. 다음 중 철강 재료에 함유된 원소의 중요 5성분은 ?

① 황, 망간, 인, 규소, 탄소

② 황, 인, 니켈, 규소, 망간

③ 황, 크롬, 망간, 규소, 중석

④ 황, 탄소, 망간, 크롬, 인

40. 다음 탄소강에 관해 틀린 것은 ?

① 강철에 함유되는 탄소는 그 냉각조건에 따라 시멘타이트와 흑연의 2가지로 존재한다.

② 탄소강은 탄소량의 증가에 따라서 인장강도는 감소하고, 충격값은 증가한다.

③ 탄소강은 200~300℃에서 상온에서보다 여리고 약한 성질을 갖는다.

④ 탄소강은 순수한 Fe와 C만의 합금이 아니고, Mn, P, Cu 등을 함유한다.

탄소강에 탄소 함유량이 증가하면 항복점, 인장 강도 및 경도 등은 증가하나 충격값, 연신율, 단면 수축률 등은 감소한다.

정 답 31. ① 32. ④ 33. ③ 34. ② 35. ② 36. ③ 37. ③ 38. ② 39. ① 40. ②

41. 탄소강의 탄소 함유량이 증가할수록 재료의 기계적 성질 및 가공성이 변화하는 내용을 설명한 것으로 맞지 않는 것은 ?

① 경도가 증가한다.

② 인성이 증가한다.

③ 용해 온도가 낮아진다.

④ 가단성이 떨어진다.

탄소강에서 탄소 함유량이 증가할수록 경도와 강도는 증가하고, 인성은 저하하며, 용해점이 낮아진다.

42. 탄소강에서 탄소 함유량이 증가함에 따라 감소하는 기계적 성질은 ?

① 연신률 ② 경도

③ 항복점 ④ 인장 강도

탄소강에 탄소 함유량이 증가할수록 항복점, 인장강도, 경도 등은 증가하지만, 충격값, 연신률, 단면 수축률 등은 감소한다.

43. 탄소강에서 탄소 함유량이 많아질수록 나타나는 성질에 대한 일반적인 설명으로 틀리는 것은 ?

① 연신율 감소 ② 경도 증가

③ 항복점 감소 ④ 충격값의 감소

44. 0.8%인 강은 펄라이트라고 불리는 층상 조직을 표시하는데 이런 강을 무엇이라고 하는가 ?

① 아공석강 ② 공석강

③ 과공석강 ④ 연강

45. 탄소 함유량이 0.8% 이하인 강을 아공석강이라고 하는데 이 아공석강의 조직은?

① 페라이트 + 펄라이트

② 펄라이트 + 트루스타이트

③ 페라이트 + 시멘타이트

④ 펄라이트 + 시멘타이트

46. 강을 제조법에 의해 분류할 때 해당되지 않는 것은 ?

① 림드강 ② 킬드강

③ 세미 림드강 ④ 세미킬드강

강을 제조법에서 탈산하는 방법에 의하여 분류하면 약간 탈산한 것이 림드강이고, 완전 탈산한 것이 킬드강, 중간 정도가 세미 킬드강이다.

47. 킬드강이란 다음 중 어느 것인가 ?

① 쇠를 담그어 성질을 죽인다는 말이다.

② 금속의 이름으로써 쇠가 포함된 합금에 쓰인다.

③ 우리말로 진정 강이라 한다.

④ C 0.3% 이하, Si가 0.1% 이하의 연강이다.

48. 강괴(ingot)에서 탈산 재료로 사용되지 않는 것은 ?

① 페로망간 ② 페로실리콘

③ 페로니켈 ④ 알루미늄

49. 강에 강성, 인성 및 내식성, 내산성 등을 증가시켜주기 위하여 첨가하는 원소는 다음 중 어느 것인가 ?

① Al ② Mn

③ Ni ④ Cu

50. 다음 중 냉간 취성을 일으키는 성분으로 가장 적합한 것은 ?

① Mn ② Si

③ P ④ S

P은 냉간 취성을 일으키며, S은 적열 취성의 원인이 된다.

정 답 41. ② 42. ① 43. ③ 44. ② 45. ① 46. ③ 47. ③ 48. ③ 49. ③ 50. ③

51. 강철이 적열상태에서 취약하게 되는 성질을 적열 취성이라고 하는데 다음 중 가장 관계가 깊은 원소는 ?

① 탄소　② 실리콘
③ 인　④ 황

52. 탄소강에서 적열 메짐성을 방지하기 위하여 첨가하는 원소는 ?

① 니켈　② 망간
③ 크롬　④ 규소

53. 주철 중에 함유된 다음의 원소 중에서 흑연화를 강력하게 촉진시키는 것은 ?

① P　② Mn
③ S　④ Si

주철의 흑연화 촉진원소에는 Si, Al, Ni 등이 있으며, 반대로 흑연화를 방해하는 원소에는 Cr, Mn 등이 있다.

54. 탄소강에 첨가되어 있는 원소 중에서 선철 및 탈산제에 첨가되며 강의 경도, 탄성한계, 인장력을 높여주지만 신도(伸度)와 충격값을 감소시키는 원소는 ?

① 망간　② 규소
③ 인　④ 황

55. 다음 중 탄소강의 조직 중 가장 불안정한 조직은 ?

① 베이나이트　② 펄라이트
③ 마르텐사이트　④ 시멘타이트

56. 탄소 6.67%를 함유한 탄화철 조직은 어느 것인가 ?

① 페라이트　② 시멘타이트
③ 펄라이트　④ 오스테나이트

시멘타이트는 고용한계 이상으로 탄소가 고용되면 탄소와 철이 화합하여 탄화철(Fe_3C)가되며 백색으로 매우 단단하며 여린 결정이다. 201℃에서 자기변태를 일으킨다.

57. 강을 담금질하여 얻는 조직은 ?

① 시멘타이트 조직
② 페라이트 조직
③ 펄라이트 조직
④ 마르텐사이트 조직

강의 표준조직에는 페라이트, 펄라이트, 시멘타이트 조직이 있고, 담금질조직에는 오스테나이트, 마르텐사이트, 솔바이트 조직 등이 있다.

58. Fe—C 평형 상태도에서 레데뷰라이트는 무엇과 무엇의 공정인가 ?

① 오스테나이트와 펄라이트
② 오스테나이트와 시멘타이트
③ 시멘타이트와 펄라이트
④ 페라이트와 펄라이트

레데뷰라이트는 포화되어 있는 1.7%C의 γ고용체(오스테나이트)와 6.67% C의 시멘타이트 공정조직이며 담금질 조직은 아니다.

59. 펄라이트 조직에 대한 설명으로 가장 적당한 것은 ?

① α고용체와 Fe_3C의 혼합물
② γ고용체와 Fe_3C의 혼합물
③ α고용체와 γ고용체의 혼합물
④ δ고용체와 α고용체의 혼합물

펄라이트는 페라이트(α고용체)와 시멘타이트(Fe_3C)의 공석정이다.

60. 탄소강에 하나 또는 여러 종류의 합금 원소를 첨가하여 여라 가지의 목적에 적합하도록 성질을 개선한 강을 무엇이라 하는가 ?

① 과공석강　② 고탄소강
③ 합금강　④ 중금속

정 답 51. ④ 52. ② 53. ④ 54. ② 55. ③ 56. ② 57. ④ 58. ② 59. ① 60. ③

61. 열처리에서 "Ar"변태란 무엇인가 ?

① 오스테나이트에서 마르텐사이트로 변화하는 것
② 오스테나이트에서 솔바이트로 변화하는 것
③ 트루스타이트에서 솔바이트로 변화하는 것
④ 펄라이트에서 시멘타이트로 변화하는 것

62. 선반의 주축용 재료는 강도나 내 마모성이 큰 재료가 필요하다. 다음 중 어떤 재료가 가장 적합한가 ?

① Ni—Cr steel ② 하이스(H.S.S)
③ W—Mo steel ④ 고 탄소강

Ni—Cr강은 강인하고, 탄성한도가 높으며 담금질 효과가 크다. 또 내마모성, 내열성이 크며 용접은 가능하나 주조성이 불량하다.

63. 고속도강의 표준 성분은 ?

① 텅스텐(W)18%, 크롬(Cr) 4%, 바나듐(V) 1%
② 크롬(Cr) 18%, 텅스텐(W) 4%, 바나듐(V) 1%
③ 바나듐(V) 18%, 크롬(Cr) 4%, 텅스텐(W) 4%
④ 텅스텐(W) 18%, 바나듐(V) 4%, 크롬(Cr) 1%

고속도강의 표준 성분은 텅스텐(W)18%, 크롬(Cr) 4%, 바나듐(V) 1%이다.

64. 다음 중 절삭공구 재료로 가장 적합한 것은 ?

① 문즈 메탈 ② 고속도 강
③ 주철 ④ 저탄소강

65. 스테인레스 강을 조직상으로 분류한 것 중 옳지 않은 것은 ?

① 오스테나이트계 ② 마르텐사이트계
③ 시멘타이트계 ④ 페라이트계

스테인레스 강에는 금속조직에 따라 페라이트계, 마르텐사이트계, 오스테나이트계가 있다.

66. 스테인레스 강은 다음 어느 것인가 ?

① Ni 18% + Cr 8%
② W 18% + Ni 8%
③ Cr 18% + Ni 8%
④ Cr 18% + W 8%

67. 다음 재료 중 수중에서의 내식성이 가장 좋은 것은 ?

① 일반 구조용 압연 강제
② 열간 압연 강판
③ 기계 구조용 압연 강제
④ 스테인레스 강

스테인리스강은 수중(水中)에서 내부식성이 가장 좋다.

68. 18—8 스테인리스강의 주성분으로 적합한 것은 ?

① Fe, Cr, Zn ② Fe, Ni, Al
③ Fe, Cr, Ni ④ Fe, Sn, Ni

18—8스테인리스강은 Fe에 Cr 18%, Ni 8%를 함유한 것이며, 비 자성이며 질기고 전성이 크며 가공 경화성이 좋다.

69. 다음에서 불변 강이 아닌 것은 ?

① 탕갈로이(tungalloy)
② 바이메탈(bimetal)
③ 플래티나이트(plastinite)
④ 엘린바(elinvar)

불변강의 종류에는 인바, 초인바, 엘린바, 플래티나이트 등이 있으며, 초 경질합금의 상품명에는 탕갈로이, 카볼로이, 비디아 등이 있다.

정 답 61. ① 62. ① 63. ① 64. ② 65. ③ 66. ③ 67. ④ 68. ③ 69. ①

70. Ni 36%, Cr 12% 나머지가 철이며 탄성이 온도에 따라 거의 변하지 않는 강은 ?

① 엘린바　　② 센더스트
③ 퍼멀로이　　④ 스텔라이트

71. 다음 중 Ni—Fe계 합금에서 Ni 35~36%, 망간, 탄소 등을 약간 함유하는 합금으로 경합금 제의 피스톤 보강 재료나 선팽창계수가 낮아 표준자 등 계기류에 쓰이는 기계 재료는 ?

① 엘린바(elinvar)
② 인바(invar)
③ 니칼로이(nikalloy)
④ 엘렉트론(electron)

인바는 Ni—Fe계 합금에서 Ni 35~36%, 망간, 탄소 등을 약간 함유하는 합금으로 경합금 제의 피스톤 보강재료나 선팽창계수가 낮아 표준자 등 계기류에 쓰이는 기계 재료이다.

72. 절삭공구 재료로 사용되는 스텔라이트의 주성분은 ?

① V—Mo—C　　② W—C—Co
③ W—C—Cr　　④ Co—Cr—W—Fe

스텔라이트의 주성분은 Co－Cr－W－C－Fe이다.

73. 다음 중 주철에 대하여 설명한 것은 어느 것인가 ?

① 탄소가 0.03~1.7%를 함유한 것을 말한다.
② 담금질 효과를 잘 받는다.
③ 가공이 가능하나, 용접성이 불량하다.
④ 연신율이 강에 비해서 크다.

주철의 특징
① 탄소가 2.0~6.67%를 함유한 것이다.
② 담금질 효과가 불량하다.
③ 연신율이 강에 비해서 작다.
④ 마찰저항과, 압축강도가 크다.

74. 다음 설명 중 옳지 않은 것은 ?

① 주철의 인장 강도는 약하나 압축 강도에 대해서는 상당히 크다.
② 백주철을 열처리하여 단조할 수 있게 된 것을 가단주철 이라고 한다.
③ 금형에 주조하여 표면을 백선 화한 주물을 칠드 주물이라고 한다.
④ 구상 흑연 주철을 노듈러 주철 또는 덕타일 주철이라고도 한다.

가단주철이란 백주철을 가열 탈탄시켜 시멘타이트를 흑연화시켜 인장강도를 증대시키고, 연신할 수 있도록 한 것이다. 여기서 가단이란 단조(forging)의 의미가 아니라 보통 주철보다 타격을 하거나 구부려도 즉시 파손되지 않는 성질을 의미한다.

75. 다음은 가단주철에 대해 설명한 것이다. 틀린 것은 ?

① 인성이 있으므로 관 이음쇠 등에 널리 사용된다.
② 백주철을 어닐링(풀림)하여 인성을 크게 한 것이다.
③ 인장강도가 비교적 크다.
④ 펄라이트 주철은 단조한 것이다.

76. 인장강도가 55~80kgf/cm^2 정도로 주철 중 인장강도가 가장 높은 것은 ?

① 칠드주철　　② 백심 가단주철
③ 구상 흑연주철　　④ 흑심 가단주철

77. 다음 중 합금주철에 해당되지 않는 것은?

① 알루미늄 주철　　② 크롬주철
③ 미하나이트 주철　　④ 니켈주철

합금 주철이란 주철의 5원소(C, Si, Mn, P, S)이외의 원소, 즉 니켈(Ni), 크롬(Cr), 몰리브덴(Mo), 알루미늄(Al), 티탄(Ti)등을 첨가하여 보통주철에서는 얻을 수 없는 우수한 기계적 성질, 내 마모성, 내 산성, 내 부식성, 내열성 등이 있는 주철이다.

정 답 70. ① 71. ② 72. ④ 73. ③ 74. ② 75. ④ 76. ③ 77. ③

78. 다음 주철 중 인장 강도가 높아 차량의 프레임이나 캠 및 기어용 부품 등에 적합한 것은 ?

① 회주철　② 칠드주철
③ 백주철　④ 가단주철

① 회주철 : 유리된 탄소와 탄화철(Fe_3C)이 혼합하여 존재하며, 규소의 함유량이 많고 냉각속도를 느리게 하여 다량의 탄소가 흑연화되어 있는 주철이다.
② 백주철 : 탄소, 규소의 양이 작을 때 생기며 탄화철이 많을 때 주물의 파단면이 백색이며 취성이 크다. 급랭시킬 때 발생하므로 칠드라고도 한다.
③ 칠드주철 : 주조할 때 금형의 다이에 접속된 표면을 급랭시켜 표면은 시멘타이트가 되게 하고, 내부는 서서히 냉각시켜 펄라이트가 되게 한 주철이다.

79. 주철에 함유된 원소 중 인(P)의 영향으로 옳은 것은 ?

① 조직을 미세화시킨다.
② 연성을 증가시킨다.
③ 유동성을 향상시킨다.
④ 내열성 및 내 마모성을 향상시킨다.

인(P)은 쇳물의 유동성을 증가시켜주고, 수축률을 감소시키며, 강도와 경도의 증가 및 상온에서의 충격값을 감소시켜 준다.

80. 구리의 성질에 관한 설명으로 올바른 것은?

① 전 연성이 낮아 가공이 어렵다.
② 자성체로 열의 불 양도체이다.
③ 습기 및 탄산가스 중에서 표면에 유해한 녹청색의 녹이 발생한다.
④ 수출률이 작고, 기공이 생기지 않으므로 주물로 적당하다.

구리의 특성
① 열·전기의 양도체이며, 색체가 아름답다.
② 유연하고 전성과 연성이 커 가공성이 좋다.
③ 표면에 녹색의 염기성 탄산구리의 녹이 생겨 보호피막 역할을 하므로 부식이 잘 일어나지 않는다.
④ 습기와 이산화탄소 중에서는 녹이 발생한다.
⑤ 초산이나 진한 황산에는 침식되지 않으나 소금물에는 부식된다.
⑥ 기계적 강도가 낮다.
⑦ 비중은 8.96, 용융점은 1083℃이다.

81. 동 및 동합금에 관한 다음 설명 중 올바른 것은 ?

① 황동은 구리와 주석의 합금이다.
② 전기 전도율이 은(Ag)다음으로 크다.
③ 청동은 구리와 아연의 합금이다.
④ 인 청동은 내마멸성이 나쁘며, 베어링으로 사용할 수 없다.

82. 다음 중 청동(bronze)의 주성분과 청동 주물의 재료 기호는 ?

① Cu—Zn이 주성분으로 BsC로 표시
② Cu—Sb이 주성분으로 PBC로 표시
③ Cu—Sn이 주성분으로 BrC로 표시
④ Cu—Pb이 주성분으로 BzC로 표시

청동의 주성분과 청도 주물의 재료기호는 Cu—Sn이 주성분으로 BrC로 표시한다.

83. 7—3황동은 무엇을 의미하는가 ?

① 주석 70%, 구리 30%
② 구리 70%, 아연 30%
③ 주석 70%, 아연 30%
④ 니켈 70%, 규소 30%

84. 델타 메탈(delta metal)은 무엇의 합금인가?

① 7—3황동과 Sn
② 7—3황동과 Al
③ 6—4황동과 Fe
④ 6—4황동과 Mn

델타 메탈은 6—4황동과 Fe의 합금이다.

정 답 78. ④ 79. ③ 80. ③ 81. ② 82. ③ 83. ② 84. ③

85. 황동 중에서 6—4황동에 속하는 것은 ?

① 문츠 메탈
② 로우 브라스
③ 레드 브라스
④ 톰백

86. 구리 88%, 주석 10%, 아연 2%의 합금으로 주조성, 기계적 성질, 내식성이 우수하여 기계부품의 중요부분에 널리 사용되는 청동은 ?

① 포금　② 인청동
③ 알루미늄 청동　④ 베릴동 청동

87. 톰백(tom bac)은 무엇의 합금인가 ?

① Zn 5~20% 황동
② Sn 5~20% 황동
③ Zn 40~60% 황동
④ Sn 40~60% 황동

톰백은 Zn 5~20% 황동이다.

88. 다음 금속의 합금 중 시효경화를 일으킬 수 있는 것은 ?

① 동합금
② 알루미늄 합금
③ 마그네슘 합금
④ 니켈 합금

89. 자동차 피스톤 합금으로 많이 사용되는 Al의 합금으로 Al—Si계 합금은 ?

① Y합금
② H. D합금
③ LO—Ex합금
④ S. D합금

LO—EX는 자동차 피스톤 합금으로 많이 사용되는 Al의 합금이며 Al—Si계이다.

90. Y합금에 대한 설명 중 틀린 것은 ?

① 실린더 헤드에 사용된다.
② 높은 온도에서 열팽창 계수가 낮다.
③ Al+Cu+Mg+Ni의 합금이다.
④ 열전도율이 좋다.

Y합금의 특징
① 피스톤, 실린더헤드 등에서 사용된다.
② 높은 온도에서 열팽창 계수가 크다.
③ Al+Cu+Mg+Ni의 합금이다.
④ 열전도율이 좋다.

91. 합금과 관계있는 것끼리 연결한 것으로 옳지 않은 것은 ?

① Y합금—자석강
② 화이트 메탈—베어링
③ 알루멜—열전대
④ 인바—불변강

92. 내식성 알루미늄인 하이드로날륨의 주요 합금 원소는 ?

① 납　② 주석
③ 마그네슘　④ 니켈

하이드로날륨은 Al—Mg계열의 합금이며, 내 부식성이 커 식품용, 화학용, 건축용, 차량 및 항공기용으로 사용된다.

93. 두랄루민의 주요 원소는 ?

① Al+Ni+Fe+Mn
② Al+Cu+Mn+Mg
③ Al+Cu+Fe+Mn
④ Al+Ni+Mg+Cr

두랄루민은 알루미늄, 구리, 망간, 마그네슘으로 된 강력 알루미늄 합금이다.

정 답 85. ① 86. ① 87. ① 88. ② 89. ③ 90. ② 91. ① 92. ③ 93. ②

94. 두랄루민(duralumin)을 설명한 것이다. 맞지 않는 것은 ?

① 시효성이 있으며, 기계적 성질이 매우 우수하다.

② 알루미늄 합금 중에서도 열처리에 의해 재질 개선이 가능하다.

③ 인장 강도 10~15kgf/mm^2, 연신율 10~14%, 브리넬 경도 150~200 정도이다.

④ Al—Cu—Mg—Si합금이다.

두랄루민(duralumin)
① 시효성이 있으며, 기계적 성질이 매우 우수하다.
② 알루미늄 합금 중에서도 열처리에 의해 재질 개선이 가능하다.
③ 인장 강도 43kgf/mm^2, 연신율 20% 정도이다.
④ Al—Cu—Mg합금이다.

95. 다음 중 초 두랄루민(super duralumin)의 주성분을 올바르게 나타낸 항은 ?

① Al—Au—Mn—Mg의 합금으로서 Mn이 함유량을 0.3~0.8%로 높인 것

② Al—Cu—Fe—Mg의 합금으로서 Fe의 함유량을 1.2~2.6%로 높인 것

③ Al—Mg—Zn—Si의 합금으로서 Zn의 함유량을 1.5~2.0%로 높인 것

④ Al—Cu—Mg—Mn의 합금으로서 Mg의 함유량을 0.5~1.5%로 높인 것

초 두랄루민이란 Al—Cu(4.5%)—Mg—Mn(0.6%)의 합금으로서 Mg의 함유량을 0.5~1.5%로 높인 것을 말한다.

96. 전기저항 및 내열성이 크며, 고온에서도 강도 및 경도가 크므로 전기 저항선으로 많이 사용되는 15~20%의 합금은 ?

① 니크롬(nichrome)

② 콘스탄탄(concatenate)

③ 플래티나이트(platinite)

④ 엘린바(elivar)

니크롬은 전기저항 및 내열성이 크며, 고온에서도 강도 및 경도가 크므로 전기 저항선으로 많이 사용되는 15~20%의 합금이다.

97. 40~50% 정도의 Ni를 함유한 니켈—구리 계열의 합금이며, 전기 저항이 크고 온도 계수가 작아 전기 저항선이나 열전대용으로 많이 사용하는 것은 ?

① 콘스탄탄 ② 모넬메탈

③ 니크롬 ④ Y합금

98. 다음 중 인코넬의 주성분은 ?

① 니켈, 알루미늄

② 니켈, 크롬, 철

③ 아연, 크롬, 알루미늄

④ 주석, 아연, 크롬

인코넬은 니켈, 크롬, 철의 합금이다.

99. 다음 중 일반적으로 베어링 재료로 사용되지 않는 것은 ?

① 배빗메탈 ② 인바

③ 켈밋 ④ 포금

100. 켈밋(kelmet)의 용도를 다음 중에서 고르시오.

① 열전대 ② 퓨즈

③ 규소 강판 ④ 베어링 메탈

101. 화이트 메탈의 주성분은 다음 중 어느 것인가 ?

① Al, Pb, Cu, Sb

② Sn, Zn, Pb, Co

③ Sn, Pb, Cu, Sb

④ Sn, Al, Pb, Cu, Sb

정 답 94. ③ 95. ④ 96. ① 97. ① 98. ② 99. ② 100. ④ 101. ③

102. 다음 중 양은의 합금 원소는 ?

① Cu+Zn+Al ② Zn+Ni+Mg

③ Cu+Zn+Ni ④ Cu+Zn

103. 합금재료 중 양은(洋銀)에 대한 설명 중 틀린 것은 ?

① 동, 알루미늄, 니켈의 3원 합금이다.

② 양백(洋白)이라고 한다.

③ 내열성, 내부 식성이 우수하다.

③ 일반 전기 저항 체에 많이 사용된다.

양은은 구리, 아연, 니켈의 합금이다.

104. 광물 섬유이며 내열성 및 마찰계수 등이 좋아 클러치 및 브레이크 라이닝, 개스킷 재료로 사용되는 것은 ?

① 석면 ② 켈밋

③ 와니스 ④ 테프론

석면은 광물 섬유이며 내열성 및 마찰계수 등이 좋아 클러치 및 브레이크 라이닝, 개스킷 재료로 사용된다.

105. 강의 표면 경화 방법이 아닌 것은 ?

① 시안화 방법 ② 질화법

③ 베세머법 ④ 침탄법

106. 풀림 열처리의 목적에 해당되지 않는 것은 ?

① 재질의 경화(硬化)

② 재질의 균질화

③ 응력 제거

④ 재질의 피삭성의 개선

풀림 열처리의 목적

① 열처리로 경화된 재료를 연화시킨다.

② 가공 경화된 재료를 연화시킨다.

③ 가공 중의 내부 응력을 제거한다.

④ 재질의 균질화

⑤ 재질의 피삭성의 개선

107. 풀림작업의 목적과 관계되지 않는 것은?

① 열처리로 경화된 재료를 연화시킨다.

② 가공 경화된 재료를 연화시킨다.

③ 가공 중의 내부 응력을 제거한다.

④ 경도나 강도를 다소 감소시킨다.

108. 가공재료를 고온 어닐링 할 때 재질 변화와 무관한 것은 ?

① 회복

② 2차 재결정

③ 결정 성장

④ 베이나이트 반응

가공 재료를 고온 어닐링(풀림)할 때 회복, 2차 재결정, 결정 성장 등이 재질 변화에 관계된다.

109. 다음 열처리 종류 중에 재질을 경화시키는 것은 ?

① 뜨임(tempering)

② 불림(normalizing)

③ 풀림(annealing)

④ 담금질(quenching)

담금질은 강을 A_1변태점 이상으로 가열하여 유중(油中)이나 수중(水中)에서 급랭 강도와 경도를 증가시키는 열처리를 말한다.

110. 탄소강을 가열하여 오스테나이트 조직으로 하고, 이것을 마르텐사이트 조직으로 바꾸는 열처리는 무엇인가 ?

① 담금질 ② 뜨임

③ 풀림 ④ 불림

담금질이란 탄소강을 가열하여 오스테나이트 조직으로 하고, 이것을 마르텐사이트 조직으로 바꾸는 열처리를 말한다.

정 답 102. ③ 103. ① 104. ① 105. ③ 106. ① 107. ④ 108. ④ 109. ④ 110. ①

111. 담금질 후 시간이 경과함에 따라 경도가 커지는 현상은 ?

① 표면 경화　　② 가공 경화
③ 담금질 경화　　④ 시효 경화

담금질 후 시간이 경과함에 따라 경도가 커지는 현상을 시효 경화라고 한다.

112. 경도는 크나 여림이 있는 강의 경우 변태점이하의 적당한 온도로 가열하여 공랭 또는 노냉하여 인성을 증가시키는 열처리는 ?

① 풀림　　② 불림
③ 뜨임　　④ 담금질

뜨임(tempering)이란 경도는 크나 여림이 있는 강의 경우 변태점 이하의 적당한 온도로 가열하여 공랭(空冷) 또는 노냉(爐冷)하여 인성을 증가시키는 열처리를 말한다.

113. 서브제로처리(sub zero treatment)에 대한 다음 설명 중 옳은 것은 ?

① 뜨임 처리하기 전에 온도를 영하 5℃까지 냉각한 후에 페라이트 조직을 분해시키는 처리
② 담금질 후 풀림을 하기 전에 얼마동안 0℃ 이하에 두었다가 풀림처리하는 것
③ 풀림처리를 한 후 온도를 영하 30℃까지 냉각시켜 잔류응력을 제거시키는 열처리
④ 담금질 후 계속 0℃ 이하의 온도까지 냉각시켜 잔류 오스테나이트를 감소시키는 것이다.

서브제로(심냉)처리란 담금질 후 계속 0℃ 이하의 온도까지 냉각시켜 잔류 오스테나이트를 감소시키는 것을 말한다.

정 답 111. ④ 112. ③ 113. ④

02 CHAPTER 기계공작법

기계는 여러 가지 부품을 결합하여 일정한 운동기능을 갖도록 만든 것이며, 기계를 구성하는 각각의 기계부품은 몇 가지 가공공정을 거쳐 제작을 한다. 기계는 대부분 금속재료로 만들어지며, 이러한 재료를 필요한 형상과 치수로 가공하여 기계부품을 제작하는 기계를 공작기계라 하고 공작기계와 공구를 사용하여 기계부품을 제작하는 방법을 기계공작법이라 한다. 기계공작법의 종류는 다음과 같다.

① 주조
② 소성가공(단조, 압연, 인발, 압출, 전조, 프레스 가공)
③ 용접 및 절단
④ 측정과 손 다듬질
⑤ 절삭가공(선반, 드릴, 보링, 밀링, 세이퍼, 플레이너, 슬로터, 브로칭, 나사 및 기어 가공)
⑥ 연삭가공
⑦ 특수가공(슈퍼 피니싱, 호닝, 래핑, 초음파가공, 방전가공, 전해가공, 전자빔가공, 레이저가공)
⑧ 표면처리가공(표면경화, 금속 침투, 표면 피복)

1. 기계재료의 가공성

금속재료를 용해하거나 늘리거나 절삭하는 등 가공할 수 있는 성질을 가공성이라 하며 기계공작은 각 재료의 가공성을 이용하여 기능이 확실하고 경제적인 방법으로 부품을 가공한다. 기계공작과 관계되는 중요한 것을 들면 다음과 같다.

[1] 절삭성(cutting ability)

절삭성은 재료가 잘 깎이거나 깎이지 않는 정도를 나타내는 것이며, 이 성질을 이용한 것이 절삭 및 연삭가공이다. 절삭성은 일반적으로 재료의 기계적 성질과 상반되는 경향을 나타내므로 가공방법의 선택이 문제가 된다.

[2] 소성(plasticity)

소성은 열간 또는 냉간에서 재료의 소성을 이용한 것이며 압연, 전조, 단조, 인발, 프레스 가공 등이 있다.

[3] 융착성

융착성이란 재료를 가열하여 융착하는 성질을 이용한 것으로 가장 대표적인 가공방법이 용접이며, 이외에 단접(鍛接), 납땜 등이 있다.

[4] 가융성(fusibility)

가융성은 높은 온도로 가열하여 용융(溶融)상태로 된 재료를 적당한 형틀에 부어 응고시켜 필요한 형상으로 만드는 주조방법이며 이 성질을 이용한 것이다.

[5] 전기·화학적 성질

재료의 전기·화학적인 여러 성질을 이용한 것으로 전해 가공, 전해 연마 등의 가공방법이 있다. 또한 전기의 방전이나 화학현상을 이용하기도 한다.

2. 주 조

금속을 가열하여 유동성이 있는 쇳물로 용해시켜 이것을 주형(mold)에 부어서 냉각시켜 응고하면 주형의 빈 공간과 같은 형상의 제품을 만들 수 있다. 이와 같은 작업을 주조(casting)라 하고, 그 제품을 주물(castings) 또는 주조품이라 한다. 또한 제품을 제작하는 경우 이 제품과 똑같은 형상으로 만든 목재를 목형(木型)이라 하며, 이 목형을 모래 속에 묻고 모래를 다진 다음 이 목형을 빼내면 목형과 동일한 형상의 공간이 모래 속에 생기게 되는데 이를 주형(鑄型)이라 한다.

이 공간에 용융된 쇳물을 넣고 응고시켜 빼내면 제품은 목형과 동일한 형상의 제품이 된다. 주조는 다른 공작방법과 비교할 때 주형을 만드는 원형(原型)이 있으면 같은 제품을 쉽게 대량으로 만들 수 있으며, 형상이 복잡한 것도 정밀하게 제작할 수 있으며, 매우 작은 부품이나 큰 부품도 만들 수 있는 특징이 있다.

2.1. 주조의 공정

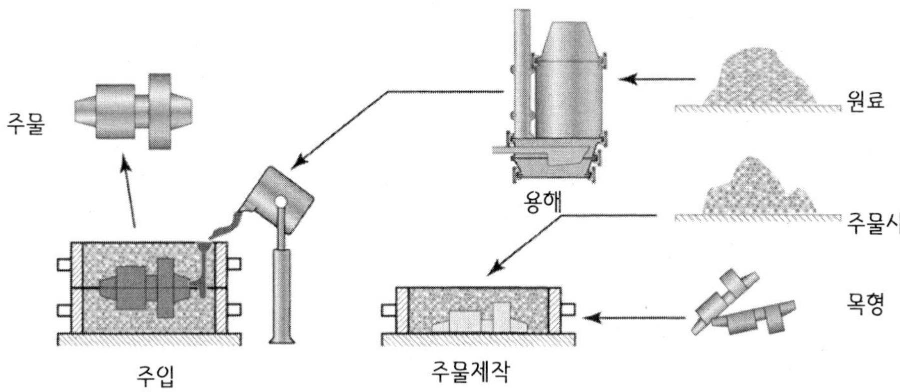

[그림 1] 주조의 공정

2.2. 목형(wood pattern)

주형은 일반적으로 나무로 만든 모형(이를 원형이라 함)을 내열성이 있는 모래 속에 넣어서 만들며 이때 사용하는 모형을 목형(木型)이라 한다. 주형은 제작하려고 하는 제품과 동일한 형상이어야 하지만 목형은 반드시 형상이 같지 않아도 되며 제품의 형상에 따라 정확하고 능률적으로 주형이 제작되는 것이면 된다.

2.2.1. 목형을 제작할 때 주의사항

목형을 제작할 때에는 설계도면에 의거하여 실물 크기로 제도한 현도에 따라 목형을 제작한다. 현도는 축적을 현척(full size)으로 고치고 설계도에 지정되어 있지 않아도 다음의 사항을 고려하지 않으면 완전한 주물을 제작할 수 없다.

[1] 수축 여유

수축 여유는 용융된 금속이 냉각, 응고할 때 수축이 생기게 되므로 목형을 제작할 때 이 수축에 해당하는 수축 여유 값을 두어야 하는데 이 여유를 주물자에 나타내게 된다. 주물자는 금속의 수축을 고려하여 그 수축 량만큼 크게 만든 자를 말한다.

각종 금속의 수축 여유는 다음 표와 같다.

금 속	수축길이 1m(1000mm)에 대하여	1m(1000mm)의 주물자의 실제 길이
주 철	8.5~10.5mm	1008mm
주 강	18~21mm	1013~1015mm
황 동	10.6~18mm	1012~1015mm
청 동	13~20mm	1012~1015mm
알루미늄	21~22mm	1013~1015mm

[2] 가공(다듬질) 여유

가공 여유는 손 다듬질이나 기계 다듬질을 필요로 할 때 덧붙이는 여유를 말하며, 가공 여유값은 다음 표와 같다.

다듬질 정도	가공 여유	금 속	가공 여유
거친 다듬질	1~5mm	주 철	3~6mm
중간 다듬질	3~5mm	주 강	3~6mm
정밀 다듬질	5~10mm	황동 및 청동	3~5mm

[3] 목형 기울기(구배)

목형 기울기는 주형에서 목형을 빼내기 쉽도록 하기 위해 목형의 수직면에 다소의 기울기(taper)를 둔다. 이 기울기는 목형의 크기와 형상에 따라서 다르나 일반적으로 1m의 길이에 6~10mm 정도를 둔다.

[4] 라운딩(rounding)

라운딩이란 금속이 응고할 때 모서리가 있으면 주조 조직의 경계가 생겨서 약해지므로 이를 피하기 위하여 모서리에 살 붙임을 하여 둥글게 만드는 것이다. 라운딩을 하는 이유는 다음과 같다.

① 주물 모서리 부분의 쇳물 유동을 양호하게 하기 위함이다.

② 모서리 부분에 불순물이 석출되어서 약해지는 것을 방지하기 위함이다.

③ 균열을 방지하기 위함이다.

[5] 덧붙임(stop off)

덧붙임은 얇고 넓은 판형(板形)의 목형은 변형되기 쉬우므로 날은 판면에 각제로 보충하거나, 주조를 할 때 두께가 고르지 않으면 응고할 때 냉각속도가 달라서 응력에 대한 변형이나 균열이 발생하게 되는데 이것을 방지하기 위하여 주형이나 목형에 덧붙이를 부착하여 보강한다.

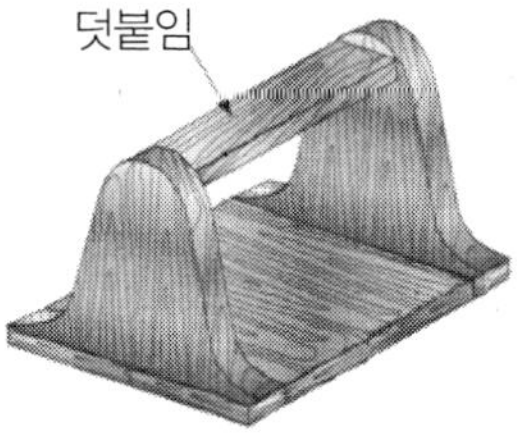

[그림 2] 덧붙임

[6] 덧쇳물

덧쇳물(feeder)은 주형 내에서 쇳물이 응고될 때 수축으로 쇳물의 부족을 보급하며, 수축공이 없는 치밀한 주물을 만들기 위한 것으로 덧 쇳물의 위치는 주물이 두꺼운 부분이나 응고가 늦은 부분 위에 설치하며 덧 쇳물의 이점은 다음과 같다.

① 주형 내의 쇳물에 압력을 준다.

② 금속이 응고할 때 체적 감소로 인한 쇳물 부족을 보충한다.

③ 주형 내의 불순물과 용재(溶滓)의 일부를 밖으로 배출한다.

④ 주형 내의 공기를 제거하며, 주입량을 알 수 있다.

[7] 코어 프린트(core print)

코어를 주형 내부에 지지하기 위하여 코어 양쪽 돌기부분을 만드는데 이 돌기부분을 말한다. 코어 프린트는 코어의 위치를 결정하거나, 주형에 쇳물을 부었을 때 쇳물의 부력에 코어가 움직이지 않도록 하거나 또는 쇳물을 주입하였을 때 코어에서 발생하는 가스를 배출하기 위하여 두는 것이다.

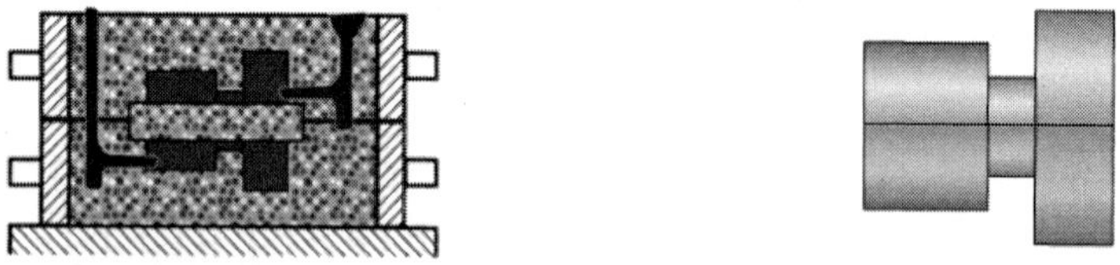

[그림 3] 코어 프린트

[8] 코어 받침대

코어 받침대는 코어의 자중, 쇳물의 압력이나 부력(浮力)으로 코어가 주형 내의 일정 위치 있기 곤란한 때, 코어의 양단을 주형 내에 고정시키기 위해 받침대를 붙이는데, 받침대는 쇳물에 녹아버리도록 주물과 같은 재질의 금속으로 만든다.

2.2.2. 목형의 종류

[1] 현형(solid pattern)

제작할 제품과 거의 같은 모양의 원형에 수축여유, 가공여유 등을 고려하여 만든 목형이다. 현형에는 간단한 주물에서는 단체 목형을, 약간 복잡한 주물에는 분할목형을 매우 복잡한 주물에서는 부분목형을 사용한다.

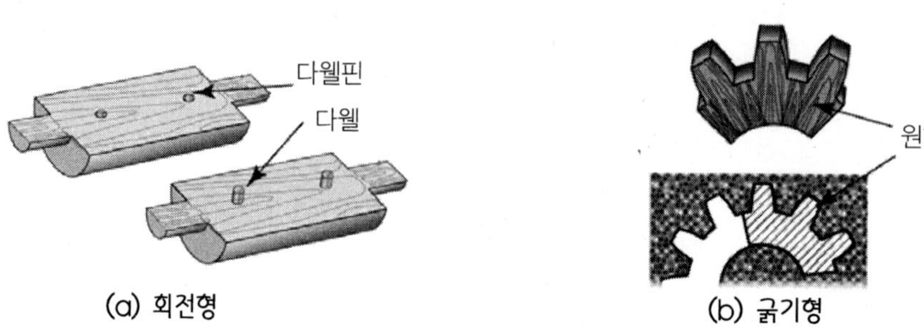

[그림 4] 현형

[2] 판형

주조품이 회전단면을 가지거나 단면이 동일할 경우에는 그 단면의 모양에 따라 필요한 윤곽을 가진 판을 만들고, 이것을 주물사 위에서 돌리거나 움직여서 주형을 만드는 것을 판형이라 한다.

① 회전형(sweep pattern) : 제품이 원통형일 때 단면의 반을 깎아서 회전판을 만든 형이다.

② 긁기형(strickle pattern) : 주조품의 단면이 일정하고 가늘고 긴 모양일 때 사용되는 것으로 주물사를 긁어내어 주형을 만든다.

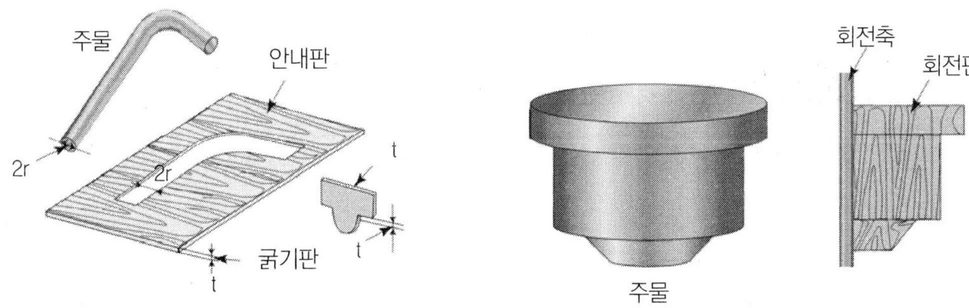

(a) 회전형 (b) 긁기 형

[그림 5] 판형

[3] 골격형(skeleton pattern)

대형이며 수량이 적을 때 중요부의 골격만 만들어 이것으로 주형을 만드는 목형이다.

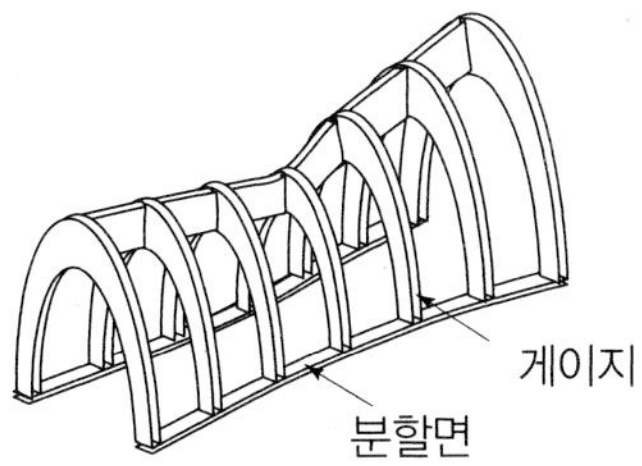

[그림 6] 골격형

[4] 코어형(core box)

주물에 중공부분을 만들 때 그 주형에 코어형(core box)으로 만든 코어를 넣는다. 또한 코어를 지지하기 위해 목형에 코어 프린트(core print)를 붙인다.

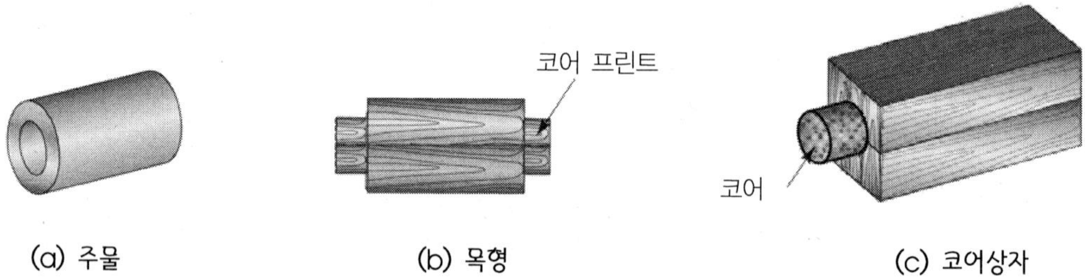

[그림 7] 목형 및 코어상자

> **알아두기**
>
> **주물의 중량**
>
> 주물의 중량(W_m)은 다음과 같이 산출한다.
>
> $$W_m = \frac{S_m}{S_p} \times W$$
>
> W_m : 주물의 중량 S_m : 금속의 비중 S_p : 목재의 비중 W : 목형의 중량

2.3. 주형 및 조형법

2.3.1. 주물사

주물사란 주형의 재료로 사용되는 모래를 말하며, 용융점이 낮은 금속의 주물에는 강(鋼)으로 만든 금형(金型)이 사용된다.

[1] 주물사의 구비조건

① 내화성이 크고, 화학적 변화가 없을 것

② 통기성이 좋을 것

③ 값이 싸고 구입이 쉬울 것

④ 적당한 강도를 지녀 쉽게 파손되지 않을 것

⑤ 주형 제작이 쉬울 것

⑥ 열전도성이 낮고 보온성이 있을 것

⑦ 고온의 용융금속과 접해도 화학반응을 일으키지 않을 것

⑧ 아름다운 표면을 얻을 수 있을 것

[2] 주물사의 성질과 시험

① 내열성 : 주물사의 내열성이 크면 고온에서의 소성이 적어지고 주물 표면이 깨끗하며 모래 털기가 수월해진다. 용융금속과 접촉하는 표면은 주물사의 내화도가 충분하지 못하면 기공(blow hole)의 원인이 되기 쉬우며, 주물사 중에 산화철, 마그네시아, 방해석 등의 함유물은 내화도를 감소시키고 통기도를 불량하게 한다. 불순물은 5% 이하이어야 한다.

② 성형성 : 주형을 제작할 때 제작이 쉽고 쇳물의 압력에 견디어야 한다.

③ 통기성 : 주형에 용융금속을 주입하면 주형에서 발생하는 가스와 쇳물로부터 나오는 가스 및 주형간격과 공동부분에 있는 공기 등을 충분히 배출시키는 것이 주물의 기공방지에 중요한 일이다. 또한 통기도(permeability)는 공기가 시험편의 입자사이로 빠져나가는데 필요한 시간과 압력을 특정하며 다음 공식으로 계산한다.

알아두기

통기도(K)

$$K = \frac{Vh}{pAt} \text{(cm/min)}$$

V : 시험편을 통과한 공기량(cc), h : 시험편의 높이(cm), p : 공기의 압력
A : 시험편의 단면적, t : 통과시간

④ 보온성과 재사용 : 주형 속에서 주물이 급격히 냉각되면 불량품이 되므로 보온성이 필요하며, 재생하여 다시 사용할 수 있어야 경제적이다.

⑤ 입도(grain size) : 주물사의 입도는 입자의 크기에 따라 통기성과 결합성에 많은 영향을 준다.

⑥ 주물사의 시험 : 입도, 통기도, 강도(압축 및 전단강도), 수분 함유량, 내화도 등 각종 시험방법이 KS에 규정되어 있다.

[3] 모래 이외의 재료

① 석탄, 코크스 : 모래의 성형성 향상 및 주물 표면에 융착되는 것을 방지, 모래의 다공성을 증가시켜 준다.

② 톱밥, 볏짚 : 주형에 고온의 쇳물을 주입할 때 주물사와 점토가 팽창, 수축하여 주형이 파괴되는 것을 방지, 모래의 다공성을 증가 시켜준다.

③ 흑연 : 주철의 표면을 아름답게 해준다.

2.3.2. 주형의 종류

[1] 바닥 주형법

주물 공장바닥을 수평으로 한 후에 다짐봉으로 적당히 다지고 여기에 목형을 박아 주형을 만드는 방법이다. 쇳물의 표면이 공기와 접촉하기 때문에 억센 주물에 이용된다.

[2] 혼성 주형법

대형이거나 키가 큰 주물에 사용되며 주형을 대부분을 모래바닥을 파서 주형의 일부분을 만들고 주물상자 하나만을 상부에 놓고 주형을 완성한다.

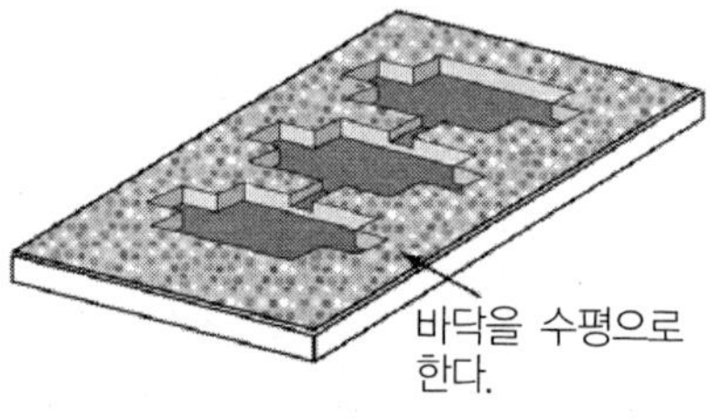

[그림 8] 바닥 주형법

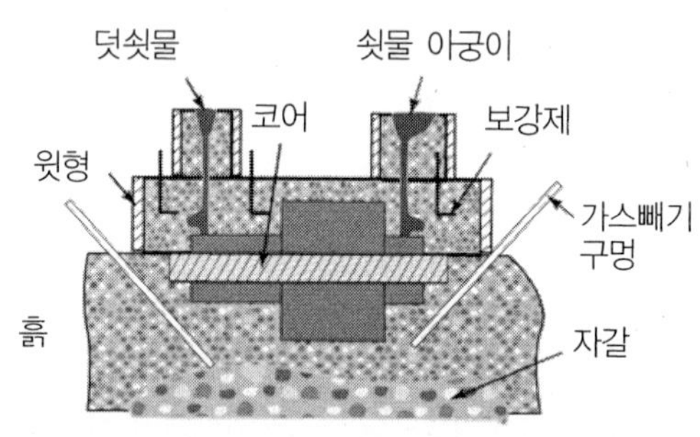

[그림 9] 혼성 주형법

[3] 조립 주형법

주형상자를 2개 이상을 겹쳐서 놓고 주물사를 넣어 주형을 만드는 방법이다.

① 목형 절반 아래 부분을 주형상자에 넣고 모래를 넣어 다진다.

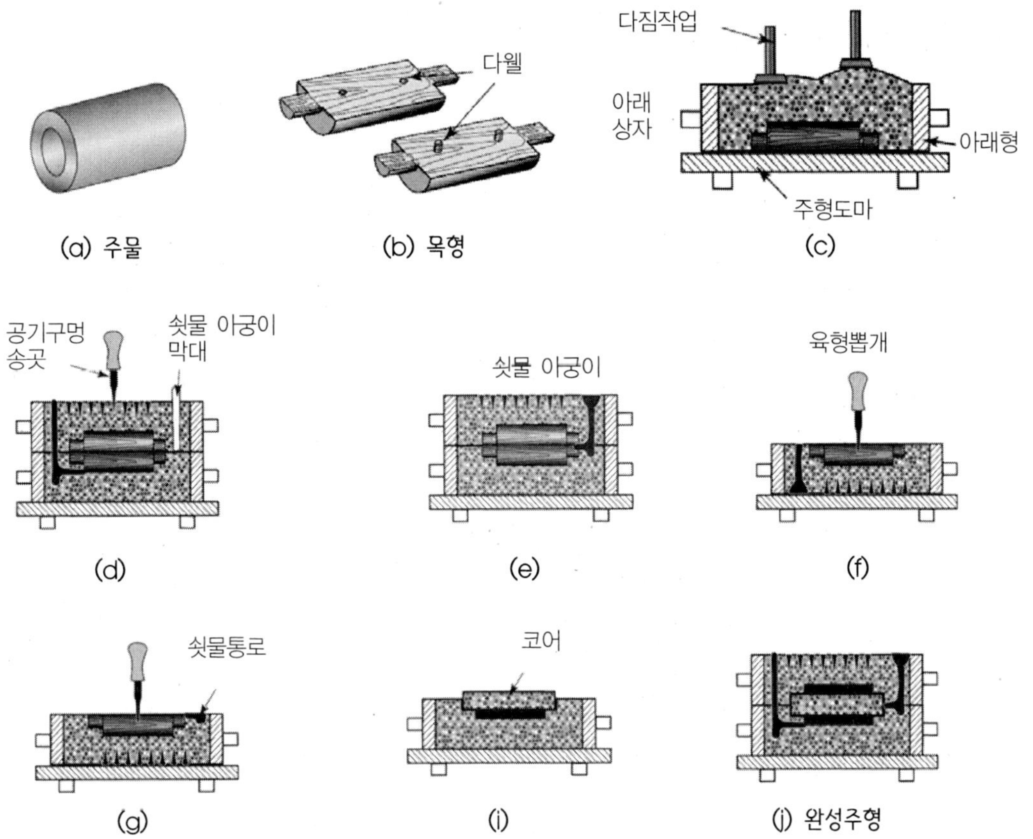

[그림 10] 조립 주형법

② 그림 10(c)을 뒤집어 넣고 그 위에 목형 절반을 끼워 맞춘 다음 위 상자를 놓고 쇳물 아궁이 막대를 넣고 모래를 다진 다음 송곳으로 공기빼기 구멍을 만든다.
③ 쇳물 아궁이 막대를 빼어 쇳물 아궁이를 만든다.
④ 윗형을 아래형에서 분리하여 뒤집어 목형을 빼낸다.
⑤ 아래형에서 쇳물 통로를 만들고 목형을 빼낸다.
⑥ 코어를 넣는다.
⑦ 아래형의 위에 윗형을 합한다.

2.3.3. 주형을 제작할 때 주의사항

[1] 다지기(ramming)

주물을 견고하게 하기 위하여 주물사를 다짐봉으로 누르는 것을 말한다.

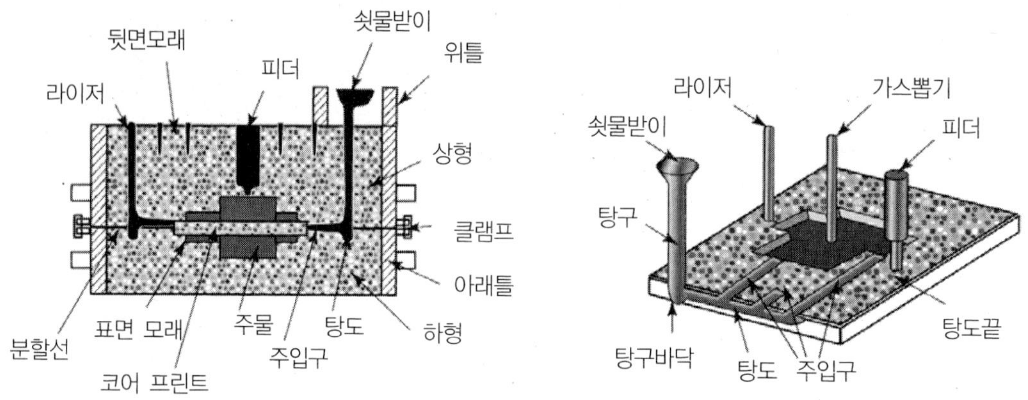

[그림 11] 주형의 각부 명칭

[2] 가스 배출(venting)

주형 속의 가스나 수증기를 배출시키기 위해 구멍을 뚫는 것을 말한다.

[3] 쇳물 아궁이

[4] 덧 쇳물(feeder)

주형 내에서 쇳물이 응고할 때 수축으로 인한 쇳물의 부족을 보급한다.

[5] 코어 받침대

코어가 움직이지 않도록 주물의 재질과 같은 것으로 받쳐준다.

2.4. 노(爐)의 종류

2.4.1. 큐폴라(cupola)

큐폴라는 강판 제의 원통의 안쪽 벽을 내화(耐火) 벽돌로 쌓고 내화 점토를 바른다. 선철의 용해에 사용되며 용량은 1시간당의 용해 능력으로 표시한다. 큐폴라의 장점과 단점은 다음과 같다.

[1] 큐폴라의 장점

① 장입 재료와 코크스가 접촉하여 용해되므로 열효율이 높다.

② 장시간 작업을 계속할 수 있어 대량 생산에 알맞다.

③ 노의 구조가 간단하기 때문에 설비비가 적게 든다.

[2] 큐폴라의 단점

① 성분 변화가 일어나기 쉬우나 이에 따른 세밀한 조절이 어렵다.

② 용해 온도는 주철을 용해할 수 있는 정도이다.

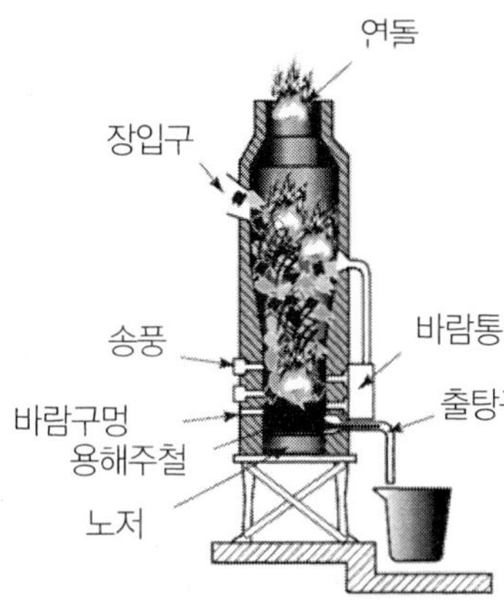

(a) 큐폴라

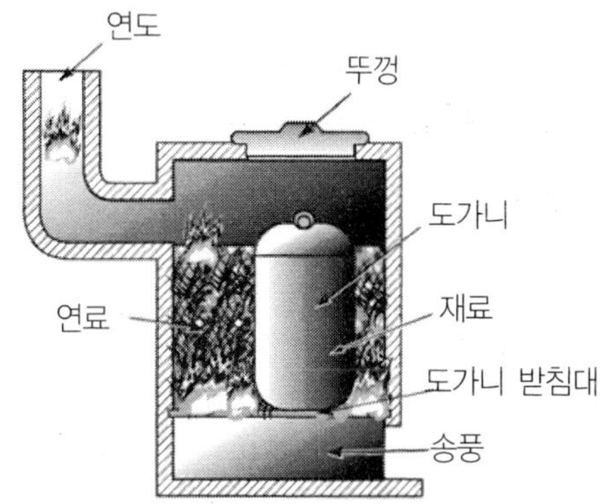

(b) 도가니로

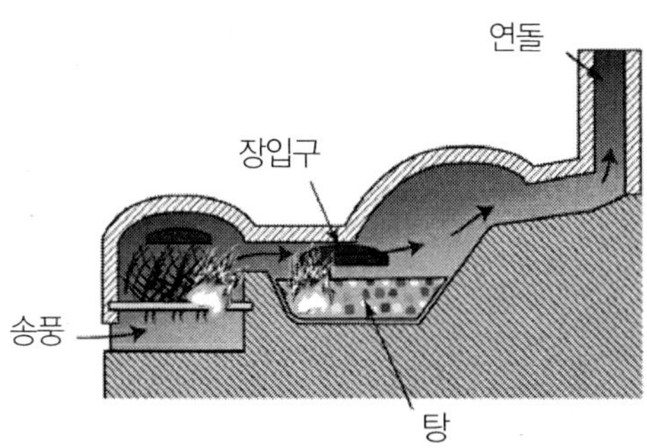

(c) 반사로

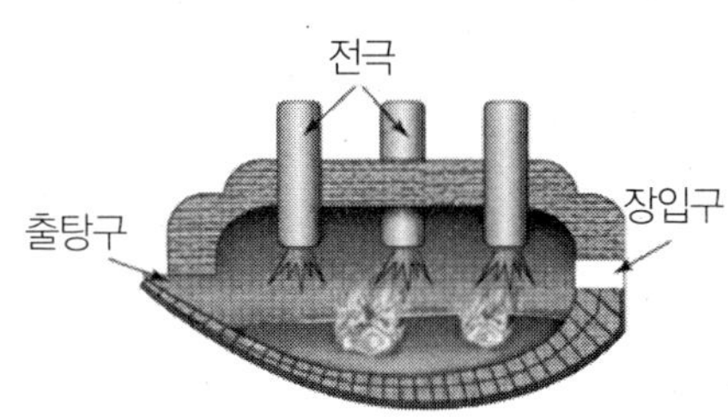

(d) 직접 아크로

[그림 12] 노의 종류

2.4.2. 도가니로(crucible furnace)

도가니로는 흑연과 내화 점토로 제작한 도가니를 노속에 넣고, 도가니 안에 원료 금속을 넣어 외부의 코크스, 중유, 가스등의 열원에 의해 용해하는 노를 말한다.

원료 금속은 연소가스에 직접 노출되지 않으므로 구리합금, 경합금, 합금강과 같이 정확한 성분을 용해하는 데 적합하다. 그러나 도가니가 비싸고, 수명이 짧으며, 열효율이 낮다.

2.4.3. 전기로

전기로는 주물의 질을 양호하게 유지하거나 다량의 금속을 빨리 용해할 목적으로 사용된다. 에루식 전기로에서 전류를 한쪽의 탄소 전극에서 원료 금속 또는 쇳물에 들어가 그 속을 흘러 다른 탄소전극으로 나가 전극과 금속표면과의 사이에서 아크(arc)를 발생시켜 원료 금속을 용해하는 것이다. 주로 합금주철, 가단주철, 주강 등의 용애에 사용된다.

2.4.4. 반사로

많은 금속을 값싸게 용해할 수 있으며, 대형 주물 및 고급 주물을 제조하거나 특수 배합의 주물을 사용할 때 이용된다. 주로 주철, 청동, 가단주철 등을 녹이는데 사용하며 노의 크기는 장입하는 총 무게로 표시하며 10～30톤 정도를 널리 사용한다. 연료는 큐폴라의 5～6배 정도 더 소비하므로 작업 비용이 많이 소요된다.

2.4.5. 주입작업과 주입온도

[1] 주입작업

주형의 각 부분에 작용하는 힘 중에서 주형의 투영면적에 대한 쇳물의 높이에 비례하여 압상력이 작용한다.

$$\text{입상력(P)} = \frac{HA}{1000} - W \text{ (kgf)} \quad \cdots\cdots (2-1)$$

P : 주형에 쇳물을 부었을 때 발생하는 압상력
γ : 쇳물의 단위 부피 당 무게(g/cm^2)
H : 탕구의 높이
A : 쇳물 형상에 대한 투영면적(cm^2)
W : 상형의 무게(kgf)

[2] 주입온도

주입 온도가 너무 높으면 조직이 억센 주물이 되며, 너무 낮으면 주물의 성분이 불균일하게 되므로 각 금속에 따라 다음과 같은 표준 온도를 정하여 놓고 주입한다.

재 질	주입 온도
주강	1450～1550℃
주철	1300～1400℃
청동	1100～1200℃
황동	950～1050℃

2.5. 특수 주조방법

2.5.1. 원심주조(centrifugal casting)

고속으로 회전하는 원통형의 주형 내부에 용융된 쇳물을 주입하면 원심력에 의해서 쇳물은 원통 내면에 균일하게 붙게 되며 이때 그대로 냉각시키면 중공의 주물이 되는 방법이다. 장점으로는 코어가 필요 없고, 기공발생이 적으며 가스배출이 잘된다.

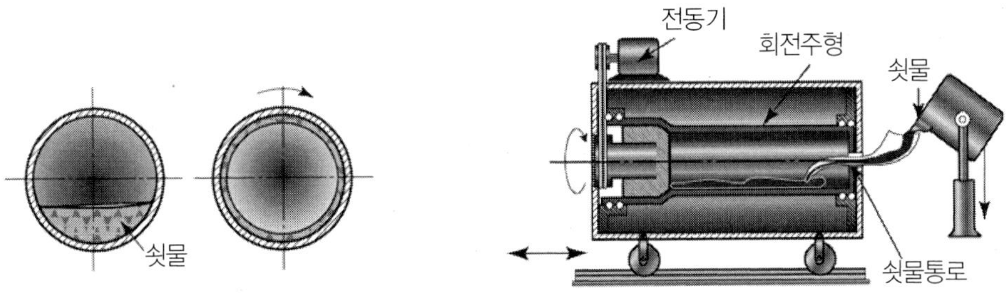

(a) 원리 (b) 원심주조기

[그림 13] 원심주조법

2.5.2. 칠드주조(chilled casting)

용융된 쇳물을 금형 속에 주입하면 금형에 접촉하는 부분은 급랭되어 표면은 경도가 높아지고, 내부는 서서히 냉각된 관계로 연한 주물이 되는 주물이다.

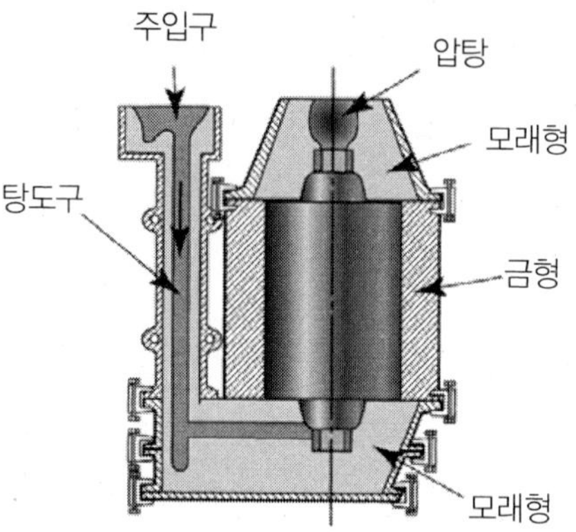

[그림 14] 칠드 주조법

2.5.3. 셀 몰딩법(shell mould process)

고정밀도로 제작한 금형을 200~300℃로 가열한 후 규사와 열경화성 수지의 혼합물을 뿌려 덮으면 원형둘레에 약 4mm 정도의 층이 생기며 밀착한다. 그 다음 300℃에서 3분 정도 가열하면 수지는 경화한다. 이 셀 들을 맞추어 접착시켜 주형을 만들어 주조하는 방법이다.

[1] 셀 몰딩법의 장점

① 치수 정밀도가 높다.
② 제작이 쉬우며 대량 생산에 적합하다.
③ 모래가 적게 들고 주물의 뒤처리가 간단하다.
④ 통기성이 우수하다.

[2] 셀 몰딩법의 단점

합성수지의 가격이 너무 비싸다.

2.5.4. 다이 캐스트 주조법(die casting)

용융금속을 강철로 만든 금속 주형에 넣어 대기압력 이상의 압력을 가하여 표면이 매끈하고 정밀한 주물을 주조할 수 있는 주조법이며, 치수 정밀도가 높고, 제품이 균일하게 되므로 다듬질이 전혀 필요 없고, 다량의 주조가 가능하며, 주조 속도가 빨라 대량생산에 적합하다.

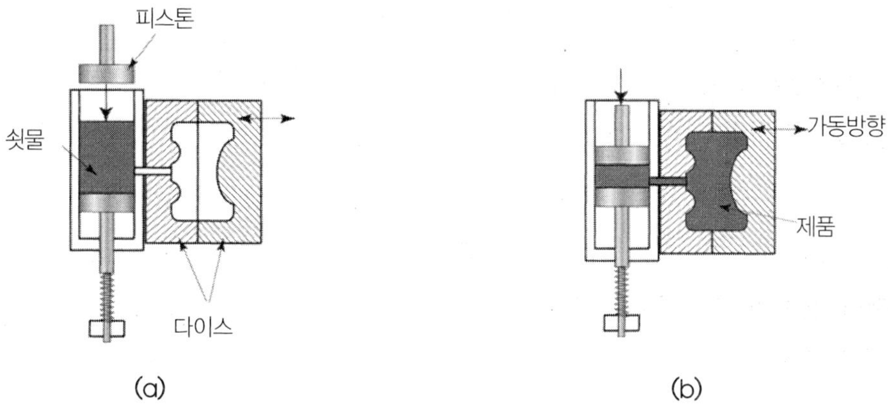

[그림 15] 다이 캐스트 주조법

2.5.5. 인베스트먼트 법(investment casting)

모형을 왁스(wax), 합성수지와 같은 용융점이 낮은 것으로 만들고 그 주위를 내화성 재료로 피복한 후 모형을 용해 유출시켜서 주형으로 하고 주탕하여 주물을 만드는 주형 방법을 말한다.

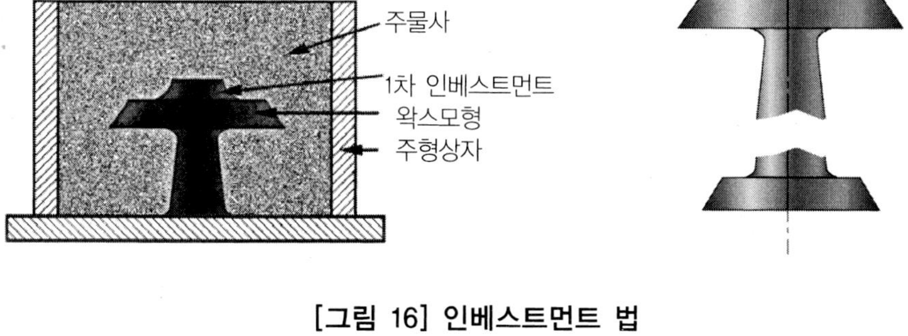

[그림 16] 인베스트먼트 법

① 인베스트먼트법의 장점

㉮ 용도가 광범위 하다.

㉯ 치수 정밀도가 매우 높다.

㉰ 복잡한 형상도 정확히 주조할 수 있다.

㉱ 생산 수량에 제한을 받지 않는다.

② 인베스트먼트법의 단점 : 대형인 것은 주조가 불가능하다.

2.5.6. 쇼 프로세스(show process)

큰 주형을 제작할 수 있는 방법으로 주조방법은 아래와 같다.

① 제품과 동일한 원형을 목재, 석고, 합성수지, 금속 등으로 제작한다.

② 원형에 이형제를 바르고 적당한 크기의 틀로 둘러싸여 내화물에 에틸실리케이트 경화제를 혼합한 주형재를 채운다.

③ 주형제가 경화하여 경질 고무처럼 되었을 때 모형을 주형으로부터 뽑아낸다.

④ 모형을 뽑아낸 주형을 급 가열하여 약 1000℃에서 구워 경화시키면 모형은 거의 변화하지 않은 정확한 주형이 된다.

⑤ 주형에 덧 쇳물(feeder)을 붙여 주탕한다.

2.5.7. 이산화탄소법(CO_2 process)

규사에 5~6%의 물 유리(sodium silicate)를 혼합한 주물사로 주형을 제작하고 1.0~1.4kg_f/cm^2의 압력으로 10~15초 정도 이산화탄소를 취입하면 물 유리와 이산화탄소가 반응하여 실리카겔과 탄산나트륨으로 된다. 이 실리카겔의 결합력에 의해 강도가 높은 주형이 된다.

[1] 이산화탄소법의 장점

① 작업 능률이 좋고 설비 비용이 싸다.

② 치수 정밀도가 높다.

③ 작고 긴 코어의 제작이 쉽고, 조립할 때 코어 파손이 적으며 건조가 필요 없다.

[2] 이산화탄소법의 단점

① 사용 후 주물사의 재사용이 곤란하다.

② 사용 중 이산화탄소를 얻게되므로 가열 장치가 필요하다.

③ 주탕 후 모래 털기가 곤란하다.

2.5.8. 진공 주조법(vacuum process)

철강을 대기압력 이하에서 용해 후 그 용탕을 진공상태에서 가스를 빼고 주조하는 방법이다. 이 방법은 용융금속이 응고할 때 발생하는 가스가 방출이 잘 되므로 핀 홀(pin hole)이나 블로 홀(blow hole)이 없는 정밀한 주물이 된다.

2.6. 주물의 결함 및 검사

2.6.1. 주조부품에서 발생하기 쉬운 결함과 그 대책

[1] 수축구멍

수축공은 용융 금속이 주형 내에서 응고할 때 표면부터 수축을 하기 때문에 맨 마지막의 응고부분에는 수축으로 인하여 쇳물이 부족하게 되어 공간이 발생하는 현상이다. 쇳물 주입구를 크게 하거나 덧쇳물을 부어서 방지한다.

[2] 기공

기공은 주형 내의 가스가 밖으로 배출되지 못하여 발생하며, 그 방지책은 다음과 같다.

① 쇳물 주입온도를 필요 이상으로 높이지 않는다.

② 쇳물 주입구를 크게 한다.

③ 통기성을 양호하게 한다.

④ 주형의 수분을 제거한다.

[3] 편석

편석이란 용융금속에 불순물이 있으면 이 불순물이 집중되거나 석출되며, 또한 무거운 것은 아래로 가벼운 것은 위쪽으로 분리되어 굳어지거나, 결정들의 각 부분 배합이 달라지게 되는 현상이다.

[4] 균열(crack)

균열은 용융금속이 응고될 때 수축이 불균일한 경우에 응력이 발생하며 이 응력이 주물에 균열을 일으키는 현상이며, 그 방지책은 다음과 같다.

① 각 부분의 온도 차이를 적게 한다.
② 주물을 급랭시키지 않는다.
③ 주물의 두께를 갑자기 변화시키지 않는다.
④ 각이 진 부분은 라운딩한다.

2.6.2. 주물의 검사

① 육안 검사방법 : 외관검사 방법, 파면검사 방법, 형광검사 방법 등이 있다.
② 물리적 검사방법 : 타진 음향방법, 압력시험 방법, 현미경시험 방법, 자기검사 방법, 방사선검사 방법, 초음파탐상 방법 등이 있다.
③ 화학적인 검사방법 : 화학분석 방법, 부식시험 방법 등이 있다.

3. 소성가공(plastic working)

재료에 가한 힘이 크게 되면 변형을 일으키게 되고 힘을 제거하여도 원형으로 완전히 복귀되지 않고 약간의 변형이 남게 되는데, 이런 성질을 소성(plasticity)이라 하고, 이런 상태의 변형을 소성변형이라 한다. 소성을 가진 재료에 소성변형(plastic deformation)을 주어 목적하는 제품을 만드는 가공법을 소성가공(plastic working)이라 한다.

3.1. 소성가공의 개요

소성가공에 이용되는 성질은 가단성, 연성, 가소성, 전성 등이다. 또한 소성가공을 할 때 열간가공과 냉간가공을 구분하는 온도를 재결정 온도라 한다. 재결정 온도는 재결정이 시작되는 가장 낮은 온도를 말하며, 결정입자가 파괴되어 점차로 미세한 결정입자로 된다. 그리고 상온 이하의 재결정 온도를 가지는 금속(납과 주석이 있음)도 있으며 일반적으로 텅스텐의 재결정온도가 가장 높다.

재결정 온도 이하에서의 가공을 냉간가공(cold working), 재결정온도 이상에서의 가공을 열간가공(hot work ing)이라 하며, 그 특징은 다음과 같다.

[1] 냉간가공의 특징

① 가공면이 아름답고 정밀한 형상의 가공면을 얻는다.

② 가공 경화로 강도가 한층 증가하며, 연신율은 감소한다.

③ 어느 정도 기계적 성질을 개선할 수 있다.

[2] 열간가공의 특징

① 재결정 온도 이상으로 가열하므로 가공이 쉽다.

② 거친 가공에 적합하다.

③ 표면이 가열되어 있으므로 산화로 인하여 정밀가공이 곤란하다.

④ 재질의 균일화가 이루어진다.

3.1.1. 가공경화와 풀림 및 재결정

[1] 가공경화(working hardening)

펀치가 없을 때 철사를 절단하려면 철사를 여러 번 반복하여 구부림으로써 절단이 된다. 이 현상은 철사에 외력(外力)을 가하여 변형시킴으로써 철사의 재질이 굳어져 절단된다. 이와 같이 재료를 가공하는 도중에 힘이나 외력을 받아 재료가 단단해지는 것을 가공경화라고 한다. 즉 금속재료에 탄성한계 이상의 응력을 주어 소성변형을 일으키면 가공하기 전의 재료보다 강해지는 현상을 말한다.

[2] 풀림(annealing)

금속을 상온에서 압연을 가공할 경우에 가공도가 증가하면 가공경화가 발생하며, 가공을 계속할수록 더욱 단단해져 큰 힘을 요구하게 되고, 이 가공경화로 인하여 무리한 가공을 하면 균열이 일어나거나 파괴된다. 이런 현상을 방지하기 위하여 가공경화된 재료를 적당한 온도로 가열하여 냉각시킴으로써 가공 전의 연한 재질상태로 되돌아가도록 하는 작업을 말한다.

[3] 재결정 온도

상온에서 가공을 받아 변형된 금속의 결정입자를 적당한 온도로 가열하면 변형되었던 결정입자가 파괴되어 점차 미세한 다각형의 결정입자로 변화되는데 이것을 재결정이라고 하고, 재결정을 시작하는 가장 낮은 온도를 재결정 온도라 한다.

3.2. 소성가공의 종류

3.2.1. 프레스가공(press working)

회전에 의한 운동 에너지를 여러 가지 기구를 거쳐 직선적인 운동 에너지로 변화시켜 펀치와 다이사이에서 압축 가공하는 기계이다.

[1] 기계(동력) 프레스

(1) 크랭크 프레스(crank press)

크랭크 프레스는 플라이휠의 회전운동을 직선운동으로 바꾸어 프레스에 필요한 펀치에 상하운동을 시킨다.

(2) 너클 조인트 프레스(knuckle joint press)

너클 조인트 프레스는 토글(toggle)기구를 이용한 것이며, 플라이휠의 회전운동을 크랭크장치에 의하여 왕복운동으로 변환시키고 이것을 다시 토글기구로 직선운동을 하도록 하여 램(ram)이 상하운동을 하도록 되어 있다.

(a) 단동식 크랭크 프레스 (b) 너클 프레스 (c) 마찰 프레스

[그림 17] 동력 프레스

(3) 마찰 프레스(friction press)

마찰 프레스는 마찰력과 나사를 이용한 프레스이며, 플라이휠을 그 좌우에 있는 마찰차에 접촉시켜 플라이휠을 회전시키며 축이 나사로 되어 있어 램이 상하운동을 할 수 있다.

(4) 유압 프레스(hydraulic press)

이 프레스는 수압(水壓) 또는 유압(油壓)에 의하여 작동하는 것이며, 기계 동력에 의해 작동되는 프레스에 비해 행정을 자유롭게 변화시키면서 가공상태를 유지하며, 또 가하는 압력을 조정할 수 있다.

[2] 인력 프레스

(1) 스크루 프레스(screw press)

스크루 프레스는 핸들을 돌리면 직접 연결된 나사 부분이 회전하여 그 끝에 있는 램이 상하운동을 한다.

(2) 엑센트릭 프레스(eccentric press)

엑센트릭 프레스는 핸들을 돌리면 핸들축과 직접연결된 편심축이 회전하여 그 끝에 있는 램이 상하운동을 한다.

(a) 나사 프레스 (b) 엑센트릭 프레스 (c) 아버 프레스 (d) 풋 프레스

[그림 18] 인력 프레스

(3) 아버 프레스(arbor press)

아버 프레스는 조작 레버를 돌리면 피니언(pinion)이 회전하여 램과 직접 연결된 래크(rack)를 상하 운동시킨다.

(4) 풋 프레스(foot press)

풋 프레스는 페달을 밟으면 레버 조작에 의하여 램이 상하 운동을 한다.

3. 2. 2. 인발가공(drawing)

다이구멍에 재료를 통과시켜서 잡아당기면 단면적이 감소되어 다이구멍의 형상과 같은 단면의 봉, 선, 파이프 등을 만드는 가공방법이다. 이때 인발 가공도는 단면 감소율로 나타낸다.

$$\text{단면 감소율} = \frac{A_0 - A_1}{A_0} \times 100 \quad \cdots\cdots\cdots \quad (2-2)$$

A_0 : 인발 전의 단면적
A_1 : 인발 후의 단면적

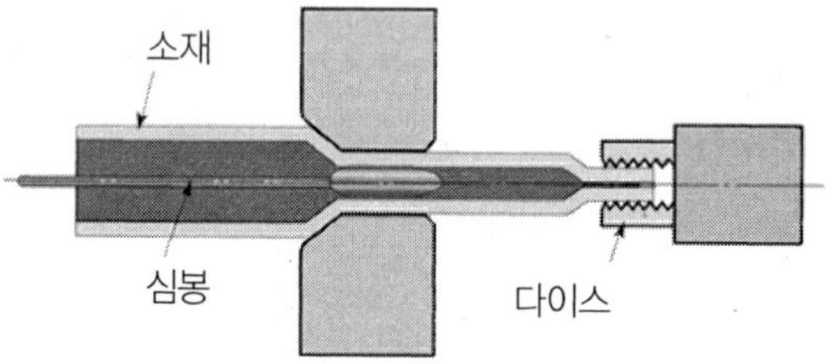

[그림 19] 인발가공

3. 2. 3. 압출가공(extrusion)

컨테이너(container) 속에 있는 재료를 램(ram)으로 눌러 빼내는 가공이며 봉, 선, 파이프 등을 만드는 가공방법이다.

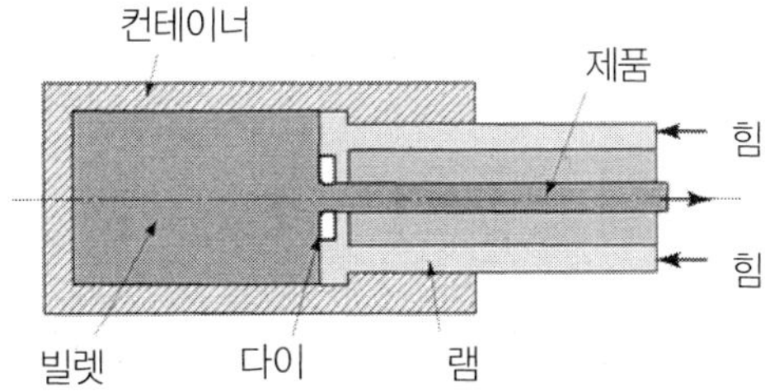

[그림 20] 압출가공

3.2.4. 전조가공(thread & gear forming)

다이 또는 롤러를 사용하여 소재를 회전시켜서 부분적으로 압력을 가하여 변형시켜서 제품을 만드는 가공방법이며, 나사나 기어를 가공하는 것이다.

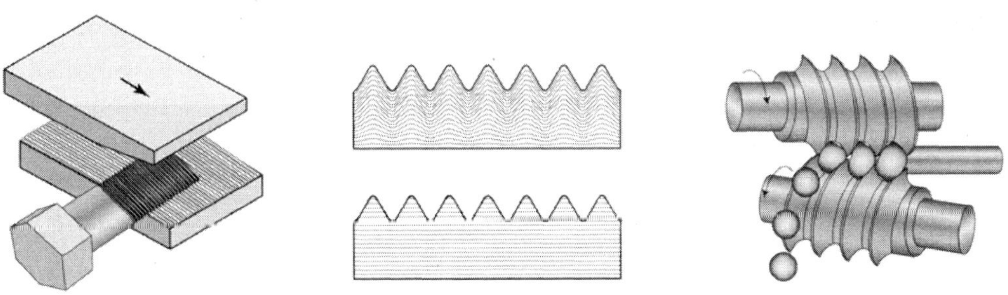

(a) 나사전조　(b) 전조 섬유조직　(c) 볼의 전조

[그림 21] 전조가공

3.2.5. 단조(forging : 鍛造)

소재를 적당한 온도로 가열하고 힘을 가해 소요의 형상으로 변형시키며, 조직이나 성질을 개선하기 의해 행하는 작업이다. 자유 단조에는 늘리기, 굽히기, 눌러 붙이기(up seting), 단짓기, 구멍 뚫기, 절단, 단접(鍛接) 등이 있다.

[1] 열간 단조(hot forging)방법의 종류

① 해머 단조(hammer forging)

② 프레스 단조(press forging)

③ 업셋 단조(upset forging)

④ 회전형 단조(massec rolling)

[2] 냉간 단조(cold forging)방법의 종류

① 콜드 헤드(cold head) : 볼트나 리벳의 머리 모양을 성형하는 가공방법이다.

② 코이닝(coining) : 동전이나 메달을 만드는 가공방법이다.

③ 스웨이징(swaging) : 테이퍼의 제작 또는 파이프의 지름을 축소시키는 가공방법이다.

[3] 재료를 가열할 때 주의사항

① 균일하게 가열하여야 정확하고 균일한 형상이 된다.

② 재질이 변화하기 쉬우므로 너무 급하게 높은 온도로 가열하지 않는다.

③ 산화가 심하고 내부 조직에 피해를 주므로 너무 오랫동안 가열하지 않는다.

[4] 단조용 재료

재료의 항복점이 낮고, 연신율이 큰 재료일수록 소성변형이 잘 일어나므로 단조가 쉽다. 금속재료 중에서 탄소강, 특수강, 구리합금, 경합금 등은 단조가 가능하지만 주철은 단조가 불가능하다. 또한 탄소강이라도 탄소 함유량이 증가할수록 단조가 곤란하다.

[5] 단조작업

(1) 자유 단조작업

① 절단(cutting off) : 가공재료를 절단하는 작업이다.

② 늘리기(드로잉, drawing) : 가공재료를 축과 직각방향으로 압축하여 가늘고 길게 하는 작업이다.

③ 눌러 붙이기(업셋팅, up—setting) : 가공재료를 축방향으로 압축하여 길이를 짧게 하고 단면을 크게 하는 작업이다.

④ 굽히기(bending) : 가공재료를 둥글게 구부릴 때, 일부의 작은 반지름으로 구부릴 때, 또는 각으로 구부리는 작업이다.

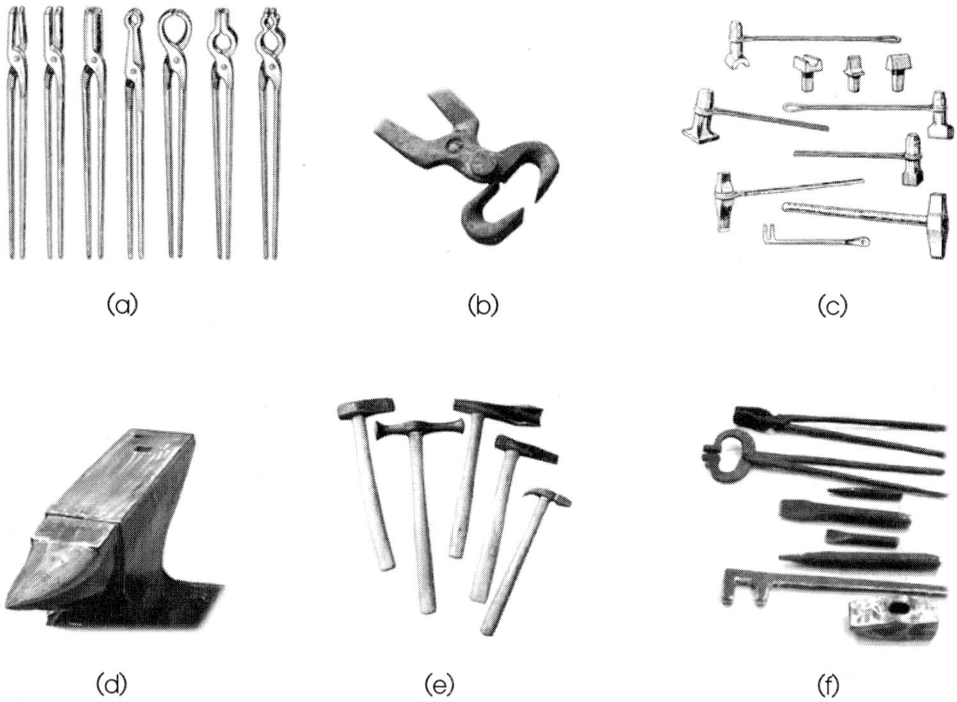

[그림 22] 단조공구

⑤ 단짓기(setting down) : 어느 선을 경계로 하여 한쪽만 압력을 가하여 가늘게 하는 작업이다.

⑥ 구멍뚫기(punching) : 구멍을 뚫거나 넓히는 작업이다.

(2) 형단조

상하 2개의 금형사이에 금속재료를 놓고 압축하거나 타격을 가하여 일정한 모양의 제품을 만드는 작업이다. 형단조의 장점으로는 제품의 정밀도가 높고, 대량생산에 적합하며 강인한 제품을 만들 수 있다. 단점은 다이 제작이 어렵고 시간이 오래 걸리며 제작비가 비싸 대량생산에만 효과적이다.

3.2.6. 압연(rolling)

회전하는 롤러 사이에 재료를 통과 시켜 판재(板材), 형재(形材) 등을 성형하는 가공방법이며, 롤러가 해머와 같이 연속적으로 타격을 가하는 것과 같다.

(a) 2단식 (b) 역전 2단식

[그림 23] 압연

[1] 압하량과 압하율

• 압하량 = $H - h$

• 폭 증가량 = $B - b$

$$\text{이 때 1회의 가공도(압하율)} = \frac{H-h}{h} \times 100 \quad \cdots\cdots (2-3)$$

[2] 압하율을 높이는 방법

① 압연 재료의 온도를 높여준다.

② 지름이 큰 롤러를 사용한다.

③ 롤러의 회전속도를 감속시킨다.

④ 압연 재료를 뒤에서 밀어준다.

⑤ 롤러 축에 평행인 홈을 롤러 표면에 만들어 준다.

3.2.7. 판금가공

판금을 소재로 이용해 여러 가지 형상을 만드는 가공을 판금가공(sheet metal working)이라 한다. 이런 가공제품은 자동차, 항공기, 철도 차량, 전기기기, 기계부품, 사무용기기, 가정용품 등에 널리 쓰이고 있다. 판금가공에는 여러 가지 종류가 있으나 크게 다음과 같은 2가지로 나눌 수 있다.

① 전단가공 : 전단에 의해 판금을 2개로 나누는 가공을 말한다.
② 성형가공 : 판금을 소성변형시켜 여러 가지 모양을 만드는 가공으로 굽힘가공, 오므리기가공 등이 있다.

[1] 판금가공의 특징
① 복잡한 형상을 비교적 쉽게 제작할 수 있다.
② 제품이 가볍다.
③ 제품의 표면이 아름답다.
④ 표면처리가 쉽다.
⑤ 대량 생산에 적합하다.

[2] 판금가공의 종류
① 전단가공 : 블랭킹(blanking), 펀칭(punching), 전단(shearing), 트리밍(trinming), 세이빙(shaving), 브로칭(broaching)
② 굽힘가공 : 굽힘(bending), 비딩(beading), 컬링(curling), 시밍(seaming)
③ 프레스가공 : 드로잉(drawing), 벌징(bulging), 스피닝(spining)
④ 압축가공 : 코이닝(coining), 엠보싱(embossing)

[3] 판금작업
(1) 전단작업의 종류
① 블래킹(blanking) : 판재에서 펀치로 소요의 형상을 뽑는 작업을 말한다.
② 펀칭(piercing) : 판재에서 구멍을 뚫는 작업이며, 뽑힌 부분이 스크랩(scrap)되고 남은 부분이 제품이 되는 것을 말한다.
③ 전단(shearing) : 판재를 절단하여 어떤 형상을 만드는 작업을 말한다.
④ 트리밍(triming) : 판재를 드로잉가공으로 만든 후 둥글게 절단하는 작업을 말한다.

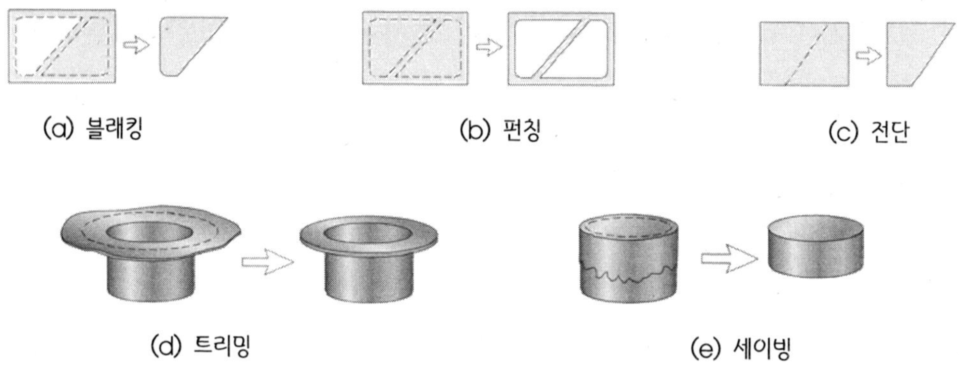

[그림 24] 전단작업

⑤ 세이빙(shaving) : 뽑기나 구멍뚫기를 한 제품의 가장자리에 붙어 있는 파단면 등이 평평하지 못하므로 제품의 끝을 약간 깎아 다듬질하는 작업을 말한다.

(2) 전단에 요구되는 힘

펀치와 다이로 블래킹 또는 펀칭을 할 때 필요한 힘 $P[kg_f]$는 다음과 같이 구한다.

$$P = lt\tau \quad \cdots\cdots (2-4)$$

l : 전체 전단 길이(mm)
t : 전단 저항(kg_f/mm^2)
τ : 판 두께(mm)

따라서 지름 d의 원판을 블래킹 할 때의 힘은 다음과 같다.

$$P = \pi dt\tau \quad \cdots\cdots (2-5)$$

(3) 굽힘 또는 늘림에 의한 가공

① 벤딩(bending) : 굽힘작업

② 컬링(curling) : 판금제품의 가장자리를 장식과 보강을 목적으로 끝을 마는 작업이다.

(4) 인발에 의한 가공

① 디프 드로잉(deep drawing) : 다이와 펀치사이에 소성재료를 넣고 펀치로 압력을 가하여 성형하는 가공이다.

② 비딩(beading) : 요철 형상의 롤러사이에 판재를 넣고 롤러를 회전시켜 판재에 홈을 만드는 가공이다.

(5) 압축에 의한 가공

① 엠보싱(embossing) : 재료의 두께를 변화시키지 않고 성형하는 가공이다.

② 코닝(압인가공 : coining) : 주화, 메달(medal) 등의 표면에 문자나 모양을 찍어 넣는 가공이다.

[3] 스프링 백(spring back)

스프링 백이란 굽힘가공을 할 때 굽힘 힘을 제거하면 판의 탄성 때문에 탄성변형 부분이 원 상태로 되돌아가 굽힘 각도나 굽힘 반지름이 열려 커지는 현상을 말한다. 스프링 백의 양은 다음과 같이 변화한다.

① 경도가 높을수록 커진다.

② 같은 판재에서 굽힘 반지름이 같을 때에는 두께가 얇을수록 커진다.

③ 같은 판재의 두께에서는 굽힘 반지름이 클수록 크다.

④ 같은 두께의 판재에서는 굽힘 각도가 작을수록 크다.

[4] 드로잉(drawing) 가공

드로잉 가공이란 평평한 판금재료를 펀치로 다이구멍에 밀어 넣어 밑 부분이 있는 용기를 만드는 가공을 말한다.

① 형 드로잉(die drawing) : 다이와 펀치를 사용하는 방법을 말한다.

② 타출법(panel beating) : 해머로 두드려서 만드는 방법을 말한다.

③ 스피닝(spinning) : 선반을 이용하여 판재를 형과 함께 회전시키면서 형을 만드는 방법을 말한다.

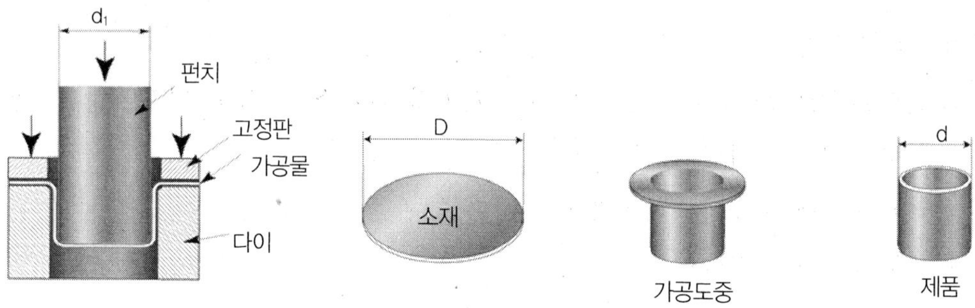

[그림 25] 드로잉 가공

[5] 특수 드로잉 가공

(1) 벌징 가공(bulging)

경질 고무의 탄력을 이용하여 꽃병과 같이 입구보다 중앙부분이 굵은 용기를 용기의 입구는 그대로 두고 밑 부분을 볼록하게 가공하는 방법이다.

(2) 마폼방법

금속다이 대신 고무나 액체로 된 다이를 사용하는 특수형식의 성형방법으로 펀치의 형상에 관계없이 다이를 그때마다 바꾸어주거나 만들지 않아도 되므로 경제적이다.

(3) 하이드로폼 방법

마폼방법과는 조금 다르게 고무다이 대신 고무 막으로 밀폐된 내부에 액체를 채우고 가감시키면서 가공하는 방법으로 압력은 최대 1000kgf/cm^{2}이다.

4. 공작기계의 종류 및 특성

4.1. 절삭이론

4.1.1. 칩의 형태

[1] 유동형 칩(flow type chip)

유동형 칩은 칩이 공구의 경사면 위를 유동하여 칩의 미끄럼운동이 연속적으로 진행되어 절삭작업이 원활하며, 연성재료의 고속 절삭할 때, 절삭량이 적을 때 바이트의 경사각이 클 때, 절삭제를 사용할 때 등에 발생한다.

[2] 전단형 칩(shear type chip)

전단형 칩은 칩이 공구 경사면 위에서 압축을 받아 어느 면에 가서 전단을 일으키므로 칩은 연속적으로 나오지만 미끄럼운동 간격이 유동형보다 크며 진동이 발생한다. 연성재료의 저속 절삭할 때, 바이트의 경사각이 적을 때, 절삭 깊이가 클 때 등에 일어난다.

[3] 열단형 칩(tear type chip : 경작형)

열단형 칩은 공구의 선단보다도 전방 하부에 균열이 발생하면서 절삭되는 칩이다. 연하고 질긴 재료에서 발생하기 쉽다.

[4] 균열형 칩(crack type chip)

균형형 칩은 공구선단에서 균열이 열 단형칩에 비해 전방 하부보다는 전방으로 균열이 순간적으로 발생하는 칩이다.

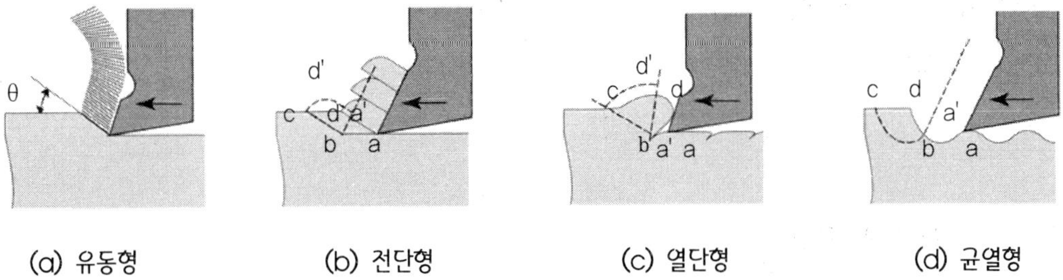

[그림 26] 절삭칩의 형태

4.1.2. 빌드 업 에지(built up edge : 구성인선)

[1] 빌드 업 에지의 정의

금속재료를 절삭할 때 칩과 공구 경사면이 고압, 큰 마찰저항 및 절삭열에 의하여 칩의 일부가 가공 경화되어 절삭날 끝에 부착되어 절삭날과 함께 절삭하므로 바이트의 경사면과 여유면의 마모를 촉진시키고 가공을 거칠게 하는 현상이다. 1/10~1/200sec의 주기로 발생 → 성장 → 분열 → 탈락을 반복하면서 정밀가공을 어렵게 한다.

[2] 빌드 업 에지가 발생하는 원인

① 경사각이 적을 때
② 절삭속도가 30~50m/min 이하일 때
③ 절삭 깊이가 깊을 때
④ 이송이 적을 때
⑤ 날 끝 경사각이 거칠 때
⑥ 절삭유가 부적당할 때
⑦ 날 끝의 온도가 상승하여 융착온도가 되었을 때

[3] 빌드 업 에지를 방지하는 방법

① 절삭 깊이를 적게 한다.
② 경사각을 30° 이상 크게 한다.
③ 공구의 날 끝을 예리하게 한다.
④ 칩과 바이트 사이의 윤활을 완전하게 한다.
⑤ 절삭속도를 크게 한다(120~150m/min 이상으로).
⑥ 이송을 크게 한다.
⑦ 날 끝부분이 가공금속의 재결정 온도 이상 되게 한다.

[4] 빌드 업 에지의 영향

① 가공면의 절삭 면이 거칠어진다.
② 절삭저항이 변하므로 공구에 진동을 준다.
③ 날 끝이 함께 탈락하므로 결손이나 치핑(chipping)이 발생하기 쉽다.

4.1.3. 절삭저항

공구가 공작물을 절삭하는 것은 공작물에 소성변형을 주어 칩을 공작물 표면으로부터 분리시키는 형태이며, 이 때 공구는 공작물로부터 큰 저항을 받는데 이것을 절삭저항이라 한다.

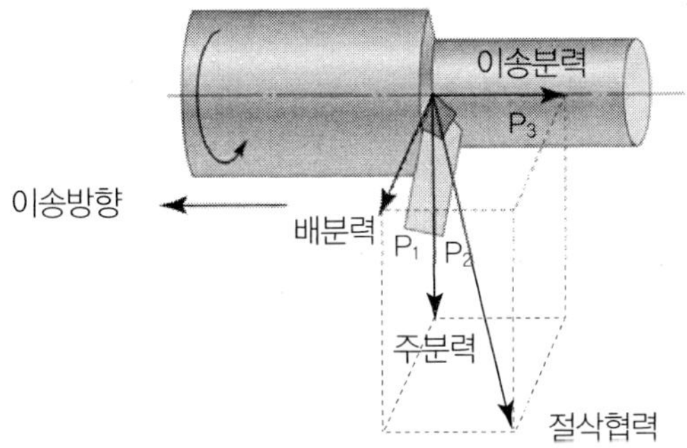

[그림 27] 절삭저항의 3분력

[1] 주분력

절삭저항과 평행한 분력이며, 바이트를 하향으로 밀어서 구부러지게 하며 가장 큰 분력이다.

[2] 배분력

바이트를 가공물에서 밀어내려는 힘 즉, 바이트의 뒤에서 작용하는 분력이다. 절삭 깊이 방향과 분력으로 날 끝이 무디어지면 증가하여 채터링현상이 발생한다.

[3] 이송분력(횡분력)

이송방향과 평행한 분력이며, 세 가지의 분력 중에서 가장 작다.

4.1.4. 절삭동력과 절삭속도

•절삭동력

$$N_c = \frac{PV}{75 \times 60} \quad \cdots\cdots (2-6)$$

N_c : 절삭동력(ps)
P : 절삭저항(kg_f)
V : 절삭속도(m/min)

•절삭속도

$$V = \frac{\pi DN}{1000} \text{ (m/min)} \qquad (2-7)$$

D : 공작물의 지름(mm)
N : 회전속도(rpm)

4.1.5. 절삭공구 재료

[1] 구비재료

① 강성과 인성이 클 것
② 내마모성이 클 것
③ 마찰저항이 작을 것
④ 고온 경도가 클 것

[2] 날 끝의 마모

(1) 크레이터 마모(경사면의 마모)

공작물을 가공할 때 변형에 의하여 경화된 칩이 공구면에 작용하여 마멸 또는 융착되어 공구 표면층의 일부가 움푹하게 파여져 절삭 도중에 공구가 떨어져 나가는 현상을 말한다.

(2) 플랭크 마모(여유면의 마모)

공구의 플랭크가 절삭 면에 평행하게 마멸되는 현상이다.

(3) 치핑(chipping)

공구의 날 끝에 충격이 작용하는 경우나 경질 합금재료의 공구를 사용할 경우 날끝의 일부가 파괴되어 탈락하는 현상을 말한다.

(4) 브레이킹(breaking)

날 끝이 크게 파손되는 것이며, 단속 절삭에서 발생하기 쉽다.

4.1.6. 절삭유의 작용과 구비조건

[1] 절삭유의 작용

① 냉각작용을 한다.
② 마찰 감소작용을 한다.
③ 칩제거작용을 한다.
④ 방청작용을 한다.

[2] 절삭유의 구비조건

① 마찰계수가 적을 것
② 유막의 내압 면적이 클 것
③ 절삭유의 표면장력이 적을 것
④ 칩의 생성부까지 침투가 잘 될 것

4.1.7. 절삭운동 형식

[1] 회전운동 절삭

선반은 공작물이 회전하는 대표적인 공작기계이며, 드릴링 머신, 보링 머신, 밀링 머신 등은 주로 절삭공구가 회전하는 공작기계이다.

[2] 직선운동 절삭

공작물이 운동하는 것에는 플레이너가 있고, 절삭공구가 운동하는 것에는 세이퍼, 슬로터, 브로칭 머신 등이 있다.

4.2. 선반(lathe)

선반은 공작물이 회전운동을 하고, 바이트에는 직선 이송을 주어 절삭가공을 하는 기계이며, 테이퍼(taper), 곡면, 보링(boring), 절단, 총형, 정면, 단면, 나사 깎기 등을 가공할 수 있으나 기어(gear)절삭은 불가능하다.

4.2.1. 선반의 종류

[1] 보통 선반(engine lathe)

원통의 내, 외면 절삭, 나사 절삭, 단면 절삭, 정면 절삭 등 절삭 범위가 넓고 절삭효율(단위 시간당의 절삭량)이 크다.

[2] 터릿 선반(turret lathe)

여러 개의 공구 및 바이트를 공정 순서대로 부착시켜 작업 순서에 따라서 차례로 이것을 회전시키면서 절삭하는 것이다.

[3] 다인 선반(multi lathe)

공구대에 여러 개의 바이트를 부착하고, 바이트의 전부 또는 일부가 동시에 절삭 가공하는 것이다.

[4] 정면 선반(face lathe)

정면 절삭가공을 하기 위해 큰 면판(面板)을 설치하고 공구대가 주축에 직각방향으로 광범위하게 움직이는 것이다.

[5] 모방 선반(copying lathe)

형판(型板) 또는 모형에 따라 공구대가 자동적으로 이송되어 형판이나 모형과 같은 윤곽을 절삭하는 것이다.

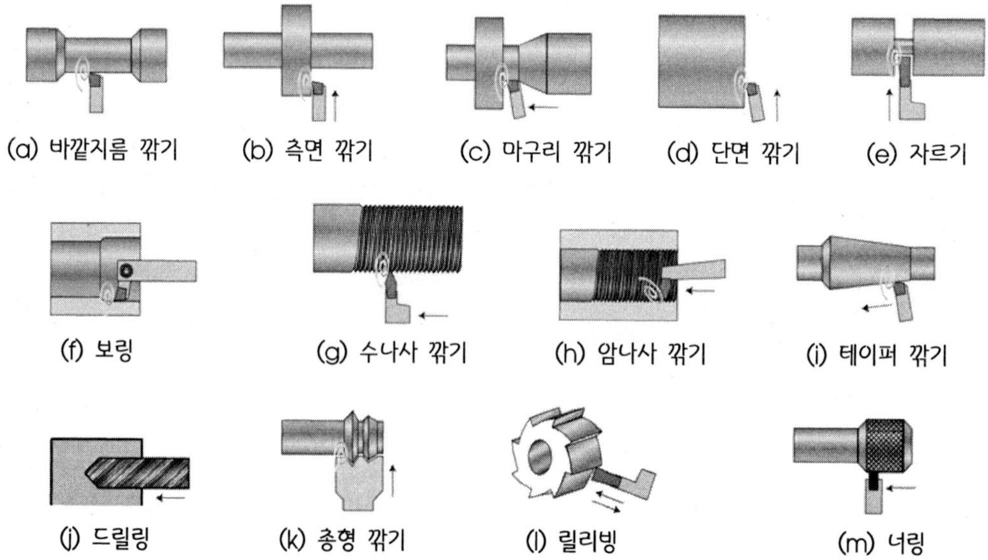

[그림 28] 선반작업의 종류

[6] 수직 선반(vertical lathe)

수직형으로 만든 것으로, 척(chuck) 부분이 수평이 되며, 공구대는 크로스 레일(cross rail)이나 컬럼 상을 이송한다.

4.2.2. 선반의 크기 표시

베드(bed)의 스윙과 양 센터 사이의 최대 거리로 표시하는 방법과 센터의 높이와 베드의 길이로 표시하는 방법이 있다.

4.2.3. 선반의 구조와 주요부분

[1] 선반의 주요구조

(1) 주축대

주축대는 공작물을 고정하여 회전시키는 부분이며, 공작물에 따른 적절한 절삭속도를 선택할 수 있는 변속장치와 절삭공구의 이송장치 등이 있다. 주축의 회전속도를 변화시키는 방법에는 단차식, 기어식, 무단 변속식 등이 있으나 주로 기어식을 사용한다.

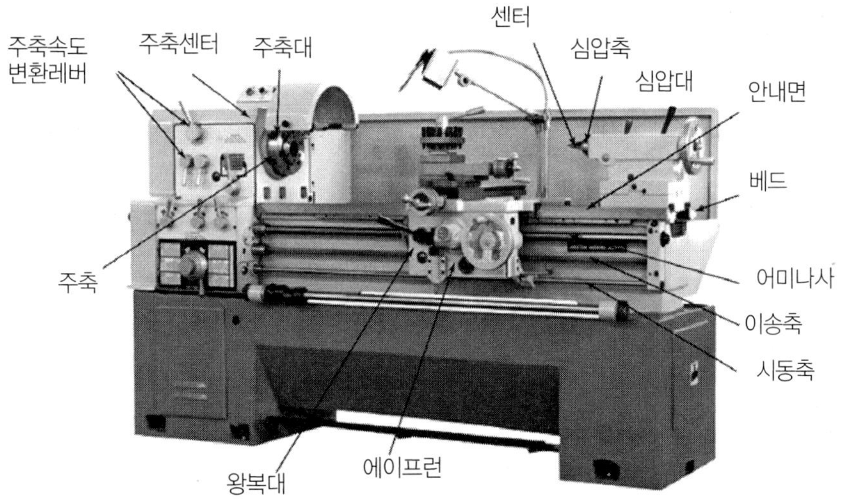

[그림 29] 선반의 구조

(2) 심압대

심압대는 주축대의 반대쪽에 붙어 있으며, 공작물의 한 쪽 끝을 센터로 지지하거나 드릴 등의 절삭공구를 고정하여 실행하는 작업에 사용된다.

[그림 30] 심압대

(3) 왕복대

왕복대는 베드 위에 설치되어 있으며, 세로방향으로 이동하는 왕복대가 있고, 가로방향으로 이동하는 가로 이송대가 있다. 또 그 위에는 선회대가 설치된 공구 이송대가 있다.

(4) 베드(bed)

베드는 주축대, 왕복대, 심압대 등 선반의 주요부분을 얹어 놓은 곳이다.

[2] 선반의 부속부품

(1) 돌림판과 돌리개(driving plate & dog)

공작물을 양 센터로 지지하고 절삭할 때 돌리개(dog)로 공작물을 고정시키고, 주축의 나사 끝에 고정한 돌림판으로 스핀들 회전을 공작물로 전달한다.

(2) 센터(center)

센터의 각도는 일반적으로 60°로 가공되어 있다.

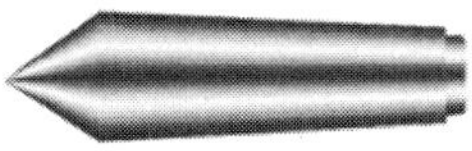
(a) 보통 센터

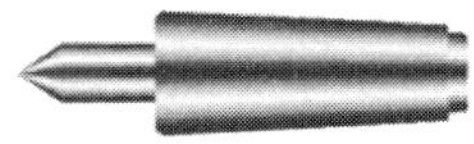
(b) 가는 센터

(c) 베어링 센터

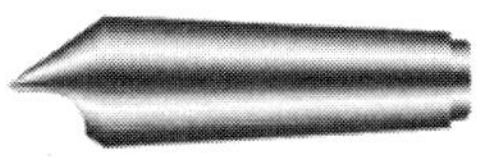
(d) 하프센터

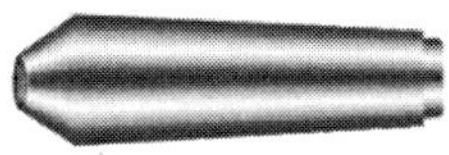
(e) 접시센터

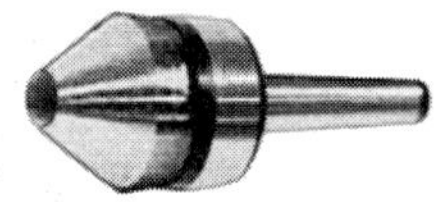
(f) 파이프용 센터

[그림 31] 각종 센터

(3) 척(chuck)

척은 주축의 끝부분에 끼워 고정하고 공작물을 고정시켜 절삭할 때 사용한다. 단동척은 조(jaw)가 각각 움직일 수 있어 불규칙한 형상의 공작물 고정에 적합하며, 연동척은 3개의 조가 동기에 같은 양 많은 앞뒤로 움직이는 구조로서 원형이나 육각형의 공작물을 고정하는데 편리하다. 복동척은 연동척과 단동척의 기능을 겸할 수 있다.

(a) 연동척

(b) 단동척

[그림 32] 척의 종류

(4) 면판(face plate)

면판은 척으로 고정하기 어려운 공작물을 직접 또는 볼트와 앵글 판(angle plate)을 이용하여 간접적으로 고정시킬 때 사용한다.

(5) 방진구(center rest)

방진구는 긴 공작물을 절삭할 때 진동이나 굽힘을 방지하기 위하여 사용하는 부품이다.

(a) 고정 방진구

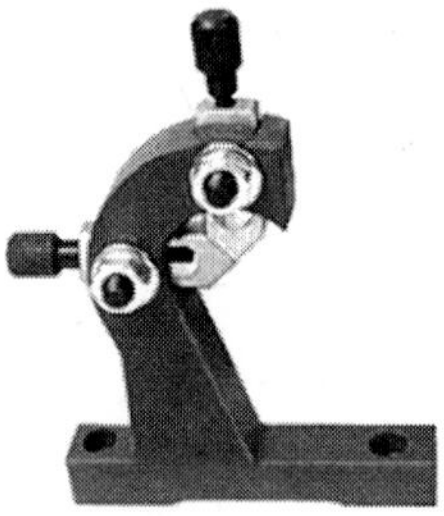
(b) 이동 방진구

[그림 33] 방진구의 종류

(6) 맨드릴(mandrel, 심봉)

맨드릴은 기어나 벨트 풀리 등을 다듬질 가공할 때 뚫린 구멍에 맨드릴 끼우고 센터 작업을 한다.

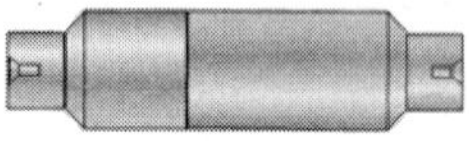
(a) 고정 심봉

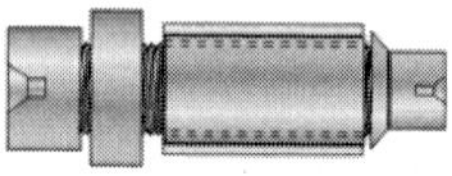
(b) 팽창 심봉

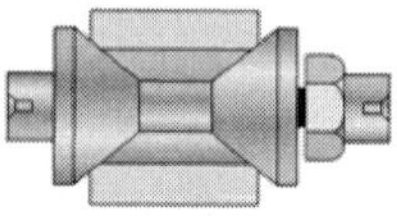
(c) 조립 심봉

[그림 34] 맨드릴의 종류

(7) 돌림판(driving plate)

가공물을 양센터로 지지하고 절삭할 때, 돌리개(dog)로 가공물을 고정시키고, 주축의 끝나사에 고정한 돌림판으로 스핀들의 회전을 전달한다.

[그림 35] 돌림판과 돌리게

4.2.4. 바이트

[1] 바이트의 종류

① 막깎기 바이트 : 절삭 깊이나 이송량을 많이 주는 초벌 깎기에 쓰이는 것이다.

② 다듬질 바이트 : 공작물의 다듬질에 사용된다.

③ 단면깎기 바이트 : 공작물의 측면이나 끝단의 측면을 다듬질하는데 사용된다.

④ 구석깎기 바이트 : 턱이 있는 부분의 구석을 깎는데 사용되는 것이다.

⑤ 절단 바이트 : 홈을 깎거나 절단하는데 사용된다.

⑥ 나사깎기 바이트 : 나사를 깎기 위해 나사산의 형상과 같은 모양의 바이트가 사용된다.

⑦ 총형 바이트 : 복잡한 형상의 공작물을 다듬질하는데 사용된다.

⑧ 구멍깎기 바이트 : 구멍의 내면을 깎을 때 사용되는 것이다.

[2] 바이트의 재질

탄소 공구강, 합금 공구강, 고속도강, 초경질 합금, 서밋 합금, 세라믹 등이 있으나 최근에는 주로 초경질 합금을 많이 사용한다.

[3] 바이트의 공구각

① 경사각(rake angle) : 바이트 날의 수평선과 경사면이 이루는 각이며 단단한 재료일 경우는 작게, 연한 재료일 때는 각을 크게 한다.

② 측면 경사각(side rake angle) : 경사면과 평행한 평면과 이루는 각이다.

③ 전면 여유각(front clearance angle) : 바이트의 날 끝에서 그은 수직선과 여유면이 이루는 각이다.

④ 측면 여유각(side clearance angle) : 측면 여유면과 저면에 직각인 직선이 이루는 각이며 공작물과 바이트의 마찰을 작게해 준다.

⑤ 전면절삭 날각(front cutting edge angle) : 측면절삭 날과 바이트 중심선에 직각인 직선과 이루는 각이며, 각이 작으면 진동의 원인이 되고, 크면 온도상승의 원인이 된다.

⑥ 측면절삭 날각(side cutting edge angle) : 전방절삭 날과 바이트 중심선이 이루는 각이며 바이트 자체에는 하중이 거의 작용하지 않는다.

⑦ 노즈반경(nose radius) : 전면 절삭날과 측면 절삭날이 교차하는 날끝 부분에 있는 둥근모양의 반지름이며 크면 배분력이 크게 되어 진동발생의 원인이 되고 작으면 다듬질 면이 거칠고 날끝이 약하게 된다.

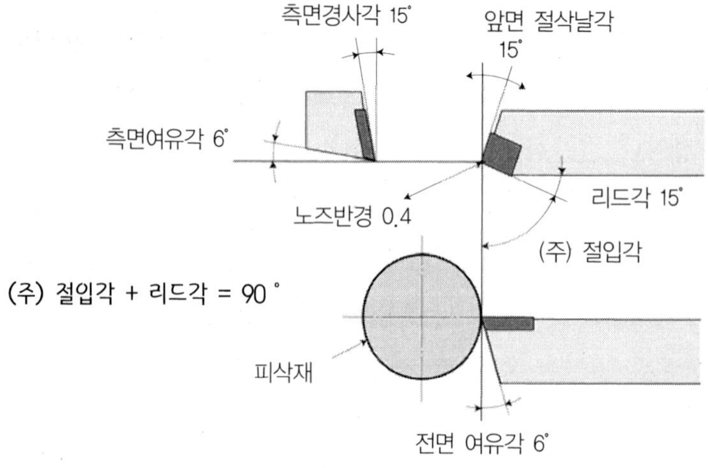

[그림 36] 바이트의 공구각

4.2.5. 선반의 테이퍼 절삭방법

선반으로 테이퍼를 절삭하는 방법에는 복식 공구대를 회전시키는 방법, 심압대를 편위 시키는 방법, 테이퍼 절삭장치를 사용하는 방법, 총형 바이트를 사용하는 방법 등이 있다.

[1] 복식 공구대를 회전시키는 방법

테이퍼 부분이 비교적 짧은 경우에 복식 공구대를 사용하며 복식 공구대의 선회 각도는 다음 식으로 구한다.

$$\tan\theta = \frac{x}{\ell}$$

$$x = \frac{D-d}{2}$$

$$\therefore\ \tan\theta = \frac{D-d}{2\ell} \quad \cdots\cdots\cdots \quad (2-8)$$

D : 큰 쪽 지름, d : 작은 쪽 지름
L : 테이퍼 부분의 길이

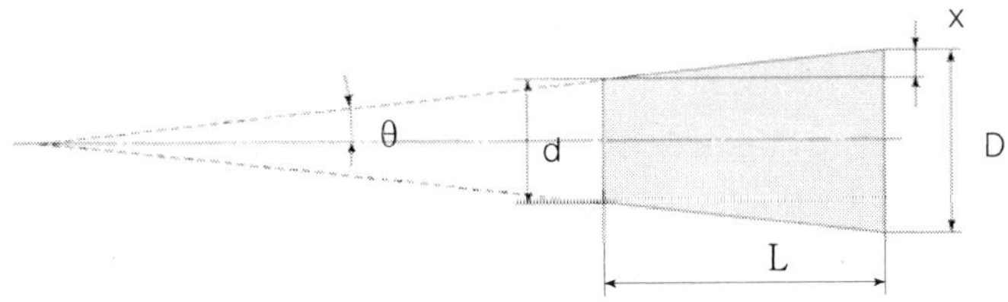

[그림 37] 공구대 회전시키는 방법

[2] 심압대를 편위시키는 방법

테이퍼 부분이 비교적 길고, 테이퍼량이 작은 경우 양 센터로 지지하여 가공하며 심압대의 편위량은 다음 식으로 구한다.

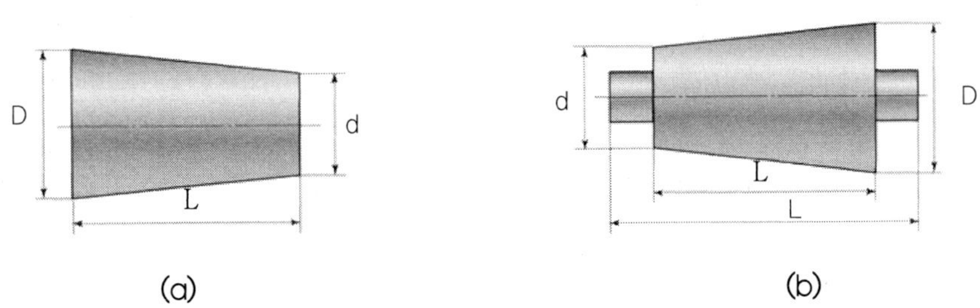

[그림 38] 심압대를 편위시키는 방법

• 그림 38(a)의 경우 : $x = \dfrac{D-d}{2}$

• 그림 38(b)의 경우 : $x = \dfrac{(D-d)L}{2\,\ell}$

L : 공작물의 길이

4.3. 세이퍼, 플레이너, 슬로터

4.3.1. 세이퍼(shaper)

세이퍼는 바이트를 램(ram)에 부착하고 왕복운동을 하고 공작물은 테이블에 고정하여 좌우로 이송하면서 평면 가공을 하는 공작기계이다. 램의 왕복 회전수는 다음과 같이 계산한다.

$$N = \frac{1000a\,V}{\ell} \text{ 또는 } V = \frac{N\,\ell}{1000a} \quad \cdots\cdots (2-9)$$

N : 1분간 바이트의 왕복 횟수
a : 바이트의 1왕복시간에 대한 절삭 행정시간의 비
V : 절삭속도(m/min)
L : 행정

[1] 세이퍼의 구조

① 램(ram) : 회전운동을 직선운동으로 변환하는 기구로 래크와 피니언, 크랭크와 레버, 유압 등에 의해 구동된다.

② 이송기구 : 테이블을 좌우 방향으로 이송시키는 장치이다.

③ 공구대 : 램에 부착된 바이트를 상하로 운동시키거나 회전시킨다.

④ 급속 귀환운동(quick return motion) : 절삭행정보다 귀환행정 때의 속도를 빨리하여 귀환행정에서의 시간을 단축시키는 장치이다.

[그림 39] 세이퍼의 각부 명칭

[2] 세이퍼의 크기 표시

세이퍼의 크기는 램의 최대 행정으로 나타내며, 테이블의 크기와 이송거리로 나타내기도 한다.

4. 3. 2. 플레이너(planer)

플레이너는 공작물에 직선 절삭운동을 주고 바이트에 직선 이송운동을 행하게 하여 평면을 절삭하는 공작기계이다.

[그림 40] 플레이너

4. 3. 3. 슬로터(Slotter)

상하방향으로 직선 왕복운동을 하는 램(ram)에 공구를 고정하고 공작물의 수직면을 절삭하는 공작기계이다.

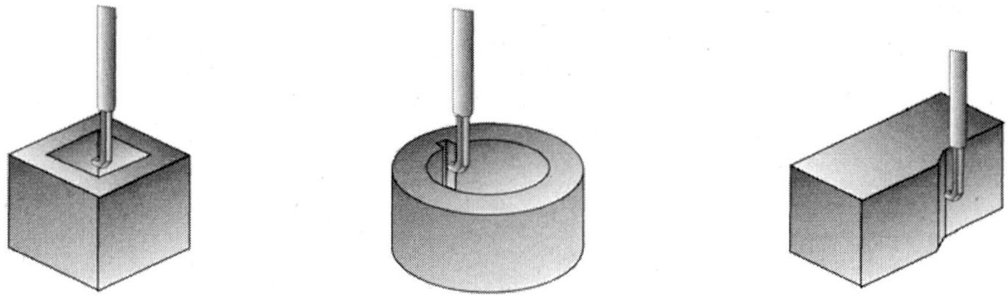

(a) 구멍절삭 (b) 키홈절삭 (c) 평면절삭

[그림 41] 슬로터의 가공 예

4.4. 밀링 머신(milling machine)

원판이나 원통의 둘레에 돌기가 많은 날을 가진 밀링 커터를 회전시켜 공작물을 이송시키면서 절삭하는 기계이다. 밀링 절삭방법에는 밀링 커터의 회전방향과 공작물의 이송방향이 반대인 상향 절삭과, 밀링 커터의 절삭방향과 공작물의 이송방향이 같은 하향 절삭이 있다.

[그림 42] 밀링머신의 구조

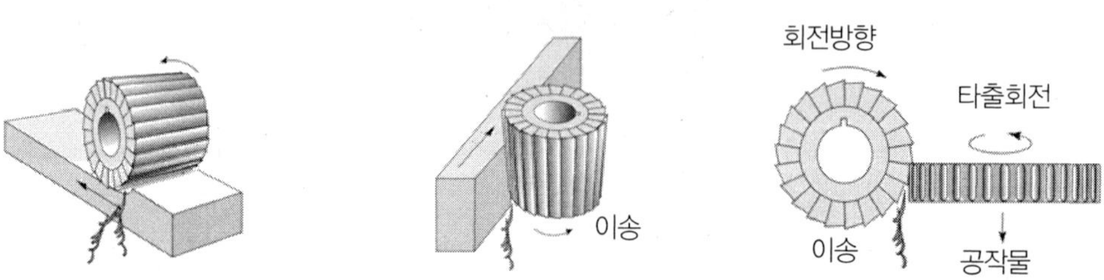

(a) 평면절삭 (b) 측면절삭 (c) 성형가공

[그림 43] 밀링작업

4.4.1. 밀링방법

[1] 올려깎기(상향 절삭)

밀링 커터의 회전방향과 공작물의 이송방향이 서로 반대이므로 테이블의 이송나사에 다소 여유가 있어도 절삭할 수 있으며, 특징은 다음과 같다.

① 칩이 절삭을 방해하지 않는다.

② 절삭이 순조롭다.

③ 공작물의 고정이 확실하지 않으면 커터 날의 마모가 심하고 동력의 소비가 커지며 가공면이 거칠다.

(a) 상향 절삭 (b) 하향 절삭

[그림 44] 밀링커터의 잘삭구분

[2] 내려깎기(하향 절삭)

밀링 커터의 회전방향과 공작물의 이송방향이 같은 것이며, 그 특징은 다음과 같다.

① 공작물의 고정이 간단하다

② 커터날의 마멸이 적어 가공면이 곱고 동력 소비가 적다.

③ 커터날의 가열이 적다.

④ 칩이 절삭을 방해한다.

⑤ 이송나사에 여유 방지장치가 필요하고, 아버가 휘기 쉽다.

4.4.2. 절삭속도

절삭속도는 가공면의 다듬질 정도, 공구 등의 수명에 관계되므로 다음과 같이 하여야 한다.

① 커터의 수명을 연장하기 위해 절삭속도를 낮춘다.

② 거친 가공에서는 저속과 빠른 이송을, 다듬질 가공에서는 고속과 늦은 이송을 준다.

③ 낮은 절삭속도에서 작업을 시작하도록 한다.

$$N = \frac{1000V}{\pi D} \text{ 또는 } V = \frac{\pi DN}{1000} \quad \cdots\cdots \quad (2-10)$$

4.4.3. 이송속도

$$f_z = \frac{f_T}{Z} = \frac{f}{ZN}, \quad f = f_z \times Z \times N \quad \cdots\cdots \quad (2-11)$$

f_z : 1날 당의 이송(mm), f_T : 1분 동안의 이송(mm)
Z : 커터의 날 수, N : 회전속도

4.4.4. 절삭동력

밀링 커터로 단위시간에 절삭되는 칩의 체적을 Q라고 하면

$$Q = \frac{btf}{1000} \ (\text{cm}^3/\text{min}) \quad \cdots\cdots \quad (2-12)$$

b : 칩의 폭, t : 칩의 두께
f : 매분 이송

한편, 주 절삭분력(P_1)과 이송분력(P_2)에 의한 절삭동력을 각각 정미 절삭동력(Nc), 이송동력(Nf)라 하면

$$\bullet \text{정미 절삭동력(Nc)} = \frac{P_1 V}{75 \times 60} = \frac{P_1 V}{102 \times 60} \quad \cdots\cdots \quad (2-13)$$

$$\bullet \text{이송동력}(N_f) = \frac{P_2 f'}{75 \times 60} = \frac{P_2 f'}{102 \times 60} \quad \cdots\cdots \quad (2-14)$$

V : 절삭속도(m/min)
f': 이송속도(m/min)

4.4.5. 밀링머신의 크기 표시

[1] 수평 밀링머신

① 테이블의 크기

② 테이블의 최대 이동 거리

③ 주축의 중심선에서 테이블 면까지의 최대 거리

[2] 수직 밀링머신

① 테이블의 크기

② 테이블의 최대 이동 거리

③ 주축 단에서 테이블 면까지의 최대 거리

④ 주축대의 최대 이동 거리

4.4.6. 밀링 커터의 각부 명칭

① 랜드(land) : 날 끝에 적당하게 두께를 주어 강도를 증가시키기 위해 만든다.

② 절인각(cutting edge angle) : 경사면과 여유면이 이루는 각

③ 경사각(rake angle) : 밀링 커터의 중심선과 경사면이 이루는 각

④ 여유각(clearance angle) : 공작물과 마찰을 감소시키기 위한 것이다.

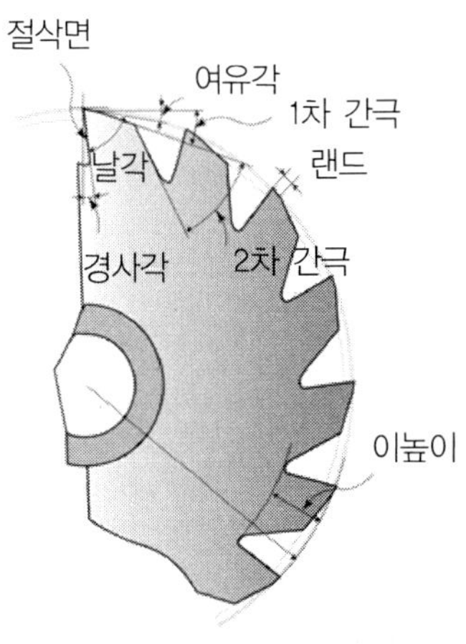

[그림 45] 밀링 커터

4.4.7. 밀링 머신의 분할작업

[1] 분할대의 구조

분할대에는 브라운 샤프형, 신시내티형, 밀워키형 등이 있으며, 신시내티형과 브라운 사프형은 아래 그림과 같이 주축에 잇수 40개의 웜 기어(worm gear)가 고정되어 있고 웜축에는 1줄의 웜이 있어 웜축을 1회전시키면 주축은 1/40 회전한다. 또 웜축과 주축의 앞 끝에는 각각 분할 핀이 설치되어 있어 분할할 때에는 이것에 설치된 작은 구멍으로 실행한다. 분할대의 부품에는 심압대, 분할판, 차동 분할장치, 비틀림 홈 가공을 할 때 사용하는 변환 기어가 있다.

[그림 46] 분할대의 구조

[2] 분할방법

(1) 직접 분할방법

직접 분할 핀을 사용하여 분할하는 방법으로 브라운 샤프형에는 24등분 구멍이 있어 24의 인자인 2, 4, 6, 8, 12, 24의 분할이 된다.

(2) 단식 분할방법

분할 판과 크랭크를 사용하여 분할하는 방법이다. 지금 n : 분할 크랭크의 회전속도, N : 분할 수, R : 웜 기어의 회전비라 하면 크랭크 회전속도 n은 다음과 같다.

• $n = \dfrac{R}{N} = \dfrac{40}{N}$ ······(브라운 샤프형과 신시내티형) ···················· (2-15)

• $n = \frac{R}{N} = \frac{5}{N}$ ······(밀워키형) ·· (2-16)

다음의 표는 분할 판의 구멍 수이다.

종 류	분할판	구멍 수
브라운 샤프형	No. 1	15, 16, 17, 18, 19, 20
	No. 2	21, 23, 27, 29, 31, 33
	No. 3	37, 38, 41, 43, 47, 49
신시내티형	표면	24, 25, 28, 30, 34, 37, 38, 39, 41, 42, 43
	이면	46, 47, 49, 51, 53, 54, 57, 58, 59, 62, 66
밀워키형	표면	100, 96, 92, 84, 72, 66, 60
	이면	98, 88, 78, 76, 68, 58, 54

[예제 1] 브라운 샤프형 분할대를 사용하여 32등분하시오.

【풀이】 $n = \frac{40}{N} = \frac{40}{32} = 1\frac{1}{4}$

크랭크를 1과 1/4회전하면 된다. 여기서 1/4의 분모 4의 배수 구멍수를 가진 분할 판을 찾으면 No.1에 16이다. 분모를 16에 맞게 1/4의 분자와 분모에 4를 곱하면 4/16가 된다.

$\frac{4}{16}$ ·········(크랭크를 돌린 구멍수) / ··················(분할판의 구멍수)

따라서 No.1의 분할판의 16구멍을 사용하여 크랭크를 1회전과 4구멍씩 돌리면 32등분이 된다.

(3) 차동 분할방법(브라운 샤프형에 의한 경우)

단식 분할방법으로도 분할할 수 없는 수를 분할할 때 사용하는 것으로 변환 기어로서 분할 판을 차동시켜 분할한다. 변환 기어에는 24(2개), 28, 32, 40, 44, 48, 56, 64, 72, 86, 100 등의 12개가 있다.

4.5. 드릴링 머신(drilling machine)

주축에 드릴을 끼워서 회전 절삭운동을 하며, 주축에 수직 이송운동을 자동 또는 수동으로 행하게 하는 기구를 갖춘 공작기계이다.

4.5.1. 드릴링 머신의 기본작업

[1] 드릴링(drilling)

드릴링이란 드릴로 구멍을 뚫는 작업이다.

[2] 스폿 페이싱(spot facing)

스폿 페이싱이란 너트가 닿는 부분을 절삭하여 자리를 만드는 작업이다.

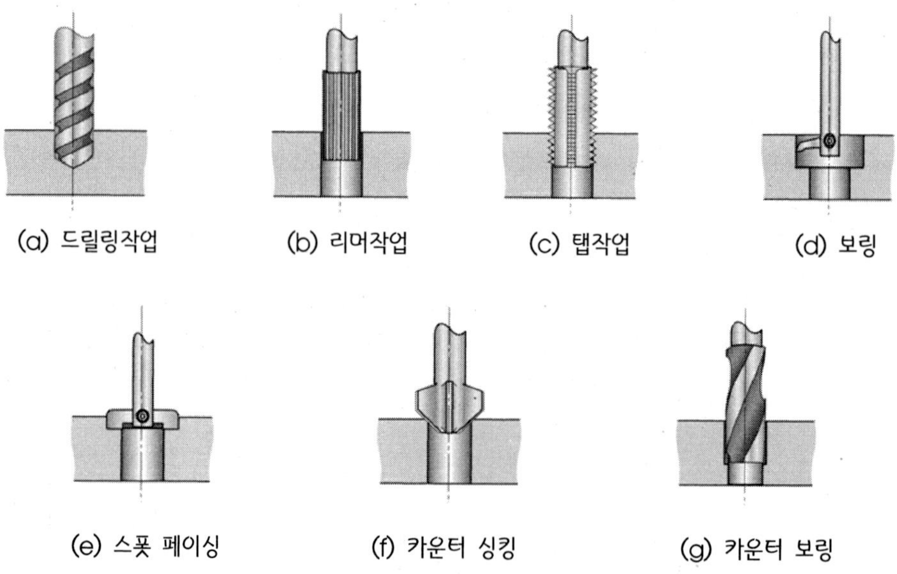

[그림 47] 드릴작업의 종류

[3] 카운터 보링(counter boring)

카운터 보링이란 작은 나사, 둥근 머리 볼트의 머리가 공작물에 묻히도록 하기 위한 턱이 있는 구멍뚫기 가공이다.

[4] 카운터 싱킹(counter sinking)

카운터 싱킹은 접시 머리 볼트의 머리 부분이 묻히도록 원뿔자리 파기작업이다.

[5] 보링(boring)

보링은 뚫린 구멍이나 주조한 구멍을 넓히는 작업이다.

[6] 리밍(reaming)

리밍은 뚫린 구멍을 리머로 다듬는 작업이다.

[7] 태핑(tapping)

태핑은 탭을 사용하여 드릴링 머신으로 암나사를 가공하는 작업이다.

4.5.2. 드릴의 종류

[1] 트위스트 드릴(twist drill)

홈이 2개인 것으로 가장 널리 사용되는 것으로 홈이 비틀려져 있어 절삭성과 칩의 배출이 양호하다.

[2] 직선 홈 드릴(straight flute drill)

홈이 직선으로 된 것이며, 선단 끝 각이 0이므로 절삭성이 별로 좋지 못하며, 황동이나 얇은 판의 구멍뚫기에 사용된다.

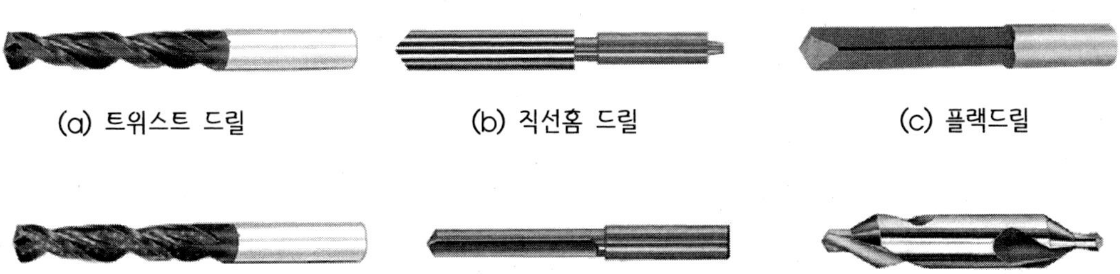

(a) 트위스트 드릴 (b) 직선홈 드릴 (c) 플랙드릴

(d) 유공드릴 (e) 반원드릴 (f) 센터드릴

[그림 48] 드릴의 종류

[3] 플랫 드릴(flat drill)

구멍뚫기를 위한 가장 간단한 것으로 날 끝의 안내가 없어 구멍이 휘어지기 쉽다.

[4] 유공 드릴(oil hole drill)

구멍뚫기를 위한 가장 간단한 것으로 날 끝의 안내가 없어 구멍이 휘어지기 쉽다.

[5] 반원 드릴(rifle barvel drill)

드릴의 선단은 1개의 날로 날끝은 드릴 중심에 대한 편위치이다.

[6] 센터 드릴(center drill)

센터 구멍을 뚫을 때 사용하는 드릴이며 크기는 선단의 평행한 드릴의 지름으로 표시한다.

4.5.3. 드릴의 각부 명칭

[1] 웨브(web)

좌우로 등을 대고 있는 2개의 홈 사이에 얇은 부분으로 드릴의 등뼈 구실을 한다.

[2] 마진(margin)

드릴을 지지하고 있는 정확한 구멍을 가공하기 위해 드릴 랜드부에서 돌출된 면이다.

[3] 홈(flute)

드릴 몸통에 파인 2개 이상의 나선형 홈으로 칩을 배출하고 절삭유를 공급하는 통로가 된다.

[4] 드릴 끝 각(drill point angle)

양쪽날이 이루고 있는 각도로 일반적으로 118°이다.

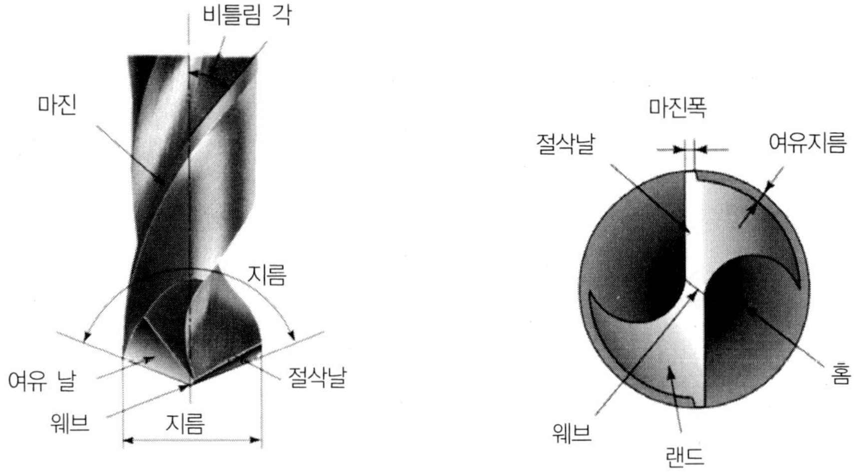

[그림 49] 드릴의 각부 명칭

[5] 비틀림 각도(angle of torsion)

두 줄의 나선형 홈을 가지고 있는데 이들이 드릴 축과 이루는 각도이다.

5. 연삭가공(grinding)

연삭가공은 연삭숫돌을 이용하는 회전 절삭기계의 일종이며, 절삭날이 여러 개의 미세한 연삭입자로 되어 있고, 이 연삭입자가 결합제와 차례로 탈락하며, 연삭입자가 새로 나와 새로운 절삭날이 되어 절삭작용을 계속한다.

5.1. 숫돌바퀴

숫돌바퀴는 매우 단단한 물질로 된 입자인 숫돌입자를 결합제로 다져서 여러 가지 모양으로 만들 것이다. 그 조직은 아래 그림에 나타낸 바와 같이 예리한 날을 지닌 숫돌입자와 결합제 및 기공의 3가지로 구성되어 있다.

숫돌바퀴가 일반 절삭공구와 다른 점은 일반 절삭공구는 날이 마모되면 이것을 연삭하여 다시 절삭을 계속하여야 하지만 숫돌바퀴는 숫돌바퀴가 자동적으로 연삭된다. 즉, 어느 정도 마모되면 결합제의 결합도가 저항에 견디지 못하게 되어 숫돌입자 전체가 숫돌에서 탈락하는 현상이 발생한다. 이와 같이 연삭이 진행됨에 따라 둔하게 된 날이 새로운 날로 바뀌는 것을 절삭날의 자생작용(自生 作用)이라고 한다.

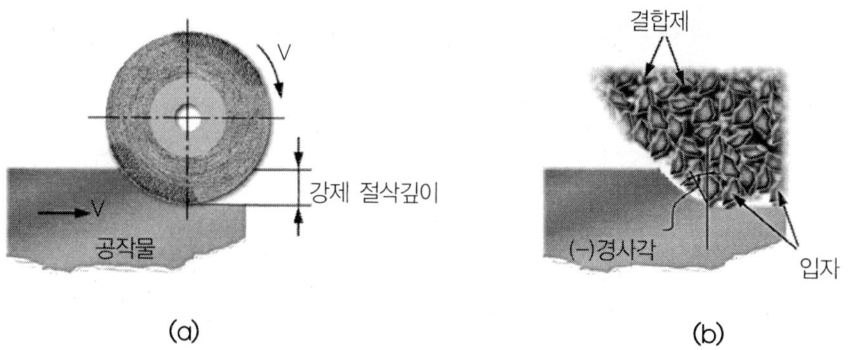

[그림 50] 연삭숫돌의 구성

5.2. 숫돌의 요소

5.2.1. 숫돌입자

숫돌에 사용하는 연삭재에는 알루미나(Al_2O_3)와 탄화규소(SiC)의 2가지가 있다. 알루미나의 연삭재에는 WA, A가 있고, 탄화수소에는 GC와 C가 있다.

① WA : 백색이며 순도가 높아 고속도강, 특수강의 연삭에 사용된다.

② A : 갈색이며, C숫돌보다는 부드러우나 강인하므로 주강, 탄소강 연삭에 사용된다.

③ GC : 녹색이며, 순도가 높아 발열을 피하는 작업에 사용되며, 초경합금, 유리등의 연삭에 사용된다.

④ C : 흑색이며, A숫돌보다는 굳으나 부스러지기 쉬워 주철, 석재의 연삭에 사용된다.

5.2.2. 숫돌 입도

연삭 숫돌입자의 크기를 표시하는 방법으로 메시(mesh) 번호로 표시하며, 거친눈(황목), 중목, 가는 눈(세목), 매우 가는눈(극세목) 등이 있다.

5.2.3. 숫돌의 결합도

숫돌의 결합도(grade)는 숫돌입자의 결합상태를 나타내는 것이며, 연삭 도중에 숫돌입자에 걸리는 연삭저항에 대하여 숫돌입자를 유지하는 힘이 크고 작음을 나타내는 것이다.

[숫돌의 결합도 표시방법]

결합도 기호	A, B, C, D, E, F, G	H, I, J, K	L, M, N, O	P, Q, R, S	T, U, V, W, X, Y, Z
결합도 호칭	매우 연하다.	연하다.	보통이다.	단단하다.	매우 단단하다.

5.2.4. 숫돌조직

연삭숫돌의 단위체적 당 입자 수를 밀도라 하며, 이 밀도로 조직을 표시한다. 연삭숫돌의 조직이 적당하면 칩의 배제가 쉬우며, 공작물의 발열도 적다. 일반적으로 연한 재질은 거친 입자의 억센 조직을 사용하고, 단단한 조직에는 치밀한 것을 사용한다.

[숫돌의 조직]

조 직	밀도가 치밀한 것	밀도가 중간인 것	밀도가 거친 것
조직번호	0, 1, 2, 3	4, 5, 6	7, 8, 9, 10, 11, 12
조직기호	C	M	W
입 자 율	50 이상 54 이하	42 이상 50 이하	42 이하

5.2.5. 결합제

결합제는 입자를 결합하여 숫돌바퀴를 형성하는 것이며, 결합제의 종류에는 V(비트리파이드), S(실리케이트), R(고무), B(레지노이드), E : 셀락, M(메탈) 등이 있다.

알아두기

연삭숫돌의 표시방법

WA	60	K	5	V	300	×	25	×	100
↓	↓	↓	↓	↓	↓		↓		↓
입자	입도	결합도	조직	결합제	바깥지름		두께		구멍 지름

5.3. 숫돌의 수정

5.3.1. 글레이징(glazing : 무딤)

글레이징이란 숫돌바퀴의 입자가 탈락되지 않고 마모에 의하여 납작하게 된 그대로 연삭되는 상태로서 원인과 결과는 다음과 같다.

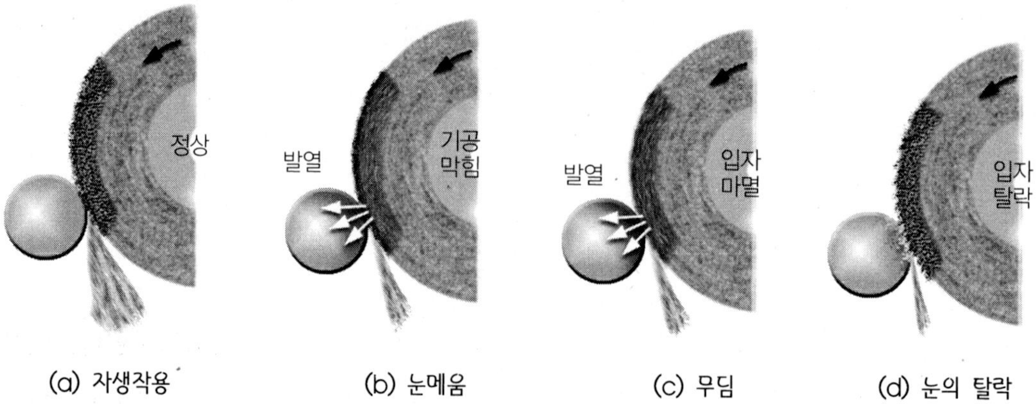

[그림 51] 연삭숫돌의 수정

[1] 원인

① 연삭숫돌의 결합도가 높다.

② 연삭숫돌의 회전속도가 너무 빠르다.

③ 숫돌의 재료가 공작물에 재료에 부적합하다.

[2] 결과

① 연삭 성능이 불량하여 공작물이 발열한다.

② 연삭 소실(燒失)이 발생한다.

5.3.2. 로딩(loading : 눈 메꿈)

로딩이란 연삭 작업중 숫돌입자의 표면이나 기공(氣孔)에 칩(chip)이 차있는 상태를 말하며 원인과 결과는 다음과 같다.

[1] 원인

① 숫돌의 입자가 너무 잘다.

② 조직이 너무 치밀하다.

③ 연삭 깊이가 깊다.

④ 숫돌바퀴의 회전속도가 너무 느리다.

[2] 결과

① 연삭 성능이 불량하고, 다듬질 면이 거칠다.

② 다듬질 면에 상처가 생긴다.

③ 숫돌입자가 마모되기 쉽다.

5. 3. 3. 자생작용(Self-sharping)

연삭의 진행과 더불어 둔하여진 날이 차츰 새로운 예리한 날로 대체되어 가는데 이것을 날의 자생작용이라 한다.

5. 3. 4. 눈의 탈락(Shedding)

연삭숫돌의 결합도가 약할 때는 공작물을 깎아내는 가공량에 비해 숫돌의 소모량이 커지는 현상을 말한다.

5.4. 드레싱(dressing)

드레싱은 숫돌 면의 표면층을 깎아 떨어뜨려서 절삭 성능이나 불량해진 숫돌 면에 새롭고 날카로운 날 끝을 발생키는 수정작업을 말한다.

5.5. 트루잉(truing)

트루잉이란 숫돌의 연삭면을 숫돌과 축에 대하여 평행 또는 일정한 형태로 성형하는 작업을 말한다.

6. 정밀가공 및 특수가공

6.1. 정밀가공

6. 1. 1. 호닝(honing)

호닝은 막대모양의 숫돌인 혼(hone)을 원통 안쪽면의 공작 면에 일정한 압력으로 누르고 연삭 액체를 주입하면서 왕복운동과 회전운동을 동시에 실행하여 다듬질하는 가공이다.

[그림 52] 호닝

6.1.2. 수퍼 피니싱(super finishing)

수퍼 피니싱은 원통의 바깥면, 안쪽면, 평면, 원뿔형면 등의 표면을 정밀 가공하는 방법이며, 이 가공은 치수를 변경시키는 것이 주목적이 아니라 가공 중에 발생한 변질층을 제거하기 위함이다.

[그림 53] 수퍼 피니싱

6.1.3. 래핑(lapping)

래핑은 미세한 숫돌가루를 이용하여 공작물의 표면을 매끈하게 하는 가공방법으로 정밀도가 높은 부품의 제작에 많이 사용된다. 랩제는 일반적으로 거친 래핑에서는 탄화규소 계통의 것을 사용하고, 완성용으로는 산화알루미늄(Al_2O_3)을 사용한다.

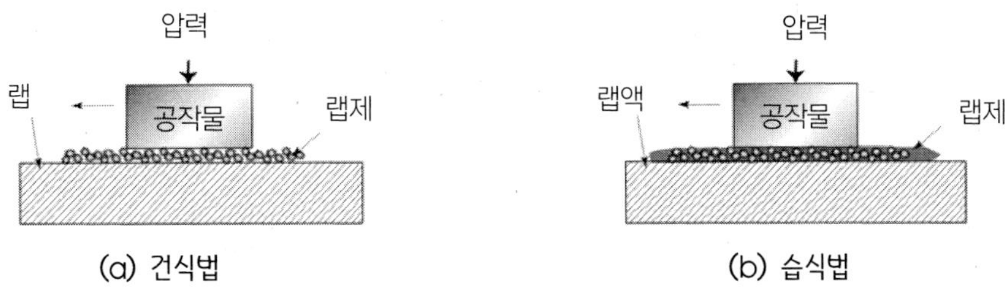

[그림 54] 래핑작업

[1] 래핑의 장점

① 가공 면을 매우 매끈하게 다듬질할 수 있다.

② 높은 정밀도의 제품을 만들 수 있다.

③ 대량 생산이 가능하다.

④ 작업방법이 간단하고, 많은 설비가 필요치 않다.

⑤ 가공면의 내마모성이 크다.

6.1.4. 폴리싱(polishing)

폴리싱은 목재, 벨트, 가죽, 직물 등 탄성이 있는 재료로 된 바퀴 면에 부착된 연삭 입자로 가공물을 연삭 다듬질하는 작업이다.

6.1.5. 버핑(buffing)

버핑이란 털(毛), 면(綿), 직물 등으로 만든 원판에서 연삭재료를 주고 여기에 공작물을 눌러서 연삭하는 작업이며, 광택내기, 녹 빼기 등에서 사용된다.

6.2. 특수가공

6.2.1. 전해 연마(electrolytic polishing)

전해 연마는 공작물을 인산이나 황산 등의 전해액 속에 넣고 (+)전극을 연결하여 직류 전류를 짧은 시간 동안에 세게 흐르도록 하여 전기적으로 그 표면을 녹여서 매끈하게 하여 광택을 내는 작업이다.

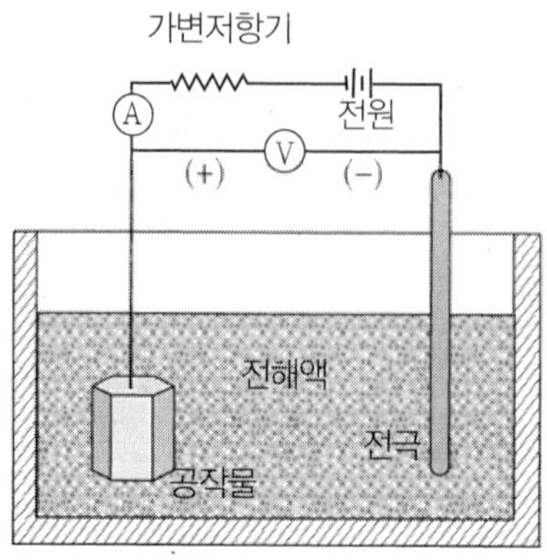

[그림 55] 전해 연마

[1] 전해연마의 장점

① 금속 조직의 변화가 없다.

② 복잡한 형상의 공작물 연마가 가능하다.

③ 가공면의 정밀도가 높다.

④ 가공시간이 짧다.

⑤ 연한 금속의 연마도 가능하다.

6. 2. 2. 화학연마(chemical polishing)

화학연마는 산 용액(酸 溶液)에 공작물을 담그고 가열하여 화학반응을 촉진시켜 금속 표면에 광택을 내는 작업이다.

6. 2. 3. 초음파가공(ultrasonic machining)

초음파를 이용하여 담금질한 강, 수정, 유리, 도자기, 초경합금 등의 단단한 가공에 사용되는 것이며, 가공하고자 하는 형의 금속공구를 만들어 여기에 공작물을 대고 공구에 상하 진폭을 10∼30μ 정도의 공작물 사이에 있는 연삭입자가 공구의 진동으로 인해 충격적으로 공작물에 부딪혀 정밀하게 다듬는다.

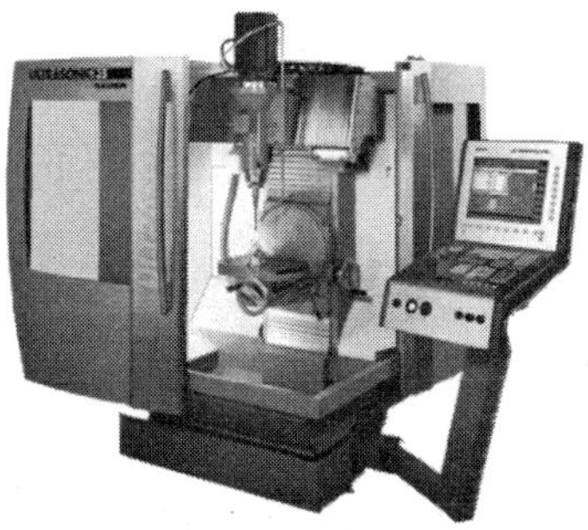

[그림 56] 초음파 가공

[그림 57] 방전가공

6. 2. 4. 방전가공(electric spark machining)

방전가공은 불꽃방전에 의하여 재료를 매우 적은 량으로 용해시키므로서 금속의 절단, 구멍 뚫기, 및 연마하는 가공방법이다. 공작물을 (+)극, 공구를 (—)극으로 하여 방전하는 동안에 가공된다. 방전가공은 금속 이외에 다이아몬드, 루비, 사파이어 등의 가공에도 사용된다.

6. 2. 5. 숏 피닝(shot pining)

숏 피닝은 주철, 주강제의 작은 볼(ball)의 숏을 고속으로 공작물 표면에 분사하여 표면을 매끈하게 함과 동시에 경화층을 얻게 되며, 숏이 해머와 같은 작용을 하여 피로강도 및 기계적 성질을 향상시킨다.

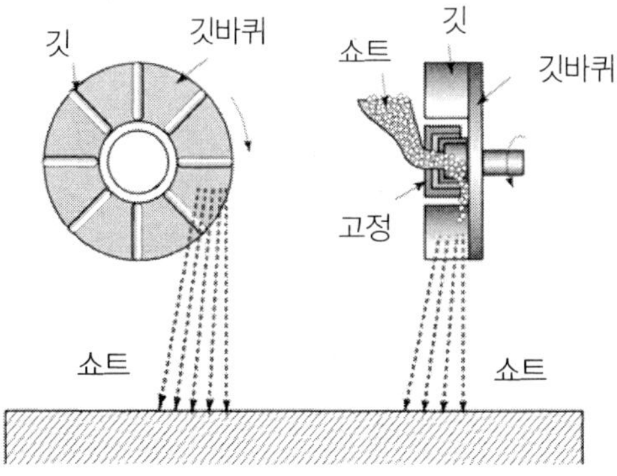

[그림 58] 숏 피닝

7. 용접(welding)

7.1. 용접의 개요

용접이란 용접하고자 하는 부분을 용융상태로 하거나 용융상태로 하지 않을 정도로 가열한 부재 또는 상온상태의 부재를 서로 접촉시키고 압력을 가하여 접합하는 이음방법을 말한다. 즉 2개의 금속을 접합하여 하나로 만드는 작업으로서 나사 또는 리벳을 사용하는 기계적 이음과는 다르며 일반으로 용접으로 이음된 것은 분해할 수 없다.

그밖에 접합할 금속사이에 가열한 다른 금속을 사이에 넣고 결합시키는 방법이 있는데 이것도 넓은 의미의 용접에 포함된다. 용접하는 모재 및 첨가제를 가열 용융할 필요가 있으므로 여러 가지 가열법이 있다. 열원으로는 가스, 아크, 전기, 저항열, 마찰열 등이 사용되고 가스는 산소-아세틸렌가스 아크는 금속 아크, 탄소아크 등이 사용된다. 용접이란 용어는 금속의 접합에 주로 사용되고 있으나, 최근 국제 표준기구에서는 플라스틱 세라믹 등 비금속 공업재료의 접합도 포함된다.

7.1.1. 용접의 장점

① 재료의 절약, 공정수의 절약 성능 및 수명의 향상 등에 유리하므로 경제적이다.

② 리벳접합에 비하여 구조가 간단하고 접합효율이 훨씬 우수하다.

③ 주형이 필요 없고 강도가 크고 중량을 가볍게 할 수 있다.

④ 종류가 다른 재료를 접합할 수 있으며 시설비가 적게 들고 보수하기 쉽다.

⑤ 복잡한 형상의 제품도 자유롭게 제작할 수 있다.

⑥ 재생용접에 의한 표면 경화 내식성 또는 내열성의 개선 등에 널리 사용되고 있다.

⑦ 기밀 및 이음효율이 향상된다.

7.1.2. 용접의 단점

① 짧은 시간에 재료를 국부적으로 접합하므로 재질의 변화, 용접균열 수축 및 변형, 잔류 응력 등의 결함 및 파괴를 일으키기 쉽다.

② 리벳 구조물에 비하여 응력 집중이 생기기 쉽다.

③ 용접은 품질관리가 곤란하며 용접사의 기능과 성의에 좌우되는 일이 많고 또한 검사방법이 간단하지 않다.

7.2. 용접의 종류

용접방법에는 연소가스를 연소시킬 때 발생하는 연소열 또는 전기 아크의 열을 사용하여 접합부분을 녹인 후(용융) 용접봉을 사용하여 접합시키는 융접, 전기저항 열 또는 연소가스의 연소열을 이용하여 1/2 정도 녹인상태에서 기계적인 힘을 가하여 접합시키는 압접, 모재를 녹이지 않고 별도의 용융금속을 접합부분에 넣어 접합하는 납땜 등으로 나눈다.

7.2.1. 융접(fusion welding)

접합하려는 물체의 접촉면을 용융시키고 추가로 용융 금속(용가재)을 보충하여 국부적인 주조작용으로 접합하는 방법이다.

[1] 가스용접

① 산소 - 아세틸렌용접
② 공기 - 아세틸렌용접
③ 산소 - 수소용접

[2] 아크용접

① 피복 아크용접
② 불활성 가스 아크용접
③ 이산화탄소 아크용접
④ 원자 수소용접
⑤ 서브머지드 아크용접

[3] 테르밋용접

7.2.2. 압접(pressure welding)

[1] 전기 저항용접

① 점용접(spot welding)
② 심용접(seam welding)
③ 프로젝션용접(projection welding)
④ 맞대기용접(butt welding)

[2] 가스압접

7.2.3. 납땜(brazing welding)

① 연 납땜 : 450℃ 이하에서 녹는 납을 사용하여 접합시키는 납땜을 말한다.

② 경 납땜 : 450℃ 이상에서 녹는 납을 사용하여 접합시키는 납땜을 말한다.

7.3. 피복 아크용접

7.3.1. 피복 아크용접의 원리

전기회로에 2개의 금속 또는 탄소단자를 전극으로 하여 서로 접촉시켜 아크(arc)를 발생시키며 이 때 고온의 열이 생기게 되어 전극단자에서 적은 양의 분자가 기화하게 되어 전기회로가 형성되면 전류가 계속 흐르게 되므로 이 열(3000~3500℃)로 금속을 용융시켜 접합하게 된다. 이 때 전극부분이 되는 것이 모재와 용접봉이다. 피복 아크용접의 특징은 다음과 같다.

① 가스용접에 비하여 용접 부분의 변형이 적으며, 기계적 강도가 크다.

② 용접에 이용되는 열효율이 높고, 열 집중이 좋아 용접의 효율을 높일 수 있다.

③ 폭발 염려가 없다.

④ 유해 광선발생이 많으며, 감전의 위험성이 있다.

7.3.2. 피복 아크용접의 분류

[1] 금속 아크용접(metal arc welding)

금속 전극봉(용접봉)과 모재사이에서 아크를 발생시켜 그 열로 모재와 용접봉을 녹여 모재를 접합시키는 방법으로 사용 전원은 교류와 직류가 있으나 주로 교류를 사용한다. 그 종류에는 피복 아크용접, 서브머지드 아크용접, 불활성가스 아크용접, 탄산가스 실드 아크용접 등이 있다.

[2] 탄소 아크용접(carbon arc welding)

탄소 전극봉과 모재 사이에서 아크를 발생시켜 그 열로 모재와 용가재를 녹여 모재를 접합하는 것으로 현재로 별로 사용하지 않는다.

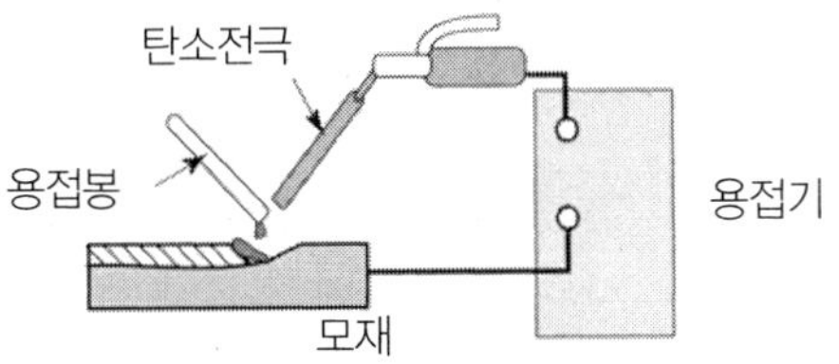

(a) 탄소 아크용접

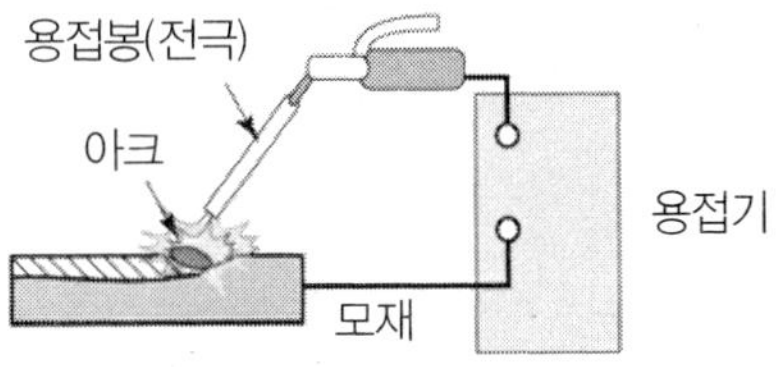

(b) 금속 아크용접

[그림 59] 아크용접의 종류

7.3.3. 아크용접 전원

아크용접에는 교류와 직류가 모두 사용되며, 아크를 발생하는데 소비된 전력의 60%는 금속 용해, 25%는 금속의 증발, 15%는 방산되는 열로 소비된다. 공기저항을 이기고 아크를 발생시키는데 필요한 전압을 개로 전압이라 하는데 이 개로 전압은 직류에서는 50~80V, 교류에서는 70~135V이며, 아크가 발생된 후에는 전압이 감소되어 아크를 지속하는데 필요한 아크전압은 20~30V가 된다.

[1] 교류(AC)

교류는 전류의 방향이 1초 동안에 60번 바뀌므로 극성도 같은 횟수만큼 변화하며 매초 120번 전압이 0이 되기 때문에 아크의 안정성이 없으므로 아크를 꺼지지 않도록 계속 유지시키려면 처음에는 어느 정도의 높은 전압이 필요하다.

그러나 최근에는 피복 용접봉을 사용하는 관계로 용접봉이 높은 온도로 가열되면 피복제에서 이온(ion)이 발생하기 때문에 그 이온으로 말미암아 아크의 발생을 돕게 되므로 안정된 아크를 얻을 수 있다.

[2] 직류(DC)

직류 전류를 사용하는 용접에서는 두 전극사이에서 발생하는 아크열의 60~75%가 (+)극에서 발생되므로 (+)전극을 어느 쪽에 연결하느냐에 따라 정극성과 역극성으로 나누어진다.

[용접 중의 아크상태 및 특징]

극 성	상 태	특 징
정극성 (DCSP)	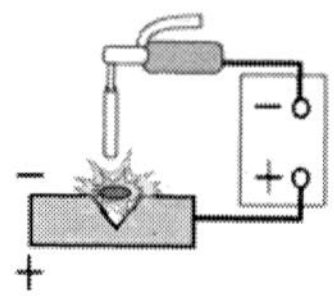 열분배 −30% +70%	· 용입이 깊다. · 일반적인 용접에 쓰인다.
역극성 (DCTP)	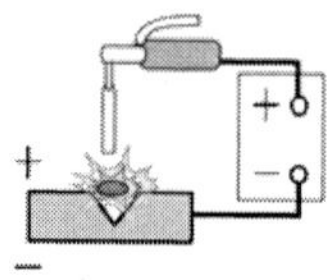 열분배 +70% −30%	· 용입이 얕다. · 박판, 주철, 고탄소강, 합금강, 비철 금속의 용접에 쓰인다.

(1) 정극성(straight polarity, DC. SP)

정극성은 아크용접에서 모재를 (+)극에, 용접봉을 (−)극에 연결하는 방식이며, (+)극에서 발생 열이 많은 관계로 용접봉이 녹는 속도가 늦고 모재 쪽이 녹는 속도가 빠르기 때문에 두꺼운 판 용접에 널리 사용된다.

(2) 역극성(reverse polarity, DC. RP)

역극성은 모재를 (−)극에, 용접봉에 (+)극을 연결하는 방식으로 용접봉의 녹는 속도가 빠르고, 모재의 용입이 얕기 때문에 얇은 금속판, 비철금속, 주철 등의 용접에 사용된다.

7.3.4. 아크용접기의 종류

아크용접기의 종류에는 직류 아크용접기와 교류 아크용접기가 있으며, 직류 아크용접기는 교류 아크용접기에 비해 값은 비싸나 아크가 안정된 장점이 있어 예전에는 많이 사용하였으나 최근에는 용접봉의 개량으로 교류 아크용접기로도 안정된 작업을 할 수 있기 때문에 많이 사용되고 있다. 용접기는 용접에 알맞게 전압을 낮추고, 큰 전류(50～400A)를 흐르게 할 수 있도록 만들어져 있다.

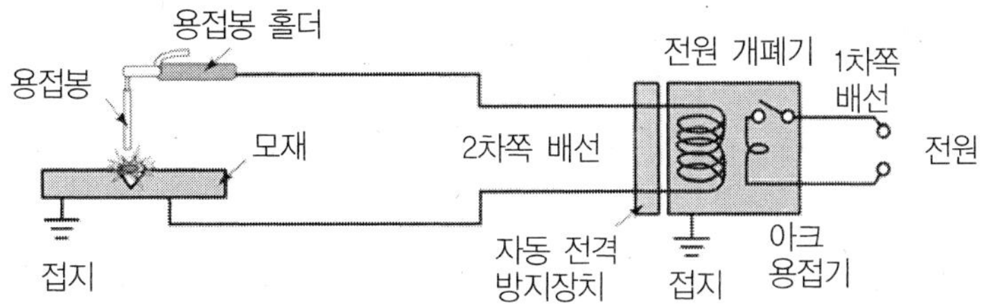

[그림 60] 피복 아크용접기의 구성과 접속

[1] 교류 아크용접기

교류 아크용접기는 일종의 변압기와 같은 역할을 하는 것으로, 아크의 안정은 다소 불안정하나 값이 싸며, 보수가 쉬워 널리 이용되고 있으며, 아크 쏠림방지에도 효과적이다. 교류 아크 용접기는 일종의 변압기이나 2차 전류를 통과시킬 때 즉, 용접할 때 계단적으로 2차 전압이 떨어지는 특성을 갖도록 설계되어 있다. 그러므로 일반 교류 아크 용접기는 아크를 안정시키기 위하여 회로에 리액턴스 코일을 넣어 리액턴스를 크게 함으로써 아크 부분의 저항 변화로 생기는 2차 전류의 변화를 적게 하고 있다. 리액턴스를 크게 하고 개회로(open circuit) 전압을 높게 함으로써 용접기의 효율이 25~40% 정도로 된다.

교류용접기는 직류용접기에 비하여 안정성이 떨어지나 가격은 1/3~1/4 정도이므로 직류용접기보다 널리 사용되고 있다. 그 종류에는 고주파 교류 아크 용접기와 자동 교류 아크 용접기가 있다. 또 교류용접기의 역률은 $\frac{\text{소비전력}}{\text{전원전력}} \times 100$으로 나타낸다.

(1) 고주파 교류 아크용접기

교류 아크 용접기에 사용되는 변압기 중에는 고주파 발생장치를 장착하고 있는 것도 있으며 용접할 때 전류를 5~200,000사이클의 고주파 전류로 변화시켜 사용한다. 일반적인 용접기로서는 용접이 곤란한 비교적 얇은 판재의 용접이 가능하며 또한 구리(Cu), 알루미늄(Al) 등도 효과적으로 용접할 수 있다.

(2) 자동 교류 아크용접기

용접봉을 기계장치로 피드(feed)하고 아크의 길이를 일정하게 하는 동시에 안정한 작업을 하기 위한 자동 용접기를 사용하는 용접방법이 있다. 자동 교류 아크용접기 특징은 다음과 같다.

① 용접속도가 수동식에 비하여 3~6배 정도 빠르다.

② 아크가 안정되어 우수한 용접이 가능하다.

③ 작업자에 관계없이 능률적으로 작업할 수 있다.

④ 대량 생산으로 생산비가 싸게 든다.

[2] 직류 아크용접기

직류 아크용접기는 아크가 안정되므로 초보자에게는 용접작업이 쉬우나 아크 길이가 길어지면 용입이 불량하며, 사용할 때에는 반드시 극성을 고려하여야 한다. 또 무게가 무겁고 값이 비싸며, 소음이 나고 고장이 많은 결점이 있다.

직류 아크용접기에는 마그넷 불로 현상이라 하여 아크가 일정방향으로 흐르는 일이 있다. 이것을 직류에서 용접봉 또는 모재의 주위에 자력선이 생기고 그 분포에 와류가 생기기 때문이다. 이것은 불량용접의 원인이 되므로 이것을 방지하기 위해 모재의 케이블 연결점을 바꾸던가 가접부분을 크게 하고 후퇴용접하여 방지하나 방지 곤란한 것도 있다. 그 종류에는 정전압 직류 아크용접기, 정전류형 직류 아크용접기, 정전력형 직류 아크용접기 등이 있다.

(1) 정전압형 직류 용접기

이 용접기는 부하가 변동하여도 전압이 일정하도록 되어 있다. 발전기의 용량이 충분하면 많은 용접을 동시에 할 수 있는 특징이 있으며 한대의 발전기로서 여러 개의 회로를 끄집어내어 각기 용접공은 직렬저항과 리액턴스를 연결하여 아크 전류를 통하게 한다.

[교류 아크용접기와 직류 아크용접기의 비교]

항 목 \ 용접기	교류 아크용접기	직류 아크용접기
아크의 안정	아크가 불안정하나, 피복제가 있어 아크가 안정된다.	매우 양호하다.
얇은 판의 용접	낮은 전류에서는 아크가 불안정하기 쉬우므로 직류보다 성능이 떨어진다.	낮은 전류에서도 아크가 안정되므로 극성을 바꾸면 보다 열 분배가 잘되어 얇은 판 용접이 쉽다.
특수상, 비철금속의 용접	직류 아크용접기보다 양호하다.	양호하다.
일반 용접	용접기가 값이 싸고, 취급이 쉽다.	교류 아크 용접기보다 못하다.
위험성	직류 아크 용접기보다 무부하전류가 높기 때문에 위험성이 크다.	무부하 전류가 낮기 때문에 위험성이 적다.
기타	무게 및 용량이 적고, 고장이 적으며, 아크의 쏠림이 없다.	구조가 복잡하여 고장발생이 쉽고, 아크 쏠림이 일어난다.

(2) 정전류형 직류용접기

이 용접기는 전류가 항상 일정하게 나오며 아크전압이 자주 변하여도 아크 전류는 일정하여 아크가 안정되어 있다. 이 방식에는 단식 직류발전기, 즉 한대의 발전기에서 한사람의 용접공이 용접전류를 공급받을 때 편리하며 기계 설비가 적고 아크 발생이 쉬운 장점이 있다.

(3) 정전력형 직류용접기

이 용접기는 전류가 증가하였을 때 자동적으로 전압이 강하 되도록 설계된 것이므로 대략 일정한 전력을 지니게 된다. 단식과 복식 용접기가 있다.

7.3.5. 용접봉 홀더

용접봉 홀더는 용접봉을 용접 자세에 따라 용접봉으로 전류가 흐르도록 하는 기구이다. 홀더의 종류에는 구조에 따라 스프링 로드형, 듀로형, 클램프형, 스크루형 등이 있으며 절연 상태에 따라서 전체를 절연체로 만든 안전 홀더형과 손잡이만 절연된 형식이 있다.

[그림 61] 용접봉 홀더의 구조

홀더는 무게가 가볍고, 절연이 완전하며, 견고하여야 하며, 접촉저항에 의한 발열이 적고 지름이 다른 여러 가지 용접봉을 쉽게 탈·부착할 수 있어야 한다.

7.3.6. 피복 아크 용접봉

피복 아크 용접봉은 초기에는 금속 봉을 그대로 사용하였는데 아크가 안정되지 못하거나 녹이 발생하여 변질되는 결점이 있어 최근에는 용접봉 주위에 피복제를 씌운 피복 용접봉을 사용한다. 피복제는 아크열에 의해 아크를 안정시키고 피복제의 연소에 의한 가스 또는 슬래그는 대기 중의 산소 및 질소와의 접촉을 차단하여 녹은 금속의 산화 및 질화를 방지한다.

[1] 심선

용접봉의 심선은 불순물 함유량이 적은 것이 요구되며, 지름은 1.0mm, 1.4mm, 2.0mm, 2.6mm, 3.2mm, 4.0mm, 5.0mm, 6.0mm, 7.0mm, 8.0mm 등 10가지가 있으나 3.2~6.0mm 범위의 것을 주로 사용한다. 심선의 재질은 주철 특수강 비철합금에는 모재 성분과 동일한 것이 널리 사용된다.

연강에는 탄소(C)가 비교적 적은 연강봉이 사용된다. 탄소(C)가 비교적 적은 것을 사용하는 이유는 강철의 연성을 크게 하고 용해 온도를 높게 함으로써 잘 용해되도록 하여 용접 조작을 쉽게 하기 위한 것이다. 피복제에 따른 분류는 다음과 같다.

(1) 가스발생방식 용접봉

고온에서 가스를 발생하는 물질을 피복제 중에 첨가하여 용접할 때 발생하는 활원성 가스 또는 불활성가스 등으로 용접부분을 덮어 용융금속의 변질을 방지하는 용접봉이다. 유기물형 용접봉이라고도 한다. 슬래그가 쉽게 제거되며 다공성이 있어서 잘 부서지며 산성이다. 또한 아크가 매우 안정되고 불활성 가스에 둘러싸여 용접속도도 빠르게 할 수 있다.

(2) 슬랙생성 방식 용접봉

피복제에 슬래그화하는 물질을 주성분으로 사용하여 용융금속의 입자가 용접봉으로부터 모재에 이동되는 사이에 슬래그를 형성하여 내부를 보호하며 대기와의 화학반응을 저지하여 용착금속을 깨끗하게 하고 또한 냉각과 더불어 응고되어 용착금속의 표면을 덮어 급랭 산화 및 질화 등을 방지하는 역할을 하는 용접봉이다. 피복제는 무기물로 되어 있으며 이 형식의 용접봉을 무기물형 용접봉이라고도 한다.

(3) 반가스방식 용접봉

앞의 두 가지의 특징을 결합한 용접봉이다. 용융금속을 보호, 아크를 안정, 용융금속을 깨끗하게 하고, 용착금속의 급랭을 방지, 용착금속에 필요할 원소를 보충하는 등의 여러 조건을 구비하기 위해 여러 성분을 첨가하고 배합한다.

피복제의 성분으로 산화물계, 규산염계, 탄산염계 등과 불화물 유기물 붕산염 등이 사용되며 철합금계 등도 사용된다. 이 중에서 몇 개를 잘 혼합하고 물을 첨가하여 혼합한 후 그대로 도포제로 사용하거나 또는 수분을 줄이고 기계적으로 압착하여 피복제로 사용한다. 고착제로서 수성 유리, 아교, 젤라틴, 아라비아고무, 해초 등이 사용되고 그 밖의 섬유 물질로서 석면을 혼합하는 일도 있다.

[2] 피복제의 역할

① 대기 중의 산소나 질소의 침입을 방지하고 용착금속을 보호한다.

② 아크를 안전하게 하고, 용융점이 낮은 가벼운 슬래그(slag)를 만든다.

③ 용착금속의 탈산 및 정련 작용을 하며, 용착금속에 적당한 합금 원소를 첨가한다.

④ 용적(globule)을 미세화하고, 용착 효율을 높인다.
⑤ 용착금속의 응고와 냉각속도를 지연시킨다.
⑥ 모든 자세의 용접을 가능하게 한다.
⑦ 슬래그 제거가 쉽고, 파형이 고운 비드(bead)를 만든다.
⑧ 모재 표면의 산화를 제거하고, 용접을 완전히 한다.
⑨ 전기 절연작용을 한다.

그리고 피복제의 종류는 다음 표에 나타낸 바와 같다.

용접봉의 종류	피복제의 계통	용접 자세	사용 전류의 종류
E 4301	일미나이트계	F, V, OH, H	AC 또는 DC(±)
E 4303	이산화 티탄계	F, V, OH, H	AC 또는 DC(±)
E 4311	고셀룰로즈계	F, V, OH, H	AC 또는 DC(+)
E 4313	고산화 티탄계	F, V, OH, H	AC 또는 DC(−)
E 4316	저수소계	F, V, OH, H	AC 또는 DC(+)
E 4324	철분산화티탄계	F, H—Fil	AC 또는 DC(±)
E 4326	철분저수소계	F, H—Fil	AC 또는 DC(+)
E 4327	철분산화철계	F, H—Fil	F에서는 AC 또는 DC, H—Fil에서는 AC또는 DC(−)
E 4340	특수계	F, V, H—Fil의 모두 또는 어느 한 자세	AC 또는 DC(+)

알아두기

용접자세를 나타내는 기호의 의미

- F(flat) : 아래 보기 자세
- V(vertical) : 수직자세
- OH(over herd) : 위 보기 자세
- H(horizontal) : 수평자세
- H—Fil(horizontal fillet) : 수평자세 필렛

전류의 종류에 사용되는 기호의 의미

- AC : 교류
- DC(±) : 직류 용접봉 플러스 또는 마이너스
- DC(+) : 직류 용접봉 (+)
- DC(−) : 직류 용접봉 마이너스

알아두기

용접봉 표시방법

E 43△□

- E: 전기 용접봉의 첫 글자
- 43: 용착 금속의 최저 인장 강도(kgf/m^2)
- △: 용접자세(0과 1 : 모든 자세, 2 : 아래 보기 및 수평 필렛 용접, 3 : 아래 보기, 4 : 모든 자세 또는 특정 자세 용접)
- □: 피복제의 종류

AW 300의 의미

- AW : alternating welder(교류 용접기)
- 300 : 정격 2차 전류

[3] 용접자세

① 아래 보기자세 용접 : 일반 용접은 이 위치에서 실시하며 용접대는 수평 하게 놓고 전극봉은 아래를 향한다. 용접봉과 모재와의 각도는 60~70°이다.

② 수평 필렛자세 용접 : 판면이 수평면에 대하여 90°또는 45°이하로 경사하고 용접선은 수평이 되도록 하고 전극 봉은 수평 하게 잡는다.

③ 수직 필렛자세 용접 : 수직면 또는 수직면과 45°이내의 경사진 면을 용접하며 용접선은 수직 또는 수직면에 대하여 45°이내로 경사진다.

④ 위보기 자세 용접 : 전극 봉은 모재 밑에서 대고 용접봉 끝을 위로 향하세 하고 용접한다. 천장의 안쪽을 용접하는 방법이다. 용접봉과 모재와의 각도는 60~70° 이다.

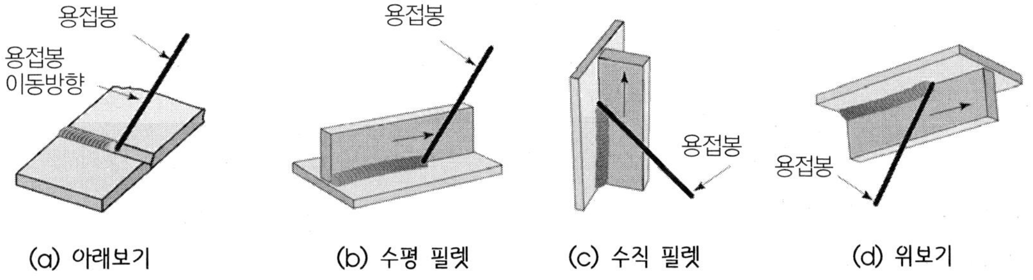

[그림 62] 용접자세의 종류

7.3.7. 피복 아크용접의 이상 현상

[1] 오버랩(over lap)

오버랩이란 용융된 금속이 모재와 잘 융합되지 않고 표면에 덮여 있는 상태이며 모재에 대해 용접봉이 굵거나, 용접전류가 낮고, 용접속도가 늦을 때 발생한다.

[2] 스패터(spatter)

스패터란 용접 중에 비산되는 슬래그 및 금속입자가 모재에 부착된 것이며, 높은 전압, 용융속도가 빠를 때, 아크의 길이가 길 때 일어난다.

[3] 용입 불량

용입 불량이란 모재의 용융속도가 용접봉의 용융속도보다 느릴 때 일어나며 낮은 전압, 낮은 속도일 때 발생한다.

[4] 언더 컷(under cut)

언더 컷이란 용접 경계부분에서 생기는 흠이며, 용접전류가 크고, 용접속도가 빠를 때 일어난다.

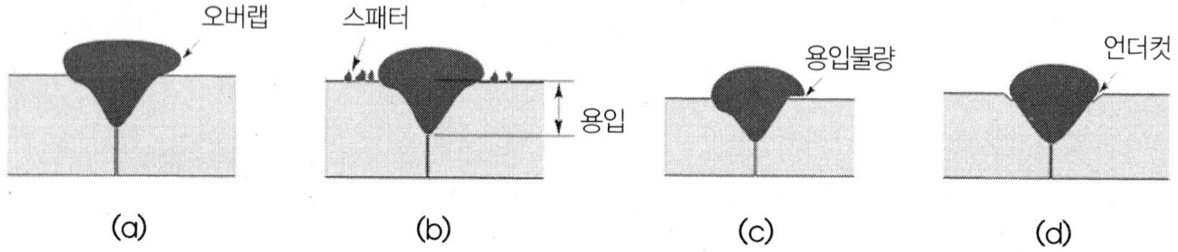

[그림 63] 아크용접의 이상현상

7.3.8. 특수 아크용접

[1] 서브머지드 아크용접(또는 유니언 멜트용접, 잠호용접)

이 용접은 일종의 자동 아크용접 방법이다. 용접이음의 표면에 입상의 용제를 공급관을 통하여 공급시켜놓고 그 속에 연속된 와이어로 된 전기 용접봉을 넣어 용접봉 끝과 모재 사이에 아크를 발생시켜 용접한다.

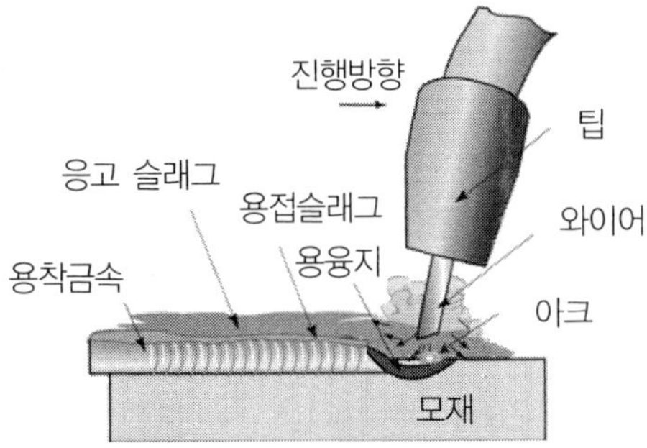

[그림 64] 서브머지드 아크용접

이 방법은 용제에 의하여 용접부분을 완전히 외부 공기층과 차단하고 용융된 용제로 강력한 정련작용을 하도록 하고 슬래그로 용착금속의 표면을 덮어 용접부분의 기계적 성질을 향상시킨다. 서브머지드 용접의 특징은 다음과 같다.

① 용접속도가 빠르다.

② 큰 전류의 사용으로 용입이 깊다.

③ 변형이나 잔류 응력이 적다.

④ 용접의 신뢰성이 크다.

⑤ 아크가 보이지 않는다.

⑥ 자동용접이므로 용접조건이 정확해야 한다.

[2] 불활성가스 아크용접

이 용접은 금속 또는 텅스텐을 전극으로 하여 모재사이에서 아크를 발생시키면서 여기에 불활성가스를 분출시켜 용접부분을 보호하면서 용접을 실행하는 방법이다. 특수 용접부분을 공기와 차단한 상태에서 용접하기 위하여 특수 토치에서 불활성 가스를 전극봉 지지기를 통하여 용접부분에 공급하면서 용접하는 방법이다. 불활성가스에는 아르곤이나 헬륨이 사용되며 전극으로서는 텅스텐 봉 또는 금속 봉이 사용된다.

불활성가스 아크 용접방법은 밀봉 아크용접이라고도 하고 불활성가스 분위기에서 텅스텐 아크에 의한 열원을 사용하는 방법과 금속 아크에 의한 열원을 사용하는 두 가지의 방식으로 분류된다.

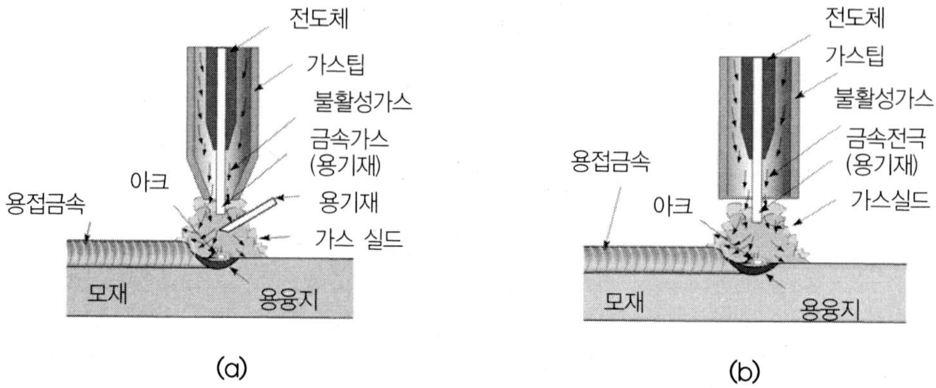

[그림 65] 불활성가스 아크용접

모재가 매우 얇은 경우에는 용접봉을 사용하지 않고 두꺼운 판에 대해서는 용접봉을 사용한다. 현재 알루미늄합금 구리 및 구리 합금 스테인레스강 등의 용접에 많이 쓰여진다.

(1) TIG용접(tungsten insert gas arc welding - 불활성가스 텅스텐 아크용접)

이 용접은 텅스텐 봉을 전극으로 사용하여 가스용접과 비슷한 조작방법으로 용가제를 아크로 융해하면서 용접한다. 이 방법에서 텅스텐은 거의 소모하지 않으므로 비 용극식 아크용접 또는 비 소모식 불활성가스 아크 용접방법이라고도 한다. 또한 헬륨아크용접, 헬리 웰드방법 아르곤 아크 용접 등의 상품명으로도 부른다. 불활성 가스 텅스텐 아크 용접방법에는 교류나 직류가 사용되며 그 극성은 용접 경과에 큰 영향을 끼친다.

직류 정극성에서는 음전기를 가진 전자가 모재를 세게 충격을 가하므로 깊은 용입을 일으키며 전극은 그렇게 가열되지 않는다. 그러나 역극성에서는 전극은 적열되며 모재의 용입은 넓고 얕아진다.

(2) MIG용접(metal insert gas arc welding - 불활성가스 금속 아크용접)

이 용접은 금속선을 전극과 용접봉으로 동시에 사용하는 소모식 방법이다. MIG용접의 특징은 직류 역극성을 주로 사용하며 전류 밀도가 매우 커 용접속도가 빠르고 비드 표면이 아름답다. 아크가 안정되고 스패터가 적으며, TIG용접보다 모재의 두께가 약 3mm 이상 두꺼운 판의 용접에 이용된다.

상품명으로는 에코매틱 용접, 시그마용접, 필리 아크용접 등으로 불린다. 불활성가스 금속 아크 용접용 전원은 직류방식으로 와이어를 정극으로 하는 역극성이 이용된다.

불활성가스 금속 아크 용접방법은 전원이 정전압 특성의 직류 아크 용접기로서 가는 와이어를 사용하여 전류 밀도를 높이고 와이어 공급은 일정한 속도로 자동 공급방식으로 하는 특징이 있다.

(3) 불활성 아크용접의 이용

① 알루미늄합금, 마그네슘합금 등의 경합금 용접
② 내부식강, 내열강 등의 특수강용접
③ 구리, 구리합금, 다른 종류와의 금속용접

(4) 불활성 아크용접의 특징

① 용제를 사용하지 않는다.
② 산화 및 질화를 방지한다.
③ 아크의 안정과 균일한 용접이 가능하다.

[3] 탄산가스(CO_2) 용접

MIG 용접에서 불활성가스 대신 탄산가스를 사용한 소모식 용접방법으로 주로 연강의 용접에서 사용된다. MGA(metal active gas welding)라고도 부르며 용접부분에 탄산가스를 분사시켜 용접 와이어와 모재와의 사이에 발생하는 아크를 공기와 차단시킨 상태에서 열에 의해 모재를 가열 융합시켜 용접하는 방법이다. 탄산가스 용접방법에는 MIG용접과 MAG용접 방법이 있다.

탄산가스용접과 불활성 가스 아크용접의 차이는 사용하는 실드가스가 활성가스와 불활성가스의 차이이며, 탄산가스용접에서는 활성가스인 탄산가스를 이용하고, MIG용접에서는 아르곤이나 헬륨 등의 불활성가스를 사용한다. 그러나 용접기의 대부분은 가스 봄베의 교환만으로 탄산가스용접 또는 불활성 가스 아크용접을 하며 용접방법으로 분류하기 때문에 양쪽을 종합하여 MIG용접이라 부른다.

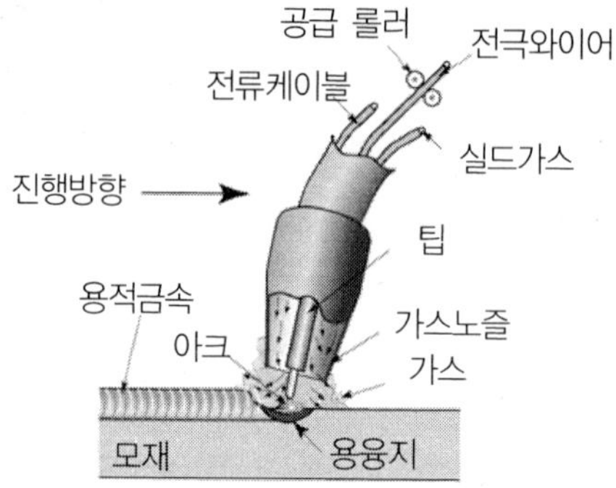

[그림 66] 탄산가스용접

(1) 탄산가스용접의 특징

① 산화 및 질화가 방지되므로 양호한 용착금속을 얻을 수 있다.

② 용착 금속 중 수소 함유량이 적어 수소로 인한 결함이 없다.

③ 용입이 깊으며, 작업이 편리하다.

[4] 테르밋용접(thermit welding)

테르밋 혼합재료(산화철[Fe_3O_4] 분말과 알루미늄(Al) 분말을 3 : 1로 혼합)와 그 위에 점화재료(마그네슘, 과산화 바륨분말)를 놓고 점화하면 테르밋 반응(금속 산화물이 알루미늄에 의하여 산소를 빼앗기는 반응)으로 약 2800℃의 열이 발생하며, 용융 상태의 순철로 되면 이것을 주형틀에 부어 접합하는 방법이다.

[그림 67] 테르밋용접

[5] 플라스마 제트용접(plasma jet welding)

기체를 가열하면 기체 원자는 전리(電離)되어 양이온과 음이온으로 나누어진다. 이와 같이 양이온과 음이온이 혼합하여 도전성(導電性)을 띤 가스체를 플라스마라고 한다. 10,000~30,000℃의 고온 플라스마를 한쪽 방향으로만 분출시키는 것을 플라스마 제트라고 부르고 이것을 각종 금속의 용접, 절단 등의 열원으로 이용하는 용접방법이다.

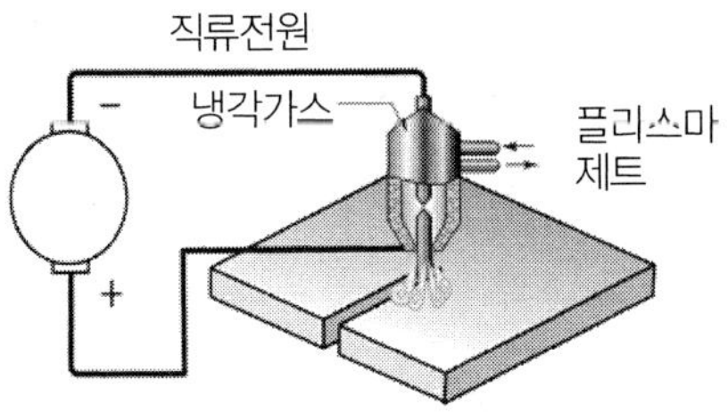

[그림 68] 플라스마 제트용접

7.4. 전기 저항용접(electronic resistance welding)

전기 저항용접은 용접하려는 재료를 서로 접촉시켜 놓고 전류를 통하면 접촉저항과 금속 자체의 고유저항으로 인하여 열이 발생하며 이 열로서 접촉부분이 가열되어 접합된다. 또 이 경우 저항열은 줄(joule)의 법칙에 의하여 다음 공식으로 계산된다.

$$J = 0.24 I^2 R t \quad \cdots\cdots (2-17)$$

J : 저항 열(cal), I : 전류(A)
R : 저항(Ω), t : 시간(sec)

전기 저항용접에서 서서히 가열하면 냉각되기 때문에 접촉면을 소요의 온도로 높이려면 시간이 많이 걸리게 되며, 산화작용이 일어난다. 이런 경우를 방지하기 위하여 용접 전류를 크게 하여 짧은 시간 내에 필요의 열을 발생시켜 용융 접합하는데 이때 전원으로는 교류가 이용된다. 접합부분이 처음 접촉하게 되면 용융 전류의 통로는 접촉부분에 전류가 집중되어 그 부분의 온도가 급격히 상승하며 전기저항이 증가되어 부분적으로 온도가 급상승한다.

전기 저항용접의 특징은 다음과 같다.

① 조작이 거의 기계적이므로 기능의 우열(優劣)이 적다.

② 용접시간이 짧아 대량 생산에 적합하다.

③ 설비가 복잡하고, 가격이 비싸다

7.4.1. 전기 저항용접의 종류

전기 저항용접은 압접이라 부르며, 종류에는 점용접, 심용접, 맞대기용접, 플래시용접 등이 있다.

[1] 점용접(spot welding)

점용접은 2개의 모재를 겹쳐서 2개의 전극사이에 끼워 놓고 전류를 통하면 접촉면이 전기 저항에 의해 발열되어 용해될 때 압력을 가하여 접합하는 것이다. 일반적으로 6mm 이하의 판재를 접합할 때 적합하며 0.4~3.2mm의 판재가 가장 능률적이므로 자동차, 항공기 공업에 널리 사용된다. 그리고 점용접의 3대 요소에는 용접전류, 통전 시간, 전극의 가압력 등이다.

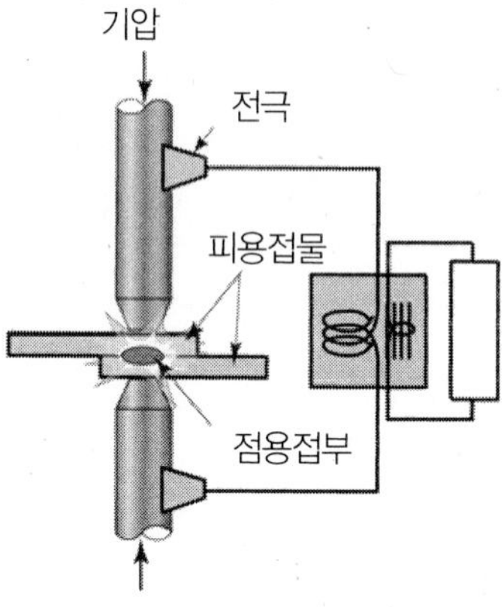

[그림 69] 점용접

(1) 용접 전류

용접 전류는 모재의 종류, 판의 두께에 따라 결정하며, 전류가 낮으면 접착 부분이 작고, 이음 강도가 낮다. 반대로 전류가 과다하면 융착부분이 커지므로 이음의 강도가 떨어진다.

(2) 통전시간

통전시간은 용접 전류와의 관계를 고려하여 결정하는데, 전류를 낮게하면 서서히 가열되는 관계로 열 손실이 크고, 반대로 전류를 높게 하면 통전시간이 짧아져 균일한 점 용접을 할 수 없다. 열전도성이 큰 재료는 비교적 높은 전류로 짧은 시간에, 열전동이 불량한 재료는 비교적 낮은 전류로 긴 시간 용접하는 것이 양호한 용접결과를 얻을 수 있다.

(3) 전극의 가압력

압력을 가하는 힘이 크면 용접을 시작할 때 발열이 적으며, 반대로 압력을 가하는 힘이 작으면 용접 결과가 균일하지 못하게 된다.

[2] 프로젝션용접(projection welding)

프로젝션용접은 점용접의 일종이며, 금속재료의 접합장소에 형성된 돌기 부분을 접촉시켜 압력을 가하고 여기에 전류를 통하여 접합하는 방법으로 다른 금속이나 두께가 다른 판을 동시에 점용접이 가능한 방법이다. 프로젝션용접의 특징은 다음과 간다.

① 두꺼운 판과 얇은 판 또는 열전도가 서로 다른 금속의 용접이 양호하다.
② 전극의 수명이 길고, 작업 능률이 높다.
③ 용접속도가 크다.
④ 외관이 아름답다.

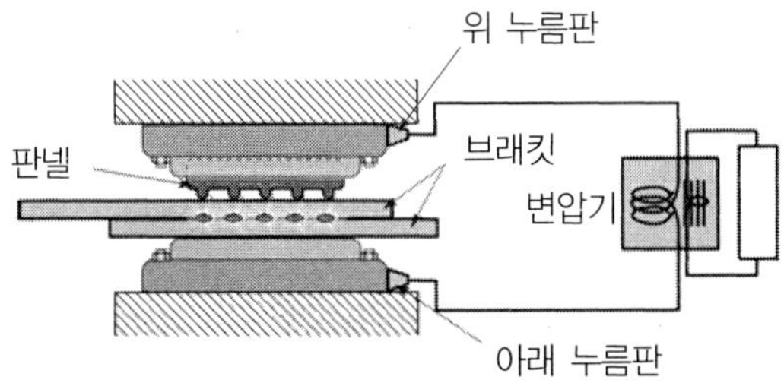

[그림 70] 프로젝션용접

[3] 심용접(seam welding)

심용접은 원판 모양의 전극에 재료를 끼워 압력을 가하면서 전류를 통하여 접합시키는 방법으로 이 용접방법은 수밀(水密)이나 기밀(氣密)을 필요로 하는 용기의 이음에 많이 사용되며 점용접의 연속이라고 할 수 있으며, 용접조건도 점용접과 같다. 연강용접을 하는 경우 통전시간과 쉬는 시간의 비율은 1 : 1 정도, 경합금의 경우는 1 : 3 정도이다. 그리고 점용접과 같은 재료일 때 용접전류는 점용접에 비하여 1.5~2.0배 정도, 전극사이의 압력은 1.2~1.6배 정도가 필요하다. 심용접의 특징은 다음과 같다.

① 산화작용이 적다.
② 얇은판과 두꺼운 판의 용접이 가능하다.
③ 가열 범위가 좁아 변형이 적다.

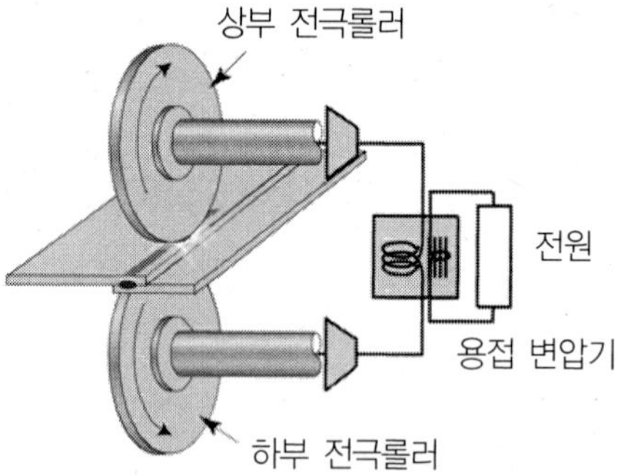

[그림 71] 심용접

[4] 맞대기용접(butt welding)

맞대기용접은 접합할 2개의 모재를 축 방향으로 세게 누르면서 통전하여 접합 부분이 적당한 온도에 도달하였을 때 강한 힘으로 압력을 가하면서 접합하는 것이다.

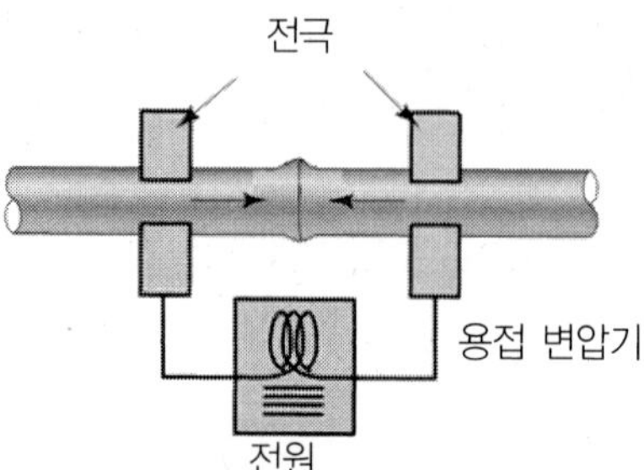

[그림 72] 맞대기용접

[5] 플래시용접(flash welding)

플래시용접은 2개의 모재를 가볍게 접촉시키면서 여기에 큰 전류를 통하게 하면 접촉점은 용융 비산(鎔融 飛散)되어 접촉점에 전류가 집중되어 가열되므로 적당한 온도에 도달하였을 때 축방향에서 큰 압력을 주어 용접하는 방법이다.

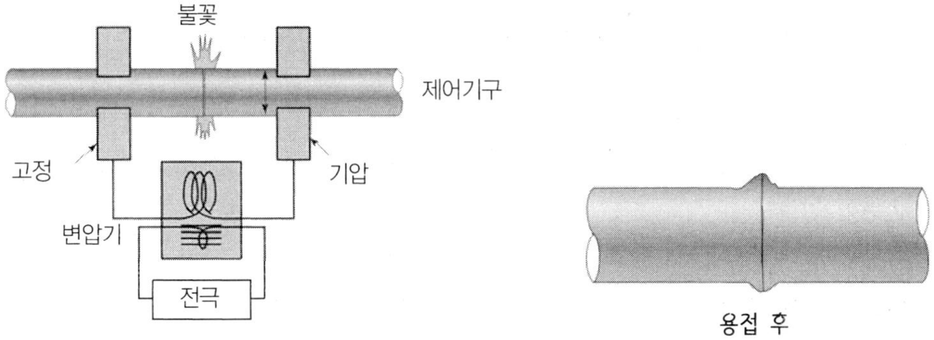

[그림 73] 플래시용접

7.5. 가스용접

가스용접은 가연성가스와 산소를 혼합연소시켜 고온의 불꽃을 용접부분에 접촉시켜 용접 하고자 하는 부분을 녹여서 접합하는 방법이다. 가연성 가스에는 아세틸렌가스, 프로판가스, 수소가스, LPG, 부탄가스, 프로판 가스 등이 있으며 아세틸렌가스를 많아 사용하는 이유는 다른 가스 불꽃 보다 온도가 높아 경제적이기 때문이다.

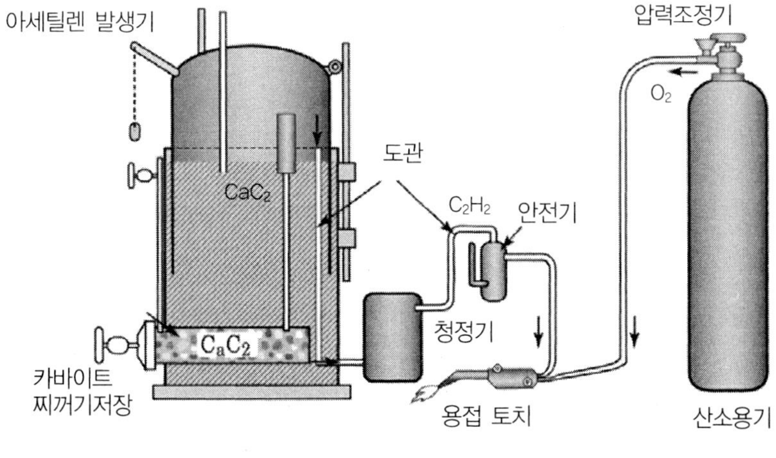

[그림 74] 가스용접장치

가스용접에 사용하는 가스는 산소-아세틸렌을 혼합한 가스를 주로 사용하기 때문에 가스 용접을 산소-아세틸렌가스 용접이라고도 부른다. 산소-아세틸렌가스 용접은 다른 용접방법에 비하여 가열의 제어가 쉽고, 조작방법이 간단하며 설비 비용이 싸고, 운반이 편리하며, 얇은 판, 파이프, 비철금속 등 용접의 응용범위가 넓다.

그러나 산소-아세틸렌가스 용접은 두꺼운 철판 용접은 가능하지만 너무 두꺼우면 용접속도가 느리고 높은 예열을 필요로 하기 때문에 가장 알맞은 판 두께는 3~6mm 정도이다.

[1] 가스용접의 장점

① 각종 금속에 대한 응용 범위가 넓고 가열 조절이 비교적 자유스러우며 작업이 쉽고 운반 이 편리하며 설비 비용이 싸다.

② 균열발생의 염려가 있는 금속, 엷은 판, 판재, 비철 합금, 특히 용융점 증발점이 낮은 금속의 용접에도 사용된다.

③ 용접 및 절단이 가능하다.

④ 자외선 적외선 등의 유해 광선이 발산되지 않는다.

[2] 가스용접의 단점

① 직접용접에 사용되는 열원의 열효율이 낮다.

② 폭발의 위험 및 소모비 등이 많다.

③ 재질의 탄화 및 산화의 우려가 있다.

④ 가열범위와 가열시간이 많기 때문에 금속에 따라서는 기계적 강도가 떨어진다.

7.5.1. 가스용접에 사용되는 가스

[1] 산소(oxygen)

산소는 무색, 무취 및 무미(無味)로 공기보다 무거우며(공기 무게의 1.105배), 다른 물질이 타는 것을 돕는 지연성(또는 조연성) 가스이다. 산소용기(bombe)의 주입은 순도 99.5% 이상의 산소를 35℃에서 150기압으로 압축하여 용기에 충전하여 사용한다. 그리고 산소용기의 산소량을 알고자 할 때에는 다음 공식으로 계산할 수 있다.

$$L = VP \quad \cdots\cdots (2-18)$$

L : 용기 내의 산소량(L)
V : 용기 내의 체적(L)
P : 압력계에 지시되는 용기 내의 압력(kg_f/cm^2)

예전에는 액체 산소를 기화시킨 후 압축기로 산소용기에 고압으로 충전시켜 시판되었으나 최근에는 액체 산소를 그대로 사용하고 있는데 액체 산소의 특징은 다음과 같다.

① 순도가 높고, 수분 함유량이 비교적 적다.
② 액체로 운반 및 저장할 수 있어 위험성이 적다.
③ 많은 양의 산소를 적은 용기에 저장할 수 있다.
④ 산소용기 및 운반비용이 적게 든다.

(1) 산소용기(bombe)

산소는 저압방식이나 고압방식이나 동일한 상태에서 고압 봄베에 충전된 것을 사용한다. 공기를 냉각시키거나 전해법을 사용하여 순도 99.5% 이상의 산소를 추출, 약 35℃, 150기압에서 압축하여 봄베에 충전한다. 산소용기를 취급할 때 주의할 사항은 다음과 같다.

① 운반 중에 충격을 주지 말 것
② 연소할 염려가 있는 기름이나 먼지를 피할 것
③ 직사광선을 피하여 그늘진 곳에 둘 것(40℃ 이하로 유지할 것)
④ 밸브의 개폐는 조용히 할 것
⑤ 산소누설 시험에는 비눗물을 사용할 것
⑥ 고압밸브, 압력조절기 등에는 기름을 묻히지 말 것

[2] 아세틸렌

아세틸렌은 공기보다 가벼우며, 순수한 것은 무색・무취이다, 탄소와 수소의 화합물이므로 불안정한 가스이며, 여러 가지 액체에 잘 용해된다. 특히 아세톤에 25배 용해된다. 그리고 아세틸렌의 위험성은 다음과 같다.

① 온도가 505~515℃에 도달하면 폭발한다.

② 1.5기압 이상 되면 위험하고, 2기압 이상으로 압축하면 폭발한다.

③ 아세틸렌 15%, 산소 85% 부근에서 폭발 위험성이 매우 크다.

④ 구리, 은, 수은 등과 접촉하면 폭발성 화합물을 만든다.

[3] 용해 아세틸렌

아세틸렌이 아세톤(acetone)에 잘 용해되는 성질을 이용하여 연강제의 용기에 석면, 규조토, 숯, 석회 등의 다공성 물질을 넣고 이것에 아세톤을 포화될 때까지 흡수시켜서 정제된 아세틸렌에 압력을 가해 충전시킨 것이다.

[그림 75] 용해 아세틸렌 용접장치

(1) 용해 아세틸렌의 특징

① 순도가 높기 때문에 용접 결과가 향상된다.

② 안전성이 높으며, 발생기 및 부속장치가 없어도 된다.

③ 불꽃온도가 높아 작업능률이 향상된다.

④ 불순물에 의한 용접부분의 강도 저하가 없다.

⑤ 운반이 편리하여 이동작업에 효과적이다.

(2) 용해 아세틸렌을 취급할 때 주의사항

① 용해 아세틸렌을 사용할 때에는 반드시 소화기를 준비해 두도록 한다.

② 용기 부근에 화기를 가까이 하지 않는다.

③ 용기에 설치할 압력 조정기, 고무호스는 산소용과 혼용하지 않도록 한다.

④ 용기를 전기 회로나 전기 용접기 부근에 두지 않도록 한다.

⑤ 사용한 후에는 고압밸브를 완전히 닫고, 밸브 보호 캡을 씌워 둔다.

⑥ 잠시 사용을 중지하는 경우 토치의 밸브만 닫지 말고 용기의 고압밸브도 닫도록 한다.

⑦ 용기를 보관할 때에는 직사광선이 없는 곳에 똑바로 세워두어야 한다.

⑧ 용기를 운반할 때 던지거나 떨어뜨리지 않도록 한다.

7.5.2. 가스 공급장치

[1] 아세틸렌 발생기

(1) 카바이드

카바이드는 석회석과 석탄 또는 코크스를 원료로 하여 이것을 혼합하여 고온으로 가열 용융 화합하면 칼슘과 탄소의 화합물이 된다. 이 카바이드에 물을 작용시키면 아세틸렌(C_2H_2)가스가 발생되고 소석회가 남는다. 이때 순수한 카바이드 1kgf에서는 348L의 아세틸렌이 발생되지만 시판되고 있는 카바이드는 불순물이 들어있어 아세틸렌 발생량이 다소 적다.

$$CaC_2 + 2H_2O \rightarrow C_2H_2 + Ca(OH)_2$$

(2) 아세틸렌 발생기

아세틸렌 발생기의 종류에는 이동식과 고정식이 있다. 이동식은 카바이드 용량 10kg 이하의 적은 것이 사용되고 발생량은 최대 6000L/h 정도로서 저압식으로 사용된다. 고정식 가스 발생기는 많은 양의 가스가 필요할 때에 사용하며 압력에 의하여 분류하면 된다. 종류에는 저압식 발생기(100~250mmHg), 중압식 발생기(300~2000mmHg), 고압식 발생기(2000~15000mmHg)가 있다. 그리고 카바이드와 물의 접촉방법에 따라 침지방식, 주수방식, 투입방식 등이 있다.

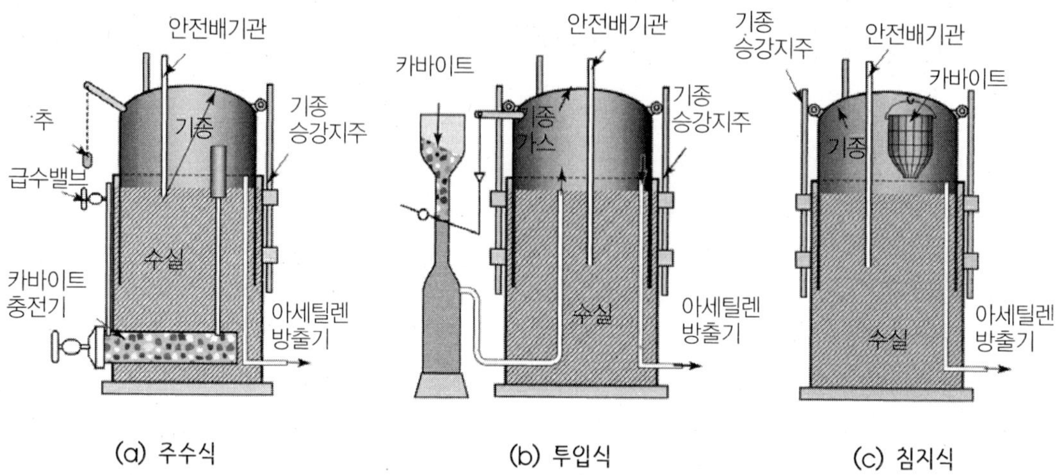

[그림 76] 각종 아세틸렌 발생기

(1) 주수방식

카바이드 속에 물을 주입하는 방법으로 온도상승이 일어나기 쉽고 불순물도 많이 포함되어 있다. 그러나 급수의 자동조절이 용이하고 슬래그의 제거도 간단하므로 적은 용량의 가스를 사용하는 것에 널리 이용된다.

(2) 투입방식

물속에 카바이드를 투입하는 방법으로 발생된 아세틸렌은 물속에 용해되므로 다소 손실이 있으며 슬래그의 제거가 곤란하다. 그러나 물속을 통과한 청정작용으로 인하여 아세틸렌의 순도가 향상된다. 또한 반응열에 의한 온도상승이 일어나지 않는다. 많은 양의 가스를 사용하는 공장에서는 이 방식의 발생기가 이용된다.

(3) 침지방식

투입방식과 주수방식의 중간형에 속한 것으로 소형에 많이 쓰이며 과잉발생을 일으키기 쉬운 단점이 있다. 그러나 이것은 구조가 간단하고 가스 사용량에 따라 발생량을 자동적으로 조절할 수 있는 장점이 있다. 반응열에 의한 온도 상승이 있는 것은 위험하다.

[2] 용접용 토치

가스 용접을 할 때 산소와 아세틸렌을 각각 용기에서 고무호스로 연결하여 두 가스를 혼합하여 용접 불꽃을 일으키는 기구를 토치(torch)라 한다.

① 저압식 토치 : $0.07kg/cm^2$ 이하

② 중압식 토치 : $0.07kg/cm^2 \sim 1.3kg/cm^2$ 이하

③ 고압식 토치 : $1.4kg/cm^2$ 이상

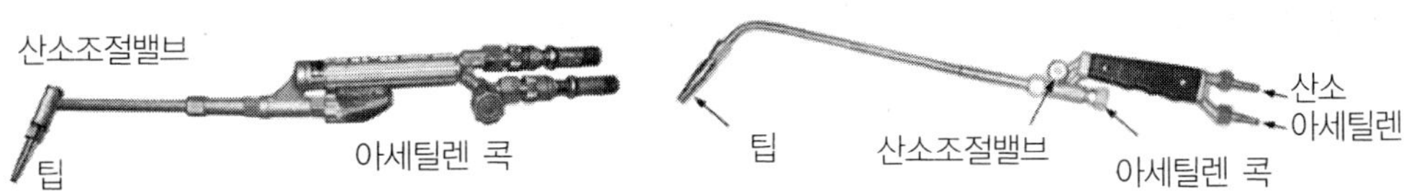

(a) 불변압식 (b) 가변압식

[그림 77] 토치

(1) 토치의 구비조건

① 안정성이 클 것

② 역류 · 역화의 염려가 없을 것

③ 불꽃이 안정되어 있을 것

알아두기

역류, 역화

아세틸렌 발생기를 사용하여 용접할 때, 토치의 고장, 팁의 막힘 등으로 고압의 산소가 저압의 아세틸렌 도관 속으로 역류하여 아세틸렌과 혼합되어 발생기까지 침입한다. 이 결과로 생긴 혼합가스가 토치 팁에서 점화되면 순간 적으로 연소가 일어나 발생기를 폭발시키는 현상을 말한다. 역류 · 역화가 발생한 경우에는 먼저 토치의 산소 코크부터 잠가야 한다. 그 원인은 다음과 같다.

① 토치의 성능이 불량할 때

② 토치의 취급을 잘못 하였을 때

③ 팁에 석회 분말, 찌꺼기 등이 부착되었을 때

④ 팁이 과열되었을 때

(2) 토치를 사용할 때의 주의사항

① 토치에 점화할 때에는 먼저 아세틸렌밸브를 열고 마찰식 라이터를 이용하여 점화한 후 산소밸브를 서서히 열어 불꽃을 조정할 것

② 토치에 그리스 등 오일을 바르지 말 것

③ 토치를 함부로 분해하지 말 것

④ 토치의 팁이 과열된 경우에는 산소만 분출시키면서 물속에 넣어 냉각시킨 후 물을 제거하고 사용할 것

⑤ 토치를 점화한 상태로 함부로 방치하지 말 것

[3] 압력조정기

용해 아세틸렌 또는 산소용기 등의 압력은 매우 고압이므로 그대로는 사용할 수 없다. 그러므로 토치의 크기 작업조건 등에 따라 일반적으로 1~5기압 정도로 감압하여 사용하지 않으면 안 된다. 이와 같이 고압의 가스를 작업에 적합한 압력으로 감압하여 그 조정압력을 유지하기 위하여 사용되는 기기가 압력 조정기이다. 종류에는 1단 조정식과 2단 조정식이 있으나 산소용에는 2단식 필요하고, 아세틸렌용에는 고압일 경우 2단식이 쓰인다.

[4] 가스 호스

산소용 고무관은 20kgf/cm^2 이하 아세틸렌용 고무관은 2kgf/cm^2 이하에 사용하는 도관을 일반적으로 사용하고 있다. 산소용은 검은색(혹은 녹색) 아세틸렌용은 붉은 색으로 구별하여 혼동하지 않도록 하여야 한다. 도관의 안지름은 9mm, 6mm를 사용하고 길이는 3~5m을 표준으로 한다. 아세틸렌가스의 공급압력의 감소는 10mmHg을 넘지 않는 것이 적당하다.

[5] 산소—아세틸렌불꽃

① 표준불꽃(중성불꽃) : 표준불꽃은 산소와 아세틸렌의 혼합 비율이 1 : 1인 것이며, 일반 용접에서 사용된다.

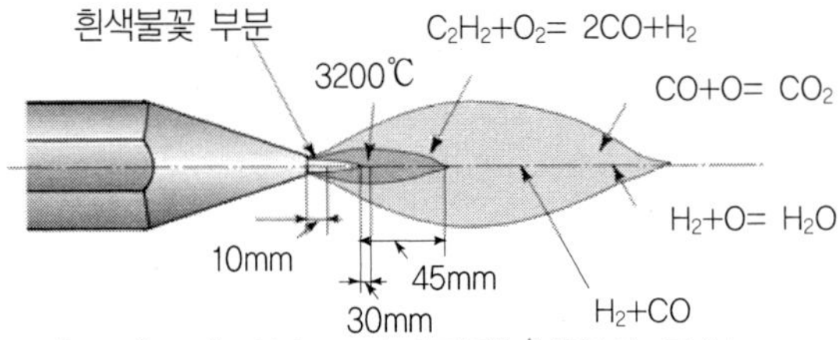

[그림 78] 산소—아세틸렌 불꽃의 구성

② 탄화(炭化)불꽃 : 탄화불꽃은 아세틸렌 과잉불꽃이며, 스테인리스 강판용접에서 사용된다.

③ 산화(酸化)불꽃 : 산화불꽃은 산소 과잉불꽃이며, 황동용접에서 사용된다.

[6] 가스 용접봉과 용제

(1) 가스 용접봉

연강용 가스 용접봉에 대한 규격은 KS D 7005에서 규정되어 있고 아크 용접봉 심선의 경우와 같이 인, 황 등의 유해성분이 극히 적은 것으로 선정되고 있다. 또한 용접봉은 모재의 보충재로 사용되기 때문에 모재와 동일한 재질일수록 좋다.

알아두기

용접봉 기호 표시방법

GB 43 – 5∅

① G : 가스 용접봉(gas welding rod)의 머릿글자
② A, B : 용착금속의 변형률
③ 43 : 용착금속의 최소 인장강도(kg/m^2)
④ 5∅ : 용접봉의 지름(mm)

(2) 용제(flux)

용제는 용접 중 높은 온도(高溫)와 금속이 접촉하므로 산화가 발생하는데 이 산화물을 제거하기 위해 사용하는 것이다. 용제는 아래 표와 같은 것을 사용한다.

[각 금속과 용제]

금 속	용 제
연강	사용하지 않는다.
반경강	중탄산소다 + 탄산소다
주철	붕사 + 중탄산소다 + 탄산소다
구리합금	붕사
알루미늄 합금	염화리튬(15%) 염화칼륨(45%) 염화나트륨(30%) 불화칼륨(7%) 염산칼륨(3%)

7.5.5. 가스용접 방법

① 용접재의 간극 : 두께에 따라 루트 간격을 정하고 군데군데 가접을 한다.

② 가스압력과 불꽃의 조절 : 아세틸렌가스가 완전 연소할 수 있도록 조절 용적 비율이 1 : 1상태가 된 것이 가장 좋다.

③ 전진용접 방법 : 오른쪽에서 왼쪽으로 진행시키는 경우이며 모재와 용접봉을 충분히 녹이기 위하여 누비듯이 움직인다. 용접봉은 토치의 전진에 따라 용접선 위를 직선적으로 이동한다. 용접봉의 각도는 30~40°, 토치의 각도는 60~70°이다.

④ 후진용접 방법 : 왼쪽에서 오른쪽으로 진행시키는 경우이고 용접봉은 약간 누비듯이 좌우로 움직이나 토치는 직선적으로 후퇴한다. 용접봉의 각도는 30~40°, 토치의 각도는 40~50°이다.

7.5.6. 가스절단

가스절단의 원리는 강과 산소사이에서 발생하는 화학작용 즉, 강의 연소를 이용하여 절단한다. 즉 발열반응에 의해서 발생되는 열량은 다음 절단 부분의 예열에 도움이 된다. 이때 생기는 산화철은 분류로서 제거된다. 이런 상태에서 강과 산소 사이에서 발생하는 화학작용인 강의 연소를 이용하여 토치를 사용하면 강철을 절단할 수 있다.

토치를 서서히 이동시키면 토치가 이동된 부분에는 넓이 2~4mm 정도의 연속된 홈이 생긴다. 그리고 소재의 표면에 대하여 어떤 각도의 경사면으로 절단할 수도 있고 또한 공형 가공도 가능하다.

$3Fe + 2O_2 = Fe_3O_4 + 266.9kcal$

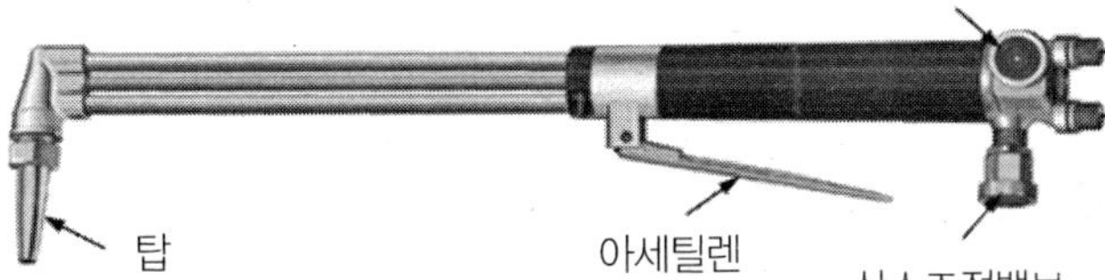

[그림 79] 가스절단 토치

[1] 절단 조건

① 금속의 산화 연소하는 온도가 그 금속의 용융온도 보다 낮을 것

② 연소로 발생한 산화물의 용융온도가 그 금속의 용융온도보다 낮고, 유동성이 있을 것

③ 재료의 성분 중 연소를 방해하는 원소가 적을 것

[2] 가스절단 방법

예열화염은 절단용 표준화염을 사용하고 절단산소를 정지시키며 절단 개시점을 예열한다. 연소온도로 되면 절단산소를 분출시켜 뒷면까지 절단하며 절단선에 따라 토치를 이동시킨다. 예열화염이 너무 약하면 절단속도가 감소되고 절단이 중단되기 쉽고 또한 절단 간격이 크게 된다. 그리고 예열화염이 너무 크면 상부가 용융되어 불규칙한 절단면이 생긴다. 절단 토치는 높이를 항상 일정하게 하고 진동을 방지하기 위하여 안내 장치를 사용하는 것이 좋다. 절단에 사용되는 산소의 압력은 토치의 지름 절단할 재료의 두께 등에 따라 다르다.

[3] 금속의 가스절단 여부

① 절단이 약간 어려운 금속 : 경강, 합금강, 고속도강

② 절단이 잘 안 되는 금속 : 주철

③ 절단이 불가능한 금속 : 구리, 황동, 청동, 알루미늄, 납, 주석

④ 절단이 잘되는 금속 : 연강, 순철, 주강

CHAPTER 02

출 제 예 상 문 제

01. 주형의 제조 공정순서가 옳은 것은 ?

① 모형제작 → 주형제작 → 열처리 → 주입
② 주형제작 → 모형제작 → 주입 → 후처리
③ 주조 방안 결정 → 모형제작 → 주형제작 → 용해 → 주입
④ 용해 → 주입 → 모형제작 → 후 처리

02. 주물을 대량 생산하려고 할 때 사용하는 모형의 재료는 어느 것이 가장 좋을까 ?

① 석고 ② 금속
③ 목재 ④ 합성수지

03. 제품이 원통형인 벨트 풀리 또는 단차 등을 만드는데 사용되는 목형은 ?

① 현형 ② 부분형
③ 회전형 ④ 골격형

04. 주조형 모형을 실물 치수보다 크게 만드는 이유는 ?

① 가공 여유를 고려하기 때문이다.
② 모형과 실물이 같은 재료가 아니기 때문이다.
③ 코어를 넣어야 하기 때문이다.
④ 주형의 치수가 다르기 때문이다.

주조형 모형을 실물 치수보다 크게 만드는 이유는 가공 여유를 고려하기 때문이다.

05. 주형을 라운딩(rounding)하는 주목적을 설명한 것은 ?

① 수축공을 없애기 위함이다.
② 결정립의 미세화를 위함이다.
③ columnar structure 생성을 방지하기 위함이다.
④ weak plane을 방지하기 위함이다.

주형을 라운딩(rounding)하는 주목적은 weak plane을 방지하기 위함이다.

06. 주물에서 덧쇳물의 역할로 틀린 것은 ?

① 응고할 때 수축으로 인한 쇳물의 부족을 보충한다.
② 주형 내의 쇳물에 압력을 준다.
③ 주형 내의 불순물과 용재를 밖으로 배출한다.
④ 균열이 생기는 것을 방지한다.

07. 주물자란 무엇인가 ?

① 목재를 재는 자
② 주물의 크기를 재는 자
③ 수축여유를 예측해서 특히 길게 만든 자
④ 어느 정도의 철을 녹이면 좋은지를 표시하는 자

08. 목형을 제작할 때 주물자를 이용한다. 이 때 주물자의 선택은 무엇에 의해 결정하는가 ?

① 목형의 크기 ② 주물의 재질
③ 목형의 재질 ④ 주물의 무게

정 답 1. ③ 2. ② 3. ② 4. ① 5. ④ 6. ④ 7. ③ 8. ②

09. 목형을 주형에서 뺄 때 주형의 파손을 고려하여 만든 것을 무엇이라 하는가 ?

① 목형 구배 ② 라운딩
③ 코어 프린트 ④ 덧붙임

10. 목형에 덧붙임을 하는 이유는 무엇인가 ?

① 가공 여유를 주기 위하여 붙인다.
② 목형의 변형을 막기 위하여 붙인다.
③ 작은 목형을 크게 하기 위하여 붙인다.
④ 두께가 고르지 못한 뚜껑 같은 목형에 붙인다.

11. 코어 프린트에 대한 설명 중 맞는 것은 ?

① 코어를 주형 내부에서 지지하기 위해서 목형에 덧붙인 돌기부분을 말한다.
② 두께가 균일하지 않고 형상이 복잡한 것은 냉각될 때 내부 응력에 의하여 변형되기 쉬우므로 덧붙임을 붙인다.
③ 주형을 만들 때 상형과 하형과의 분할하는 선을 말한다.
④ 주물의 변형 등으로 살 두께에 여유를 두어야 할 때 치수를 보정하는 것을 말한다.

12. 코어를 주형 내부에서 지지하기 위한 코어 양쪽의 돌기 부분을 무엇이라 하는가 ?

① 코어 프린트 ② 덧붙임
③ 덧쇳물 ④ 현형

13. 주조품이 수축함에 따라 살 두께가 고르지 못한 부분에서 금이 가고 변형이 생기므로 이를 방지하기 위해 여분의 뼈대를 달아주는 것을 무엇이라 하는가 ?

① 수축 여유 ② 목형 기울기
③ 라운딩 ④ 덧붙임

14. 제게르 콘(seger cone)은 다음의 어느 것과 관계가 있는가 ?

① 주물사의 내화도 시험
② 주물사의 성형성 측정
③ 주물사의 입도시험
④ 주물사의 압축시험

15. 제게르 콘(seger cone)은 무엇을 나타내는데 사용하는가 ?

① 금속 재료의 압축 강도
② 내화물의 압축 강도
③ 내화물의 내화도(耐火度)
④ 내화물의 입도(粒度)

16. 목형에서 코어(core)를 사용하는 주물로 가장 적당한 것은 ?

① 크기가 큰 주물
② 속이 빈 주물
③ 외형이 복잡한 주물
④ 크기가 작은 주물

코어는 목형에서 속이 빈부분을 만들 때 사용하는 것이다.

17. 목형과 주물이 똑같은 형상 체적일 때 목형의 중량이 2.5kgf이라고 하면 주물의 중량은 몇 kgf인가 ?(단, 사용 금속(주물)의 비중은 7.2, 목재의 비중은 0.4이다)

① 35 ② 45
③ 55 ④ 65

$$Wm = \frac{Sm}{Sp} \times W = \frac{7.2}{0.4} \times 2.5 = 45\text{kgf}$$

Wm: 주물의 중량 Sm: 금속의 비중
Sp : 목재의 비중 W: 목형의 중량

정 답 9. ① 10. ② 11. ① 12. ① 13. ④ 14. ① 15. ③ 16. ② 17. ②

18. 다음 주물 조형에 관한 설명 중 가장 올바른 것은 ?

① 목형의 코어 상자는 속이 빈 주물을 제작할 때 이용된다.

② 주물자는 주물제품을 재는 것으로 다듬질 여유를 포함한 길이로 눈금이 새겨져 있다.

③ 고급 주물이라 함은 양질의 주철을 사용하며, 강의 부스러기는 사용하지 않는다.

④ 관 모양의 속이 빈 주물을 제작하는데는 다이 캐스팅방법이 많이 사용된다.

19. 목형의 코어는 어떠한 곳에 사용되는가 ?

① 중공의 주물

② 크기가 큰 주물

③ 외형이 복잡한 주물

④ 둥근 막대 모양의 주물

20. 다음 중 현형의 크기를 나타내는 것은 ?

① 제품의 크기+수축 여유+가공 여유

② 제품의 크기+목형의 크기+주형의 크기

③ 제품의 크기+가공 여유+코어 프린트

④ 제품의 크기+목형 구배+코어 프린트

21. 주물사의 성분이 아닌 것은 ?

① 석영　　② 장석

③ 점토　　④ 몰탈

22. 다음 중 주물사의 구비조건이 아닌 것은?

① 주형 제작이 쉬울 것

② 내열성이 작을 것

③ 통기성이 좋을 것

④ 가격이 싸고 구입이 쉬울 것

23. 주물을 만들 때 주철의 주입온도는 얼마로 하는 것이 좋을까 ?

① 1100～1200℃　　② 1300～1350℃

③ 1350～1450℃　　④ 1450～1550℃

주입온도란 쇳물을 주형에 주입하기 직전의 온도로 온도가 높으면 주물모래가 타서 주물 표면에 부착되고, 낮으면 주입이 잘 안 된다. 보통 주철의 용해온도는 1350～1450℃이고 주입온도는 1280～1350℃이다.

24. 주조물에서 균열이 발생하지 않도록 하는 방법 중 틀린 것은 ?

① 각 부분의 온도 차이를 적게 한다.

② 주물을 급랭시키지 않는다.

③ 주물의 두께 차이를 갑자기 변화시키지 않는다.

④ 각(角)이 지지 않은 부분은 각이 지도록 한다.

25. 전기로에서 용해하지 않는 금속은 ?

① 주철　　② 주강

③ 합금 주철　　④ 고급 주철

26. 전기로의 장점을 열거한 것 중 틀린 것은?

① 높은 온도를 얻을 수 있다.

② 광범위한 온도 조절이 불가능하다.

③ 용해물이 화학작용을 받지 않는다.

④ 양질의 용탕을 얻을 수 있다.

27. 정밀 주조법에서 쇳물 아궁이, 쇳물 통로 등을 왁스로 만들고 여기에 내화 물질을 바르는 것은 ?

① 칠드법　　② 크로닝법

③ 몰드법　　④ 인베스트먼트법

정 답 18. ① 19. ① 20. ① 21. ④ 22. ② 23. ② 24. ④ 25. ① 26. ② 27. ④

28. 용융금속을 금속주형에 넣어 대기 압력 이상의 압력을 주물에 가하여 표면이 매끈하고 정밀한 주물을 주조할 수 있는 주조 방법은 ?

① 원심 주조방법
② 셀 몰딩방법
③ 다이캐스팅방법
④ 인베스트먼트방법

다이캐스팅방법은 용융금속(알루미늄, 아연, 주석, 마그네슘 등)을 금속주형에 넣어 대기압력 이상의 압력을 주물에 가하여 표면이 매끈하고 정밀한 주물을 주조할 수 있는 주조방법이다.

29. 기계 가공한 금형에 용해된 알루미늄, 아연, 주석, 마그네슘 등의 합금을 가압 주입하여 냉각 응고시켜 정밀 주물을 제조하는 방법은 ?

① 다이캐스팅법
② 원심 주조법
③ 셀몰딩법
④ 인베스트먼트 주조법

30. 다이캐스팅 주조에서 다음 중 가장 많이 사용하는 금속은 어느 것인가 ?

① 알루미늄과 알루미늄합금
② 아연과 코발트합금
③ 아연과 텅스텐합금
④ 황동과 주철

다이캐스팅 주조에서는 아연합금, 알루미늄합금, 구리합금, 납합금, 주석합금 등이 사용된다.

31. 주물의 표면은 경도가 높고 내부는 경도가 낮도록 하는 주조를 무엇이라고 하는가 ?

① 원심 주조 ② 저압 주조
③ 칠드 주조 ④ 다이캐스팅

칠드 주조란 주물의 표면은 경도가 높고 내부는 경도가 낮도록 하는 주조를 말한다.

32. 관 모양의 속이 빈 주물(슬리브 등)을 제작하는데 가장 적합한 주조 방법은 어느 것인가 ?

① 다이캐스팅 ② 셀 몰딩법
③ 원심 주조법 ④ 인베스트먼트법

33. 주조에서 열점(熱点 ; hot spot)이라고 하는 것은 ?

① 주조할 때 가장 고온이 되는 부분
② 유로 단면적이 가장 좁은 부분
③ 응고가 가장 느린 부분
④ 주조할 때 순간 압력 상승점

주조에서 열점이란 응고가 가장 느린 부분을 말한다.

34. 주조할 때에 발생하는 여러 가지 결함의 원인이 될 수 없는 것은 ?

① 덧쇳물이 너무 많을 때
② 쇳물 아궁이가 아주 작을 때
③ 주입 온도가 너무 높을 때
④ 주물의 두께가 같지 않을 때

35. 주물에 바늘 모양의 기포가 생기는 가장 큰 원인은 ?

① 너무 높은 주입온도
② 너무 빠른 주입속도
③ 가스 빼기 불충분
④ 주형의 다듬질 불균일

36. 일반적으로 금속을 소성가공할 때 열간가공과 냉간가공을 구분하는 온도는 ?

① 용융온도 ② 템퍼링온도
③ 재결정온도 ④ 동소변태온도

정 답 28. ③ 29. ① 30. ① 31. ③ 32. ③ 33. ③ 34. ① 35. ③ 36. ③

37. 소성가공을 하는 목적으로 옳게 설명한 것은 ?

① 구조 조직을 파괴하기 위하여 행한다.

② 소요의 형상을 주기 위해 행한다.

③ 경도를 높이기 위해 행한다.

④ 잘 늘어나고, 연하게 하고, 단조가 잘 되게 하기 위해

소성가공은 균일한 제품을 대량으로 생산하고, 소요의 향상을 주기 위하여 행하는 가공법이다.

38. 다음 중 재결정 온도에 대한 설명으로 틀린 것은 ?

① 재결정이 시작되는 가장 높은 온도를 말한다.

② 결정입자가 파괴되어 점차로 미세한 결정입자로 된다.

③ 상온 이하의 재결정 온도를 가지는 금속도 있다.

④ 일반적으로 금속 중에서 텅스텐의 재결정 온도가 가장 높다.

상온에서 가공을 받아 변형된 금속의 결정입자가 적당한 온도로 가열하면 변형된 결정 입자가 파괴되어 점차로 미세한 다각형의 결정입자로 변화하는데 이것을 금속의 재결정이라고 하며, 재결정을 시작하는 가장 낮은 온도를 재결정 온도라고 한다.

39. 소성가공의 특징이라 할 수 있는 것은 사항 중 어느 것인가?

① 주물을 쉽게 만들려고

② 균일한 제품을 대량 생산하려고

③ 늘여서 연하게 만들려고

④ 경도를 높이기 위하여

40. 다음 중 어느 것이 가장 작은 값인가 ?

① 탄성한계 ② 허용응력

③ 인장강도 ④ 항복점

연강에 외력을 가하면 응력과 변형이 생긴다. 이때 탄성과 소성의 한계를 탄성 한계라 하고 이를 지나면 항복점, 인장강도가 있다. 허용응력은 기계를 설계할 때 안전을 기하기 위하여 설정하는 응력으로, 탄성 한계보다 낮은 응력을 잡는다.

41. 재료에 외력을 가하면 단단해지는 성질을 무엇이라 하는가 ?

① 시효경화 ② 표면경화

③ 가공경화 ④ 석출경화

42. 다음에서 소성가공에 속하지 않는 것은?

① 압연 ② 주조

③ 압출 ④ 판금가공

43. 금속을 소성가공 할 때, 열간가공과 냉간가공의 구별은 어떤 온도를 기준으로 하는가?

① 담금질온도 ② 변태온도

③ 재결정온도 ④ 단조온도

44. 소성가공에서 냉간가공이 열간가공보다 좋은 점은 어느 것인가?

① 가공 면이 아름답고 정밀하다.

② 연신율이 증가된다.

③ 유동성이 좋아진다.

④ 가공하기가 쉽다.

45. 냉간가공의 설명으로 틀린 것은 ?

① 금속을 재결정 온도 이상으로 가열하여 가공하는 방법이다.

② 냉간가공을 하면 강도가 강해진다.

③ 가공면이 열간가공에 비해 아름답고 정밀하다.

④ 냉간가공을 하면 연신률이 줄어든다.

정 답 37. ② 38. ① 39. ② 40. ② 41. ③ 42. ② 43. ③ 44. ① 45. ①

46. 다음 중 비 절삭가공에 속하는 것은 ?

① 전조 ② 호닝
③ 선삭 ④ 연삭

전조는 소성 가공방법의 일종이므로 비 절삭가공이다.

47. 소성가공에 이용되는 성질이 아닌 것은?

① 가단성 ② 연성
③ 가소성 ④ 취성

소성가공에 이용되는 성질은 가단성, 연성, 가소성, 전성 등이다.

48. 다음 재료들 중에서 소성가공이 가장 어려운 것은 ?

① 주철 ② 저탄소강
③ 구리 ④ 알루미늄

주철은 취성(금속에 외력을 가하면 깨지는 성질)이 커 소성 가공이 어렵다.

49. 기어나 나사를 가공할 수 있는 소성가공 방법은 ?

① 압연가공 ② 압출가공
③ 인발가공 ④ 전조가공

50. 탄피나 치약 튜브를 만들 수 있는 방법은 어느 것인가 ?

① 압연가공 ② 압출가공
③ 인발가공 ④ 전조가공

51. 두 개의 롤러 사이에 재료를 통과시켜 성형하는 가공법은 어느 것인가 ?

① 압연가공 ② 압출가공
③ 인발가공 ④ 단조가공

52. 압연가공의 장점을 열거한 것 중 틀린 것은 어느 것인가 ?

① 수축공이나 기공 등이 압착된다.
② 수지상 조직의 미세화
③ 재질이 균일하다.
④ 복잡한 형상의 제품도 가공할 수 있다.

53. 수평 롤러와 수직 롤러가 조합되어 있는 것으로 1회 공정에서 재료의 폭과 두께가 동시에 압연되는 압연기는 ?

① 역전 2단식 ② 복 2단식
③ 만능식 ④ 연속 4단식

만능식 압연기는 수평형과 수직형 두 쌍의 롤러로 되어 있어 측면의 압연도 동시에 할 수 있다.

54. 다음 중 소성가공에서 인발(drawing)을 바르게 설명한 것은 ?

① 회전하는 2~3개의 롤러 사이에 넣고 가공하는 것
② 일정한 틈을 통과시켜 잡아당겨 늘리는 가공방법
③ 재료를 통속에 넣고 압축하여 뽑아내는 가공방법
④ 판재를 형틀에 의하여 변형시켜 가공하는 방법

55. 금속 파이프 또는 봉재의 재료를 다이를 통과시켜 잡아당겨서 축방향으로 테이퍼구멍과 같은 다이구멍의 최소 단면 치수로 가공하는 소성 가공법은 ?

① 단조(forging) ② 압연(rolling)
③ 인발(drawing) ④ 압출(extruding)

인발가공은 금속파이프 또는 봉재의 재료를 다이를 통과시켜 잡아당겨서 축방향으로 테이퍼구멍과 같은 다이구멍의 최소 단면치수로 가공하는 소성가공법이다.

정 답 46. ① 47. ④ 48. ① 49. ④ 50. ② 51. ① 52. ④ 53. ③ 54. ② 55. ③

56. 인발작업에서 지름 5.5mm의 와이어를 4mm로 만들었을 때 단면 수축률은 얼마나 되는가 ?

① 약 73%　　② 약 27%
③ 약 47%　　④ 약 53%

단면 수축률= $\frac{A_0 - A}{A_0} \times 100$

$= \frac{0.785 \times 5.5^2 - 0.785 \times 4^2}{0.785 \times 5.5^2} \times 100 = 46.7\%$

A_0 : 인발 전의 단면적, A : 인발 후의 단면적

57. 단조형 재료로서 갖추어야할 성질은 ?

① 가단성이 좋아야 한다.
② 기공의 분포가 치우쳐 있어야 한다.
③ 단단하고 경도가 높아야 한다.
④ 탄소량이 많아야 한다.

58. 강의 단조 온도가 낮을 때 일어나는 현상 중 틀린 것은 ?

① 가공 경화된다.
② 균열이 생긴다.
③ 내부응력이 생긴다.
④ 재료의 변형 저항이 생긴다.

강의 단조온도가 낮으면 200~300℃ 부근에서 표면은 청색이 되고 재질이 여리게 된다. 이것을 청열 취성이라 하며, 균열이 생기기 쉽다. 그러므로 이 부근 온도에서 단조를 해서는 안 된다.

59. 금속재료에 타격을 주거나 가공변형을 시킬 때 받침 공구로 사용하는 것은 ?

① 집게　　② 앤빌
③ 정　　④ 탭

60. 가열재를 축방향으로 타격 가압하여 높이를 줄이고 단면적을 넓이는 작업을 무엇이라고 하나 ?

① 늘리기　　② 업셋팅
③ 굽히기　　④ 단짓기

61. 두 개의 다이사이에 재료를 넣고 가압하여 성형하는 방법은 ?

① 자유 단조　　② 형 단조
③ 충격 단조　　④ 회전 단조

62. 형단조의 경우 자유단조보다 가공온도를 약간 고온으로 가열하는 이유는 ?

① 기공의 확산을 방지하기 위하여
② 결정입자를 성장하기 위하여
③ 재료의 유동을 쉽게 하기 위하여
④ 가공경화를 일으키기 위하여

63. 다음 중 기계프레스가 아닌 것은 ?

① 마찰 프레스
② 크랭크 프레스
③ 너클 조인트 프레스
④ 스크루 프레스

64. 판금가공이란 어떤 작업인가 ?

① 판재를 굽히거나 절단해 여러 가지 형상을 만드는 가공
② 깎아서 여러 가지 형상을 만드는 가공
③ 판재를 수공으로만 여러 가지 형상을 만드는 가공
④ 판재를 깎거나, 붙여서 여러 가지 형상을 만드는 가공

65. 판금작업에서 판재에 펀칭하여 불필요한 부분을 잘라버리고 남는 것이 제품이 되는 작업은 ?

① 블랭킹　　② 펀칭
③ 전단　　④ 트리밍

정 답 56. ③ 57. ① 58. ④ 59. ② 60. ② 61. ② 62. ③ 63. ④ 64. ① 65. ②

66. 두께 4mm, 0.25%C의 연강판에 지름 20 mm의 구멍을 펀칭할 때 소요되는 힘은 ? (단, 0.2%C 연강판의 전단저항은 25kgf/mm^{2}이다)

① 약 6283kgf ② 약 5462kgf
③ 약 4870kgf ④ 약 3964kgf

P = π×d×t×t = 3.14×20×25×4 = 6283kgf

67. 판 두께가 3mm인 연강판에 지름이 25 mm인 구멍을 펀칭하려고 할 때 프레스의 슬라이드 평균속도를 2m/min, 기계효율을 80%라고 할 때 소요동력은 몇 ps인가 ? (단, 전단 저항은 30kgf/mm^{2}이다)

① 6.2 ② 3.36
③ 3.93 ④ 4.49

필요 동력 = $\frac{3.14 \times 3 \times 25 \times 30 \times 2}{75 \times 60 \times 0.8}$ = 3.93ps

68. 가공 후 시간이 경과함에 따라 자연히 균열이 생기는 것을 무엇이라 하는가 ?

① 가공경화 ② 표면경화
③ 자기균열 ④ 시기균열

69. 굽힘가공에서 최소 굽힘 반지름이란 무엇인가 ?

① 가장 작은 반지름으로 접은 반지름
② 균열이 생기지 않고 굽힐 수 있는 안쪽의 최소 반지름
③ 가공할 때 펀치의 최소 반지름
④ 균열이 생기지 않고 굽힐 수 있는 바깥쪽의 최소 반지름

70. 스프링 백에 대한 설명 중 맞는 것은 ?

① 스프링에서 장력의 세기를 나타내는 척도
② 스프링의 피치를 나타낸 것
③ 판재를 구부릴 때 하중을 제거하면 탄성에 의해 약간 처음 상태로 돌아오는 것
④ 판재를 구부렸을 때 구부린 부분이 활 모양으로 되는 현상

71. 선삭작업에서 연강을 고속절삭할 때 발생하는 칩의 형태로 가장 적합한 것은 ?

① 유동형 ② 선난형
③ 경작형 ④ 균열형

유동형은 선삭작업에서 연강을 고속 절삭할 때 발생하는 칩이다.

72. 유동형 칩이 발생하는 이유와 가장 밀접한 관계가 있는 설명은 ?

① 일감의 재질이 유연하고 인성이 클 때
② 바이트 윗면 경사각이 적을 때
③ 절삭피드가 적을 때
④ 절삭속도가 클 때

73. 절삭률(절삭량)을 나타낸 것은 ?

① 절삭속도×절삭 단면적
② 절삭속도×이송속도
③ 절삭속도×절삭 깊이×절삭 단면적
④ 절삭깊이×이송속도×회전속도

74. 절삭작업에서 절삭속도가 60m/min이고, 절삭 저항이 200kgf일 때 절삭 동력은 몇 마력인가 ?

① 1.33 ② 2.67
③ 3.99 ④ 4.84

절삭동력 = $\frac{\text{절삭 저항력} \times \text{절삭 속도}}{75}$

$= \frac{200 \times 60}{75 \times 60}$ = 2.67PS

정 답 66. ① 67. ③ 68. ④ 69. ② 70. ③ 71. ① 72. ① 73. ① 74. ②

75. 절삭가공을 할 때 구성인선(built up edge)을 방지하기 위한 대책으로 옳지 못한 것은 ?

① 절삭깊이(cut of depth)를 적게 한다.

② 절삭속도(cutting speed)를 크게 한다.

③ 경사각(rake angle)을 작게 한다.

④ 공구의 인선(cutting edge)을 예리하게 한다.

절삭가공을 할 때 구성인선(built up edge)을 방지하기 위한 대책
① 절삭깊이(cut of depth)를 적게 한다.
② 절삭속도(cutting speed)를 크게 한다.
③ 경사각(rake angle)을 크게 한다.
④ 공구의 인선(cutting edge)을 예리하게 한다.

76. 구성인선의 발생을 방지시킬 수 있는 방법이 아닌 것은 ?

① 바이트의 윗면 경사각을 크게 한다.

② 절삭 속도를 크게 한다.

③ 윤활성이 좋은 절삭유를 사용한다.

④ 절삭 깊이, 이송 속도를 높인다.

77. 다음 중 절삭가공에서 가공면의 조도(표면 거칠기)를 향상시키기 위한 조건에 속하지 않는 것은 ?

① 절삭속도를 높인다.

② 절삭 깊이를 적게 한다.

③ 이송량을 작게 한다.

④ 경도가 낮은 바이트를 사용한다.

절삭가공에서 가공면의 조도(표면 거칠기)를 향상시키기 위한 조건
① 절삭속도를 높인다.
② 절삭 깊이를 적게 한다.
③ 이송량을 작게 한다.
④ 경도가 높은 바이트를 사용한다.

78. 다음의 공작기계 중에서 커터(절삭공구)가 회전하지 않는 것은 어느 것인가 ?

① 밀링 머신 ② 드릴링 머신

③ 호빙 머신 ④ 선반

선반은 절삭공구가 회전하지 않고 공작물이 회전한다.

79. 선반의 4대 부위가 아닌 것은 ?

① 왕복대 ② 주축대

③ 심압대 ④ 복식 공구대

80. 다음의 가공법으로 선반에서 가공할 수 없는 것은 어느 것인가 ?

① 보링 ② 외면 선삭

③ 나사 깎기 ④ 이 깎기

81. 칩 브레이커란 무엇인가 ?

① 칩의 한 종류

② 바이트 생크의 일종

③ 칩 절단 장치

④ 바이트 날 끝각

바이트의 경사면에 만든 홈으로 칩이 경사면을 따라 흐를 때 칩이 연속적으로 이어져 나오면 작업에 지장을 준다. 그러므로 칩을 자르는 역할을 한다.

82. 체이싱 다이얼은 다음 무엇을 하는데 쓰이는가 ?

① 밀링머신에서 분할작업을 할 때 사용

② 드릴링 머신에서 깊은 구멍을 뚫을 때 사용

③ 선반에서 나사를 깎을 때 사용

④ 세이퍼에서 키나 기어를 가공할 때 사용

체이싱 다이얼은 선반에서 나사를 꺾을 때 사용하는 것으로 바이트가 정위치에서 자동 이송되도록 하는 장치이다.

정 답 75. ③ 76. ④ 77. ④ 78. ④ 79. ④ 80. ④ 81. ③ 82. ③

83. 바이트의 전면 여유각에 대해서 옳은 것은?

① 바이트와 가공물의 마찰을 적게 한다.

② 날 끝을 튼튼하게 한다.

③ 절삭 칩 제거를 용이하게 한다.

④ 바이트 날 끝의 충격을 감소시킨다.

84. 선반에서 테이퍼를 깎는 방법이 아닌 것은?

① 백 기어를 사용한다.

② 심압대의 센터를 편위시킨다.

③ 테이퍼 절삭장치를 이용한다.

④ 복식 공구대를 사용한다.

85. 여러 가지 공구를 한꺼번에 고정하고 작업하는 선반은 ?

① 자동 선반 ② 모방 선반

③ 다인 선반 ④ 탁상 선반

86. 선반에서 테이퍼를 절삭할 때 심압대 이동량을 a, 테이퍼의 길이를 ℓ, 공작물의 길이를 L, 테이퍼의 양쪽 지름을 d, D라 할 때, 심압대의 편위량을 구하는 공식은?

① $x = \dfrac{(D - d\ell)}{2L}$ ② $x = \dfrac{D - d}{2L}$

③ $x = \dfrac{2\ell}{(D - d)L}$ ④ $x = \dfrac{(D - d)L}{2\ell}$

87. 선반의 구조를 크게 5가지로 분류한 것 중 옳은 것은 어느 것인가 ?

① 주축대, 심압대, 왕복대, 베드, 다리

② 주축대, 심압대, 왕복대, 베드, 센터

③ 주축대, 심압대, 왕복대, 베드, 공구대

④ 주축대, 심압대, 왕복대, 센터, 공구대

88. 지름을 변화시킬 수 있는 맨드릴은 어느 것인가 ?

① 갱 맨드릴 ② 표준 맨드릴

③ 조립식 맨드릴 ④ 팽창식 맨드릴

89. 선반의 공구대 이송나사의 피치가 2mm, 다이얼 눈금이 100등분되어 있다. 50mm의 둥근 봉을 48mm로 절삭한다면 다이얼 눈금을 몇 눈금 회전시키면 되는가 ?

① 25 ② 50

③ 75 ④ 100

① 공구 대의 1눈금 : $\dfrac{2}{100}$ = 0.02mm,

② 둥근봉의 절삭깊이 = $\dfrac{50 - 48}{2}$ = 1mm

③ 이동 시켜야할 다이얼의 눈금 : $\dfrac{1}{0.02}$ = 50눈금

90. 그림과 같은 복식 공구대를 사용하여 테이퍼를 절삭하려고 할 때 공구 대의 선회 각도는 몇 도 인가 ?

① 약 20°

② 약 15°

③ 약 3°

④ 약 5°

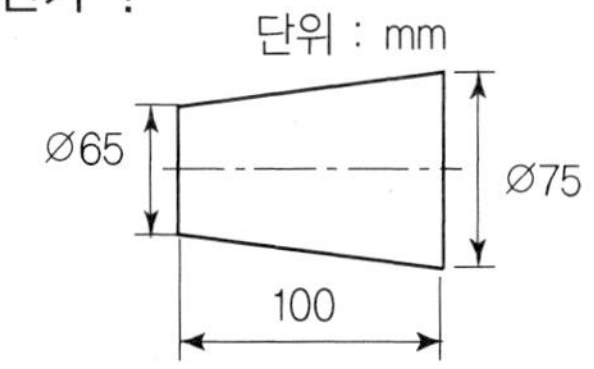

$\tan\theta = \dfrac{D_2 - D_1}{2\ell} = \dfrac{75 - 65}{2 \times 100} = 0.05$

$\tan^{-1}0.05$ = 약° 3

91. 선반에서 축을 가공할 때 절삭속도가 30 m/min이라면 가공물의 지름이 200mm일 때 회전수는 약 몇 rpm인가 ?

① 30 ② 48

③ 54 ④ 75

$N = \dfrac{1000V}{\pi D} = \dfrac{1000 \times 30}{3.14 \times 200} = 48$

정 답 83. ① 84. ① 85. ③ 86. ④ 87. ① 88. ④ 89. ② 90. ③ 91. ②

92. 3.6kw인 선반의 출력을 최대한으로 이용하기 위하여 취할 수 있는 허용 최대 절삭 단면적을 구하시오 ?(단, 지름 경제 절삭 속도 V_{60} = 120m/min을 사용하며, 피삭제의 비절삭 저항이 45kgf/mm², 선반의 기계효율이 0.80이다)

① 4.26mm² ② 3.26mm²
③ 2.26mm² ④ 4.05mm²

$\dfrac{3.6 \times 102 \times 0.8}{\dfrac{120}{60} \times 45}$ = 3.26mm

93. 세이퍼의 크기는 무엇으로 표시하는가 ?

① 램의 길이
② 램의 최대 행정
③ 새들의 길이
④ 테이블의 최대 넓이

세이퍼의 크기는 램의 최대 행정 또는 테이블의 상하·좌우 이동거리로 표시한다.

94. 다음의 공작기계 중 급속 귀환운동을 하지 않는 것은 ?

① 밀링 머신 ② 세이퍼
③ 슬로터 ④ 플레이너

95. 슬로터에서 가공할 수 없는 것은 ?

① 곡면가공 ② 넓은 평면가공
③ 인터널 기어가공 ④ 키 홈가공

96. 세이퍼의 램은 어느 방향으로 운동하는가?

① 길이와 좌우 방향
② 상하 및 전후
③ 전후 좌우 및 상하
④ 길이 방향

97. 밀링 머신의 부속장치가 아닌 것은 ?

① 분할대 ② 아버
③ 나사 지시기 ④ 슬로팅장치

98. 수평 및 만능 밀링 머신의 칼럼 면에 설치하고 스핀들의 회전운동을 공구대의 왕복운동으로 변화시키는 부속 장치는 ?

① 만능 밀링머신 ② 래크 절삭장치
③ 슬로팅장치 ④ 로터리 테이블

① 만능 밀링 머신 : 새들과 테이블 사이에 회전 대가 있으며, 테이블 수평 면 위에서 적당한 각도로 회전시킬 수 있다.
② 래크 절삭장치 : 래크를 절삭할 때 사용하며, 테이블을 요구하는 피치만큼 정확하게 이송 분할 할 수 있다.
③ 로터리 테이블 : 테이블 위에 설치한 회전형 테이블을 말한다.

99. 밀링의 상향 절삭과 하향 절삭을 비교 설명한 것 중 틀린 것은 ?

① 상향 절삭에서는 공작물을 견고하게 설치하지 않아도 된다.
② 상향 절삭에서는 밀링 커터의 여유면 마멸이 하향 절삭 때보다 크다.
③ 하향 절삭이 상향 절삭보다 절삭 동력이 작고 진동이 작다.
④ 상향 절삭에서는 밀링 머신의 이송에 백래시 제거장치가 필요하다.

100. 행정이 200mm이고, 램의 왕복 횟수 80회/min일 때 세이퍼의 절삭속도는 ?(단, 바이트 1회 왕복에 대한 절삭 행정의 시간비는 3/5이다)

① 22m/min ② 27m/min
③ 32m/min ④ 37m/min

$V = \dfrac{\ell n}{a} = \dfrac{0.2 \times 80}{\dfrac{3}{5}}$ = 26.7m/min

정 답 92. ② 93. ② 94. ① 95. ② 96. ② 97. ③ 98. ③ 99. ① 100. ②

101. 지름 60mm의 커터로 30m/min의 절삭 속도로 절삭하는 경우 주축의 회전수 및 날수가 12개일 때 날 1개 당의 이송을 0.2 mm라고 하면 매분 이송은 얼마인가 ?

① 회전수 : 159rpm, 이송량 : 382mm
② 회전수 : 120rpm, 이송량 : 296mm
③ 회전수 : 159rpm, 이송량 : 302mm
④ 회전수 : 124rpm, 이송량 : 294mm

① $N = \frac{1000V}{\pi D} = \frac{1000 \times 30}{3.14 \times 60} = 159rpm$

② 이송속도 = 이송거리×커터 날수×회전수
= 0.2×12×159 = 382mm/min

102. 다음 기계가공 중 절삭가공에 속하는 것은 ?

① 소성가공 ② 주조
③ 단접 ④ 래핑

래핑 : 미세한 숫돌 가루를 이용하여 공작물의 표면을 매끈하게 만드는 가공방법이며 정밀도가 높은 제품에서 사용한다.

103. 드릴로 뚫은 구멍의 내면을 정확한 원으로 가공하고 매끈하게 다듬질하는데 쓰이는 공구는 어느 것인가 ?

① 줄(file) ② 정(chisel)
③ 리머(reamer) ④ 펀치(punch)

리머는 드릴로 뚫은 구멍의 안쪽면을 매끈하게 다듬질하는데 사용하는 공구이다.

104. 다음 중 구멍의 내면을 가장 정밀하게 다듬는 공작법은 ?

① 드릴링 ② 밀링
③ 리밍 ④ 호닝

호닝은 봉(棒) 모양의 숫돌인 혼(hone)을 원통 내면의 공작면에 일정한 압력으로 누르면서 절삭제를 주유하면서 왕복운동과 회전운동을 동시에 행하여 다듬질하는 가공방법이다.

105. 절삭제를 사용하는 이유 중에서 틀린 것은 다음 중 어느 것인가 ?

① 냉각작용으로 공구의 경도를 유지시킨다.
② 연삭작용으로 표면을 갈아준다.
③ 윤활작용으로 마찰을 감소시킨다.
④ 공구의 마모를 적게 하여준다.

절삭제를 사용하는 이유
① 냉각작용으로 공구의 경도를 유지시킨다.
② 윤활작용으로 마찰을 감소시킨다.
③ 공구의 마모를 적게 하여준다.

106. 숫돌차의 바깥지름이 250mm, 회전속도가 1200rpm, 공작물의 원주속도가 20m/min일 때 연삭속도는 약 몇 m/min 정도 되겠는가 ?(단, 공작물은 연삭숫돌과 같은 방향으로 돌고 있다)

① 922 ② 962
③ 1016 ④ 1183

연삭속도 = 절삭속도+ 공작물의 원주속도이므로

$\frac{\pi DN}{1000} = \frac{3.14 \times 250 \times 1200}{1000}$

= 942 + 20 = 962m/min

107. 평면 연삭기에서 숫돌의 원주 속도 V= 2400m/min, 절삭력 P= 15kgf라면 이때 연삭기에 공급된 동력이 10ps라면 연삭기의 효율은 ?

① 70% ② 75%
③ 80% ④ 85%

연삭기의 효율(η)= $\frac{PV}{75 \times 60 \times PS}$

$= \frac{15 \times 2400}{75 \times 60 \times 10} \times 100 = 80\%$

정 답 101. ① 102. ④ 103. ③ 104. ④ 105. ② 106. ② 107. ③

108. 용접의 의미는 ?

① 접합할 금속을 서로 충분히 접근시켜 원자간의 인력으로 결합시키는 방법이다.

② 금속을 녹여서 결합시키는 방법이다.

③ 기계적 접합법에 의해서 결합시키는 방법이다.

④ 금속간의 자력에 의해서 결합되는 것이다.

109. 다음 중 용접이음의 형식이 아닌 것은?

① 맞대기이음　② 납땜이음

③ 모서리이음　④ T형이음

용접이음에는 맞대기, 모서리, 변두리, 겹치기, T형, 십자, 필렛이음 등이 있다.

110. 카바이드의 원료가 아닌 것은 ?

① 석회석　② 코크스

③ 석탄　④ 광석

111. 순수한 카바이드 1kg에서 몇 L의 아세틸렌이 발생하는가 ?

① 6,000L　② 4,000L

③ 1,000L　④ 348L

112. 아세틸렌의 압력은 산소의 압력에 대하여 어느 정도로 사용하는 것이 좋은가 ?

① 2기압　② 1.5기압

③ 1.3기압　④ 2.5기압

113. 구리나 황동용접에는 어떤 불꽃이 사용되는가 ?

① 표준불꽃

② 산화불꽃

③ 탄화불꽃

④ 어느 것이나 상관없다.

가스용접에 사용되는 불꽃에는 아세틸렌과 산소가 같은 비율로 혼합이 되면 표준 불꽃(중성불꽃)이 되며, 아세틸렌의 양이 많은 불꽃은 탄화불꽃, 산소의 양이 많은 불꽃이 산화불꽃이다. 대체로 표준불꽃이 사용되며 구리, 황 동용접에는 산화불꽃, 스테인리스강의 용접에는 탄화불꽃이 쓰인다.

114. 산소와 아세틸렌 1 : 1로 혼합하여 연소시키면 그로부터 생성되는 불꽃은 ?

① 산화불꽃　② 표준불꽃

③ 탄화불꽃　④ 염기성불꽃

115. 60L의 산소 용기에 150기압이 되게 산소를 충전하였다면 이를 대기 중에서 환산하면 약 몇 L의 산소가 되겠는가 ?

① 2500　② 5000

③ 7500　④ 9000

$60\ell \times 150$기압 $= 9000\ell$

116. 내용적 40L의 산소 용기에 140 기압의 산소가 들어 있다. 1시간에 350L를 사용하는 토치를 사용하고 혼합비 1 : 1로 사용할 때 시간은 ?

① 16시간　② 24시간

③ 48시간　④ 72시간

$$\text{사용시간} = \frac{\text{산소용기의 용적} \times \text{압력}}{\text{1시간동안에 사용하는 용량}} = \frac{40 \times 140}{350} = 16\text{시간}$$

117. 용접자세 기호 중에서 수직자세 용접에 해당하는 것은 ?

① V　② F

③ OH　④ H

V : 수직 자세, F : 아래 보기 자세
OH : 위 보기 자세, H : 수평 자세

정 답 108. ① 109. ② 110. ④ 111. ④ 112. ③ 113. ② 114. ② 115. ④ 116. ① 117. ①

118. 용접기에서 AW—250이란 표시가 있는데 여기서 250이란 무엇을 의미하는가 ?

① 2차 무부하 전류
② 정격 2차 전류
③ 정력 사용률
④ 2차 최대 전압

250의 의미는 정격 2차 전류이다.

119. 교류 용접기에서 역률을 나타내고 있는 식은 ?

① 무부하 전류×아크 전류
② 아크 전압×전류
③ (소비 전력÷전원 전력)×100
④ (소비 전력÷아크 출력)×100

교류 용접기의 역률은 $\frac{\text{소비전력}}{\text{전원전력}}\times 100$으로 나타낸다.

120. 아크용접에서 용접봉을 (+)극에, 모재를 ( )극에 연결하였을 때의 극성은 ?

① 정전류 극성
② 직류 정극성
③ 직류 역극성
④ 가용 전극 극성

아크 용접에서 정극성은 모재가 (+), 용접봉이 (—)이며, 역극성은 모재가 (—), 용접봉이 (+)이다.

121. 아크용접에서 언더 컷(under cut)은 다음 어느 조건에서 가장 많이 나타나는가 ?

① 고전압, 고 용접속도
② 전류 부족, 저 용접속도
③ 고 용접속도, 전류 과대
④ 저 용접속도, 전류 과대

언더 컷은 고 용접속도, 전류 과대일 때 발생하고, 오버랩은 저 용접속도, 전류 부족에서 발생한다.

122. 다음 중 오버랩이 발생하는 이유는 ?(A : 아크 길이의 부적당, B : 용접 전류가 낮다. C : 용접속도 부적당, D : 모재에 대해 용접봉이 굵다)

① A, D ② C, D
③ A, C ④ B, C

용접에서 오버랩이란 용융된 금속이 부족하여 잘 융합되지 않고 표면에 덮여 있는 상태를 말하며, 그 원인은 용접전류가 낮고, 용접속도가 느린 경우이다.

123. 용접부분에서 기공이 발생하는 원인이 아니 것은 ?

① 아크에 수소 또는 일산화탄소가 많을 때
② 용착 부분이 급랭될 때
③ 용접봉에 습기가 있을 때
④ 이음의 친화성이 나쁠 때

용접부분에서 기공이 발생하는 원인
① 아크에 수소 또는 일산화탄소가 많을 때
② 용착 부분이 급랭될 때
③ 용접봉에 습기가 있을 때

124. 겹치기 이음의 전면 필렛용접에서 허용전류를 6kgf/mm^{2}이라고 할 때 유효 길이(mm)는 ?(단, 판의 두께 10mm, 작용하는 하중 W= 5000kgf이다)

① 50 ② 59
③ 62 ④ 70.7

$\ell = \frac{0.707W}{t\times\sigma a} = \frac{0.707\times 5000}{10\times 6} = 58.9\text{mm}$

125. 다음 중 용접을 융접과 압접으로 분류할 때 압접으로 분류되는 것은 ?

① 점용접 ② 가스용접
③ 아크용접 ④ MIG용접

전기 저항용접을 압접이라 부르며, 여기에는 점(spot)용접, 심(seam)용접, 맞대기용접, 플래시용접 등이 있다.

정 답 118. ② 119. ③ 120. ③ 121. ③ 122. ④ 123. ④ 124. ② 125. ①

126. 저항용접과 가장 관계가 깊은 법칙은 ?

① 줄의 법칙

② 뉴톤의 법칙

③ 플레밍의 법칙

④ 암페어의 법칙

전기 저항용접은 전류의 크기, 전류가 흐르는 시간, 주어지는 압력 등의 3대 요소가 필요하며, 줄(Joul)의 법칙과 관계가 있다.

127. 그림과 같은 용접부를 용접하는 경우 적당한 용접 기호는 ?

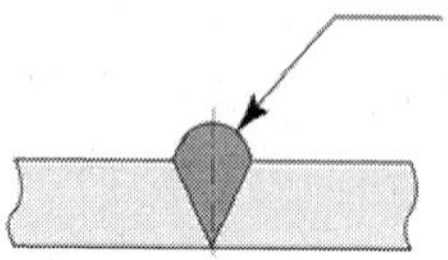

①

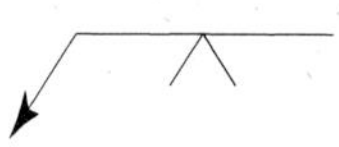

②

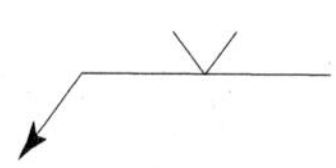

③

④

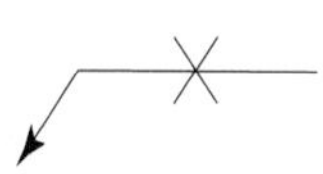

128. 다음 용접부 검사방법 중 비파괴 검사방법이 아닌 것은 ?

① 자분 탐상법

② X선 투과법

③ 현미경 조직시험

④ 초음파 탐상시험

129. 고온에서도 금속과 반응하지 않는 아르곤, 헬륨 가스 분위기 속에서 텅스텐 봉 또는 금속전극 선과 모재사이에 아크를 발생시켜 용접하는 방법은 ?

① 산소—아세틸렌용접

② 피복 전기 아크용접

③ 불활성가스 아크용접

④ 테르밋용접

불활성가스 아크용접에는 텅스텐 전극을 사용하는 TIG용접과 금속 비피복 봉을 사용하는 MIG용접이 있다.

정 답 126. ① 127. ① 128. ③ 129. ③

03 측정기기

CHAPTER

1. 측정의 개요

1.1. 측정방법의 분류

[1] 절대측정

측정기로부터 직접 측정하여 값을 읽을 수 있는 방법으로 절대 측정기에는 눈금자, 버니어캘리퍼스, 마이크로미터 등이 있다.

[2] 비교측정

표준길이와 비교하여 측정하는 방법으로 비교 측정기에는 다이얼게이지, 내경 퍼스 등이 있다.

1.2. 측정오차

① 개인오차 : 측정하는 사람에 따라 발생하는 오차이며, 숙련도에 따라서 어느 정도 줄일 수 있다.

② 계기오차 : 측정기의 구조, 측정압력, 측정할 때의 온도 또는 측정기의 마모에 따른 오차이며, 이 오차들은 측정기를 미리 점검하면 수정할 수 있다.

③ 우연오차 : 주위 환경에 따라 발생하는 오차이며, 오차의 원인을 모르는 경우가 많다. 이럴 경우에는 여러 번 측정을 하여 그 평균값을 구하는 것이 좋다.

④ 시차 : 측정기의 눈금과 눈의 위치가 같지 않은데서 발생하는 오차이며 위치가 수평이 되도록 한다.

1.3. 아베의 원리

"표준자와 피 측정물은 같은 축선 상에 있어야 한다."는 원리이다. 같은 축선 상에 있지 않을 경우에는 측정오차가 발생한다. 아베의 원리에 어긋나는 측정기에는 버니어 캘리퍼스, 내측 마이크로미터 등이 있다.

2. 측정용 기구

2.1. 버니어캘리퍼스(vernier calipers)

버니어캘리퍼스는 본척의 한 눈금 미만의 작은 치수는 부척을 이용하여 읽을 수 있는 기구이다. 1/20mm까지 읽을 수 있는 것은 본척의 19눈금을 부척에서 20등분한 것이며, 1/50mm까지 읽을 수 있는 것은 본척은 0.5mm이고, 부척은 본척의 12mm사이 즉, 24.5눈금을 25등분한 것이다.

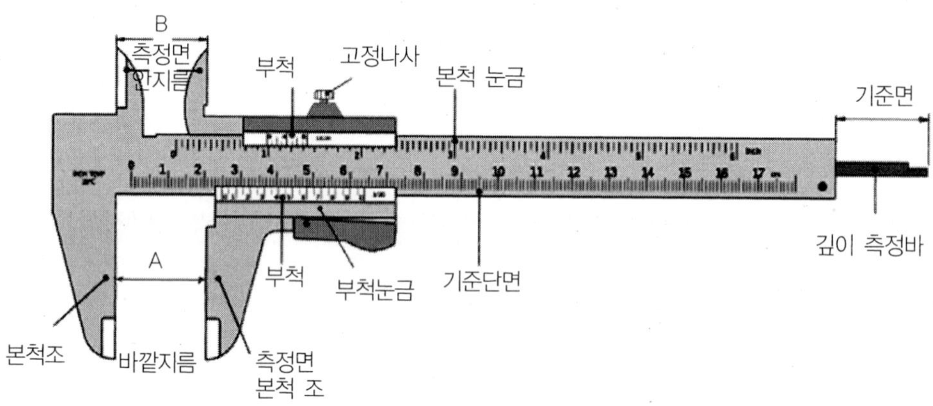

[그림 1] 버니어캘리퍼스의 구조

2.1.1. 버니어캘리퍼스의 종류

① M형 : 부척을 19mm를 20등분한 것이며, 바깥지름, 안지름, 깊이 등을 측정한다.

② M_2형 : 부척을 24.5mm를 25등분한 것이다.

③ CB형 : 부척을 12mm를 25등분한 것이며, 바깥지름, 안지름 측정용이며 안지름 측정용의 측정 면에는 조(jaw)가 끝에 있다.

④ CM형 : 부척을 49mm를 50등분한 것이다.

2.1.2. 버니어캘리퍼스의 사용방법

① 주척(어미자)의 눈금은 일반 센티미터(cm)자와 같다. 즉, 주척의 0에서 부척(아들자) 0까지의 눈금을 읽는다. 아래 그림에서 주척의 눈금은 12mm이다.

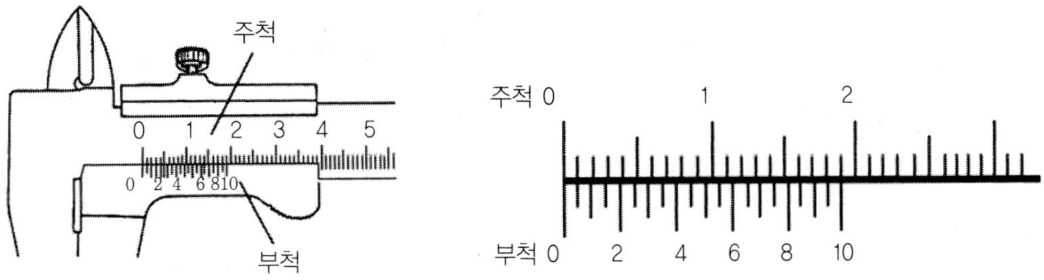

[그림 2] 버니어캘리퍼스의 눈금

② 주척의 눈금 12에서부터 부척의 눈금 0까지의 눈금을 읽는다. 이것을 읽기 위해서는 주척의 눈금과 부척의 눈금이 일치되는 부분(선)을 찾는다. 아래 그림에서 부척의 눈금이 4이므로 부척의 눈금은 0.4mm를 나타낸다. 따라서 주척의 눈금 12mm와 부척의 눈금 0.4mm를 합하여 읽으면 측정값은 12.4mm이다.

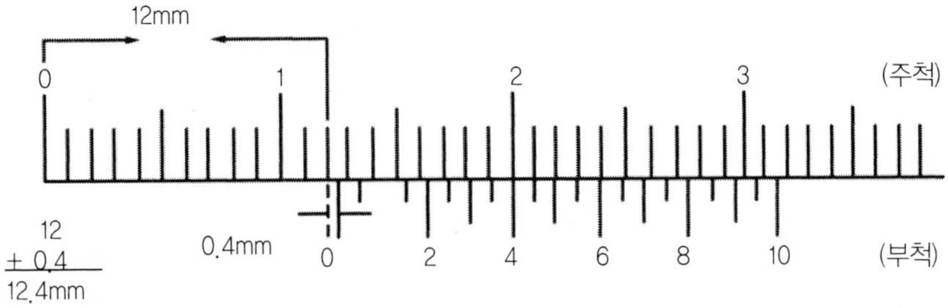

[그림 3] 버니어캘리퍼스의 눈금읽기

2.2. 마이크로미터(micrometer)

2.2.1. 마이크로미터의 구조

바깥지름 마이크로미터는 스핀들과 같은 축에 1줄 나사인 수나와 암나사가 맞물려 있으며 스핀들이 1회전하면 0.5mm를 이동한다. 슬리브의 최소 눈금 크기는 0.5mm이고, 딤블을 1회전시키면 스핀들은 축방향으로 0.5mm가 이동한다.

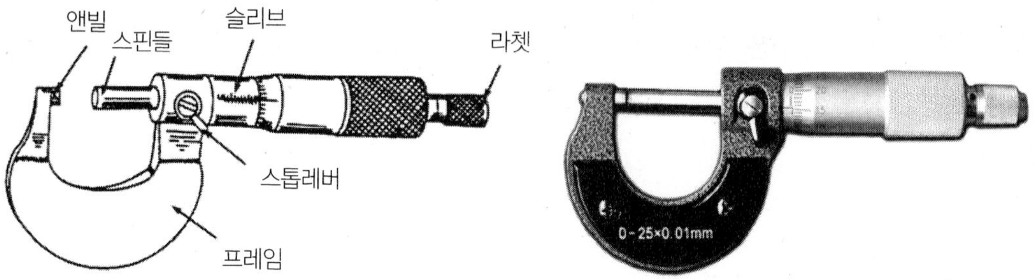

[그림 4] 외경 마이크로미터의 구조

따라서 딤블의 원둘레가 50등분되어 있으므로 1눈금은 $0.5 \times \frac{1}{50} = \frac{1}{100}$이 된다.

2.2.2. 눈금 읽는 방법(mm방식)

아래 그림은 0~25mm용 외측 마이크로미터의 눈금읽기를 나타낸 것이다.

① 슬리브의 0기선 위(基線上)의 1mm 단위의 눈금을 읽는다. 이 경우 5이다.

② 슬리브의 0기선 아래(基線下)의 0.5mm 단위의 눈금을 읽는다. 이 경우 0.5이다.

③ 슬리브 0기선 위에 있는 딤블의 눈금을 읽는다. 이 경우 43이다. 따라서 실제 값은 0.43mm이다.

④ 측정값은 5mm + 0.5mm + 0.43mm = 5.93mm이다.

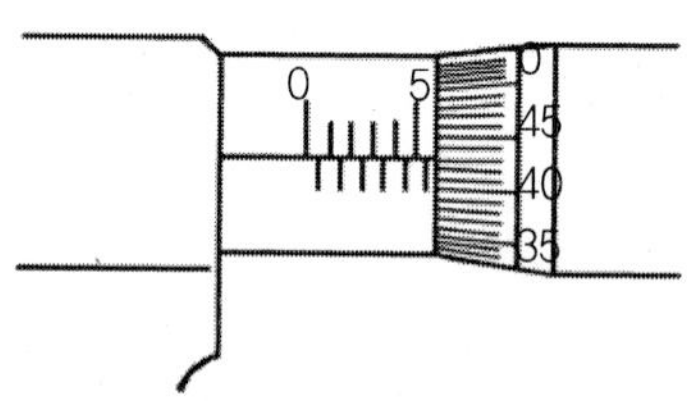

[그림 5] 외경 마이크로미터 눈금읽기

2.3. 하이트 게이지(height gauge)

하이트 게이지는 정반의 표준을 기준으로 하여 높이를 측정하거나 금긋기를 할 때 사용한다.

베이스 위에 최소 눈금 0.5mm의 본척이 고정되어 있으며, 이 본척을 따라 상하로 이동하는 슬라이더가 있다. 슬라이더에는 본척의 12mm를 25등분한 부척 1/50이 새겨져 있다.

2.4. 다이얼 게이지(dial gauge)

다이얼 게이지는 바늘이 1회전하면 스핀들이 1mm 움직이며, 원둘레가 100등분되어 있으므로 1눈금은 0.01mm까지 판독할 수 있다. 용도는 다듬면의 평면도 점검, 기어의 백래시 측정, 축의 휨과 진동점검, 원통의 진원도, 축의 스러스트(thrust) 점검 등이다.

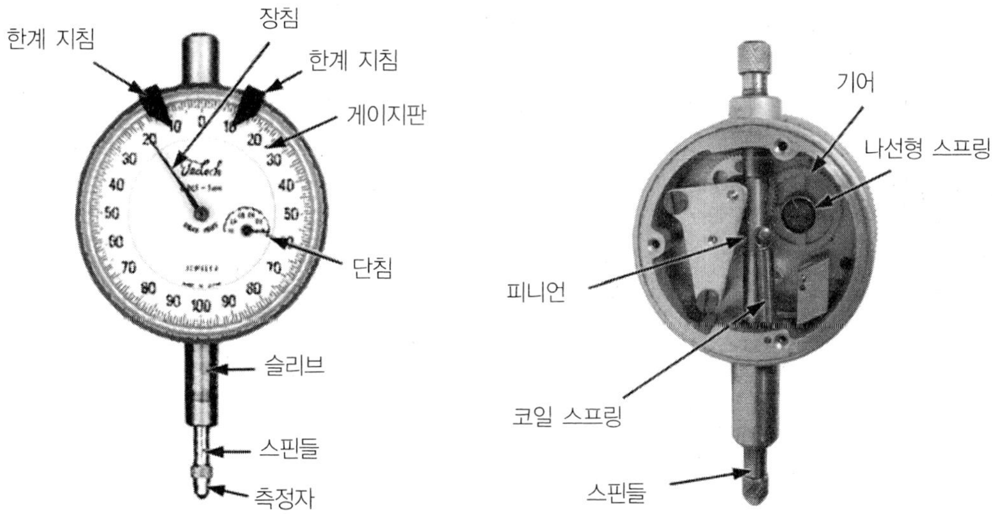

[그림 6] 다이얼 게이지의 구조

2.4.1. 다이얼게이지 눈금 읽는 방법

측정값이 그림 7과 같은 경우 다음의 순서로 읽는다.

① 짧은바늘의 위치를 읽는다. 일반적으로 1과 2사이에 있다.

② 긴바늘의 눈금을 읽는다. 36의 위치에 있다.

③ 눈금 읽기의 값은 눈금판에 0.01mm라고 표시되어 있으므로 긴바늘의 한 눈금이 0.01mm이다. 따라서 긴 바늘의 값은 0.36mm이다. 긴바늘이 1회전하는데 대해 짧은바늘은 1눈금 전진하므로 짧은바늘의 눈금은 0.01×100 = 1mm이다. 따라서 이 경우의 측정값은 1.0 + 0.36 = 1.36mm이다.

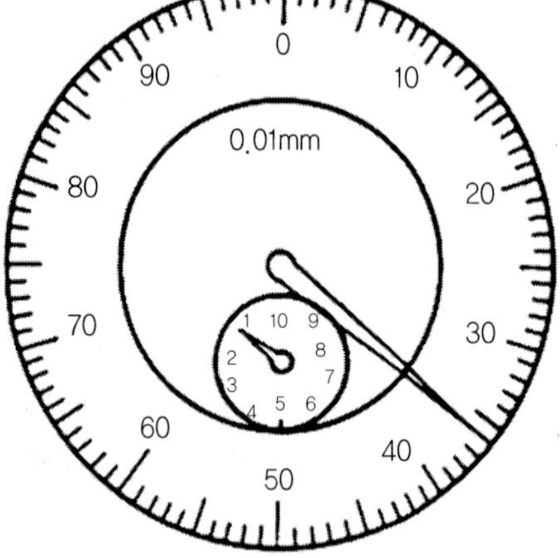

[그림 7] 다이얼게이지의 눈금 읽는 방법

2.4.2. 다이얼게이지로 측정할 때 주의사항

① 측정물에 스핀들이 접촉되어 있는 상태에서 측정물을 빠른 속도로 움직이던가, 회전시켜서는 안 된다.

② 측정 물에 스핀들을 직각으로 댄다. 비스듬하게 대면 다이얼 게이지가 움직이던가, 스핀들의 이동량이 달라져 정확한 값이 표시되지 않는다.

③ 스핀들의 나가기와 돌아오기에는 약간의 차이가 있으므로 비교 측정을 할 때에는 반드시 처음에 0점을 맞출 때와 같은 방향으로 들어가게 하여 오차를 작게 하여야 한다.

④ 눈의 위치와 바늘을 이은 선이 눈금판과 직각이 되지 않을 때에는 시차가 생기므로 이에 대해서도 주의하고 또 다른 측정기구와 마찬가지로 측정물과의 온도차이에 대해서도 주의하여야 한다.

2.5. 마이크로인디케이터(micro indicator)

마이크로인디케이터는 길이의 미세한 변화를 기계적으로 확대하는 컴퍼레이터(comparator : 정밀 비교측정기)이며, 바늘의 회전은 360° 미만, 최소 눈금은 1μ 이하이다.

2.6. 오토 콜리미터(auto colimeter)

오토 콜리미터는 망원경과 반사경을 조합하여 레버와 기어에 의하여 확대를 병용하여 측정하는 기구이다.

2.7. 옵티미터(opti meter)

옵티미터는 광학적으로 길이의 미세한 변위를 확대할 수 있는 것이며, 확대 배율을 크고 쉽게 할 수 있다. 즉, 매우 작은 움직임을 광학적으로 확대되도록 한 것이며 확대율은 800배이며, 대물렌즈와 접안렌즈를 이용한 것이다.

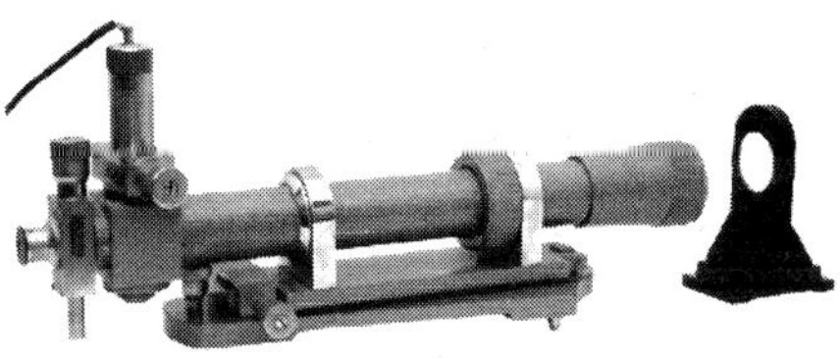

[그림 8] 오토 콜리미터

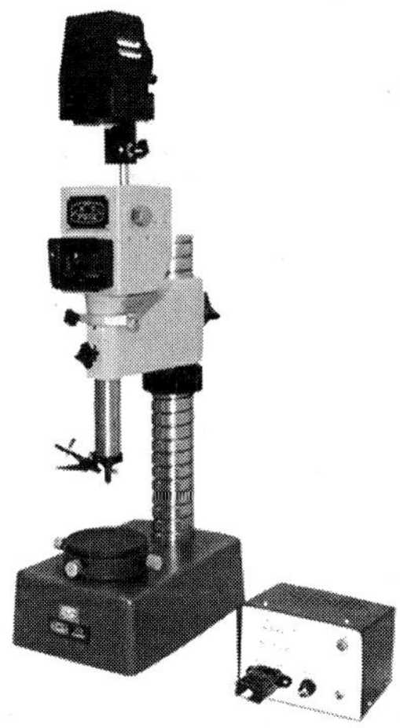

[그림 9] 옵티미터

2.8. 공기 마이크로미터

공기 마이크로미터는 길이의 미세한 변화를 공기의 압력이나 유압으로 바꾸어 확대 지시하는 것이며, 확대 배율이 매우 크고 정밀도가 높다. 또한 다른 측정기구로 측정하기 어려운 작은 안지름 측정이 가능하다.

[1] 공기 마이크로미터의 특징

① 조작이 간단하고 정밀도가 높다.

② 안지름 측정이 쉽다.

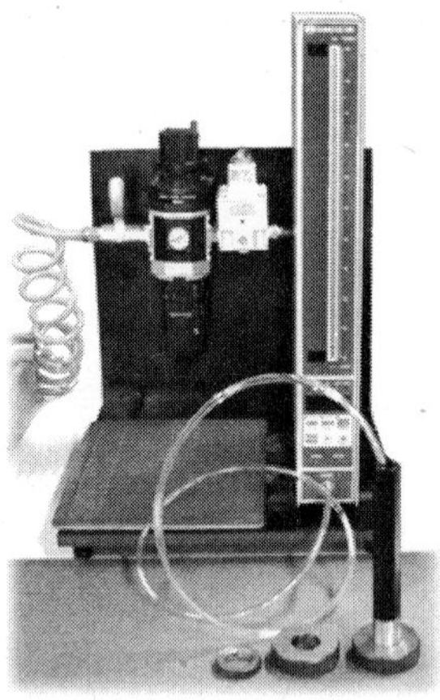

[그림 10] 공기 마이크로미터

③ 비교 측정기로 테이퍼, 타원, 진원도, 편심, 평행도, 직각도 등의 측정이 쉽다.
④ 종류에는 유압식과 배압식이 있다.

2.9. 전기 마이크로미터

전기 마이크로미터는 길이의 매우 작은 변화를 전기 용량의 변화로 변환시켜 측정하는 방법으로 0.01μ 정도의 미세한 변화까지 검사할 수 있다. 진공관의 특성 및 전압을 일정한 안정 상태로 유지할 수 있는 것은 측정 범위가 50μ 정도이며, 정밀도는 $\pm 0.2\mu$ 정도이다.

[1] 전기 마이크로미터의 특징

① 높은 정밀도, 높은 배율이다.
② 오차가 적고, 자동 측정이 가능하다.
③ 원격 조작이 가능하다.

2.10. 삼침법(three-wire method)

삼침법은 3줄의 지름이 같은 철사를 이용하여 수나사의 유효지름을 측정하는 방법이다. 나사사이에 3침을 대고 그 바깥쪽의 치수를 외측 마이크로미터로 측정한다.

3침을 대는 방법은 처음에는 2개의 바늘을 나사의 아래쪽 홈에 대고 다른 1개는 위쪽 나사 홈에 대고 스핀들을 돌려주면 된다.

2.11. 옵티컬 플랫

옵티컬 플랫은 광학적인 측정기이며, 유리나 수정으로 만든 정반을 접촉면에 접촉시켰을 때 발생하는 간접무늬의 수로 평면을 측정하는 것으로 간접무늬 1개의 크기는 약 0.3μ이다.

3. 공작용 기준 측정기구

3.1. 블록게이지(block gauge)

블록게이지는 공작용 길이 표준용으로 널리 사용되며, 가로 단면이 직사각형이며 편평한 측정면을 가진 것으로 호칭치수는 서로 마주하는 평행 평면사이의 거리이다. 표준 조합에는 103개조, 76개조, 47개조, 32개조 (+) 9개조, (-) 9개조, 8개조 등이 있다.

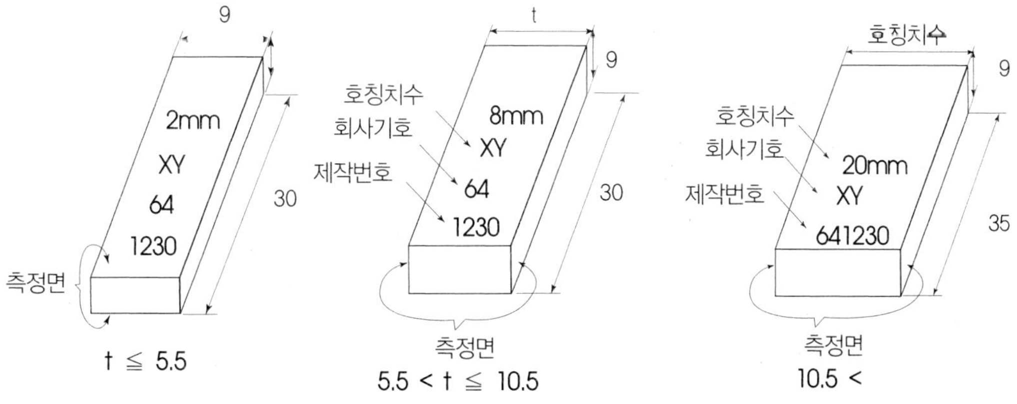

[그림 11] 블록게이지

[1] 블록게이지의 특징

① 치수 정밀도가 우수하다.

② 밀착에 의한 임의의 치수를 정확히 만들 수 있다(몇 개를 조합 밀착시켜).

③ 비교 측정의 표준이 된다.

④ 경년 변화가 거의 없다.

[2] 블록게이지의 등급과 용도

① AA급 : 참조용, 최고 기준용이다.

② A급 : 표준용

③ B급 : 검사용

④ C급 : 공작용

그리고 블록게이지에서 2개 면 사이에 스핀들 기름을 바르고 눌러서 미끄러지도록 하면 밀착되는데 이것을 링깅(wringing)이라 한다.

3.2. 사인 바(sine bar)

사인 바는 삼각함수인 사인(sine)을 이용하여 각도를 측정하는 공구이다. 사인 바에서 45°이상 되면 측정오차가 커지므로 이보다 큰 각도를 필요로 할 경우에는 정반에 직각인 면을 마주하도록 설정하여 각도를 측정하여야 한다. 각도 θ는 다음 공식으로 구해진다.

$$\sin\theta = \frac{H-h}{L} \qquad (3-1)$$

L : 롤러의 중심사이 거리
H, h : 블록게이지의 높이

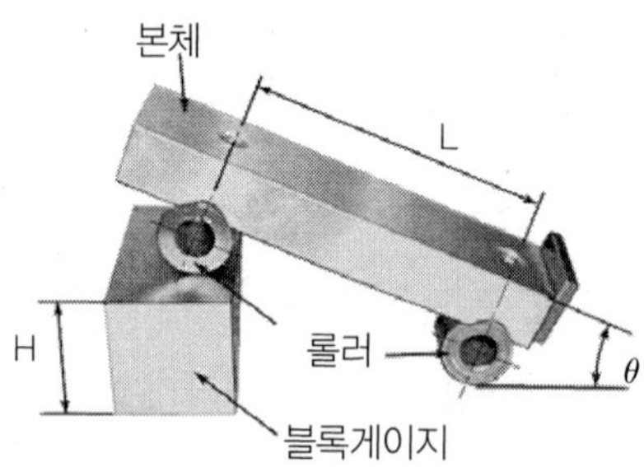

[그림 12] 사인바

CHAPTER 03

출제예상문제

01. 본 척의 최소 눈금이 0.5mm이고, 버니어 눈금은 24.5mm를 25등분하였다면 최소 측정값은 ?

① 0.01 ② 0.02
③ 0.04 ④ 0.05

V= $\frac{(n-1)\cdot S}{n}$이며

C= S - V= S - $\frac{(n-1)\cdot S}{n} = \frac{S}{n} = \frac{0.5}{25}$ = 0.02mm

S : 어미자 1눈금, V : 아들자 1눈금, C : 최소 측정치

n : 등분수 (n-1)S : nV

02. 0.01mm까지 측정할 수 있는 마이크로미터에서 나사의 피치와 딤블의 눈금에 대해 옳게 설명한 것은 ?

① 피치는 0.5mm, 원주는 50등분되어 있다.
② 피치는 0.5mm, 원주는 100등분되어 있다.
③ 피치는 0.1mm, 원주는 20등분되어 있다.
④ 피치는 1.0mm, 원주는 25등분되어 있다.

0.01mm까지 측정할 수 있는 마이크로미터에서 나사의 피치와 딤블의 눈금은 피치는 0.5mm, 원주는 50등분되어 있다.

03. +5μ_m 오차가 있는 호칭치수 50mm의 블록 게이지와 다이얼 게이지를 사용하여 비교 측정하였더니 50.275mm이었다면 실제 치수는 ?

① 50.285mm ② 50.270mm
③ 50.275mm ④ 50.265mm

04. 다음 측정기구 중에서 실제 치수와 표준 치수와의 차이를 측정하는 것은 ?

① 한계 게이지 ② 마이크로미터
③ 버니얼 캘리퍼스 ④ 블록 게이지

05. 블록게이지의 등급 중 정밀도의 순서로 나열한 것은 ?

① C —B —A —AA
② AA —A —B —C
③ A —AA —B —C
④ A —B —C —AA

06. 사인 바로 각도를 측정할 때 각도가 몇 도를 넘으면 오차가 많아지는가 ?

① 20° ② 25°
③ 35° ④ 45°

사인 바로 각도를 측정할 때 각도가 45°를 넘으면 오차가 많아진다.

07. 100mm의 사인 바에 의하여 30°를 만드는데 필요한 블록게이지가 다음과 같이 준비되어 있을 때 필요 없는 것은 ?

[40mm, 20mm, 5.5mm, 4.5mm]

① 40 ② 20
③ 5.5 ④ 4.5

사인 바에 의한 각도측정은 sinθ= $\frac{H}{L}$이므로, H= sinθ×L = sin30°×100 = 50mm이다. 그러므로 블록 게이지를 50mm가 되도록 조합하면 된다.

정 답 1. ② 2. ① 3. ② 4. ④ 5. ② 6. ④ 7. ②

08. 200mm의 사인바(sin bar)를 사용하여 피 측정 물의 지면과 sin bar의 측정 면이 일치하였다. 블록 게이지의 높이가 45mm 일 때의 각도 α는 ?

① 5°　　② 8°

③ 11°　　④ 13°

$\sin\alpha = \frac{H}{L} = \frac{45}{200} = 0.225$

$\therefore \sin^{-1}0.225 = 13°$

09. 오버핀 법이란 측정방법은 다음의 어느 것의 측정에 관련되는 것인가 ?

① 기어의 피치

② 기어의 이두께

③ 나사의 피치

④ 나사의 평균지름

오버 핀 법이란 나사의 평균지름 측정에 관련된다.

10. 대량의 제품 치수가 공차 내에 있는지 여부를 검사하는 게이지 종류 명칭으로 가장 적합한 것은 ?

① 옵티미터　　② 다이얼 게이지

③ 한계 게이지　　④ 블록 게이지

11. 다음 중 한계 게이지란 ?

① 양쪽 모두 통과하도록 되어 있다.

② 한쪽은 통과하고, 다른 한쪽은 통과하지 못하도록 되어 있다.

③ 한쪽은 헐겁게 통과하고, 다른 한쪽은 약간 헐겁게 통과하도록 되어 있다.

④ 양쪽 모두 통과하지 못하도록 되어 있다.

12. 한계 게이지의 마멸 여유는 어느 쪽에 주는가 ?

① 정지 쪽에 준다.

② 통과 쪽에 준다.

③ 양쪽에 모두 준다.

④ 양쪽에 모두 주지 않는다.

13. 다음 중 각도 측정기에 속하지 않는 것은?

① 사인 바

② 컴비네이션 세트

③ 라이프니스 게이지

④ 센터 게이지

14. 치공구의 특징이 아닌 것은 ?

① 불량 생산이 적게 된다.

② 숙련자만이 작업할 수 있다.

③ 제품 검사 시간을 줄일 수 있다.

④ 제품의 호환성이 적게 된다.

치공구의 특징

① 불량 생산이 적게 된다.
② 제품 검사시간을 줄일 수 있다.
③ 제품의 호환성이 적게 된다.

15. 하이트 게이지의 사용목적으로 맞지 않는 것은 ?

① 실제 높이를 측정할 수 있다.

② 금긋기 작업을 할 수 있다.

③ 다이얼 게이지를 부착하여 비교 측정을 할 수 있다.

④ 각도를 측정할 수 있다.

16. 다음 측정기구 중에서 비교 측정이 아닌 것은 ?

① 컴퍼레이터

② 하이트 게이지

③ 전기 마이크로미터

④ 공기 마이크로미터

정 답 8. ④ 9. ④ 10. ③ 11. ② 12. ② 13. ③ 14. ② 15. ④ 16. ②

04 재료역학

CHAPTER

1. 응력과 변형 및 안전율

1.1. 하중(load)

어떤 물체가 외부로부터 힘의 작용을 받았을 때 그 힘을 외력이라 하며, 이때 가해진 외력을 하중이라 한다.

① 인장하중(tensile load) : 재료를 축방향으로 늘어나려는 하중

② 압축하중(compressive load) : 재료를 축방향으로 줄어들게 하는 하중

③ 전단하중(shearing load) : 물체 내의 접근한 평행 2면에 크기가 같고 방향이 반대로 작용하는 하중

④ 굽힘하중(bending load) : 재료의 축선에 수직으로 작용하여 굽힘을 일으키는 하중

⑤ 비틀림하중(twisting load) : 축에 비틀림을 일으키는 하중

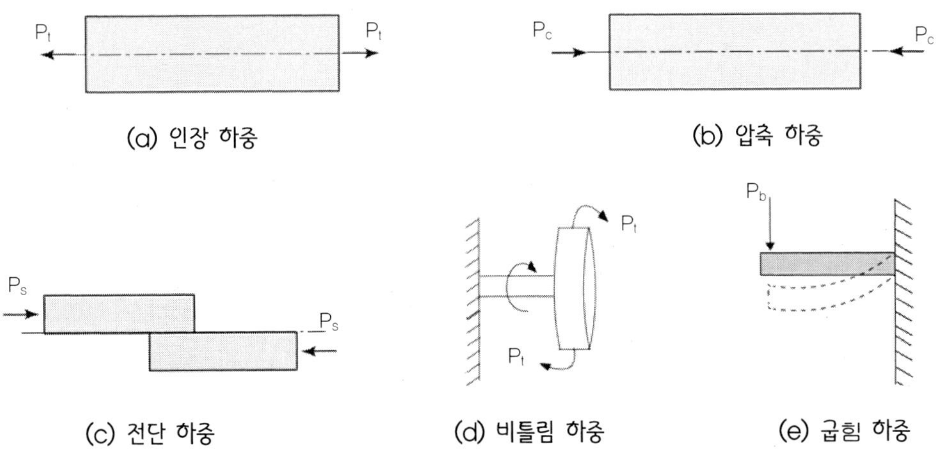

[그림 1] 하중의 종류

1.2. 응력(stress)

어떠한 재료에 외력을 가하면 변형과 동시에 물체 내부에 저항이 발생하는데 이 저항력을 내력이라 하고 작용한 외력과 평형을 이룬다. 이 저항력을 단위면적으로 나눈 것을 응력(stress)라고 한다. 단위는 kg_f/mm^2, lb/in^2 등을 사용한다.

1.2.1. 수직응력(법선 응력, normal stress)

물체에 작용하는 응력이 단면에 직각방향으로 작용한 경우의 응력으로 인장응력(σ_t)과 압축 응력(σ_c)으로 구분된다.

$$\bullet \text{인장응력}(\sigma_t) = \frac{P_t}{A} = \frac{\text{인장하중}}{\text{하중에 수직한 단면적}} \quad \cdots\cdots \quad (4\text{-}1)$$

$$\bullet \text{압축응력}(\sigma_c) = \frac{P_c}{A} = \frac{\text{압축하중}}{\text{하중에 수직한 단면적}} \quad \cdots\cdots \quad (4\text{-}2)$$

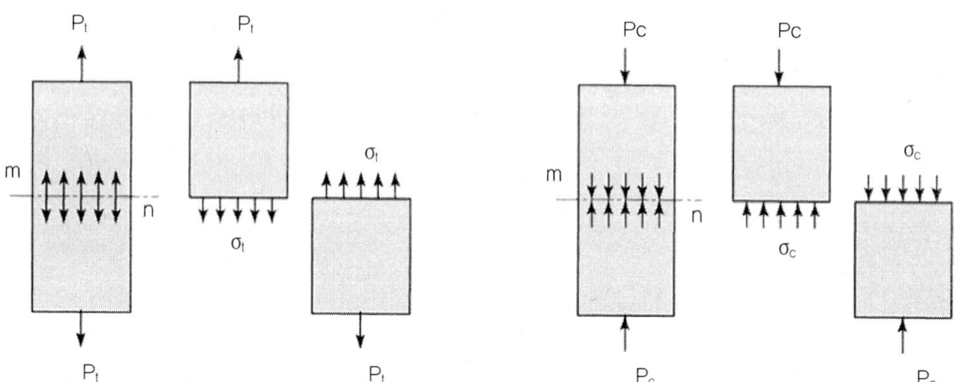

[그림 2] 수직응력

1.2.2. 전단응력(접선응력, shearing stress)

물체를 전단하려고 하는 방향으로 평행되게 작용하는 외력, 즉 전단하중으로 인하여 외력과 평행하게 응력이 발생하는 것을 전단 응력(τ)이라 한다.

$$\text{전단응력}(\tau) = \frac{P_s}{A} \quad \cdots\cdots \quad (4\text{-}3)$$

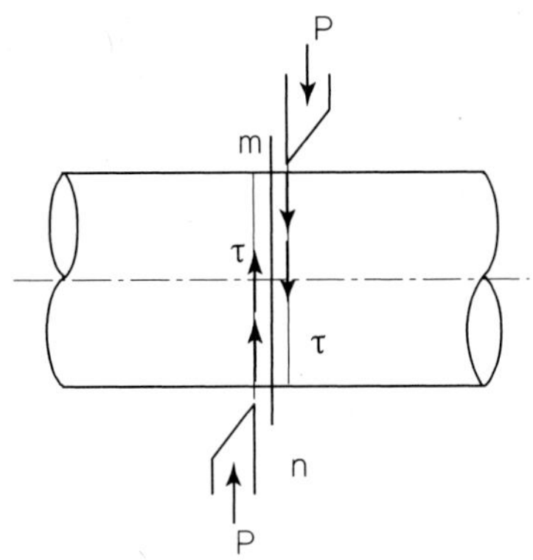

[그림 3] 전단력과 전단응력

1.2.3. 허용응력(σ_a)

외력에 의해 재료에 탄성한도 이상의 응력이 발생하면 재료는 영구변형이 일어나 치수가 변화되며 파괴되기 쉽다. 또, 탄성한도를 넘지 않더라도 장기간 반복하중을 받으면 재료에 피로가 발생한다. 이런 위험이 발생하지 않도록 하기 위해 재료에 발생하는 응력을 탄성한도 이내의 작은 값이 되게 하여야 하며 이와 같은 안전상 허용할 수 있는 최대 응력을 허용응력이라 한다.

1.2.4. 사용응력(σ_w)

기계 및 구조물을 실제로 사용할 때 하중을 받아 발생하는 응력이며, 사용응력으로서의 선정한 안전한 범위의 상한 응력을 허용응력이라 한다.

※ 탄성한도 〉 허용응력 ≧ 사용응력

1.2.5. 안전율

재료의 인장강도(극한 강도) σ_u와 허용응력 σ_a와의 비율을 안전율이라고 한다.

•안전율(S)= $\dfrac{\text{인장강도}(\sigma_u)}{\text{허용응력}(\sigma_a)}$ 또는 $\sigma_a = \dfrac{\sigma_u}{S}$ ································ (4-4)

•사용응력의 안전율(Sw)= $\dfrac{\text{인장강도}(\sigma_u)}{\text{사용응력}(\sigma_w)}$ 또는 $\sigma_w = \dfrac{\sigma_u}{S_w}$ ········ (4-5)

•항복점에 대한 안전율(Syp)= $\dfrac{\text{항복점의 강도}(\sigma_{yp})}{\text{허용응력}(\sigma_a)}$ 또는 $\sigma_a = \dfrac{\sigma_{yp}}{S_{yp}}$ (4-6)

1.3. 변형률(strain)

물체에 외력을 작용하면 그 내부에 응력의 발생과 더불어 변형이 발생하며, 단위 길이에 대한 변형량을 변형률이라 한다.

[1] 세로 변형률(종 변형률)

•인장 변형률(tensile strain) : $\epsilon_t = \dfrac{\ell' - \ell}{\ell} = \dfrac{\lambda}{\ell}$ ················ (4-7)

•압축 변형률(compressive strain) : $\epsilon_c = \dfrac{\ell' - \ell}{\ell} = -\dfrac{\lambda}{\ell}$ ·· (4-8)

L : 재료의 원래 길이, L' : 재료가 늘어난 길이
λ : 변형된 길이

[2] 가로 변형률(횡 변형률, lateral strain)

$$\epsilon' = \frac{d - d'}{d} = \frac{\delta}{d}$$ ·· (4-9)

d : 재료의 원래 길이
d' : 재료가 늘어난 길이
δ : 변형된 길이

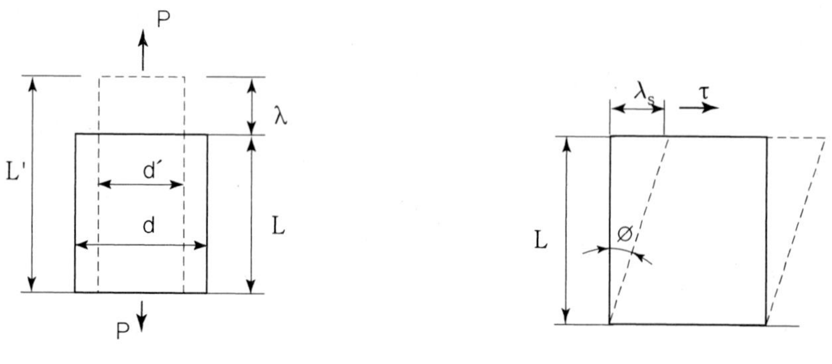

(a) 가로(세로) 변형률 (b) 전단변형률

[그림 4] 변형률

[3] 전단 변형률(shearing strain)

$$\gamma = \frac{\lambda_s}{\ell} = \tan\varnothing \fallingdotseq \varnothing(\mathrm{rad}) \quad \cdots\cdots (4-10)$$

λ_s : 전단 길이, L : 재료의 길이, $\varnothing$: 전단 각

[4] 체적 변형률(volumetric strain)

물체에 외력을 가하면 그 물체의 체적은 팽창 또는 수축을 하게 된다. 원래의 체적에 대한 변화량을 의미한다.

$$\varepsilon_v = \frac{V' - V}{V} = \frac{\triangle V}{V} \quad \cdots\cdots (4-11)$$

V : 원래의 체적, $\triangle V$: 체적변화량

1.4. 응력-변형률 선도(stress-strain diagram)

재료의 응력과 변형률의 관계를 알아보기 위하여 KS규격에 맞는 시편을 제작하여 인장 시험기에 설치하고 인장 하중을 가하면 이에 비례하여 변형이 발생한다. 이러한 하중과 변형을 선도로 표시한 것이 하중—변형량 선도이고 하중 대신 응력으로, 변형량 대신 변형률로 표시한 것이 응력—변형률 선도라고 한다.

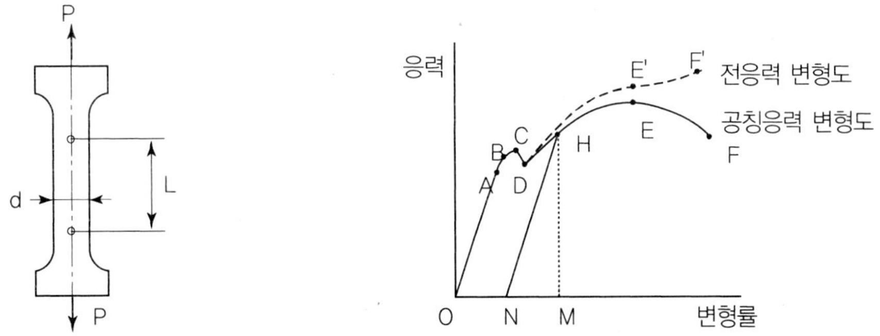

A : 비례한도(proportional limit) B : 탄성한도(elastic limit) C : 상 항복점(upper yield point)
D : 하 항복점(lower yield point) E : 극한강도(ultimate strength)
F' : 실제 파괴강도(actual rupture strength) F : 파괴강도(rupture strength) NM : 탄성변형(elastic strain)
ON : 잔류변형(residual strain)

[그림 5] 응력—변형률 선도

시험편의 최초 단면적과 표점거리를 각각 A, L이라 하고, 파단될 때의 단면적과 표점 거리를 A', L'라고 하면, 단면 수축율과 신장률은 다음과 같다.

$$\bullet \text{단면 수축율} = \frac{A - A'}{A} \times 100\% \quad \cdots\cdots (4-12)$$

$$\bullet \text{신장율(연신율)} = \frac{\ell' - \ell}{\ell} \times 100\% \quad \cdots\cdots (4-13)$$

1.5. 훅(hooke)의 법칙

hooke의 법칙은 균일 단면봉을 인장시험 한 결과 재료의 탄성한도 내에서는 신장량($\delta \triangle$L)는 인장력 P와 봉의 길이 L과 정비례하고, 단면적 A에는 반비례한다는 법칙이다. 이 관계를 수식으로 표현하면 아래와 같다.

$$\delta \propto \frac{P\ell}{A}$$

$$\delta = \frac{1}{E} \cdot \frac{P\ell}{A} = \frac{P\ell}{AE} \quad \cdots\cdots (4-14)$$

δ : 늘어난 양, ℓ : 재료의 원래 길이
E : 세로 탄성계수, A : 단면적
P : 힘

또한, 다음의 관계도 있다.

$$\frac{P}{A} = E\frac{\delta}{\ell}$$

$$\sigma = E\varepsilon \text{ 또는 } \varepsilon = \frac{\sigma}{E} \quad \cdots\cdots (4-15)$$

비례상수 E를 종탄성계수(세로탄성계수) 또는 영의 계수(young's modulus)라고 한다.

[1] 세로 탄성계수(E)

$$E = \frac{\sigma}{\varepsilon}, \quad \sigma = E\varepsilon$$

여기서, $\sigma = \frac{P}{A}$, $\varepsilon = \frac{\lambda}{l}$ 이므로

$$E = \frac{\sigma}{\epsilon} = \frac{\frac{P}{A}}{\frac{\lambda}{\ell}} = \frac{P\ell}{A\lambda}$$

$$\lambda = \frac{P\ell}{AE} = \frac{\sigma}{E}$$

$$P = \frac{AE\lambda}{\ell}$$

[2] 가로 탄성계수(G)

$G = \frac{\tau}{\gamma}$ 또는 $\tau = \gamma G$

τ : 전단응력 γ : 전단 탄성변형율

$\tau = \frac{P_s}{A}$, $\gamma = \frac{\lambda_s}{\ell} = \varnothing$ 을 대입하여 정리하면 아래와 같다.

$$G = \frac{\tau}{\gamma} = \frac{\frac{P_s}{A}}{\frac{\lambda_s}{\ell}} = \frac{P_s\ell}{A\lambda_s} = \frac{P_s}{A\varnothing}$$

$$\lambda_s = \frac{P_s\ell}{AG} = \frac{\tau\ell}{G}$$

$$\varnothing = \frac{P_s}{AG}, \qquad P_s = AG\gamma$$

[3] 체적 탄성계수(K)

수직응력 σ와 체적 변형률 ϵ_V와의 비는 동일 재료에 대하여 일정하고, 이것을 체적 탄성계수 K라고 하며 아래와 같이 정리할 수 있다.

$$K = \frac{\sigma}{\varepsilon_V} = \frac{\frac{P}{A}}{\frac{\triangle V}{V}} = \frac{PV}{A \triangle V} \text{ [kg/cm}^2\text{]} \quad \cdots\cdots \quad (4-16)$$

[4] E, K, v의 관계

아래 그림과 같이 직육면체 물체가 각 면에 P_x, P_y, P_z의 하중을 받으면 각 면의 법선 응력 $\sigma_x = \frac{P_x}{A_x}$, $\sigma_y = \frac{P_y}{A_y}$, $\sigma_z = \frac{P_z}{A_z}$ 가 발생한다.

각 면의 변형률은 다음과 같다.

$$\varepsilon_x = \frac{1}{E}[\sigma_x - \upsilon(\sigma_y + \sigma_z)]$$

$$\varepsilon_y = \frac{1}{E}[\sigma_y - \upsilon(\sigma_z + \sigma_x)]$$

$$\varepsilon_z = \frac{1}{E}[\sigma_z - \upsilon(\sigma_x + \sigma_y)]$$

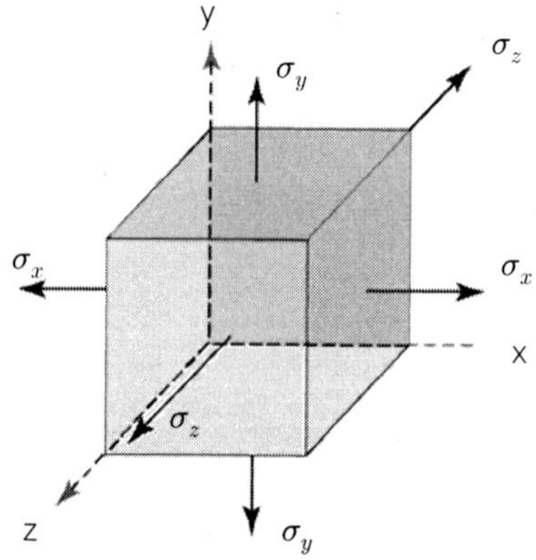

[그림 6] 직육면체의 변형

재료가 등방성이라면 아래와 같다.

$$\varepsilon_V = \varepsilon_x + \varepsilon_y + \varepsilon_z = 3\varepsilon$$

$$\varepsilon_V = \varepsilon_x + \varepsilon_y + \varepsilon_z = 3\varepsilon = \frac{(1-2\upsilon)}{E}(\sigma_x + \sigma_y + \sigma_z)$$

균일압력이 작용할 경우에는 아래와 같다.

$$\sigma_x = \sigma_y = \sigma_z = \sigma$$

$$\varepsilon_V = 3\varepsilon = \frac{3(1-2\upsilon)}{E} = \sigma$$

$K = \frac{\sigma}{\varepsilon_v}$ 를 대입하여 정리하면 아래와 같다.

$$K = \frac{E}{3(1-2\upsilon)}$$

$$K = \frac{mE}{3(m-2)}$$

여기서, m은 포와송 수이며, 이것을 E, K, v의 관계식이라 한다.

1.6. 열응력(thermal stress)

물체는 온도가 상승되어 가열되면 팽창하고, 온도가 내려가면 냉각되어 수축된다. 이때 물체가 어떤 구속도 받지 않는다면 온도의 변화에 따라서 자유롭게 팽창도 하고 수축도 할 것이다.

그러나 물체에 어떤 구속을 가해서 자유로운 변화를 방해하게 되면 온도의 변화로 인하여 발생된 힘은 물체 내부에 저항력을 발생시킨다. 이 저항력을 단위 면적에 대하여 표시한 것을 열응력(thermal stress)이라고 한다.

그림 7과 같이 온도 t_1℃에서 봉의 길이가 L이라고 하고, 온도가 t_2℃로 상승되어 봉의 길이가 L′로 늘어났다면 이때 발행한 신장량(△L)은 다음과 같다.

$$\triangle \ell = \ell' - \ell = \alpha(t_2 - t_1)\ell = \alpha \triangle t \ell$$

α : 선팽창계수

열 변형률 ϵ는 다음과 같다.

$$\varepsilon = \frac{\triangle \ell}{\ell} = \frac{\alpha \triangle t \ell}{\ell} = \alpha \triangle t \quad \cdots\cdots (4-17)$$

후크의 법칙에 따라

$$\sigma = E\varepsilon = E\alpha \triangle t$$

로 표시되며, 온도의 변화로 인하여 발생하는 변형률이나 응력이 모두 봉의 길이나 단면적에 무관함을 알 수 있다.

힘을 구할 때는 아래와 같다.

$$P = \sigma A = E\alpha \triangle t \cdot A$$

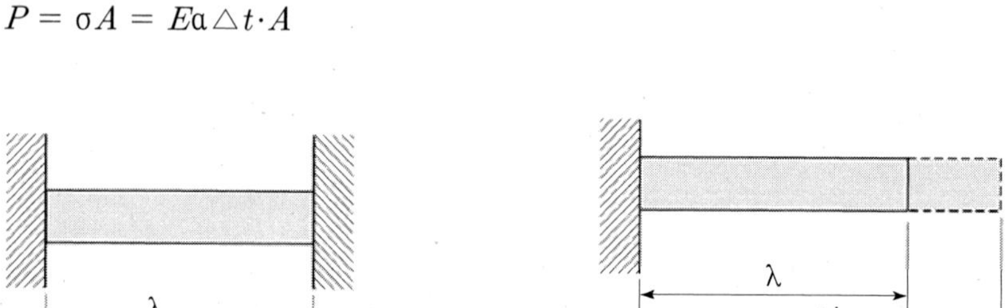

[그림 7] 열응력의 발생

1.7. 포와송 비(poisson's ratio)

재료에 축방향으로 하중을 가하면 세로변형과 가로변형이 발생한다. 이 때 탄성한도 내에서는 세로 변형률 ϵ과 가로 변형률 ϵ'와의 비율은 일정한 관계를 갖고 있다.

이 비율을 포와송 비(poisson's ratio)라고 하며 v, μ 또는 $\frac{1}{m}$ 로 표시한다.

$$\upsilon = \mu = \frac{1}{m} = \left|\frac{\varepsilon'}{\varepsilon}\right| = \frac{\frac{\delta}{d}}{\frac{\lambda}{\ell}} = \frac{\delta\,\ell}{d\lambda} \quad \cdots\cdots\cdots\cdots (4-18)$$

포와송 비의 역수 m을 포와송 수라고 한다.

2. 비틀림

2.1. 원형 단면축

아래 그림에서 보는 바와 같이 오른쪽 끝에 비틀림 T를 작용시키면 이 때 축은 직선에 평행한 원래 길이 ab는 비틀려 ac로 변형되고 축내부에서는 비틀림 응력이 발생한다. 이 때 가해진 회전력을 비틀림 모멘트 또는 토크(torque)라고 한다.

$$\tan\gamma = \frac{bc}{ab} = \frac{r\varnothing}{\ell} \quad \cdots\cdots\cdots\cdots (4-19)$$

여기서 r은 $\tan\gamma \fallingdotseq \gamma$ 이므로 정리하면 다음과 같다.

$$\tan\gamma = \frac{r\varnothing}{\ell} \quad \cdots\cdots\cdots\cdots (4-20)$$

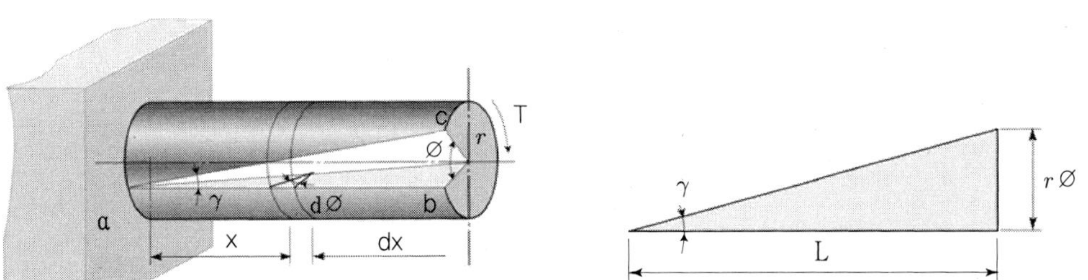

(a) (b)

[그림 8] 단면봉의 비틀림

γ은 전단 변형률(shearing strain)이다.

바깥 원둘레에 작용하는 전단응력 τ는 아래와 같다.

$$\tau = \gamma G = \frac{r \varnothing G}{\ell} \quad \cdots\cdots (4-21)$$

아래 그림 9에서 비틀림 응력 τ와 비틀림 모멘트 T의 관계를 고려하자.

$$\tau_{\rho} = \frac{\rho \varnothing G}{\ell}$$

원의 미소 면적 dA를 고려하면 $dT = \tau_p dA * p$와 같고 $\tau_\rho = \tau_\sigma / \gamma$이므로 정리하면 아래와 같다.

$$T = \frac{\tau}{\gamma} \int \rho^2 dA$$

여기서, $\int \rho^2 dA$는 중심 O에 대한 단면의 극관성 모멘트(polar moment of inertia) I_P이다.

$$T = \tau \frac{I_P}{\gamma}, \quad \tau = \frac{T\gamma}{I_P}$$

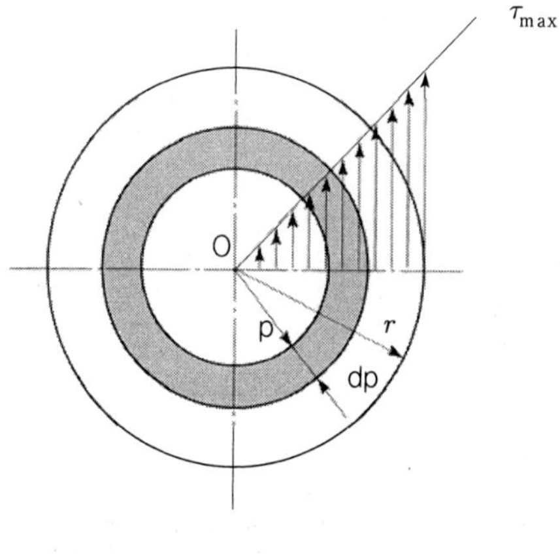

[그림 9] 원형축의 전단응력

이 식을 비틀림 식이라고 하며, 비틀림 모멘트 T를 받는 봉의 비틀림 응력 τ를 구하는 경우에 사용된다.

원형단면에 대한 I_P는 축의 지름이 $d = 2r$이므로 아래 식을 이용하여 최대 비틀림 응력 $\tau_{\max}$을 구할 수 있다.

$$I_P = \frac{\pi d^4}{32}, \quad T = \tau \frac{\pi}{16} d^3$$

$$\therefore \ \tau = \frac{16T}{\pi d^3}$$

비틀림 모멘트 T에 의한 비틀림 각 ±는 아래 식에 의해서 구할 수 있다.

$\gamma = \dfrac{\gamma d\varnothing}{dx}$, $\gamma = \dfrac{\tau}{G}$ 이므로

$$d\varnothing = \frac{\gamma}{r} dx = \frac{\tau}{G}\frac{dx}{r}, \quad d\varnothing = \frac{T}{G}\frac{dx}{I_P}$$

$$\varnothing = \frac{1}{G}\int_0^1 \frac{T}{I_P} dx$$

T 와 I_P 가 일정하다면 다음과 같다.

$$\varnothing = \frac{1}{G}\int_0^1 dx = \frac{T\ell}{GI_P}$$

$$\theta = \frac{\varnothing}{l} = \frac{T}{GI_P}$$

여기서, $I_P = \dfrac{\pi d^4}{32}$ 이므로 아래와 같이 정리할 수 있다.

$$\therefore \ \varnothing = \frac{32T\ell}{\pi d^4 G}$$

2.2. 원형 중공축

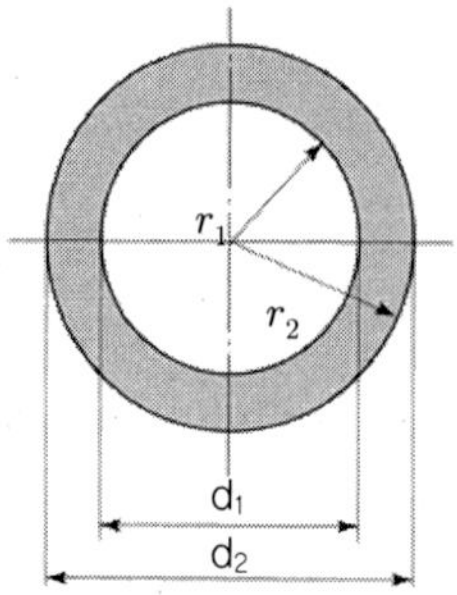

[그림 10] 원형 중공축

$$I_P = \frac{\pi}{2}(r_2^4 - r_1^4) = \frac{\pi}{32}(d_2^4 - d_1^4)$$

$$I_P \approx 2\pi r^3 t = \frac{\pi d^3 t}{4}$$

여기서, r과 d는 평균반지름과 지름이다.

$$T = \frac{\pi(d_2^4 - d_1^4)\tau}{16 d_2}$$

$$\tau = \frac{16\,T d_2}{\pi(d_2^4 - d_1^4)}$$

속빈 원형축의 비틀림 각 ∅는 다음과 같다.

$$\therefore \varnothing = \frac{T\ell}{GI_P} = \frac{32\,T d_2}{\pi(d_2^4 - d_1^4)G}$$

2.3. 동력축

축의 동력은 원동기에서 발생되는 동력의 토크에 의해서 전달되어 진다.

[1] 전달마력이 Hps인 경우

$$Hps = \frac{T_w}{75 \times 100} = \frac{2\pi NT}{75 \times 100 \times 60}$$

$$T \fallingdotseq 71620\frac{Hps}{N}\,\text{kgf} \cdot \text{cm}$$

$$\tau\frac{\pi d^3}{16} = 71620\frac{PS}{N}$$

$$\therefore\ d = 3\sqrt{\frac{365000Hps}{\tau N}}\ \text{cm}$$

$$\therefore\ d = 71.5^3\sqrt{\frac{Hps}{\tau N}}\ \text{cm}$$

예를 들어, 연강축의 허용 사용응력이 τ_w = 120kgf/cm²라면 다음과 같이 정리할 수 있다.

$$d = 71.5^3\sqrt{\frac{1}{120} \times \frac{Hps}{N}} = 14.42^3\sqrt{\frac{H_k}{N\tau}}$$

[2] 전달동력이 H_kkW인 경우

1HkW는 102kgf • m/s이므로 다음과 같다.

$$T = 97400\frac{H_{kw}}{N}\,\text{kg}_\text{f} \cdot \text{cm}$$

축의 지름은 다음과 같다.

$$d = 3\sqrt{\frac{16 \times 97400}{\pi\tau} \times \frac{H_{kw}}{N}} = 79.2^3\sqrt{\frac{H_k}{N\tau}}$$

중공축의 바깥지름을 d_2, 안지름을 d_1으로 하면 아래의 식을 얻을 수 있다.

$$\frac{(d_2^4 \cdot d_1^4)}{d_2} = \frac{16T}{\pi\tau} = \frac{16 \times 71620}{\pi\tau} \cdot \frac{\mathrm{Hps}}{\mathrm{N}}$$

$$\frac{({d_2}^4 \cdot {d_1}^4)}{d_2} \fallingdotseq \frac{365000}{\tau} \cdot \frac{Hps}{N}$$

2.4. 비틀림 탄성에너지

원형 단면축이 외력인 토크의 작용을 받게 되면 단면에는 비틀림 현상이 생기며, 이때 발생된 에너지는 탄성한계 이내에서는 모두 축의 내부에 저장된다. 이러한 에너지를 탄성 변형 에너지(elastic strain energy)라고 한다.

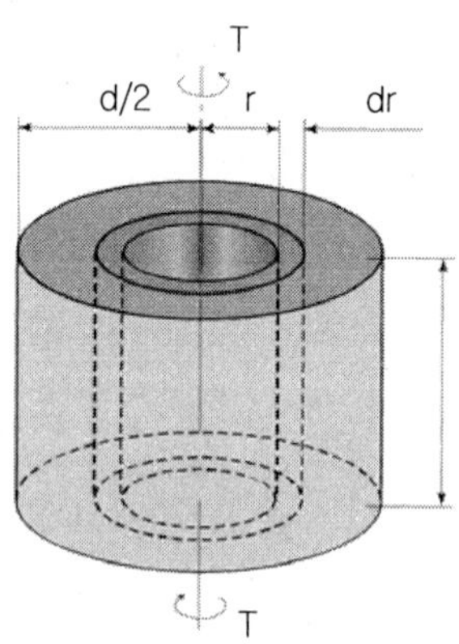

[그림 11] 탄성변형에너지

전단응력 τ는 다음과 같다.

$$\tau : \tau_{max} = r : d/2$$

$$\therefore \tau = \tau_{max} \frac{2r}{d}$$

임의 요소의 단위체적에 대한 탄성에너지는 다음과 같다.

$$u= \frac{r^2}{2G} = \frac{1}{2G}\left(\tau_{max}\frac{2r}{d}\right)^2 = \frac{2\tau_{max}^2 r^2}{Gd^2}$$

위 식을 적분하면 원형 단면축 전체에 저장되는 탄성에너지를 아래와 같이 구할 수 있다.

$$U= \int_0^{d/2} du = \int_0^{d/2} \frac{2\tau_{max}^2 r^2}{Gd^2} 2\tau r \mathrm{L} = \frac{4\pi\tau_{max}^2 \ell}{Gd^2} \int_0^{d/2} r^3 dr$$

$$= \frac{4\pi\tau_{max}^2 \ell}{Gd^2}\left[\frac{r^4}{4}\right]_0^{d/2} = \frac{1}{2}\frac{\tau_{max}^2}{2G}\frac{\pi d^2}{4}\mathrm{L} = \frac{1}{2}\frac{\tau_{max}^2}{2G}\mathrm{V}$$

$$V= \left(\frac{\pi}{4}\right) * d^2 \ell$$

위 식에 $\tau_{max}= \frac{I}{Z_P} = \frac{Td}{2I_P}$와 $I_P= \frac{\pi d^4}{32}$를 대입하여 정리하면 아래와 같다.

$$U= \frac{1}{2}\frac{\tau_{max}^2}{2\mathrm{G}}\frac{\pi d^2 \ell}{4} = \frac{1}{4\mathrm{G}}\left(\frac{\mathrm{Td}}{2\mathrm{I_P}}\right)^2\frac{\pi \mathrm{d}^2 \ell}{4} = \frac{1}{2G}\frac{T^2}{I_P^2}\frac{\pi d^4 \ell}{32} = \frac{T^2 \ell}{2GI_P}$$

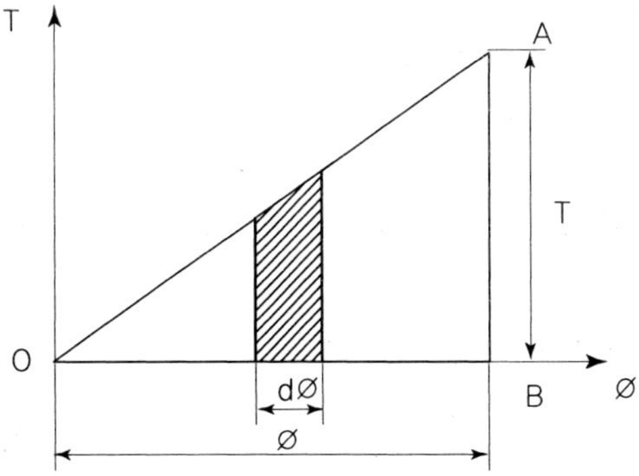

[그림 12] 비틀림 선도(τ_{max})

또한, 비틀림 모멘트가 작용하여 비틀림 각이 ∅만큼 발생했을 경우의 탄성에너지는 아래와 같다.

$$U= \frac{T\varnothing}{2} = \frac{T}{2}\frac{T\ell}{GI_P} = \frac{T^2\ell}{2GI_P}$$

여기서, $T= \tau Z_P = \tau\frac{\pi d^3}{16}$ 및 $I_P= \frac{\pi d^3}{32}$을 대입하여 정리하면 아래와 같다.

$$U= \frac{\left(\tau\frac{\pi d^3}{16}\right)^2\ell}{2G\left(\frac{\pi d^4}{32}\right)} = \frac{\tau^2}{2G}\frac{\pi d^2\ell}{8} = \frac{1}{2}\frac{\tau^2}{2G}\frac{\pi d^2}{4}\ell = \frac{1}{2}\frac{\tau^2}{2G}V$$

2.5. 코일스프링

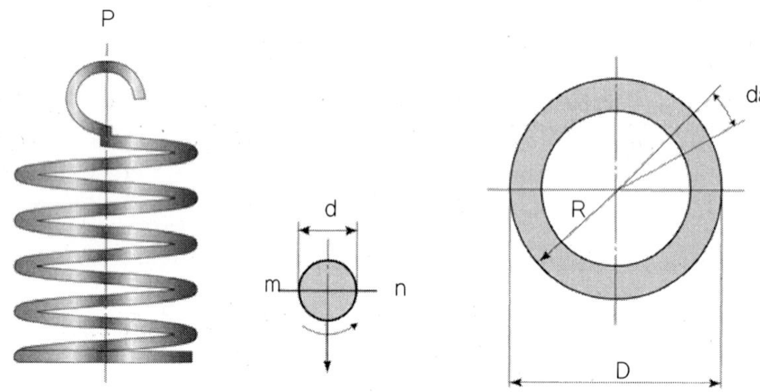

[그림 13] 코일 스프링의 전단력과 처짐

[1] 지름 d인 소선표면상의 우력에 의한 최대 전단응력(τ_1)

$$\tau_1= \frac{16PR}{\pi d^3} \quad \cdots\cdots (4-22)$$

[2] 전단력 P에 의한 전단응력(τ_2)

$$\tau_2 = \frac{P}{A} = \frac{4P}{\pi d^2} \quad \cdots\cdots (4-23)$$

[3] 단면 mn상에 걸리는 전응력은 m점에서 최대 전단응력이 발생하고 다음과 같이 정리할 수 있다.

$$\tau_{max} = \tau_1 + \tau_2 = \frac{16PR}{\pi d^3} + \frac{4P}{\pi d^3} = \frac{16PR}{\pi d^3}(1 + \frac{d}{4R}) \quad \cdots\cdots (4-24)$$

[4] 스프링의 신장량(δ)

비틀림각은 다음과 같이 정의할 수 있다.

$$d\varnothing = \frac{Td\ell}{GI_P} = \frac{32PR}{G\pi d^4} dL$$

$$d\delta = Rd\varnothing = \frac{32PR^2}{G\pi d^4} dL$$

스프링의 총 신장량은 다음과 같다.

$$\delta = \int_0^{2\pi nR} \frac{32PR}{G\pi d^4} dL = \frac{64nPR^3}{Gd^4} = \frac{8PD^{3n}}{Gd^4} \quad \cdots\cdots (4-25)$$

[5] 스프링 상수(k)

$$k = \frac{P}{\delta} = \frac{Gd^4}{64R^3 n} \quad \cdots\cdots (4-26)$$

[6] 스프링의 탄성에너지(U)

$$U = \frac{P\delta}{2} = \frac{32nP^2R^3}{Gd^4} = \frac{\tau^2}{4G} V \quad \cdots\cdots (4-27)$$

3. 보(beam)속의 응력과 처짐

3.1. 보의 종류

3.1.1. 정정보

정역학적 평형 조건($\sum F=0$, $\sum M=0$)을 이용하여 미지수의 반력을 구할 수 있는 보를 말한다.

① 외팔보 : 보의 한쪽 끝만을 고정한 것이며, 고정된 끝을 고정단, 다른 쪽을 자유단이라고 한다.

② 단순보 : 양끝에서 받치고 있는 보이며, 양단 지지 보라고도 한다.

③ 돌출보 또는 내다지보 : 지점의 바깥쪽에 하중이 걸리는 보이다.

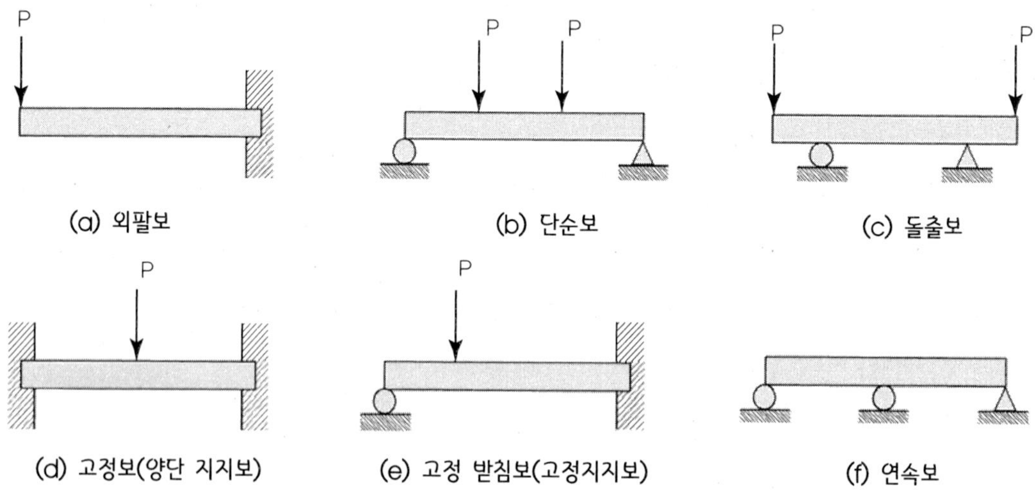

[그림 14] 보의 종류

3.1.2. 부정정보

정역학적 평형 조건만으로 미지수의 반력을 구할 수 없는 보를 말한다.

① 고정보 : 양끝을 모두 고정한 보이며, 가장 튼튼하다.

② 고정 받침보 : 한쪽 끝은 고정이 되고, 다른 쪽 끝은 받쳐져 있는 보이다.

③ 연속보 : 3개 이상의 지점 즉 2개 이상의 스팬을 가진 보이다.

3.2. 보의 반력

3.2.1. 보의 평형조건

① 외력의 대수합은 0이다.

② 힘의 모멘트 대수합은 0이다.

3.2.2. 반력 구하는 방법

정정보에서 반력은 위쪽 방향의 힘과 오른쪽 방향의 힘을 (+), 모멘트는 시계방향으로 회전할 때를 (+)로 한다.

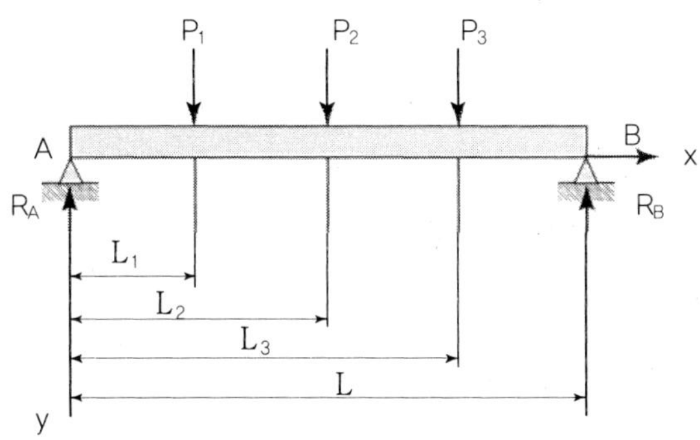

[그림 15] 단순보

그림 15로부터

• $\Sigma F_x = 0$(수평방향의 하중은 없으므로 0)

$\Sigma F_y = 0$

$$R_A + R_B = P_1 - P_2 - P_3 = 0$$

$$R_A + R_B = P_1 + P_2 + P_3$$

• $\Sigma M_A = 0$

$P_1 L_1 + P_2 L_2 = 0$

$$\therefore\ R_B = \frac{P_1\ell_1 + P_2\ell_2 + P_3\ell_3}{\ell}$$

$$\therefore\ R_A = P_1 + P_2 + P_3 - R_B$$

3.3. 보의 전단력 선도와 굽힘 모멘트 선도

보의 단면에 작용하는 전단력 F와 굽힘모멘트 M은 단면의 위치에 따라 다르게 나타나는 데, 그들의 값을 x에 따라 변화되는 형상을 그린 그래프를 전단력 선도(shearing force diagram : SFD) 및 굽힘 모멘트 선도(bending moment diagram : BMD)라 한다.

3. 3. 1. 외팔보(cantilevers beam)

[1] 자유단에 집중 하중이 작용할 경우

① 반력

•$\Sigma F=0$ $P + R_B = 0$

•$\Sigma M_B = 0$ $-PL + M_B = 0$

$M_B = PL$

② 전단력과 굽힘 모멘트

㉮ 전단력(F) = P

㉯ 굽힘 모멘트(M) = Px

③ 전단력 선도와 굽힘 모멘트 선도

$x = 0$ 일 때 $M = -P \times 0 = 0$

$x = \ell$ 일 때 $M = -P \times L = -PL$

$\therefore\ M_{max(x=\ell)} = -P\ell$

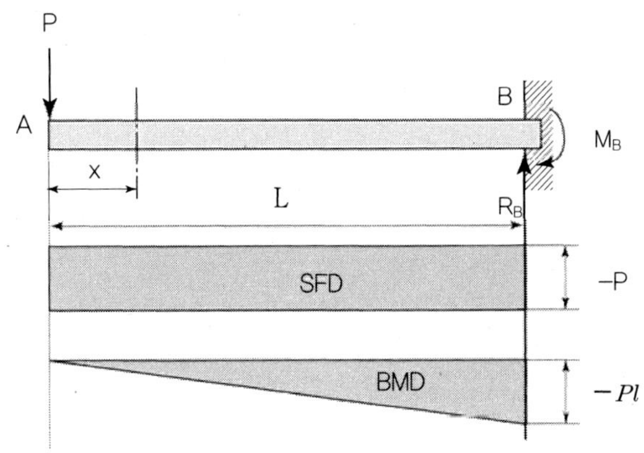

[그림 16] 외팔보(자유단에 집중 하중이 작용할 경우)

[2] 2개 이상의 집중하중을 받을 때

① 반력

•$\sum F = 0$

$-P_1 - P_2 - P_3 + R_B = 0$

$\therefore RB = P_1 + P_2 + P_3$

•$\sum M_B = 0$

$-P_1\ell - P_2(\ell - a_1) - P_3(\ell - a_2) + M_B = 0$

$\therefore M_B = P_1\ell + P_2(\ell - a_1) + P_3(\ell - a_2)$

② 전단력과 굽힘 모멘트

•$0 < x < a_1$구간

$F_1 = -P_1$

$M_1 = P_1 x$

•$a_1 < x < a_2$구간

$F_2 = -P_1 - P_2$

$M_2 = -P_1 x - P_2(x - a_1)$

• a_2 〈 x 〈 L구간

$F_3 = -P_1 - P_2 - P_3$

$M_3 = -P_1x - P_2(x - a_1) - P_3(x - a_2)$

③ 전단력 선도와 굽힘 모멘트 선도

$x = 0$ 일 때 $M_1 = 0$

$x = a_1$ 일 때 $M_2 = -P_1a_1$

$x = a_2$ 일 때 $M_3 = -P_1a_2 - P_2(a_2 - a_1)$

$x = \ell$ 일 때 $M_3 = -P_1L - P_2(L - a_1) - P_3(L - a_2)$

$\therefore M_{max(x = \ell)} = -P_1L - P_2(L - a_1) - P_3(L - a_2)$

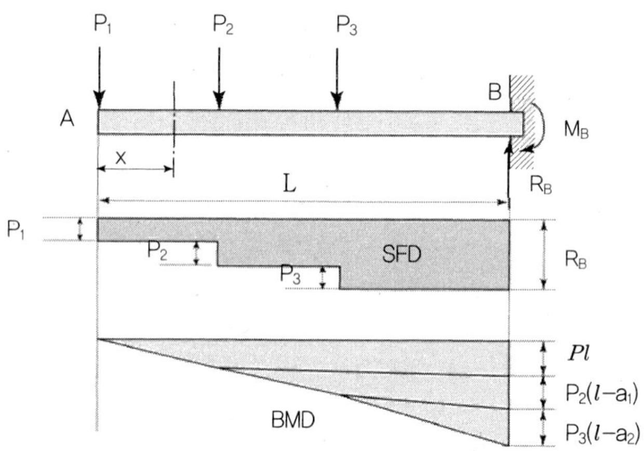

[그림 17] 외팔보(2개 이상의 집중하중을 받을 때)

[3] 등분포 하중이 작용하였을 때

① 반력

• $\sum F = 0$

전하중 P= wL이다.

$wL + R_B = 0$

$\therefore R_B = wL$ [kg]

• $\sum M_B = 0$

$wL + M_1 = 0$

$\therefore M_1 = wL$

② 전단력과 굽힘 모멘트

$F = wx$

$M = wx\frac{x}{2} = -\frac{w\ell^2}{2}$

③ 전단력 선도와 굽힘 모멘트 선도

$x = 0$ 일 때 $M = 0$

$x = \ell$ 일 때 $M = -\frac{w\ell^2}{2}$

$F_{max} = = -wL$

$\therefore M_{max} = -\frac{w\ell^2}{2}$

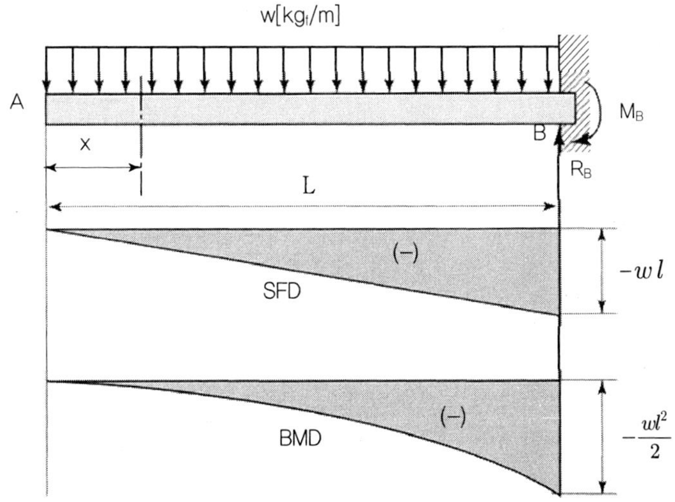

[그림 18] 외팔보(등분포 하중이 작용하였을 때)

[4] 삼각하중이 작용하였을 때(점변 분포하중)

① 반력

• $\sum F=0$

$$R_B - \frac{w\ell}{2} = 0$$

$$\therefore R_B = \frac{w\ell}{2}$$

• $\sum M_B = 0$

$$-\frac{w\ell}{2} \times \frac{\ell}{3} + M_B = 0$$

$$\therefore M_B = \frac{w\ell^2}{6}$$

② 전단력과 굽힘 모멘트

$$F = -\frac{wx^2}{2\ell}$$

$$M = -\frac{wx^2}{2\ell} \times \frac{x}{3} = -\frac{wx^3}{6\ell}$$

③ 전단력 선도와 굽힘 모멘트 선도

• $x = 0$ 일 때 $F = 0$

$x = \ell$ 일 때 $F = -\frac{w\ell}{2}$

• $x = 0$ 일 때 $M = 0$

$x = \ell$ 일 때 $M = -\frac{w\ell^2}{6}$

최대 굽힘 모멘트는 x= L 인 곳에서 발생한다.

$$\therefore M_{max(x=\ell)} = \frac{w\ell^2}{6}$$

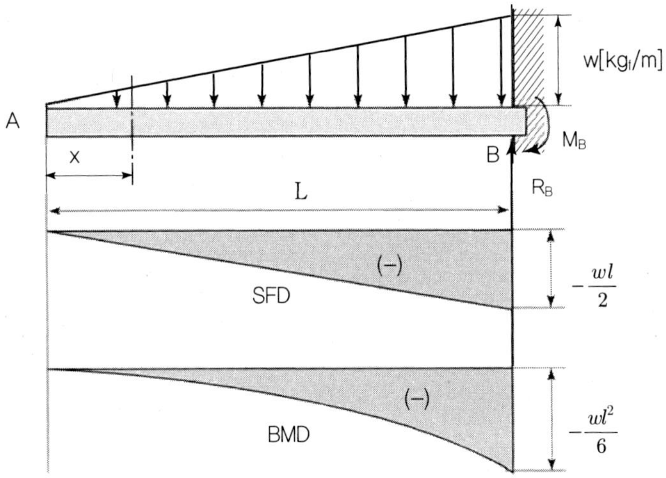

[그림 19] 외팔보(삼각 하중이 작용하였을 때)

3. 3. 2. 단순보(simple beam)

[1] 집중 하중이 임의의 위치에 작용할 때

① 반력

• $\Sigma M_B = 0$

$$R_A \times L - P \times b = 0$$

$$R_A L = Pb$$

$$\therefore R_A = \frac{Pb}{\ell}$$

• $\Sigma M_A = 0$

$$-R_B \times L + P \times a = 0$$

$$R_B L = Pb$$

$$\therefore R_B = \frac{Pa}{\ell}$$

• $\Sigma F = 0$

$P - R_A - R_B = 0$

$R_B L = P - R_A = P - \frac{Pb}{\ell} = P(\frac{\ell - b}{\ell}) = \frac{Pa}{\ell}$

② 전단력과 굽힘 모멘트

• $0 < x < a$구간

$F = R_A = \frac{Pb}{\ell}$

$M = R_A \cdot x = \frac{Pb}{\ell} x$

• $a < x < L$구간

$F = R_A - P = \frac{Pb}{\ell} - P = -\frac{Pa}{\ell}$

$M = R_A x - P(x - a) = \frac{Pb}{\ell} x - P(x - a)$

③ 전단력 선도와 굽힘 모멘트 선도

$x = 0$일 때 $M = \frac{Pb}{\ell} \times 0 = 0$

$x = \ell$ 일 때 $M = \frac{Pb}{\ell} L - P(L - a) = 0$

$x = 0$일 때 최대 굽힘 모멘트가 발생한다.

$\therefore M_{max(x = a)} = \frac{Pab}{\ell}$

만일, 하중이 보의 중앙에 작용하였다면, $x = L/2$인 지점에서 최대 굽힘 모멘트가 존재한다.

$\therefore M_{max(x = \ell/2)} = \frac{P\ell}{4}$

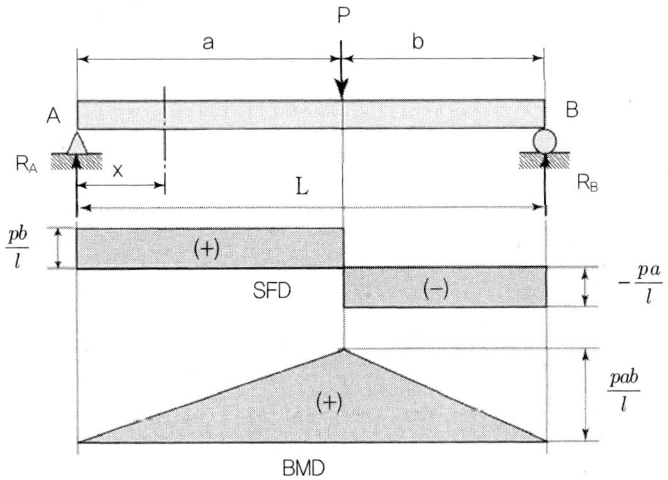

[그림 20] 단순보(집중 하중이 임의의 위치에 작용할 때)

[2] 2개 이상의 집중하중이 작용할 때

① 반력

• $\sum F = 0$

$R_A - P_1 - P_2 - P_3 + R_B = 0$

$R_B + P_B = P_1 + P_2 + P_3 = 0$

• $\sum M_B = 0$

$R_A L \times P_1 b_1 - P_2 b_2 - P_3 b_3 = 0$

$$\therefore\ R_A = \frac{P_1 b_1 + P_2 b_2 + P_3 b_3}{\ell}$$

$$\therefore\ R_B = \frac{P_1 a_1 + P_2 a_2 + P_3 a_3}{\ell}$$

② 전단력과 굽힘 모멘트

• $0 < x < a_1$구간

$F_1 = R_A$ $\qquad\qquad$ $M_1 = R_A x$

• $a_1 < x < a_2$구간

$F_2 = R_A - P_1$

$M_2 = R_A x - P_1(x - a_1)$

• $a_2 < x < a_3$ 구간

$F_3 = R_A - P_1 - P_2$

$M_3 = R_A x - P_1(x - a_1) - P_2(x - a_2)$

• $a_3 < x < L$ 구간

$F_4 = R_A - P_1 - P_2 - P_3 = R_B$

$M_4 = R_A x - P_1(x - a_1) - P_2(x - a_2) - P_3(x - a_3) = R_B(L - x)$

③ 전단력 선도와 굽힘 모멘트 선도

$x = 0$일 때 $M = 0$

$x = a_1$일 때 $M_1 = R_A \times a_1$

$x = a_2$일 때 $M_2 = R_A a_2 - P_1(a_2 - a_1)$

$x = a_3$일 때 $M_3 = R_A a_3 - P_1(a_3 - a_1) - P_2(a_3 - a_2) = R_B b_3$

$x = \ell$일 때 $M = 0$

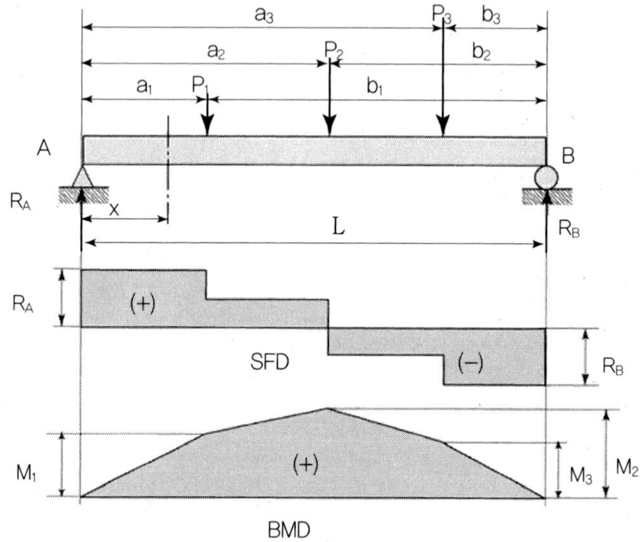

[그림 21] 단순보(2개 이상의 집중 하중이 작용할 때)

[3] 등분포 하중이 작용할 때

① 반력

• $\sum F = 0$

$R_A - wL + R_B = 0$

• $\sum M_B = 0$

$R_A L - wL \times \frac{\ell}{2} = 0$

$\therefore R_A = \frac{w\ell}{2}$

• $\sum M_A = 0$

$-R_B L + wL \times \frac{\ell}{2} = 0$

$\therefore R_B = \frac{w\ell}{2}$

② 전단력과 굽힘 모멘트

$F = R_A - wx = \frac{w\ell}{2} - wx = \frac{\ell}{2}(L - x)$

$M = R_A x - wx\frac{x}{2} = \frac{w\ell}{2}x - \frac{wx^2}{2} = \frac{wx}{2}(L - x)$

③ 전단력 선도와 굽힘 모멘트 선도

$x = 0$일 때 $M = 0$, $F = \frac{w\ell}{2}$

$x = \frac{\ell}{2}$일 때 $M = \frac{w\ell^2}{8}$, $F = 0$

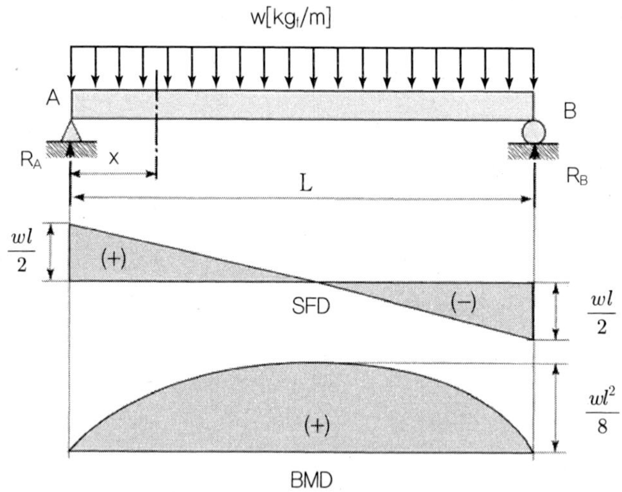

[그림 22] 단순보(등분포 하중이 작용하였을 때)

$x = \ell$ 일 때 $M = 0$, $F = -\dfrac{w\ell}{2}$

최대 굽힘 모멘트는 다음과 같다.

$$\therefore M_{max(x=\ell/2)} = \frac{w \times \frac{\ell}{2}}{2}\left(L - \frac{\ell}{2}\right) = \frac{w\ell}{4}\left(\frac{\ell}{2}\right) = \frac{w\ell^2}{8}$$

[4] 삼각하중이 작용하였을 때(점변 분포하중)

① 반력

- $\Sigma M_B = 0$

$$R_A L - wL \times \frac{\ell}{2} \times \frac{\ell}{3} = 0$$

$$\therefore R_A = \frac{w\ell}{6}$$

- $\Sigma M_A = 0$

$$-R_B L - wL \times \frac{\ell}{2} \times \frac{2\ell}{3} = 0$$

$$\therefore R_B = \frac{w\ell}{3}$$

② 전단력과 굽힘 모멘트

$$w' = \frac{wx}{\ell}$$

$$F = R_A - \frac{wx^2}{2\ell} = \frac{w\ell}{6} - \frac{wx^2}{2\ell}$$

$$M = R_A x - \frac{wx^2}{2\ell} \times \frac{x}{3} = \frac{w\ell}{6}x - \frac{wx^3}{6\ell}$$

③ 전단력 선도와 굽힘 모멘트 선도

$x = 0$일 때 $M = 0$, $F = \dfrac{w\ell}{6}$

$x = \dfrac{\ell}{\sqrt{3}}$일 때 $M = \dfrac{w\ell^2}{9\sqrt{3}}$, $F = 0$

$x = \ell$ 일 때 $M = 0$, $F = -\dfrac{w\ell}{3}$

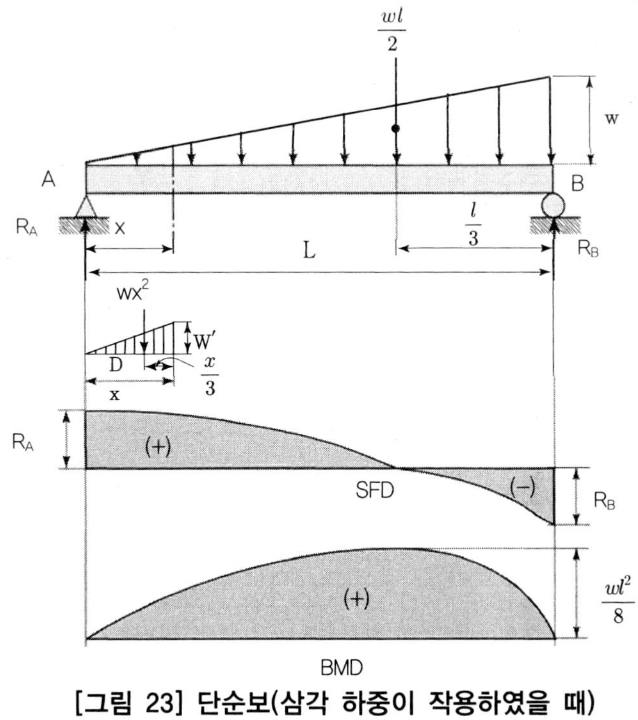

[그림 23] 단순보(삼각 하중이 작용하였을 때)

최대 굽힘 모멘트는 다음과 같다.

$$\frac{dM}{dx} = \frac{w\ell}{6} - \frac{wx^2}{2\ell} = 0, \quad x = \frac{\ell}{\sqrt{3}}$$

$$\therefore M_{max(x=\ell/\sqrt{3})} = \frac{w\ell^2}{9\sqrt{3}}$$

3.3.3. 돌출보(overhanging beam)

[1] 집중 하중이 작용할 때

① 반력

•$\sum F = 0$

$R_A + R_B - 2P - P_1 = 0$

•$\sum M_B = 0$

$R_A L - P_1 b - P(L + c) + P_c = 0$

$$\therefore R_A = \frac{P_1 b + P\ell}{\ell}$$

$$\therefore R_B = \frac{P_1 a + P\ell}{\ell}$$

② 전단력과 굽힘 모멘트

•CA구간

$F_{CA} = -P$ $\qquad M_{CA} = -Rx$

•AE구간

$F_{AE} = -P + R_A$ $\qquad M_{AE} = -Rx + P_A(x - c)$

•EB구간

$F_{EB} = -P + R_A - P_1 = P - R_B$

$M_{EB} = -Px_1 + R_B(x_1 - c)$

•BD구간

$F_{BD} = -P + R_A - P_1 + R_B = P$

$M_{BD} = -Rx_1$

③ 전단력 선도와 굽힘 모멘트 선도

$x = 0$일 때 $M = 0$

$x = c$일 때 $M_A = -P_C$

$x = c + a$일 때 $M_E = \dfrac{P_1 ab - Pc\ell}{\ell}$

$x_1 = c$일 때 $M_B = -P_C$

$x_1 = 0$일 때 $M_D = 0$

최대 굽힘 모멘트는 단면 A, E 및 B지점에서 발생한다.

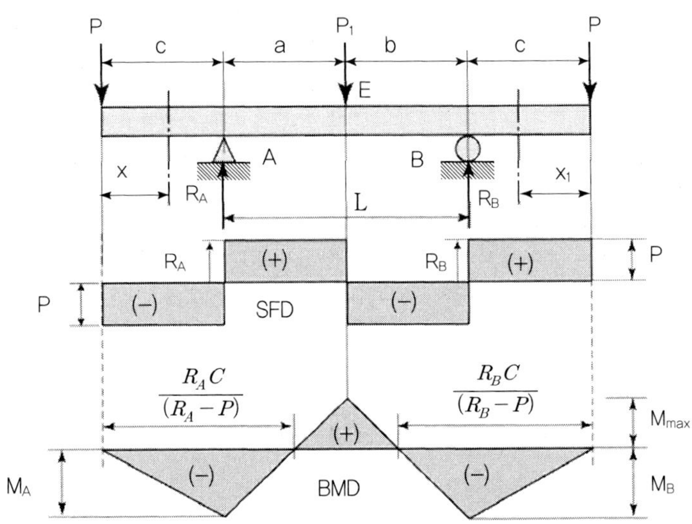

[그림 24] 돌출보(집중하중이 작용할 때)

$M_A = M_B = P_C$

$$M_{max} = -P(c + a) + R_A a = \frac{P_1 ab - Pc\ell}{\ell}$$

굽힘 모멘트가 0이 되는 위치는 $M_{AE} = 0$, $M_{EB} = 0$으로부터 구하면 다음과 같다.

$M_{AE} = 0$

$-Px + R_A(x - c) = 0$

$$x = \frac{R_A c}{R_A - P}$$

$M_{AB} = 0$

$-Px_1 + R_B(x_1 - c) = 0$

$$x_1 = \frac{R_B c}{R_B - P}$$

[2] 등 분포하중이 작용할 때

① 반력

•$\Sigma F = 0$

$R_A + R_B - wL = 0$

•$\Sigma M_B = 0$

$$R_A L - \frac{w\ell \times \ell_1}{2} = 0$$

$$\therefore R_A = R_B = \frac{w\ell}{2}$$

② 전단력과 굽힘 모멘트

•CA구간

$F_{CA} = -wx$ $\qquad M_{CA} = -\frac{wx^2}{2}$

•AB구간

$F_{AB} = R_A - wx$ $\qquad M_{Ab} = R_A(x - a) - \frac{wx^2}{2}$

•BD구간

$F_{BD} = wx_1$ $\qquad M_{BD} = -\frac{wx_1^2}{2}$

③ 전단력 선도와 굽힘 모멘트 선도

•CA구간

$x = 0$일 때 $F_C = 0$ $\qquad M_C = 0$

$x = a$일 때 $F_A = -wa$ $\qquad M_A = -\frac{wa^2}{2}$

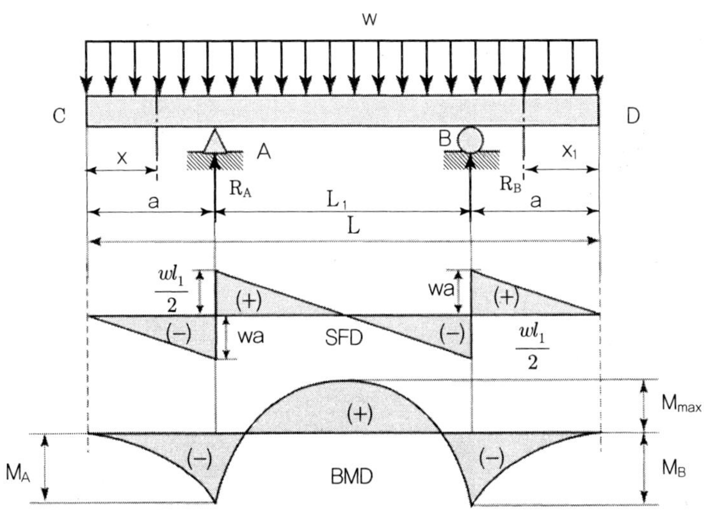

[그림 25] 돌출보(등분포 하중이 작용할 때)

•AB구간

$x = a$일 때 $F_A = \frac{w \ell_1}{\ell}$ $M_A = -\frac{wa^2}{2}$

$x = \frac{\ell}{2}$일 때 $F_{\frac{\ell}{2}} = 0$ $M_{\frac{\ell}{2}} = \frac{w \ell \ell_1}{4} - \frac{w \ell^2}{8}$

$x = a + \ell_1$일 때 $F_B = -\frac{w \ell_1}{\ell}$ $M_B = -\frac{wa^2}{2}$

•BD구간

$x = 0$일 때 $F_D = 0$ $M_D = 0$

$x_1 = a$일 때 $F_B = wa$ $M_B = -\frac{wa^2}{2}$

최대 굽힘 모멘트는 전단력이 0인 지점에서 구할 수 있다.

$$M_{max} = \frac{w \ell \ell_1}{4} - \frac{w \ell^2}{8}$$

굽힘 모멘트가 0이 되는 위치는 $M_{AB} = 0$으로부터 구하면 다음과 같다.

$M_{AB} = 0$

$$\frac{w \ell}{2} x - \frac{w \ell a}{2} - \frac{w x^2}{2} = 0$$

$$-x^2 + xL - La = 0$$

$$\therefore x = \ell + - \frac{\sqrt{\ell^2 - 4\ell a}}{2}$$

3.4. 보의 응력

3.4.1. 보속의 굽힘 응력

어떤 보의 단면에 굽힘 모멘트가 작용하면 수직응력이 발생하는데 이 수직응력을 굽힘 응력이라 한다.

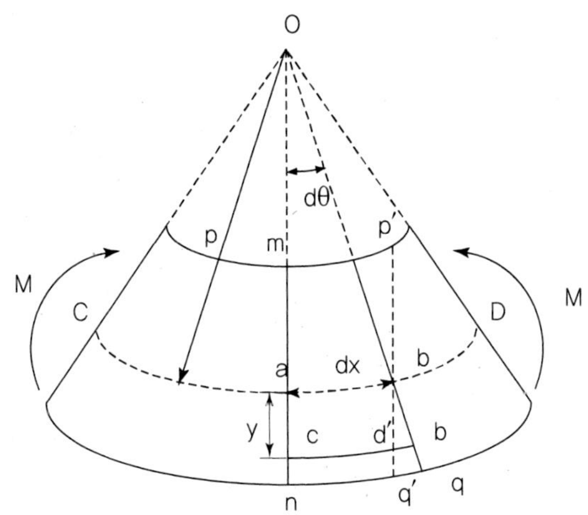

[그림 26] 보의 굽힘상태 요소

$$ab = dx = \rho d\theta$$

$$\therefore \frac{1}{\rho} = \frac{d\theta}{dx}$$

$$dd' = cd - cd' = (\rho + y)d\theta - ab = yd\theta$$

변형률은 다음과 같다.

$$\epsilon = \frac{dd'}{ab} = \frac{y}{\rho}$$

수직응력은 다음과 같다.

$$\sigma = E\epsilon = \frac{y}{\rho E} = \frac{Ey}{\rho}$$

$$dF = \sigma dA = \frac{E}{\rho} y\ dA$$

$$\therefore F = \frac{E}{\rho}\int_A dA = 0$$

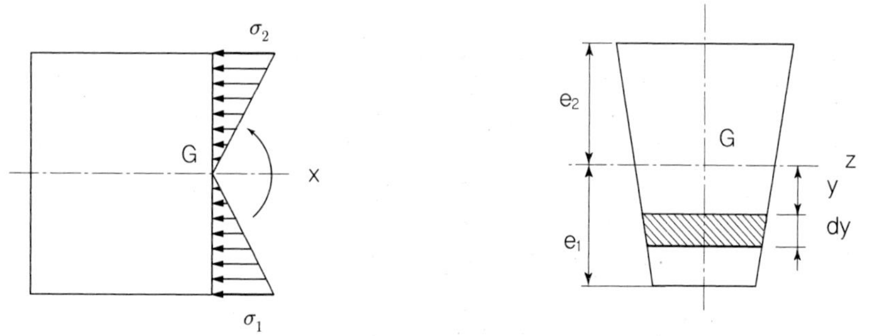

[그림 27] 굽힘 응력 분포상태

여기서, $\int_A dA$는 중립축에 대한 단면 1차 모멘트이며 0이어야 한다.

$$dM = y \times dF = y\sigma dA$$

$$\therefore M = \int_A y\sigma dA = \frac{E}{\rho}\int_A y^2 dA$$

여기서, $\int_A y^2 dA$는 중립축에 대한 단면 2차 모멘트이다.

$$M = \frac{EI}{\rho}, \qquad \frac{1}{\rho} = \frac{M}{EI}, \qquad M = \sigma\frac{I}{y}$$

굽힘응력은 다음과 같이 구할 수 있다.

$$\sigma_{max} = \sigma_{min} = \frac{M}{I}e = \frac{M}{Z}$$

$$\sigma = \pm\frac{M}{Z}$$

$$\therefore M = \sigma Z$$

$\frac{1}{\rho}$: 탄성 곡선의 곡률
I : 단면 2차 모멘트
y : 중립축에서의 거리
Z : 단면계수
e : 중립축에서 최외측까지의 거리

3.4.2. 보속의 전단응력

어떤 보에 하중을 받아 구부러지면 횡단면에는 전단력이 발생하는데, 이 전단력은 그 단면상에서 어떤 상태로서 전단응력이 분포한다.

$$\sigma_x \mathrm{dA} = \frac{My}{I}\mathrm{dA}$$

pn에 작용하는 전체 수직력은 다음과 같다.

$$\int_{y_1}^{\frac{h}{2}} \frac{My}{I}\mathrm{dA}$$

p_1n_1에 작용하는 전체 수직력은 다음과 같다.

$$\int_{y_1}^{\frac{h}{2}} \frac{(M+dM)y}{I} dA$$

정리하면 전단응력을 구할 수 있다.

$$\tau \mathrm{bdx} + \int_{y_1}^{\frac{h}{2}} \frac{My}{I} dA - \int_{y_1}^{\frac{h}{2}} \frac{(M+dM)y}{I} dA = 0$$

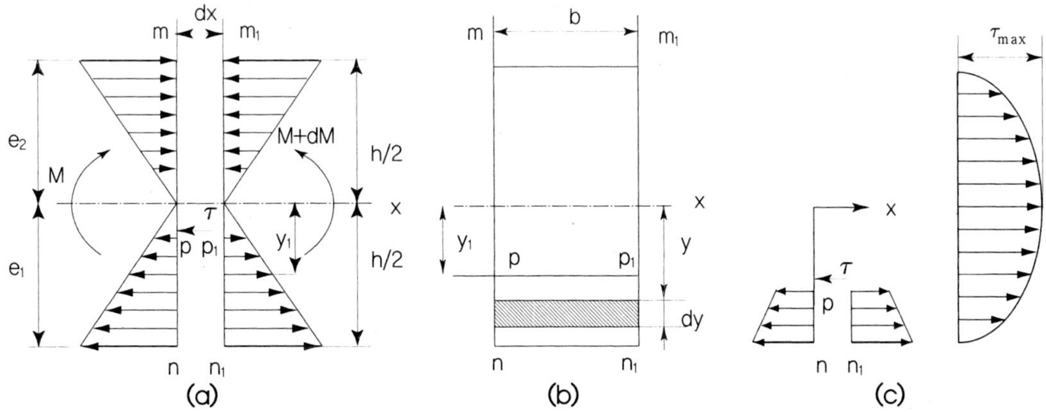

[그림 28] 보속의 전단응력

$$\therefore\ \tau = \frac{dM}{dx}\frac{1}{bI}\int_{y_1}^{\frac{h}{2}} y\,dA$$

$$\tau = \frac{F}{bI}\int_{y_1}^{\frac{h}{2}} y\,dA$$

여기서, 단면 1차 모멘트를 Q로 표시하고 정리하면 다음과 같다.

$$\therefore\ \tau = \frac{FQ}{Ib}$$

I : 단면 2차 모멘트
b : 단면의 폭

① 4각형 단면 보

$$\tau = \frac{3F}{2bh}$$

② I형 단면의 전단응력

$$\tau_{max} = \frac{F}{It}\left[\frac{b}{8}(h^2 - h_1^2) + \frac{th_1^2}{8}\right]$$

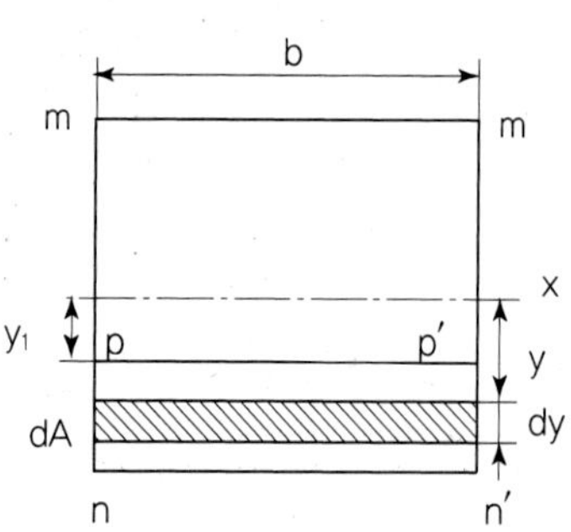

[그림 29] 4각형 단면보

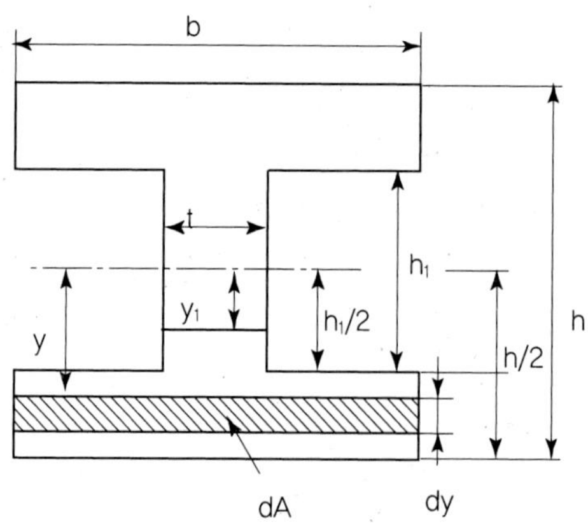

[그림 30] I형 단면

③ 원형 단면의 전단응력

$$\tau_{max} = \frac{4}{3}\frac{F}{A}$$

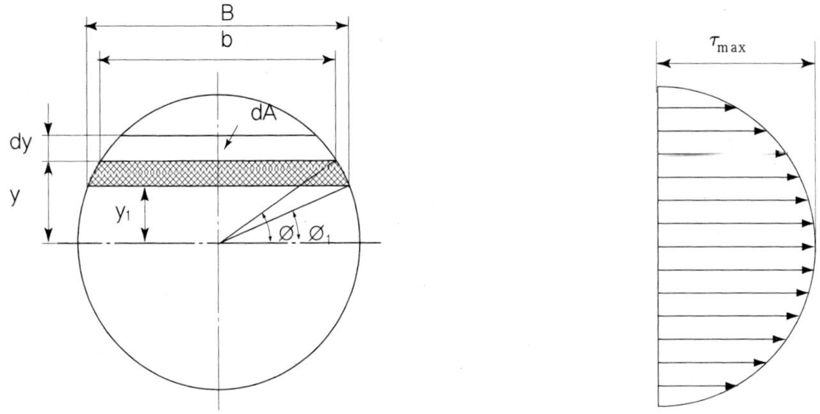

[그림 31] 원형 단면

3.4.3. 굽힘과 비틀림으로 인한 조합응력

회전축은 회진에 의한 비틀림 모멘트(T)와 자중, 장력 등에 의하여 굽힘 모멘트(M)가 동시에 발생되면서, 동력전달을 하고 있으므로 비틀림 모멘트로 인한 전단응력과 굽힘 모멘트로 인한 굽힘응력을 조합한 응력을 조합응력이라 한다.

① 최대 전단응력

•중실축 : $\tau_{max} = \frac{Td}{2Ip} = \frac{16T}{\pi d^3}$

•중공축 : $\tau_{max} = \frac{16d_2 T}{\pi (d_2^4 - d_1^4)}$

② 최대 굽힘 응력

•중실축 : $\sigma_{max} = \frac{M}{Z} = \frac{32M}{\pi d^3}$

•중공축 : $\sigma = \dfrac{32 d_2 T}{\pi (d_2^4 - d_1^4)}$

③ 최대 주 전단응력

•중실축 : $\tau_{max} = \dfrac{16}{\pi d^3} \sqrt{M^2 + T^2}$

•중공축 : $\tau = \dfrac{16 d^2}{\pi (d_2^4 - d_1^4)} \sqrt{M^2 + T^2}$

④ 최대 주 응력

•중실축 : $\sigma_{max} = \dfrac{16}{\pi d^2}(M + \sqrt{M^2 + T^2})$

•중공축 : $\sigma = \dfrac{16 d^2}{\pi (d_2^4 - d_1^4)}(M + \sqrt{M^2 + T^2})$

⑤ 상당 굽힘 모멘트

$$\mathrm{Me} = \frac{1}{2}(M + \sqrt{M^2 + T^2})$$

⑥ 상당 비틀림 모멘트

$$\mathrm{Te} = \sqrt{M^2 + T^2}$$

⑦ 축 지름

$$\mathrm{d} = \sqrt[3]{\frac{32Me}{\pi \sigma}} = \sqrt[3]{\frac{5.1}{\sigma} Te}$$

3.5. 보의 처짐

3.5.1. 보의 처짐량을 구하는 방법

어떤 보에 수직하중이 작용하면 보의 축 중심선은 구부러져 곡선이 되는데 이 구부러진 중심선을 처짐곡선 또는 탄성곡선이라 한다.

[1] 처짐량을 구하는 방법

① 탄성에너지를 이용하는 방법

② 처짐 곡선의 미분 방정식을 풀어서 계산하는 방법

③ 면적 모멘트를 이용하여 계산하는 방법

④ 중첩법을 이용하는 방법

[2] 부호

구 분	처짐각(θ)	처짐량(δ)	곡률(1/ρ)
+	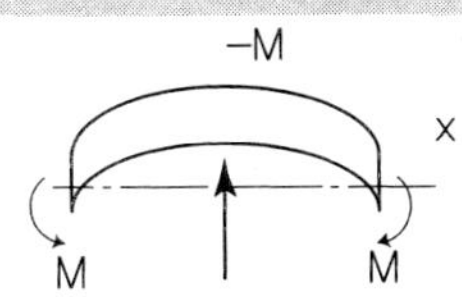	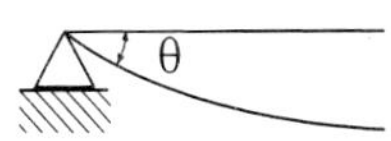	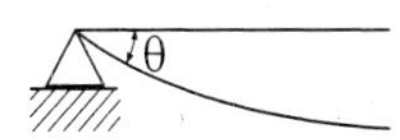
−	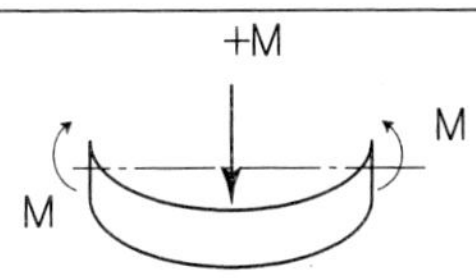	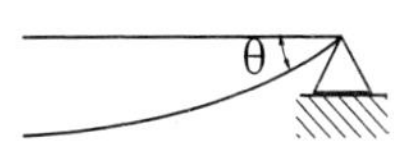	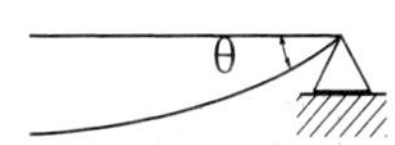

3.5.2. 처짐곡선(탄성곡선)의 미분방정식

$$\frac{d^2y}{dx^2} = -\frac{M}{EI}$$

•처짐(δ) : $\delta = EIy = -\iint Mdx$

•처짐 각(θ) : $\theta = EI\frac{dy}{dx} = -\int Mdx$

•굽힘 모멘트(M) : $-M = EI\frac{d^2y}{dx^2} = \iint Wdx$

•전단력(F) : $-F = EI\frac{d^3y}{dx^3} = -\frac{dM}{dx}$

•하중(W) : $-W = EI\frac{d^4y}{dx^4} = -\frac{d^2M}{dx^2}$

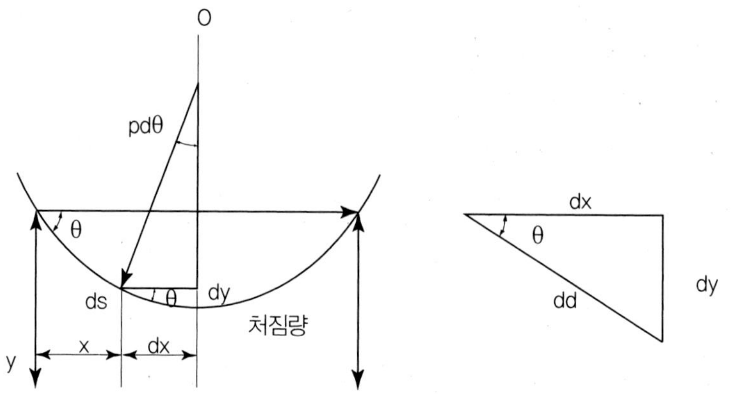

[그림 32] 처짐 곡선의 미분방정식

3.5.3. 면적 모멘트 방법

Mohr정리에 의해서

$$\theta = \int_A^B \frac{1}{EI} M dx = \frac{1}{EI} \int_A^B M dx = \frac{A_m}{EI}$$

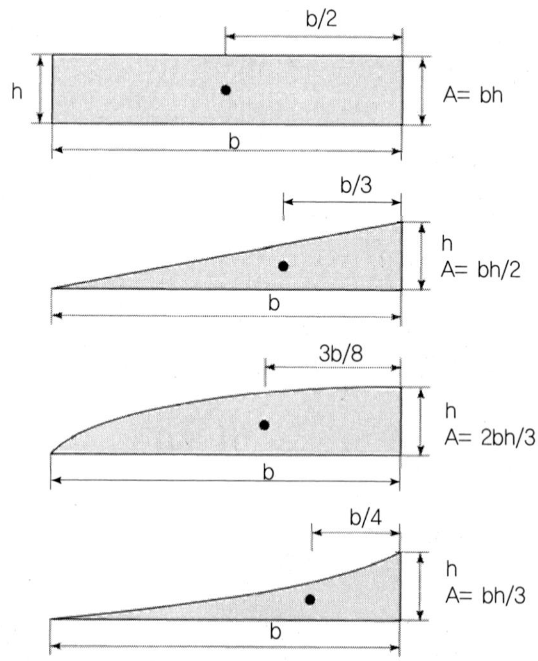

[그림 33] 각종 단면에 대한 도심의 위치

$$\delta = \int_A^B \frac{1}{EI} x M dx = \frac{1}{EI} \int_A^B x M dx = \frac{x A_m}{EI}$$

3. 5. 4. 외팔보의 처짐

[1] 자유단에 집중하중 P를 받는 외팔보

$$\delta = \frac{P \ell^3}{3EI}, \qquad \theta = \frac{P \ell^2}{2EI}$$

[2] 등분포 하중 ω를 받는 외팔보

$$\delta = \frac{\omega \ell^3}{3EI}, \qquad \theta = \frac{\omega \ell^3}{6EI}$$

•우력을 받는 외팔보의 처짐 : $\delta = \frac{M_0 \ell^2}{2EI}$, $\theta = -\frac{M_o \ell}{EI}$

3. 5. 5. 단순보의 처짐

[1] 중앙에 집중하중을 받는 단순보

$$\delta = \frac{P \ell^3}{48EI}$$

$$\theta = -\frac{P \ell^2}{16EI}$$

[2] 등분포 하중 ω을 받는 단순보

$$\delta = \frac{5 \omega \ell^4}{384EI}$$

$$\theta = -\frac{\omega \ell^3}{24EI}$$

[여러 종류의 보에 대한 처짐 각 및 처짐]

단순보의 하중상태	처짐각과 처짐	내다지보의 하중상태	처짐각과 처짐
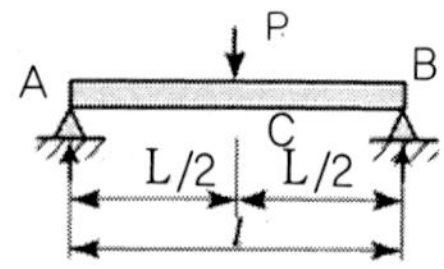	$\theta_A = \frac{P\ell^2}{16EI}$ $y = \delta\frac{P\ell^3}{48EI}$	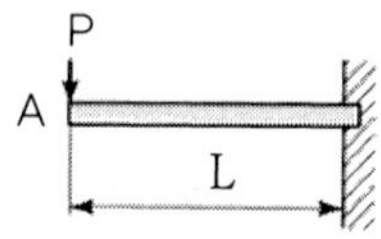	$\theta_A = \frac{P\ell^2}{2EI}$ $y_A = \delta_A\frac{P\ell^3}{3EI}$
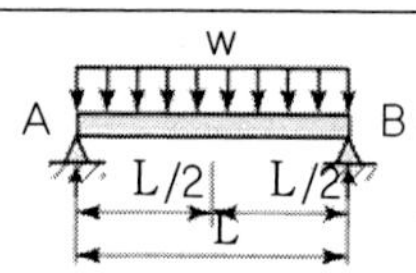	$\theta_A = \frac{Pb}{16EIi}(i^2-b^2)$ $\theta_B = \frac{Pa}{6EIi}(i^2-a^2)$	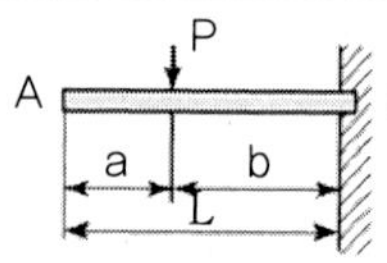	$\theta_A = \frac{\mathrm{II}^2}{8EI}$ $y_c = \delta_c\frac{\mathrm{II}^3}{24EI}$
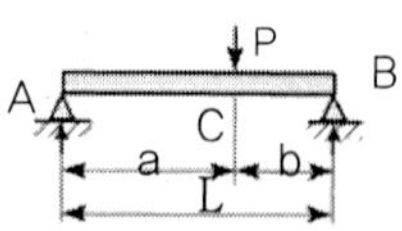	$\theta_A = \frac{Wi^3}{24EI}$ $y = \delta = \frac{5Wi^3}{384EI}$	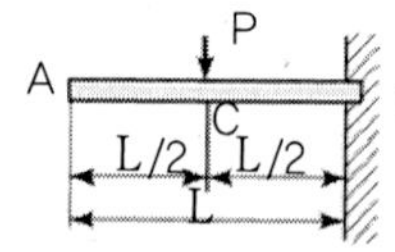	$\theta_A = \frac{Pa^2}{2EI}$ $y_c = \delta_A = \frac{Pa^2(2a+3b)}{6EI}$
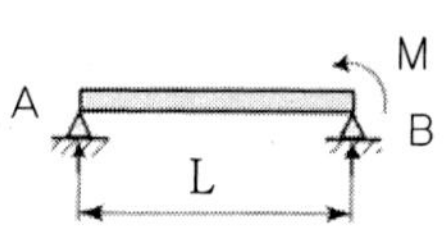	$\theta_A = \frac{Mi}{6EI}$ $\theta_B = \frac{Mi}{3EI}$	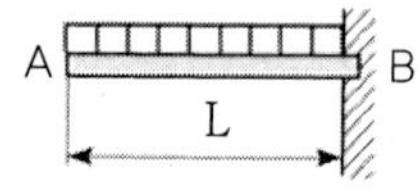	$\theta_A = \frac{Wi^3}{6EI}$ $y_B = \delta_A\frac{Wi^4}{8EI}$
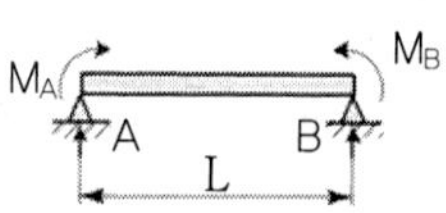	$\theta_A = \frac{(2M_A - M_B)i}{6EI}$ $\theta_B = \frac{(M_A + 2M_B)i}{6EI}$	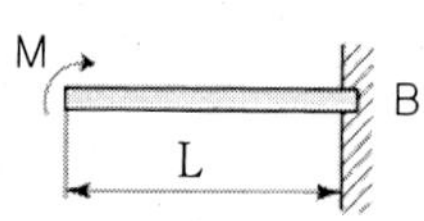	$\theta_A = \frac{M\ell}{EI}$ $\theta_B = \delta_A\frac{M\ell^2}{2EI}$

CHAPTER 04

출제예상문제

01. 기계를 설계할 때 재료의 안전율을 구하는 일반적인 식으로 가장 적합한 것은 ?

① 탄성 강도 / 허용응력

② 탄성 강도 / 인장 강도

③ 인장 강도 / 허용응력

④ 허용응력 / 인장 강도

안전율= $\frac{인장강도}{허용응력}$

02. 안전율에 대한 일반적인 설명으로 다음 중 가장 적합한 것은 ?

① 탄성 강도와 허용응력의 비

② 파괴 한도와 비례 한도의 비

③ 기초 강도와 허용응력의 비

④ 탄성 강도와 항복응력의 비

03. 재료를 사용하는 일반적인 경우 사용응력, 허용응력, 탄성 한도의 관계로 다음 중 가장 적합한 것은 ?

① 허용응력 ≧ 사용응력 〉 탄성 한도

② 허용응력 ≧ 탄성 한도 〉 사용응력

③ 탄성 한도 〉 사용응력 〉 허용응력

④ 탄성 한도 〉 허용응력 ≧ 사용응력

재료를 사용하는 일반적인 경우 사용응력, 허용응력, 탄성 한도의 관계는 탄성 한도 > 허용응력 ≧ 사용응력이다.

04. 재료에서 극한 강도, 사용응력, 항복점, 탄성 한도, 허용응력의 일반적인 상호관계를 올바르게 표시한 것은 ?

① 극한 강도 〉 사용응력 ≧ 항복점

② 항복점 〉 허용응력 ≧ 사용응력

③ 사용응력 〉 항복점 ≧ 탄성 한도

④ 극한 강도 〉 사용응력 ≧ 허용응력

재료에서 극한 강도, 사용응력, 항복점, 탄성한도, 허용응력의 일반적인 상호관계는 항복점 > 허용응력 ≧ 사용응력이다.

05. 재료가 고온 환경에서 장시간 정 하중을 받을 경우 안전율에 관한 설명으로 가장 적합한 것은 ?

① 크리프 한도 / 허용응력

② 항복점 / 허용응력

③ 극한 강도 / 허용응력

④ 사용응력 / 허용응력

크리프 한도는 재료가 고온 환경에서 장시간 정 하중을 받을 경우 안전율에 관한 것을 나타낸 것이다.

06. 다음 중 가로 탄성계수를 바르게 나타낸 것은 ?

① 수직응력 / 전단변률

② 굽힘응력 / 전단변률

③ 전단응력 / 수직응력

④ 전단응력 / 전단변률

07. 다음 연강재료 구조물을 안전하게 설계한 값 중 일반적인 경우 가장 적은 값은 ?

① 허용응력

② 탄성한도

③ 항복점

④ 사용응력

정답 1. ③ 2. ① 3. ④ 4. ② 5. ① 6. ④ 7. ④

08. 그림과 같은 봉에 인장력 P가 작용하였을 때 A부분과 B부분의 지름이 1 : 2일 때 응력의 비 σ_A/σ_B는 ?

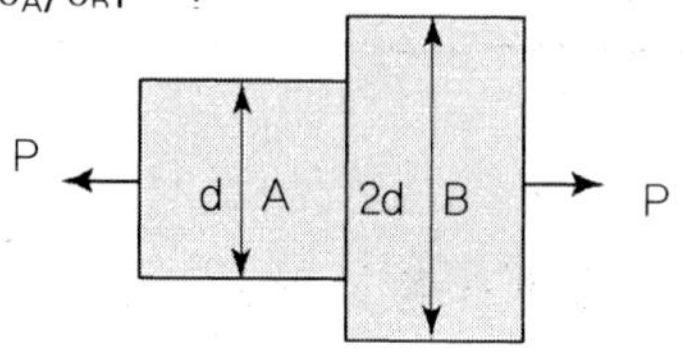

① 1/4
② 1/2
③ 2
④ 4

$A_1 = \frac{\pi d_1^2}{4}$

$A_2 = \frac{\pi d_2^2}{4} = \frac{\pi (2d_1)^2}{4}$ 이므로 $\frac{\sigma_A}{\sigma_B} = \frac{4}{1}$ 이다.

$\sigma_A : \sigma_B = 4 : 1$

09. 둥근 중심축의 지름을 2배로 하면 비틀림 강도는 몇 배가 되는가 ?

① 4　② 6
③ 8　④ 16

10. 같은 물체에 같은 조건으로 하중을 작용시킬 때 발생되는 응력은 충격하중 때가 정하중 때의 응력의 몇 배가 되는가 ?

① 2배　② 1/2배
③ 3배　④ 1/3배

같은 물체에 같은 조건으로 하중을 작용시킬 때 발생되는 응력은 충격 하중 때가 정 하중 때의 응력의 2배가 된다.

11. 길이 L= 1.5m인 봉에 인장하중을 작용시켜 길이가 1.5009m로 되었다면 인장 변형률은 ?

① 0.0003　② 0.0006
③ 0.003　④ 0.006

$\epsilon = \frac{\ell' - \ell}{\ell} = \frac{1.5009 - 1.5}{1.5} = 0.0006$

12. 비틀림 모멘트를 받는 원형 단면 축에 발생되는 최대 전단응력에 대한 설명으로 옳은 것은 ?

① 축 지름이 증가하면 감소한다.
② 가해지는 토크가 증가하면 증가한다.
③ 단면의 극관성 모멘트가 증가하면 증가한다.
④ 단면 계수가 감소하면 감소한다.

비틀림 모멘트를 원형 단면 축에 발생하는 최대 전단 응력은 축의 지름이 증가하면 분모가 커지므로 감소한다. $\tau = \frac{T}{Z_p} = \frac{P \cdot \frac{d}{2}}{\frac{\pi d^3}{16}}$

13. 4500kgf-cm의 비틀림 모멘트가 작용하는 지름 8cm의 둥근 막대에 발생하는 비틀림 응력은 ?

① 336.2kgf/cm²　② 33.6kgf/cm²
③ 448kgf/cm²　④ 44.8kgf/cm²

$\frac{16 \times 4500}{3.14 \times 8^3} = 44.8\text{kgf/cm}^2$

14. 1200kgf-m의 비틀림 모멘트만을 받는 축 지름의 크기로 가장 적당한 것은 ?(단, 허용 비틀림 응력은 4.8kgf/mm²이다)

① 60mm　② 80mm
③ 108mm　④ 130mm

$d = \sqrt[3]{\frac{16T}{\pi\tau}} = \sqrt[3]{\frac{16 \times 1200000}{3.14 \times 4.8}} = 108.4\text{mm}$

15. 아이 볼트(eye bolt)에 3000kgf의 인장하중이 작용할 때 지름 d는 다음 중 어느 것이 적합한가 ?(단, 재료의 허용 인장응력은 6kgf/mm²이다)

① 16mm　② 32mm
③ 48mm　④ 34mm

$d = \sqrt{\frac{2W}{\sigma a}} = \sqrt{\frac{2 \times 3000}{6}} = 32\text{mm}$

정 답 8. ④　9. ③　10. ①　11. ②　12. ①　13. ④　14. ③　15. ②

16. 단면적 600mm^{2}인 봉에 600kgf의 추를 달았더니 허용 인장응력에 도달하였다. 이 봉의 인장강도가 500kgf/cm^{2}이라고 하면 안전계수는 얼마인가 ?

① 5 ② 6
③ 10 ④ 12

① 허용응력= $\frac{하중}{단면적}$ = $\frac{600}{600}$
= 1kgf/mm^2= 100kgf/cm

② 안전계수= $\frac{인장강도}{허용응력}$= $\frac{500}{100}$= 5

17. 인장강도가 48kgf/mm^{2}되는 기계 구조용강을 안전율 8로 하면 허용 인장응력은 몇 kgf/mm^{2}인가 ?

① 6 ② 56
③ 40 ④ 384

인장응력= $\frac{인장강도}{안전율}$= $\frac{48}{8}$ = 6kgf/mm^2

18. 지름 80mm인 축에 20000kgf-cm의 굽힘 모멘트가 걸린다면 이 단면에 발생하는 굽힘응력은 몇 kgf/cm^{2}인가 ?

① 485 ② 398
③ 562 ④ 626

b= $\frac{M}{Z} = \frac{M}{\frac{\pi d^3}{32}} = \frac{20000}{\frac{\pi 8^3}{32}}$ = 397.9kgf/cm^2

19. 지름 50mm의 축에 보스의 길이 60mm의 기어를 b×h= 15×10의 키로써 축에 고정한다. 이 경우 축에 30,000kgf―mm의 회전력이 걸릴 때 키의 전단응력은 약 얼마인가?

① 26kgf/mm^2 ② 13kgf/mm^2
③ 2.6kgf/mm^2 ④ 1.3kgf/mm^2

τ_a= $\frac{2T}{b\ell d}$= $\frac{2 \times 30000}{15 \times 60 \times 15}$ = 1.3kgf/mm^2

20. 안지름이 110cm인 두께가 얇은 원통 용기에 15kgf/cm^{2}가스를 넣으려면 용기의 두께는 몇 mm 이상인가 ?(단 원통 재료의 허용응력은 750kgf/cm^{2}이다)

① 5 ② 8
③ 11 ④ 16

내압을 받는 얇은 원통에서

• 원주응력(σ_t)= $\frac{P \cdot D}{2t}$

• 축응력(σ_z)= $\frac{P \cdot D}{4t}$

t= $\frac{PD}{2\sigma\alpha}$= $\frac{15 \times 110}{2 \times 750}$= 1.1cm= 11mm

21. 지름 20mm, 길이 200mm의 환봉(丸棒)이 인장하중을 받아서 0.2mm 늘어났고 동시에 지름이 0.004 수축하였다. 이 재료의 포아송 비는 얼마인가 ?

① $\frac{1}{2}$ ② $\frac{1}{3}$
③ $\frac{1}{4}$ ④ $\frac{1}{5}$

$\frac{\epsilon'}{\epsilon}$= $\frac{1}{m}$이므로

① 신장률= $\frac{\ell'}{\ell}$= $\frac{0.2}{200}$= 0.001

② 수축률= $\frac{d'}{d}$= $\frac{0.004}{20}$= 0.0002

$\therefore \ \upsilon = \frac{0.0002}{0.001} = \frac{1}{5}$

22. 원통형 보일러용 리벳 이음에서 축방향의 응력은 원주방향 응력의 몇 배가 되는가 ?

① $\frac{1}{2}$배 ② $\frac{1}{4}$배
③ 같다. ④ 2배

원주 방향의 응력(σ_2)= $\frac{PD}{2t}$

축방향의 응력(σ_1)= $\frac{PD}{4t}$

정 답 16. ① 17. ① 18. ② 19. ④ 20. ③ 21. ④ 22. ①

23. 열 응력에 대한 설명으로 틀린 것은 ?

① 온도차에 관계가 있다.

② 세로 탄성계수와 관계가 있다.

③ 선 팽창계수에 관계가 있다.

④ 재료의 크기에 관계가 있다.

열 응력(σ) = $E\alpha(t_2 - t_1)$, 여기서, E = 세로 탄성계수, α= 선팽창계수, $t_2 - t_1$: 온도차이다.

24. 변률에 대한 설명으로 맞는 것은 ?

① 세로 변률과 가로 변률사이에는 아무 관계가 없다.

② 세로 변률과 전단 변률만이 관계가 있다.

③ 가로 변률과 전단 변률만이 관계가 있다.

④ 가로 변률과 세로 변률과의 비를 포와송 비라고 한다.

재료에 축방향으로 하중을 가하면 세로변형과 가로변형이 발생한다. 이 경우에 탄성한도 이내에서는 세로변형률과 가로변형률과의 비율은 일정값을 갖고 있다. 이 비를 포와송 비라고 한다. 포와송 비는 가로변형률을 세로변형률 값으로 나눈 값이다.

25. 강철 나사막대를 기온이 30℃인 경우에 240kgf/cm²의 인장 응력을 발생시켜 놓고 고정하였다. 그리고 기온을 60℃로 상승시키면 응력은 몇 kgf/cm²인가 ?(단, $E= 2\times10^6$kgf/cm², $\alpha= 1\times10^{-5}$/℃)

① 840kgf/cm²(인장)

② 360kgf/cm²(압축)

③ 600kgf/cm²(인장)

④ 600kgf/cm²(압축)

$\sigma= E\alpha(t_2 - t_1) + \sigma\alpha= 2 \times 10^6 \times 1 \times 10^{-5} \times (60 - 30) + 240 = 840\text{kgf/cm}^2$

26. 양끝을 완전히 고정한 0℃의 구리 봉에 온도를 50℃ 높였을 때 봉 내부에 발생하는 압축 응력은 ?(단, 이 봉의 세로 탄성계수 E = 9100kgf/mm², 선팽창계수 α= 0.000016이다)

① 10.23kgf/mm² ② 6.28kgf/mm²

③ 8.58kgf/mm² ④ 7.28kgf/mm²

$9100\times0.000016\times50 = 7.28\text{kgf/mm}^2$

27. 길이 2m, 단면적이 15cm²의 연강 봉이 5000kgf의 인장 하중을 받아서 0.36mm만큼 늘어났다고 하면 이 재료의 세로 탄성률은 얼마인가 ?

① 1.56×10^6kgf/cm²

② 1.67×10^6kgf/cm²

③ 1.85×10^6kgf/cm²

④ 2.08×10^6kgf/cm²

$$E= \frac{\frac{5000}{15}}{\frac{0.36}{200}} = 1.85\times10^6\text{kgf/cm}^2$$

28. 단면 2.5cm×2cm, 길이 3m인 봉에 5000kgf의 인장 하중이 작용하면 몇 cm 늘어나는가 ?(단, $E= 2\times10^6$kgf/cm²이다)

① 0.25cm ② 0.15cm

③ 0.65cm ④ 0.05cm

$$\delta= \frac{W\ell}{AE} = \frac{5000 \times 300}{2.5 \times 2 \times 2 \times 10^6} = 0.15\text{cm}$$

29. 지름 20mm인 원형 단면 연강 봉에 5000kgf의 인장하중이 작용하면 신장 량은 얼마나 되는가 ?(단. 봉의 길이는 1m로 하고, 세로 탄성계수 $E= 2.1\times10^6$kgf/cm²)

① 0.758cm ② 0.379cm

③ 0.0758cm ④ 0.0379cm

$$\delta= \frac{5000 \times 100}{0.785 \times 2^2 \times 2.1 \times 10^6} = 0.0758\text{cm}$$

정 답 23. ④ 24. ④ 25. ① 26. ④ 27. ③ 28. ② 29. ③

30. 단면적 1cm^2, 길이 4m인 강선(鋼線)에 2ton의 하중을 작용시키면 그 신장(늘음)은 몇 cm가 되겠는가 ?(단. 연강(軟鋼)의 E= 2×10^{6}kgf/cm^2)

① 0.2 ② 0.245
③ 0.27 ④ 0.4

늘어난 길이 = $\frac{2000 \times 400}{1 \times 2 \times 10^6}$ = 0.4cm

31. 길이 15m, 지름 10mm의 강(鋼)봉에 800 kgf의 인장 하중을 걸었을 때 탄성 변형이 생겼다면 이때의 늘어난 길이는 ?(단, 이 재료의 탄성계수 E의 값은 2.1×10^{4}kgf/mm^{2}이다)

① 7.3mm ② 7.3cm
③ 0.73mm ④ 0.73mm

늘어난 길이 = $\frac{800 \times 15 \times 1000}{0.785 \times 10^2 \times 2.1 \times 10^4}$ = 7.3mm

32. 길이 50cm인 연강재의 환봉에 인장력이 작용하여 길이가 60cm로 늘어났을 때 이 재료의 연신율은 얼마인가 ?

① 10% ② 20%
③ 80% ④ 40%

연신율= $\frac{\ell_1 - \ell}{\ell}$×100= $\frac{60 \times 50}{50}$×100= 20%

33. 인장응력 σkgf/cm^{2}에 의해서 변형률(strain)이 ε만큼 되었다면 이 탄성체의 탄성계수 E는 ?

① E = εσkgf/cm^2
② E= $\frac{\sigma}{\epsilon}$kgf/cm^2
③ E= $\frac{\epsilon}{\sigma}$kgf/cm^2
④ E = ε+σkgf/cm^2

탄성계수 E= $\frac{\sigma}{\epsilon}$kgf/cm^{2}로 나타낸다.

34. 자유도는 얼마인가 ?

① F= 0 ② F= 1
③ F= 2 ④ F= 4

순 금속이 대기압력(일정한 압력)하에서 응고를 시작할 때 자유도(F)는 C − P + 1= 1 − 2 + 1= 0이다. 여기서 P는 상(相)의 수이고, C는 성분 수이다.

35. 두 힘 10kgf과 30kgf이 직교하고 있다. 합성 면 크기는 얼마가 되는가 ?(단, $\sqrt{10}$ = 3.16으로 한다)

① 31.6kgf
② 38.7kgf
③ 40.6kgf
④ 44.7kgf

R= $\sqrt{(F_1^2 + F_2^2)}$= $\sqrt{10^2 + 30^2}$ = 31.6kgf

36. 재료의 단면형상과 관련되어 응력 집중이 커지는 경우인 것은 ?

① 홈의 깊이가 낮을수록
② 홈의 각도가 클수록
③ 단면 변화가 급변할수록
④ 단면 가공부의 평면을 선반가공보다는 연삭가공을 한 경우

37. 다음 그림과 같은 단순 지지 보의 C점에 500kgf의 하중을 걸 때 a점에 작용하는 반력은 몇 kgf인가 ?

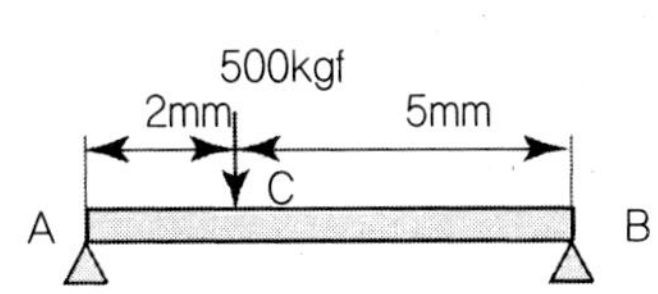

① 257 ② 357
③ 457 ④ 557

반력(α)= $\frac{Wb}{\ell}$= $\frac{500 \times 5}{(2+5)}$= 357kgf

정 답 30. ④ 31. ① 32. ② 33. ② 34. ① 35. ① 36. ③ 37. ②

38. 양단 고정보의 중앙에 집중하중 P가 작용하고, 스팬의 길이를 L이라고 할 때 최대 굽힘 모멘트는 ?

① $\frac{P\ell^2}{4}$

② $\frac{P\ell}{4}$

③ $\frac{P\ell^2}{8}$

④ $\frac{P\ell}{8}$

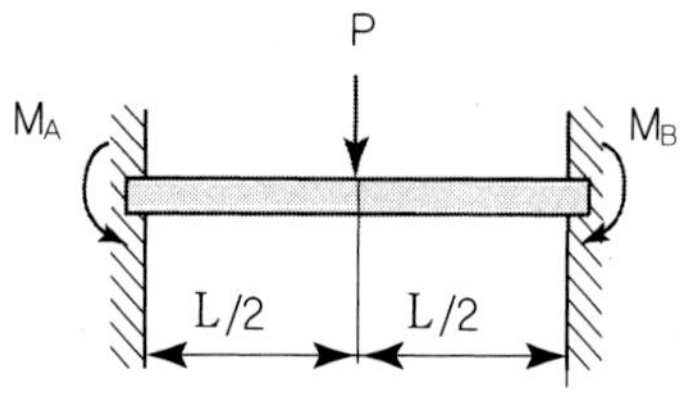

39. 다음과 같은 직사각 단면(b×h)을 갖는 외팔보의 처대 처짐에 대한 설명 중 맞는 것은 ?

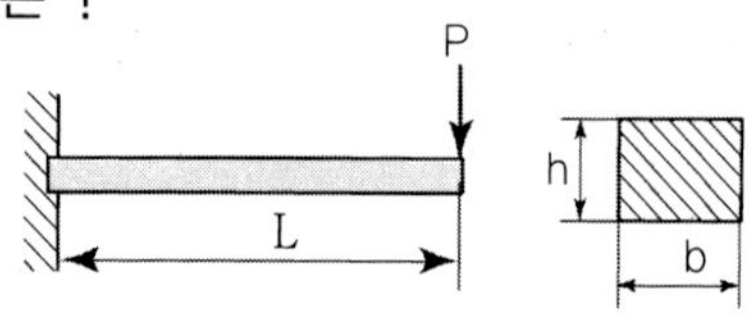

① L의 제곱에 비례

② h의 세제곱에 반비례

③ 하중에 반비례

④ 보의 너비에 비례

① $Z=\frac{b(2b)^3}{6}=\frac{4b^3}{6}=\frac{2b^3}{3}$

② 처짐은 $\delta_{max}=\frac{P\ell^3}{3EI}$, $I=\frac{bh^3}{12}$

③ 보의 최대 처짐은 $\frac{P\ell^3\times 12}{3Ebh^3}=\frac{4P\ell^3}{Ebh^3}$

- 하중에 정비례한다.
- 길이의 세제곱에 정비례한다.
- 탄성계수(E)에 반비례한다.
- 단면 2차 모멘트에 반비례한다.
- 높이의 세제곱에 반비례한다.

40. 그림과 같은 폭 b= 24cm, 높이 h= 28cm인 직사각형 단면의 Z축에 대한 단면 계수 값은 얼마인가 ?

① $2136cm^4$

② $3136cm^4$

③ $2136cm^3$

④ $3136cm^3$

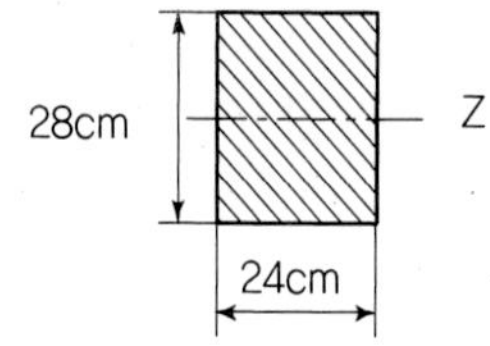

$Z=\frac{b\times h^3}{6\times h}=\frac{24\times 28^3}{6\times 28}=3136cm^3$

41. 폭×높이가 30cm×40cm의 단면을 가진 다음 단순보의 최대 굽힘응력은 몇 kgf/cm²인가 ?(단, 보의 자중은 무시한다)

① 50

② 67

③ 77

④ 80

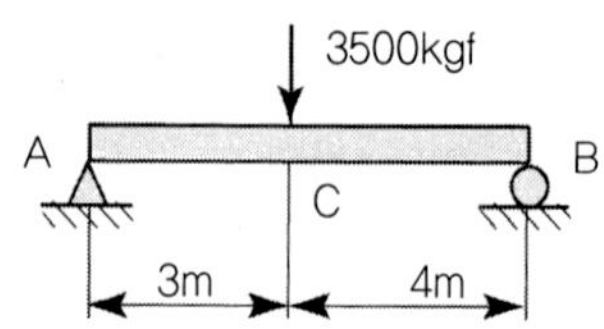

$\sigma=\frac{M}{Z}$에서

① $M=\frac{W\ell}{4}=\frac{3500\times 700}{4}=612500kgf/cm$

② $Z=\frac{bh^2}{6}=\frac{30\times 40^2}{6}=8000cm^3$

③ 굽힘응력(σ) = $\frac{612500}{8000}$ = 76.56kgf/cm²

42. 그림과 같은 삼각형 단면측의 밑변인 B—C에 관한 단면의 2차 모멘트는 ?

① $\frac{bh^2}{36}$

② $\frac{bh^2}{24}$

③ $\frac{bh^3}{12}$

④ $\frac{bh^4}{4}$

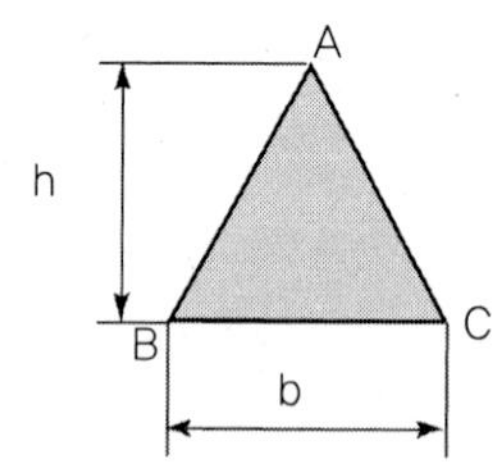

① 단면 관성 모멘트(I)= $\frac{bh^3}{36}$

② 단면계수= $\frac{I}{\text{중심에서의 위아래 단면거리}}$

③ $Z_1=\frac{\frac{bh^3}{36}}{\frac{h}{3}}=\frac{\frac{bh^3}{36}}{\frac{2h}{3}}=\frac{bh^2}{24}$

정 답 38. ② 39. ② 40. ④ 41. ③ 42. ②

43. 다음 그림과 같은 보의 이름은 ?

① 단순 보
② 외팔 보
③ 내다지 보
④ 고정 보

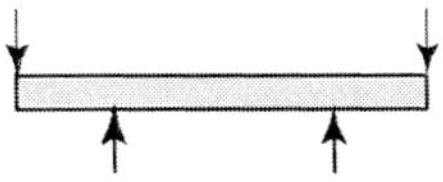

44. 직사각형 단면의 높이가 폭의 2배인 단순 보에 최대 굽힘 모멘트가 30000kgf-cm일 때 굽힘 응력이 600kgf/cm²인 경우 단면의 폭은 약 몇 cm인가 ?

① 6.2 ② 2.11
③ 8.0 ④ 4.22

$Z=\frac{bh^2}{6}$에서 h= 2b이므로

$Z=\frac{b(2b)^2}{6}=\frac{2b^3}{3}$, $M=\sigma_b \times Z$이므로

$=30000=600\times\frac{2\times b^3}{3}$

$\therefore b=3\sqrt{\frac{30000\times3}{600\times2}}\fallingdotseq 4.22cm$

45. 바깥지름 10cm, 안지름 6cm의 중공축에 9000kgf-cm의 비틀림 모멘트가 작용하고 있다. 이때 발생하는 비틀림 응력은 몇 kgf/cm²인가 ?

① 52.66 ② 76.14
③ 86.15 ④ 95.42

$\tau=\frac{T}{Z_P}$, $Z_P=\frac{\pi d_2^3}{16}(1-x^4)$

T : 비틀림 모멘트

d_2 : 외경, d_1 : 내경

x : 내외경의 비$(\frac{d_1}{d_2}=\frac{6}{10})$

$$\tau=\frac{9000}{\frac{\pi}{16}\times10^3(1-0.6^4)}$$

$=52.66kgf/cm^2$

정 답 43. ③ 44. ④ 45. ①

05 기계요소

CHAPTER

기계요소(machine element)란 기계를 구성하고 있는 부품을 분해해 나갈 때 더 이상 나누면 부품으로 생각할 수 없는 최소 단위이다. 또한 분해한 각 부품은 형상과 기능면에서 그 기계에만 사용하는 독자적인 것과 다른 기계에도 공통으로 사용되는 것이 있다. 예를 들면 볼트, 너트, 기어, 베어링, 축, 키 등이다.

1. 결합용 기계요소

1.1. 나사(screw)

1.1.1. 나사의 원리

나사의 원리는 그림 1에 나타낸 바와 같이 원통 또는 원뿔 주위에 경사각 α로 되어 있는 실을 감으면 원통 면에 나선(helix line)을 그린다. 이와 같은 나선을 따라서 홈이나 돌기를 만든 것이 나사이다. 표면에 나사산이 있는 것을 수나사(male screw), 안쪽 면에 나사산이 있는 것을 암나사(female screw)라고 한다.

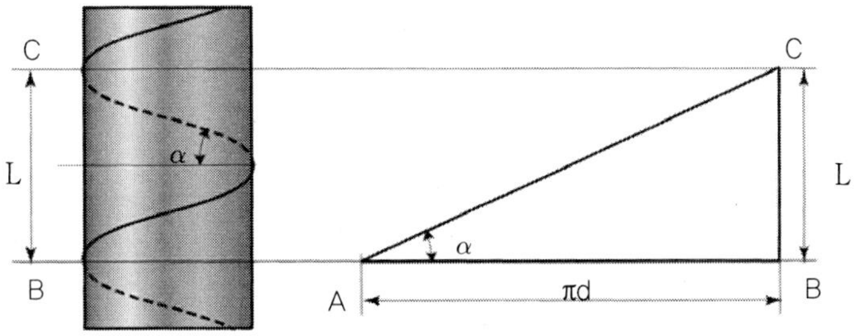

[그림 1] 나사의 곡선

1.1.2. 리드와 피치(lead & pitch)

나사를 1회전시켰을 때 나사산의 1점이 축방향으로 진행한 거리를 리드(lead)라고 한다.

$$\tan\alpha = \frac{l}{\pi d} \quad \cdots\cdots (5-1)$$

α : 리드각, l : 리드

서로 인접한 나사산의 축방향 거리를 피치(pitch)라고 한다.

$$l = n \cdot P \quad \cdots\cdots (5-2)$$

l : 리드, n : 나사의 줄 수, P : 피치

1.1.3. 나사의 구조

① 나사산 : 봉우리 부분

② 골 : 홈 부분

③ 수나사 : 원통 바깥쪽 면에 나사산을 새긴 것

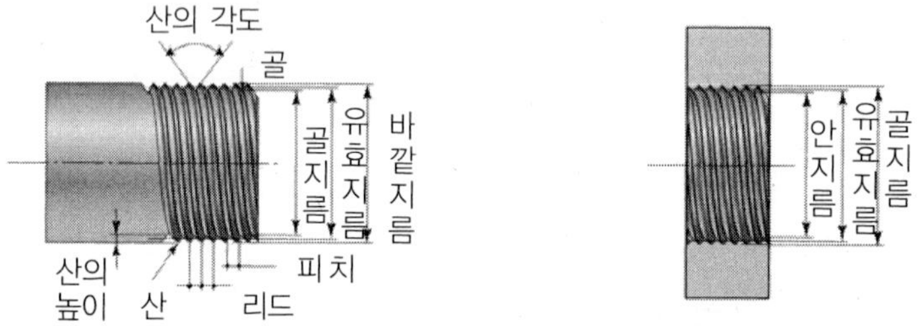

(a) 수나사와 암나사

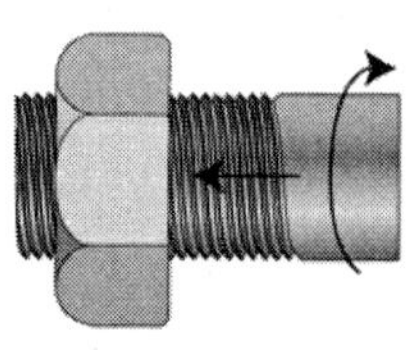

(b) 오른 나사

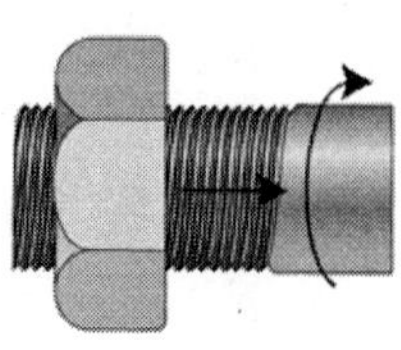

(c) 왼 나사

[그림 2] 나사의 구조

④ 암나사 : 속이 빈 원통 안쪽 면에 나사산을 새긴 것

⑤ 오른나사 : 시계방향으로 회전할 때 전진하는 나사

⑥ 왼나사 : 시계 반대방향으로 회전할 때 전진하는 나사

1.1.4. 나사의 명칭

① 나사산 : 나사의 홈과 홈사이의 높은 부분

② 나사 봉우리 : 나사산의 꼭지면

③ 나사 골 : 나사 홈의 밑 부분

④ 플랭크 면 : 나사 봉우리와 골을 연결하는 나사면

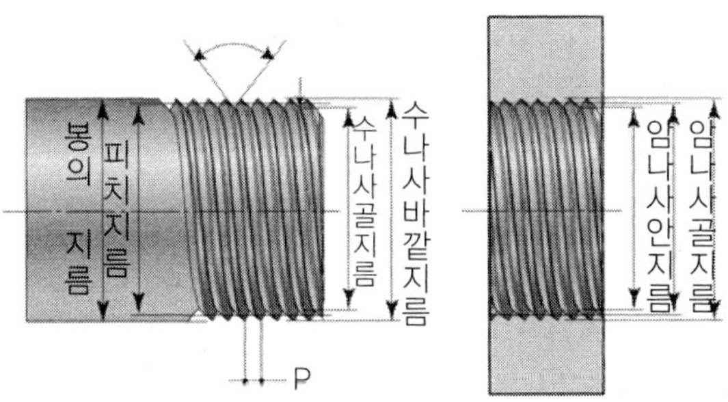

[그림 3] 나사의 명칭

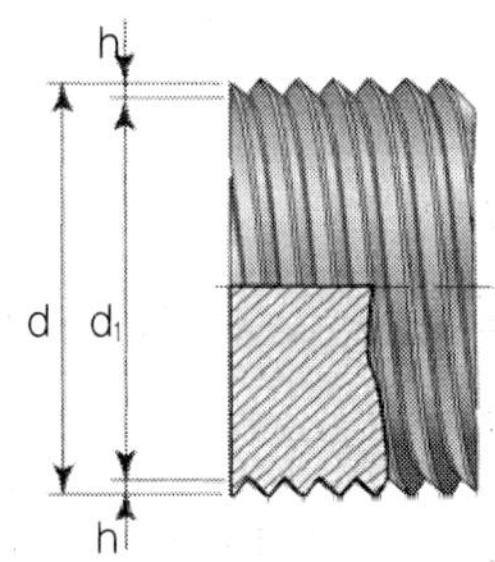

[그림 4] 나사 높이

1.1.5. 나사의 지름

① 바깥지름(d) : 나사의 크기 표시, 나사의 공칭지름

② 골 지름(d_1) : 수나사의 최소지름, 암나사의 최대지름

③ 안지름 : 암나사의 최소지름, 수나사의 골지름

④ 유효지름(d_2) : 바깥지름(d)과 골지름(d_1)의 평균지름

$$d_2 = \frac{d + d_1}{2} \quad \cdots\cdots (5-3)$$

⑤ 나사의 유효 단면적 : 수나사의 바깥지름과 골지름과의 평균값을 지름으로 하는 원통의 단면적

$$유효\ 단면적 = \frac{\pi}{4}\left(\frac{수나사\ 바깥지름 + 수나사\ 골지름}{2}\right)^2 \quad \cdots\cdots\cdots\cdots\ (5-4)$$

⑥ 나사의 높이(h)

$$h = \frac{d - d_1}{2} \quad \cdots\cdots\cdots\cdots\ (5-5)$$

1.1.6. 나사의 분류

[1] 체결용 나사

체결용 나사는 나사산의 단면이 삼각형인 삼각나사이며, 기계의 접합, 위치조정을 목적으로 주로 사용된다.

(1) 미터나사(metric thread : 나사산의 각도 60°)

피치는 mm로 표시하고 바깥지름으로 호칭치수를 표시한다. 나사산의 정점은 편평하고, 골은 둥글다.

① 미터 가는 나사 : 축이나 두께가 얇은 부분에 주로 사용되며 표시는 M10×1로 표시하며, 10은 바깥지름이 10mm이고, 1은 피치가 1mm를 의미한다. 가는 나사는 호칭지름이 같아도 피치와 산의 높이가 적으므로 축이나 관(pipe) 등에 보통나사로 깎으면 유효지름이 작아져 약하게 되는 것을 피하거나 기밀(氣密)이 요구되는 경우에 사용된다.

② 미터 보통나사 : M8은 바깥지름이 8mm를 의미한다.

(2) 유니 파이나사(unified thread : 나사산의 각도 60°)

1948년 미국, 영국, 캐나다의 3국이 협정에 따라 제정한 인치 계열의 나사이며, ABC 나사라고 부르며 바깥지름을 inch로 표시한 값과 1inch사이의 산수로 호칭치수를 표시한다. 5/8—11 UNC, No.6—32UNC 등으로 표시한다.

나사산의 각도는 60°이고, 산정은 편편하고 골은 둥글다.

(3) 휘트 워드나사(whit worth thread)

나사산의 각도가 55°이고, 국내에서는 1971년에 폐기가 되어 현재는 사용되지 않는 나사다.

(4) 관용나사(pipe thread)

주로 가스관이나 배관의 이음부분의 나사로 사용한다. 나사산의 각도가 55°이고, 나사산의 피치나 높이가 적어 관의 살 두께에 깊이 물리지 않는다.

관용 테이퍼 나사와 관용 평행나사(PF)가 있으며 관용 테이퍼나사(PT)의 테이퍼 1/16으로 규정되어 있으며 테이퍼 나사는 기밀이 요구되는 부분에서 사용한다.

[2] 동력 전달용 나사

(1) 사각나사(square thread)

사각나사는 힘이 작용하는 방향이 축 선과 평행하며, 마찰저항이 적고 나사효율이 좋다. 나사면의 마찰력이 적어 기계부품의 체결용으로는 부적합하나 나사를 돌리기 쉬우므로 운동 전달용 잭(jack)이나 나사 프레스(screw press)에서 사용한다.

(2) 사다리꼴나사(애크미나사 : trapezoidal thread or acme thread)

사다리꼴나사는 제작이 쉽고 정밀도가 높으며, 마모에 의한 조정이 쉽다. 나사산의 각도는 미터계(TM)가 30°, 인치계(TW)가 29°이다.

동력 전달용으로 사각나사가 좋으나 제작이 어려우므로 일반적으로 사각나사 대신에 사다리꼴나사를 사용한다.

(3) 톱니나사(buttress thread)

톱니나사는 나사산의 형상이 톱니 모양이며, 사각나사에 삼각나사의 장점을 적용한 것이다. 힘이 한쪽방향으로 작용하는데(바이스용 나사) 사용된다.

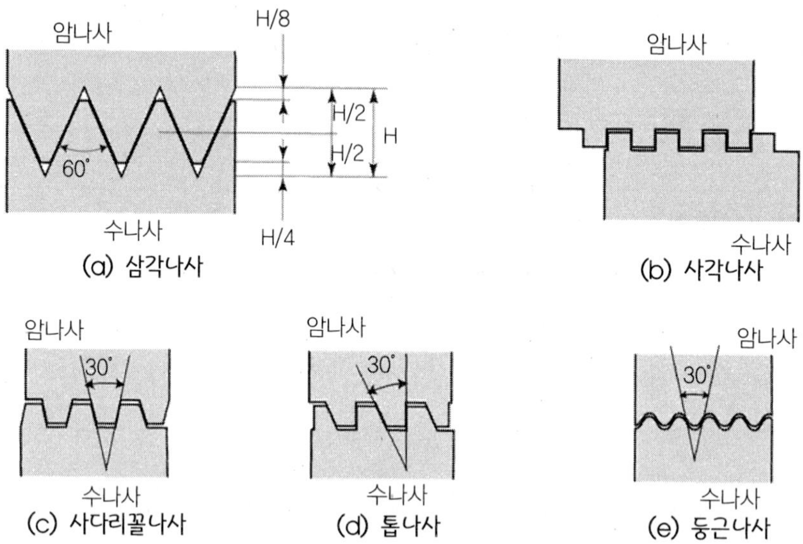

[그림 5] 나사의 종류

(4) 둥근나사(knuckle thread)

둥근나사는 나사산과 골부분이 둥글게 되어 있어 먼지나 모래 등이 나사산에 들어갈 염려가 있는 곳에서 사용한다.

1.1.7. 나사의 표시방법

[1] 나사의 호칭

나사의 호칭은 나사의 종류를 나타내는 기호, 나사의 지름을 나타내는 숫자 및 피치 또는 1인치(25.4mm)사이의 나사산의 수로 표시한다.

(1) 미터나사의 경우

(종류를 표시하는 기호) (지름) × (피치)

【예】 M8 ···· 미터 보통나사, 호칭지름 8mm

M8×1 ···· 미터 가는 나사, 호칭지름 8mm, 피치 1mm

(2) 휘트 워드나사의 경우

(종류를 표시하는 기호) (지름)
【예】 W 1/2 …. 휘트 워드 보통나사, 1/2 나사의 바깥지름 인치로 표시
W12…. 휘트 워드 가는 나사, 12는 나사의 바깥지름을 mm로 표시

(3) 유니 파이나사의 경우

(지름의 숫자나 기호) — (산의 수) (종류를 나타낸, s 기호)
【예】 U 1/2 …. 유니파이 보통나사, 1/2는 수나사의 바깥지름을 인치로 표시

[2] 나사의 정밀도

나사의 정밀도는 피치, 유효지름, 나사산의 각도 등이 중요하며 이러한 치수의 정밀도와 다듬질 정도에 따라서 등급을 구분한다. 미터나사는 1급, 2급, 3급으로 나누고, 유니 파이나사의 수나사는 3A, 2A, 1A로 하고, 암나사는 3B, 2B, 1B로 구분한다. 나사의 호칭과 등급을 종합한 나사의 표시방법은 다음과 같다.

(나사산의 감긴 방향) (나사산의 줄 수) (나사의 호칭) (나사의 등급)
【예】 M50 × 3 — 2 …. 미터 가는 나사 2급

1.1.8. 나사의 자립조건

[1] 나사의 효율

나사를 1회전하는 동안에 실제로 행한 일량의 몇 %가 유효한 일로 변환되었는가의 비율을 의미한다.

$$\eta = \frac{\text{유효한 일}}{\text{실제로 행한 일}} \quad \cdots\cdots\cdots (5\text{-}6)$$

나사역학에서 나사를 죄는 힘 즉,

$$P = Q\tan(\theta+\rho) \quad \cdots\cdots (5-7)$$

유효한 일 : $Qp = Q\pi d_2 \tan\theta$

실제로 행한 일 : $2\pi T = 2\pi P\dfrac{d_2}{2} = 2\pi Q\dfrac{d_2}{2}\tan(\theta+\rho)$

$$\therefore \eta = \frac{Qp}{2\pi T} = \frac{Q\pi d_2 \tan\theta}{Q\pi d_2 \tan(\theta+\rho)} = \frac{\tan\theta}{\tan(\theta+\rho)} \quad \cdots\cdots (5-8)$$

Q : 축방향 하중
P : 하중을 밀어 올리는데 필요한 힘
T : 나사를 죌 때 필요한 토크
ρ : 마찰각
d_2 : 유효지름
p : 피치
θ : 리드각

[2] 나사의 자립조건

나사를 푸는 힘 즉, $P' = Q\tan(\rho-\theta)$에서

$\rho > \theta$: $P' > 0$ → 나사를 푸는데 힘이 든다.
$\rho = \theta$: $P' = 0$ → 자연 체결상태
$\rho < \theta$: $P' < 0$ → 저절로 풀리다.

따라서 나사가 스스로 풀리지 않는 한계, 즉 자립상태를 유지하고 있는 한계는 $\rho = \theta$ 이어야 한다. 그리고 나사 효율 산출공식은 다음과 같다.

$$\eta = \frac{\tan\theta}{\tan(\theta+\rho)} = \frac{\tan\rho}{\tan(\rho+\rho)} = \frac{\tan\rho(1-\tan^2\rho)}{2\tan\rho}$$

$$= \frac{1}{2} - \frac{1}{2}\tan^2\rho \leqq 0.5 \quad \cdots\cdots (5-9)$$

$\tan\theta$: 나사의 리드 각
$\tan\rho$: 나사의 마찰 각

나사가 자립상태를 유지할 때 효율은 50% 이하이다.

알아두기

나사의 정밀도 측정기구

- 나사의 피치 : 피치게이지, 공구 현미경
- 나사의 유효지름 : 나사 마이크로미터, 삼침법(三針法)에 의한 마이크로미터
- 나사산의 각도 : 피치게이지, 공구 현미경, 투영기
- 나사의 바깥지름 : 버니어캘리퍼스, 바깥지름 마이크로미터, 한계게이지

1.2. 볼트와 너트(bolt & nut)

볼트는 일반적으로 둥근 봉의 한쪽 끝에 나사를 깎고 다른 끝에는 걸리는 작용을 하는 머리 또는 나사를 깎는 것으로 주로 결합하는데 사용한다. 너트는 구멍에 암나사를 깎는 것으로 볼트와 함께 사용한다.

그 형상은 볼트의 머리와 같은 6각형 또는 4각형으로 된 것이 많다. 재료는 냉간 인발 봉강을 많 사용하며, 부식의 염려가 있는 경우에는 스테인리스 강 또는 구리합금을 사용한다.

1.2.1. 볼트의 종류

볼트의 종류에는 일반 부품의 결합이나 고정하는데 사용하는 일반 볼트와 특수 목적으로 사용하는 특수 볼트 및 작은 나사류가 있다.

① 일반 볼트의 종류 : 관통볼트, 탭 볼트, 스터드 볼트, 리머 볼트

② 특수 볼트의 종류 : 기초 볼트, 스테이 볼트, 아이 볼트, T볼트

③ 작은 나사류의 종류 : 작은나사, 고정나사, 나사 못

[1] 일반 볼트

① 관통볼트(through bolt) : 관통볼트는 연결할 두 부분에 구멍을 뚫고 볼트를 끼운 후 반대쪽에 너트로 조이는 것이다.

② 탭볼트(tap bolt) : 탭볼트는 관통을 시킬 수 없는 경우 한쪽에만 구멍을 뚫고 다른 한쪽에는 중간 정도까지만 구멍을 뚫은 후 탭으로 나사산을 파고 볼트를 끼우는 것이다.

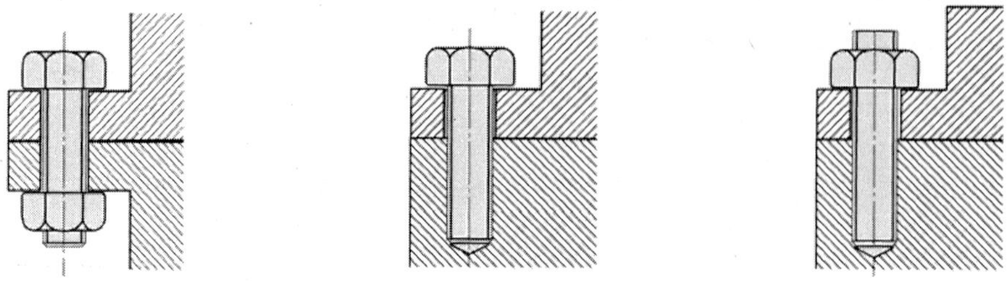

(a) 관통볼트 (b) 탭볼트 (c) 스터드볼트

[그림 6] 일반 볼트의 종류

③ 스터드 볼트(stud bolt) : 스터드 볼트는 자주 분해 조립하는 부분에서 사용하며, 양끝에 나사산을 파고 나사구멍에 끼우고 연결할 부품을 관통시켜 합친 후 너트로 조인 것이다. 자동차 엔진 등에서 한쪽은 실린더블록의 나사구멍에 끼우고 반대쪽에는 실린더헤드를 너트로 사용하여 체결하여 사용하는 경우도 있다.

④ 리머볼트(reamer bolt) : 리머볼트는 기계부품을 분해하였을 때 위치가 어긋나서 원래대로 조립이 어려운 경우나 볼트에 전단하중이 작용할 때 리머로 구멍을 뚫고 여기에 알맞은 리머볼트를 사용하는 것이다.

[2] 특수 볼트

① 기초볼트(foundation bolt) : 기초볼트는 기계류를 콘크리트 등의 바닥에 설치할 때 구조물의 토대 고정용으로 사용하며, 한쪽 끝의 모양이 빠지지 않도록 되어 있다.

② 스테이볼트(stay bolt) : 스테이볼트는 부품을 일정한 간격을 두고 고정할 때 사용한다.

③ 아이볼트(eye bolt) : 아이볼트는 물건을 들어올릴 때 사용하는 볼트이다.

④ T볼트(T—bolt) : T—볼트는 T형의 홈에 볼트 머리를 끼우고 위치를 이동하면서 임의의 위치에 물체를 고정할 수 있다. 공작기계의 테이블에 공작물을 고정시킬 때 사용된다.

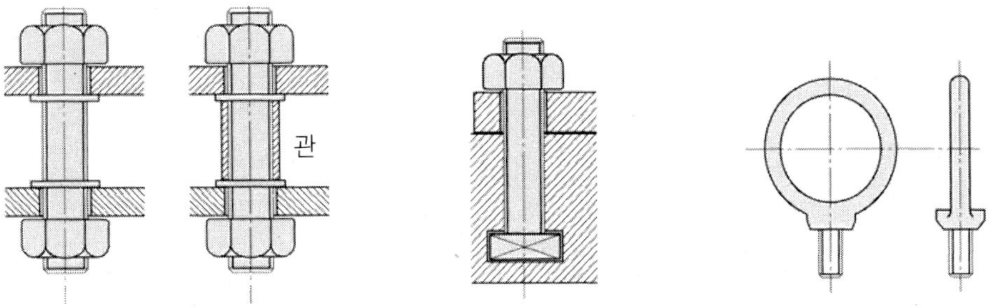

(a) 스테이볼트 (b) T볼트 (c) 아이볼트

[그림 7] 특수 볼트의 종류

[3] 작은 나사류

(1) 작은나사(machine screw)

기계나사라고도 부르며, 나사의 바깥지름이 8mm 이하의 나사로 별로 힘이 걸리지 작은 부품이나 얇은 판 등을 결합하는데 사용한다. 주로 드라이버를 사용하여 풀거나 조이며, 작은나사의 하나로 태핑나사(tapping screw)가 있다. 이것은 모재에 뚫린 구멍에 나사를 내지 않고 태핑 나사를 돌려 끼우면 나사산이 생기면 죄어지는 나사이며, 나사 끝이 테이퍼로 되어 있다.

(2) 고정나사(set screw)

멈춤나사라고도 하며, 나사의 끝을 이용하여 바퀴 등을 고정하거나 풀림을 방지하는데 사용하는 작은 나사이다.

[4] 볼트의 설계

① 축 하중(인장 하중)만 받는 경우의 볼트 지름

$$W = \frac{\pi}{4} {d_1}^2 \sigma_t \ , \qquad \sigma_t = \frac{W}{\frac{\pi}{4} d_1^2}$$

$$d_1 = \sqrt{\frac{1.27\,W}{\sigma_t}} \ , \qquad d_1^2 = \frac{W \cdot 4}{\sigma_t \cdot \pi}$$

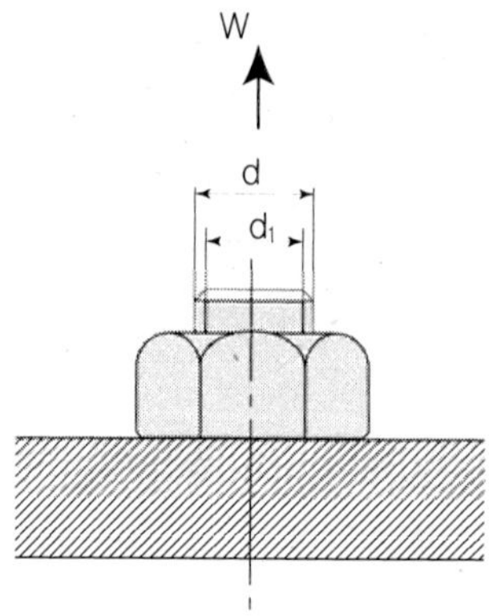

[그림 8] 볼트(축 하중을 받는 경우)

$d_1 = 0.8d$이므로

$$W = \frac{\pi}{4}{d_1}^2\sigma_t = \frac{\pi}{4}(0.8 * d)^2\sigma_t \fallingdotseq 0.5d^2\sigma_t$$

$$\therefore\ d = \sqrt{\frac{2W}{\sigma_t}}$$

σ_t : 볼트 재료의 인장강도(kg_f/cm^2)
W : 하중(kg_f)

(2) 인장하중과 수평하중을 동시에 받는 경우

$$F = W_s - \mu W, \qquad \tau_a = \frac{F}{\frac{\pi}{4}d^2} = \frac{4(W_s - \mu W)}{\pi d^2}$$

$$d = \sqrt{\frac{4(W_s - \mu W)}{\pi\tau_a}} = 2 * \sqrt{\frac{W_s - \mu W}{\pi\tau_a}}$$

$\therefore$ 수평하중(W_s) = 0이면 $d = 2 * \sqrt{\frac{W}{\pi\tau_a}}$

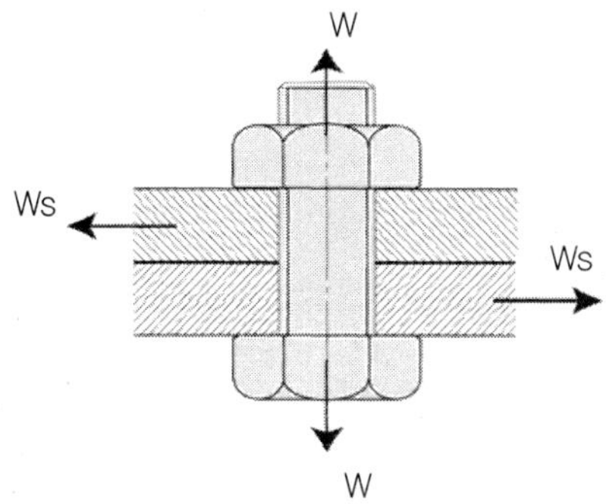

[그림 9] 볼트(인장하중과 수평하중을 동시에 받는 경우)

∴ 인장력(W) = 0이면

$$d = 2 * \sqrt{\frac{W_s}{\pi \tau_a}}$$

W_s : 수평 하중(kg_f)
F : 전단력
μ : 마찰계수

(3) 인장하중과 비틀림 하중을 동시에 받는 경우

비틀림 하중으로 인해 발생되는 응력은 수직응력의 $\frac{1}{3}$ 미만이므로 축방향 인장하중만 받는 경우의 식에서 W대신 $W+\frac{1}{3}W=\frac{4}{3}W$를 적용하면, 볼트의 지름은

$$d = \sqrt{\frac{2}{\sigma_t} \times \frac{4W}{3}} = \sqrt{\frac{8W}{3\sigma_t}} \quad \cdots\cdots (5-10)$$

1.2.2. 너트

[1] 너트의 개요

너트는 볼트와 함께 물체를 고정하는데 사용하는 것이 있다. 그리고 너트의 높이(H)는 다음과 같이 산출한다.

$$H = zP = \frac{WP}{\pi d_2 h q} \quad \cdots\cdots (5-11)$$

W : 하중, p : 피치
d_2 : 유효지름, z : 나사산의 수
h : 나사산이 걸리는 곳의 높이, q : 허용 접촉면 압력(kg_f/mm^2)

또한 너트의 나사 산수(z)는 다음과 같다.

$$z = \frac{4W}{\pi(d^2 - d_1{}^2)q} \quad \cdots\cdots (5-12)$$

W : 하중, d : 나사의 바깥지름
d_1 : 나사의 골지름, q : 허용 접촉면 압력
z : 나사산의 수

[2] 너트의 종류

① 6각너트 : 6각 너트는 가장 널리 사용되고 있는 형상의 것이다.

② 4각너트 : 4각 너트의 재질은 SS34, SS41이며, 주로 건축용이나 목공용으로 사용된다.

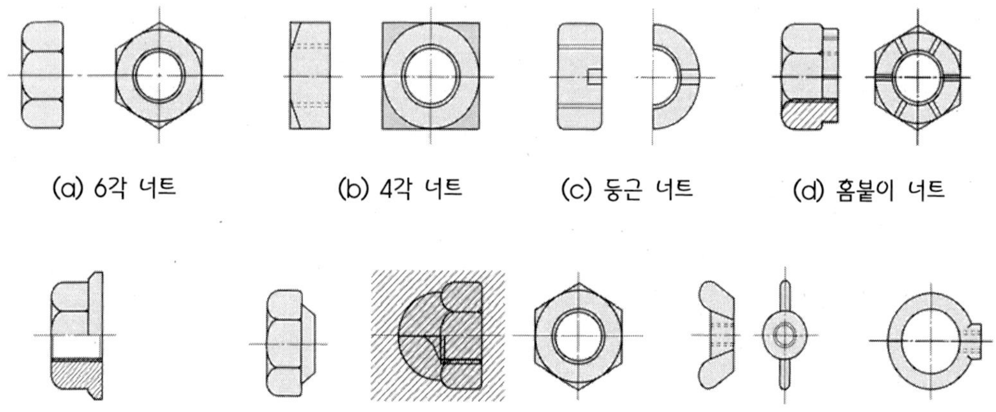

(a) 6각 너트 (b) 4각 너트 (c) 둥근 너트 (d) 홈붙이 너트 (e) 와셔 붙이 너트 (f) 모떼기 너트 (g) 캡 너트 (h) 나비 너트 (i) 아이 너트

[그림 10] 너트의 종류

③ 특수너트

㉮ 나비너트(butterfly nut) : 나비너트는 손으로 죄고 풀 수 있는 것이며, 자주 분해・조립하는 부분에서 사용된다. 기화기 차량의 경우 에어클리너에 사용된다.

㉯ 캡너트(cap nut) : 캡너트는 나사의 부분에서 유체가 흘러나오는 것을 방지하는데 사용된다.

㉰ 링너트(ring nut) : 링너트는 둥근너트라고도 부르며, 선반의 주축이나 컴퍼스 손잡이 부분에 사용되며, 별로 힘이 걸리지 않는 곳에서 사용된다.

㉱ 와셔붙이 너트(washer based nut) : 와셔붙이 너트는 바닥부분에 원형의 와셔와 같은 것을 붙인 것으로 볼트구멍이 크거나 큰 면압(面壓)이 걸려서는 안되는 부분에서 사용된다.

㉲ 홈붙이 너트(castle nut) : 홈붙이 너트는 너트의 풀림을 방지하지 위해서 분할 핀을 끼울 수 있는 홈이 마련된 것이다.

[3] 나사의 풀림방지 방법

① 로크너트(lock nut)를 사용한다.
② 분할 핀(split pin)을 사용한다.
③ 세트 스크루(set screw)를 사용한다.
④ 특수 와셔(스프링 와셔, 혀붙이 와셔)를 사용한다.
⑤ 철사를 사용한다.

1.3. 와셔(washer)

와셔는 너트 또는 볼트 머리와 접촉하는 결합 면사이에 끼워넣기 위해 볼트구멍을 뚫은 판을 말한다.

1.3.1. 와셔의 사용목적

① 볼트 구멍의 지름이 볼트보다 너무 클 때

② 볼트 머리의 시트가 평평하지 아니하고 거칠거나 경사져 죄는 힘이 고르게 작용하지 않을 때
③ 볼트 시트 면의 재료가 약해서 넓은 면으로 지지하여야 할 때
④ 진동이나 회전으로 인해서 볼트나 너트가 풀리거나 빠져나가는 것을 방지할 때

1.3.2. 와셔의 종류

[1] 일반적인 와셔

① 평 와셔(flat washer) : 평 와셔는 강판으로 제작한 것이며, 다듬질한 것과 다듬질을 하지 않은 것이 있으며, 형상은 원형이 대부분이나 목재용(木材用)은 4각이다.
② 혀붙이 와셔(tongue washer) : 혀붙이 와셔는 너트를 죄고 난 후 구부려 너트가 회전하지 않도록 하는데 사용된다.
③ 폴 와셔(pawl washer) : 폴 와셔는 평 와셔의 일부분을 폴(pawl)과 같이 하여 구부려서 고정시키는 것이다.

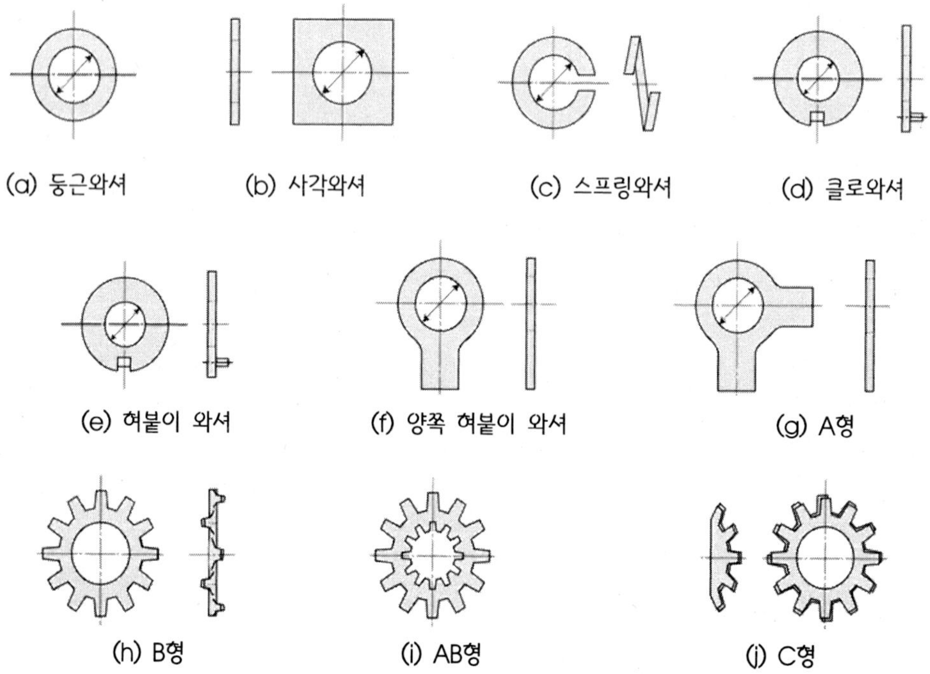

[그림 11] 와셔의 종류

④ 이붙이 와셔(tooth lock washer) : 이붙이 와셔는 잇날의 스프링작용을 이용한 것이며 너트의 풀림방지에 큰 효과가 있다.

[2] 스프링 와셔(spring washer)

스프링 와셔는 탄성이 있기 때문에 볼트나 너트의 진동에 의한 풀림을 방지하는 역할을 한다.

1.4. 키(key)

키는 기어나 벨트 풀리 등을 회전축에 고정할 때, 또는 회전을 전달하는 동시에 축방향으로 이동할 수 있도록 할 때 쓰이는 것으로 주로 전단력을 받기 때문에 재질은 축과 같은 재료를 사용하거나 축보다 약간 강한 것을 사용한다. 끼우는 방법에 따라 때려박음 키(driving key, 기울기 1/100)와 축에 키를 끼운 다음 보스를 끼우는 꽂아놓음 키(set key)가 있다.

일반적으로 많이 사용하는 키의 모양은 단면이 직사각형이고 가늘고 긴 사각기둥 모양이며, 그 상하 양면이 평행한 키와 윗면이 약간 경사진 키가 있다. 그리고 키는 축방향으로 끼워 사용하므로 키나 회전체가 축방향으로 이동할 가능성이 있다. 이를 방지하는 방법은 다음과 같다.

① 키에 테이퍼를 두어 쐐기작용을 하도록 하므로서 축과 키 및 회전체의 3요소가 일체가 되도록 한다.

② 회전체의 보스(boss)에 마련한 고정나사를 사용하여 3요소가 일체가 되도록 한다.

③ 키만을 축에서 이동하지 못하도록 끼우고 보스는 너트 등을 사용하여 축방향으로 이동하지 않도록 한다. 이때 회전체를 축방향으로 이동하게 하는 방법도 있다.

기어나 벨트 풀리 등에 축을 부착할 경우에는 축과 직각이 되도록 하고 또한 편심(偏心)이 되지 않아야 한다. 키를 끼워 넣을 때 세게 때리면 편심이 되는 경향이 있다. 이를 방지하기 위하여 회전체를 축에 억지 끼움을 하거나 키를 꽂아두는 정도로 한다. 그리고 편심을 방지하기 위하여 직각 2방향이나 4방향에 키를 사용하기도 한다.

1.4.1. 키의 종류

[1] 섀들 키(안장 키 : saddle key)

섀들 키는 축에는 키 홈을 파지 않고 보스에만 키 홈을 파고 키를 박아 마찰력에 의하여 토크를 전달한다. 축은 가공할 필요가 없고 축의 임의의 위치에 사용하는 편리한 점은 있으나 때려 박은 마찰력만으로 토크를 전달하기 때문에 큰 동력전달용으로는 적합하지 않다.

[2] 평 키(flat key)

평 키는 키가 닿는 축을 편평하게 깎아내고 보스에 홈을 판 키를 말한다. 힘의 방향이 변화하는 경우에는 헐거워질 우려가 있다. 축의 가공이 쉬우므로 하중이 비교적 가벼운 것에서 사용한다.

[3] 성크 키(묻힘 키 : sunk key)

성크 키는 축과 보스에 모두 키 홈을 파고 여기에 키를 끼우도록 한 것이며, 일반적으로 많이 사용하는 방식이다. 토크가 확실하게 전달되므로 큰 힘을 전달하는데 쓰인다. 다만, 축의 강도가 조금 약해지는 결점도 있다.

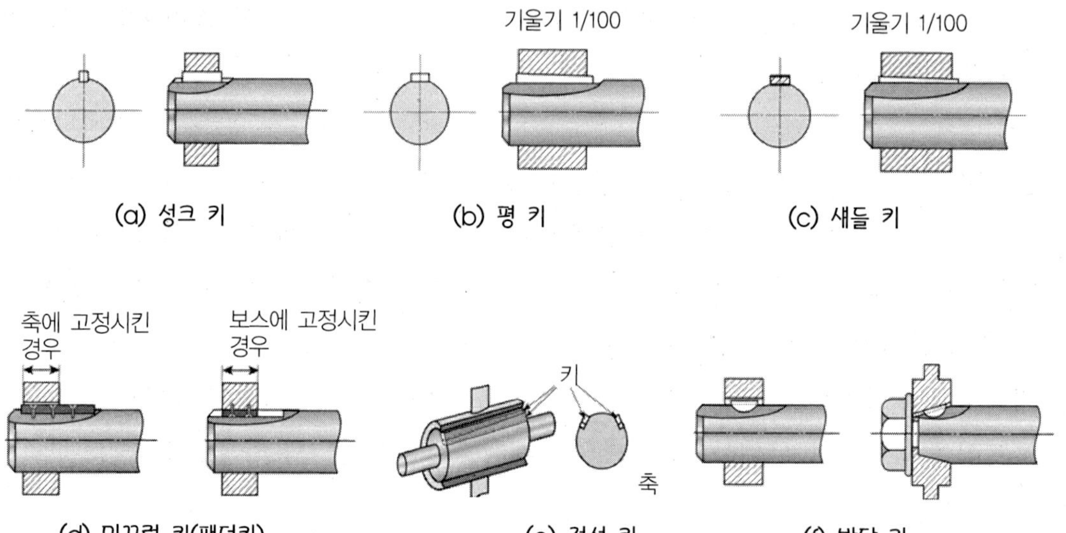

[그림 12] 키의 종류

성크 키에는 사용방법에 따라 꽂음 키와 때려 박음 키가 있으며, 꽂음 키에는 경사 키와 평행 키를 사용하고, 때려 박음 키로는 경사 키만이 사용된다.

[4] 접선 키(tangential key)

접선 키는 역회전(逆回轉)이 가능하도록 하기 위해 120° 각도를 두고 2개소에 키를 둔 것이다. 접선키는 압축 작용만을 받으므로 큰 토크에 견딜 수 있어 큰 힘을 전달하는 곳에서 사용한다.

[5] 미끄럼 키(feather key)

미끄럼 키는 토크 전달과 동시에 보스를 축방향으로 미끄럼 시킬 필요성이 있을 때 사용한다.

[6] 스플라인(spline)

스플라인은 축과 보스의 원 둘레에 4~20개의 요철을 두고 토크를 전달함과 동시에 보스를 축방향으로 이동시키고자 할 때 사용한다. 스플라인은 토크를 많이 키에 분산시키므로 옆면의 높이를 낮게 할 수 있고 축의 노치(notch)효과도 적어지므로 내구성이 크다.

[7] 반달 키(우드러프 키, woodruff key)

반달 키는 축에 홈을 깊게 파서 강도가 약해지는 결점이 있으나 키와 키 홈의 가공이 쉽고 키가 자동적으로 자리를 쉽게 잡을 수 있어 테이퍼 축에서 많이 사용한다.

[8] 세레이션(seration)

세레이션은 축과 보스에 작은 삼각형의 키와 홈을 판 후 고정시키는 것이다. 세레이션은 스플라인에 비해 산의 수를 늘리고 그 높이를 작게 할 수 있는 특징이 있다.

1.4.2. 묻힘 키의 전단응력

$$\tau = \frac{2T}{b\ell d} \quad \cdots\cdots (5\text{-}13)$$

T : 비틀림 모멘트, b : 키의 너비
L : 키의 길이, d : 키의 지름

1.4.3. 묻힘 키의 압축응력

$$\sigma_c = \frac{4T}{h\ell d} \quad \cdots\cdots (5\text{-}14)$$

h : 키의 높이

1.4.3. 묻힘 키의 치수표기

b(너비) × (h)(높이) × L(길이) ⋯⋯ (5-15)

1.5. 코터와 핀

1.5.1. 코터(cotter)

코터는 두께가 일정하며 기울기(taper)가 있는 일종의 쐐기이며 축과 축을 결합할 경우와 같이 축방향으로 작용하는 압축력이나 인장력에 대해서 풀리지 않도록 부품을 결합할 때 사용한다. 축을 동심으로 끼우고 코터를 때려 박는다. 또한 코터는 탈・부착이 편리하며, 기울기 정도는 수시로 분해하는 경우에는 1/6~1/15 정도로 크게 하고, 거의 분해하지 않는 반영구적인 것은 1/20~1/40 정도로 한다.

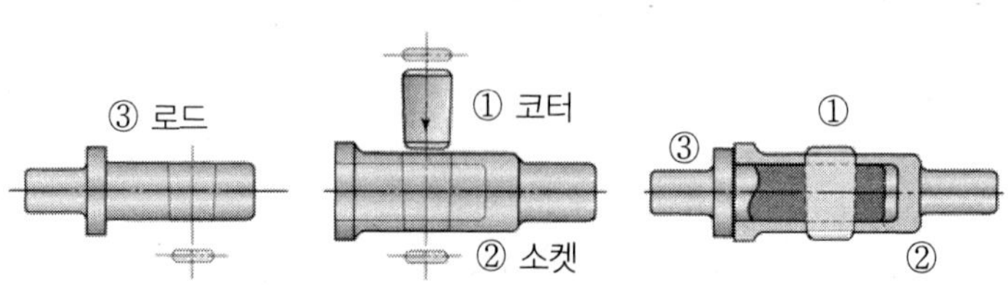

[그림 13] 코터 이음

1.5.2. 핀(pin)

2개 이상의 기계부품의 결합용 또는 보조용으로 쓰이며, 하중이 작은 곳의 부품설치 및 분해 조립을 하는 부품의 위치 결정에 널리 사용된다.

[1] 핀의 종류

(1) 평행 핀(dowel pin)

평행 핀은 지름이 적은 강철제의 둥근 봉이며, 기계부품을 간단히 체결하거나 또는 분해·조립을 하거나 하는 두 부분의 맞춤 면의 관계 위치를 항상 일정하게 유지할 필요가 있는 경우에 사용된다. 주로 축과 보스를 고정하고 토크를 전달하는데 사용되나 이탈되는 단점이 있다. 핀의 크기는 호칭지름 d(mm)와 길이 L(mm)로 나타낸다. 평행 핀은 노크 핀(knock pin), 자리 맞춤 핀(dowel pin)이라고도 부른다.

(2) 테이퍼 핀(taper pin)

1/50 정도의 테이퍼가 있으며, 주로 키 대용으로 사용하거나 보스와 축을 테이퍼 리머(taper reamer)로 가공하여 때려 넣어 고정시키기 위해 사용한다. 테이퍼 핀의 지름은 가장 가는 끝 부분의 지름으로 나타낸다. 평행 핀의 단점을 보완한 핀이다.

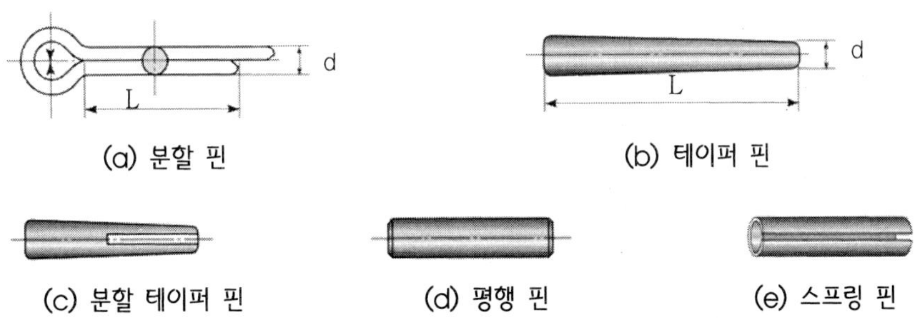

(a) 분할 핀 (b) 테이퍼 핀 (c) 분할 테이퍼 핀 (d) 평행 핀 (e) 스프링 핀

[그림 14] 핀의 종류

(3) 분할 핀(split pin)

분할 핀은 너트의 풀림 방지나 축에 끼운 링이 빠지는 것을 방지하기 위해 사용된다. 이것은 강(鋼)이나 황동으로 제작하며 구멍에 끼워 넣은 후 앞 끝을 둘로 벌려서 빠지지 않도록 한다.

(4) 스프링 핀(spring pin)

세로방향으로 쪼개져 있어 구멍의 크기가 정확하다.

[2] 핀의 설계

•지름(d)

$$p = \frac{W}{db}, \quad W = dbp = md^2p(b = md,\ m = 1 \sim 1.5)$$

$$\therefore\ d = \sqrt{\frac{W}{mp}}$$

•전단강도

$$W = 2 \times \frac{\pi}{4}d^2\tau$$

$$\therefore\ \tau = \frac{2W}{\pi d^2}$$

•굽힘강도

$$\frac{W\ell}{8} = \frac{\pi}{32}d^3\sigma_b(\ell = 1.5md,\ \ell = 2b)$$

$$\therefore\ \sigma_b = \frac{W \cdot m}{0.52d^2}$$

W: 하중(kg), d: 핀의 굵기(mm)
m: 상수 b: 핀의 링크와의 접촉 길이(mm)
p: 회전 개소에 쓰이는 핀의 투영면에서의 면압력(kg_f/mm^2)

1.6. 리벳(rivet)

리벳은 용기(容器), 압력탱크, 건축물, 교량 등을 제작할 때 판이나 형강(形鋼)을 겹쳐서 반영구적으로 결합하는데 사용한다. 리벳의 호칭은 [축부분의 호칭지름(d)]×[목밑 부분의 길이(L)] [재질]로 나타낸다.

1.6.1. 리벳의 재료

리벳의 재료는 일반적으로 결합하는 모재와 같은 종류의 재료를 사용하며, 강, 구리, 알루미늄, 두랄루민 등이 있다. 강관의 경우에는 특히 강도나 내부식성이 필요할 경우에는 특수강을 사용하기도 한다.

1.6.2. 리벳작업의 순서

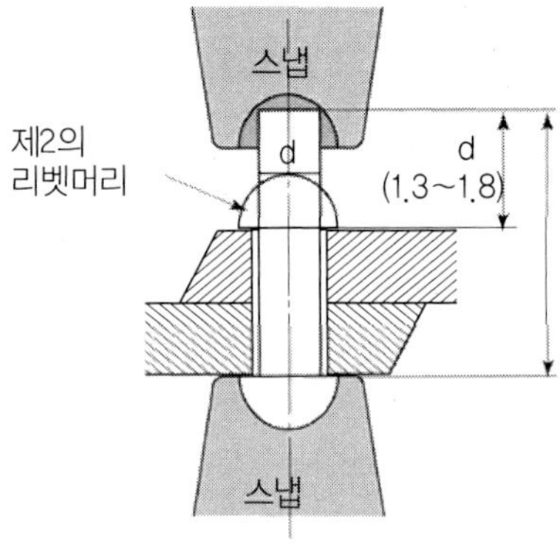

[그림 15] 리벳작업

[1] 드릴링(drilling)

펀치나 드릴을 사용하여 강판이나 형강에 리벳이 들어갈 구멍을 뚫는다.

[2] 리밍(reaming)

뚫린 구멍을 리머 공구로 정밀하게 다듬질한다.

[3] 리벳팅(riveting)

가열된 리벳 생크를 끼우고 머리를 스냅(snap)으로 받치고 스냅을 대고 때려서 머리 부분을 만든다.

구리나 알루미늄제 리벳은 상온에서 작업을 한다(지름이 10mm 이상인 것은 열간 리벳팅 그 이하는 냉간 리벳팅 한다).

[4] 코킹(caulking)

코킹은 보일러 등의 압력 용기 등에서 리베팅을 한 후 리벳 머리의 주위와 이음매의 판재 모서리를 정으로 찌그러뜨려 액체나 기체가 누출되는 것을 방지하는 작업이다. 주로 기밀, 수밀이 필요한 경우에 사용된다.

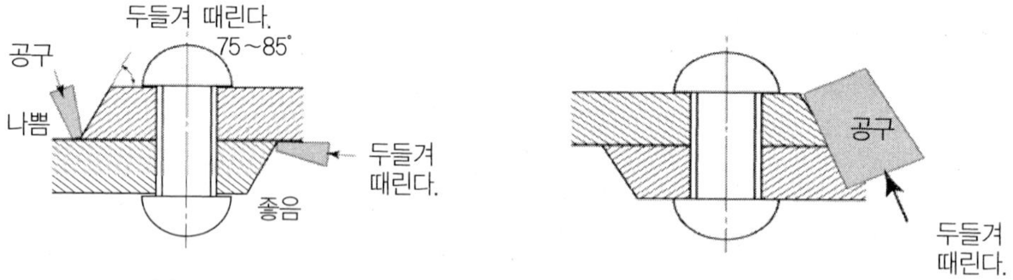

(a) 코킹 (b) 플러링

[그림 16] 코킹과 플러링

[5] 플러링(fullering)

플러링은 코킹보다 더욱 더 기밀을 완벽하게 하기 위해서는 판 두께와 같은 두께의 판으로 때리는 작업을 말한다.

1.6.3. 리벳의 이음의 강도

리벳이음이 파괴되는 경우는 다음과 같다.

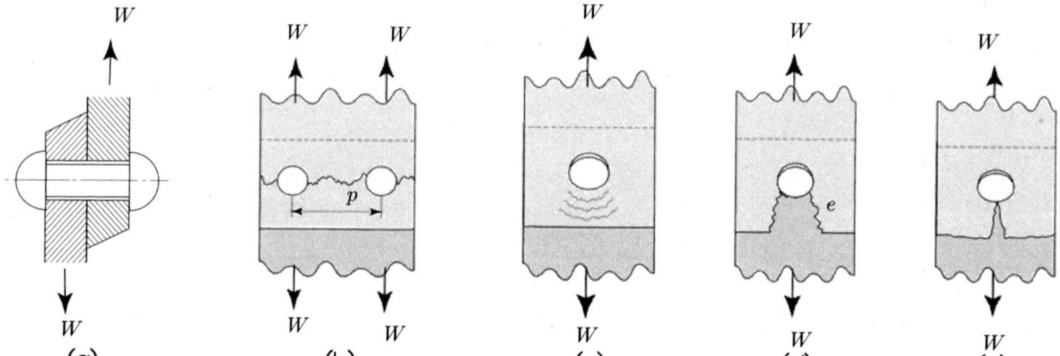

(a) (b) (c) (d) (e)

[그림 17] 리벳이음이 파괴되는 경우

•리벳이 전단되는 경우 : $W = \frac{\pi}{4} d^2 \tau$ [kg]

•리벳이 열에 따라 강판이 인장 파괴되는 경우 : $W = t(p-d)\sigma_t$ [kg]

•강판(또는 리벳)이 압괴되는 경우 : $W = dt\sigma_c$ [kg]

•강판 끝이 전단되는 경우 : $W = 2et\tau$ [kg]

•강판 끝이 균열되는 경우 : $W = \frac{\sigma_b}{3} \cdot \frac{t(2e-d)^2}{d}$

p : 리벳의 피치(mm)
W : 1피치 당의 인장 하중(kg_f)
t : 판 두께(mm)
d : 리벳 체결 후의 지름(리벳 구멍지름, mm)
e : 리벳 중심에서 강판의 가장자리까지의 거리(mm)

1.6.4. 리벳이음의 효율

리벳이음의 효율은 강판효율과 리벳효율을 각각 구하여 이중 작은 값을 리벳이음의 효율로 한다.

[1] 강판 효율

리벳이음에서 리벳구멍을 뚫은 판의 강도와 구멍을 뚫기 전의 판의 강도와의 비율을 강판 효율이라 한다.

$$\eta_t = \frac{\text{1피치사이에 구멍이 있는 강판의 인장강도}}{\text{1피치사이에 구멍이 없는 강판의 인장강도} } \quad \cdots\cdots\cdots \quad (5\text{-}16)$$

$$= \frac{t(p-d_1)\sigma_t}{tp\sigma_t} = \frac{p-d_1}{p} = 1 - \frac{d_1}{p}$$

d_1 : 리벳구멍 지름(mm)　　σ_t : 강판의 인장강도(kg_f/mm^2)
t : 강판의 두께(mm)　　p : 리벳의 피치(mm)

[2] 리벳 효율

리벳의 전단강도와 구멍을 뚫기 전의 판 강도와의 비율을 리벳 효율이라 한다.

$$\eta_s = \frac{\text{1피치사이에 리벳의 전단강도}}{\text{1피치사이에 구멍이 없는 강판의 인장강도} } \quad \cdots\cdots\cdots\cdots (5\text{-}17)$$

$$= \frac{n\frac{\pi d^2}{4}\cdot\tau}{pt\sigma_t} = \frac{n\pi d^2 \tau}{4pt\sigma_t}$$

τ : 리벳 재료의 전단강도
n : 1피치 내의 리벳 전단면 수

2. 축(shaft)관계 기계요소

축 관계 기계요소에서 기계의 운동을 전달하는 방법에는 다음과 같다.

① 구동축(또는 원동축이라 함, driving shaft)과 피동축(driven shaft)을 축이음으로 연결하는 방법

② 구동축과 피동축사이에 마찰차(주로 구름접촉)나 기어(주로 미끄럼접촉)를 설치하고 그 접촉을 이용하여 전달하는 방법

③ 구동축과 피동축사이에 벨트나 체인으로 연결하여 전달하는 장치, 링크장치, 또는 유압장치 등의 매개체를 이용하여 전달하는 방법

이러한 방법은 구동축과 피동축의 상호위치(일직선, 직각으로 교차, 평행 등), 회전속도(증속, 감속), 회전방향 등의 조건을 만족시키기 위해 다음에 설명하는 기계요소를 적절히 선택하여 사용한다.

2.1. 축(shaft)

축은 베어링으로 지지되어 있으면서 회전운동에 의하여 동력을 전달하는 기계요소이다. 축은 강도나 강성 이외에 기계부품으로서 필요한 조건을 갖추고 베어링으로 지지하여 구동축과 피동축이 일직선상에 있거나 또는 약간의 각도로 교차하는 위치에서 동일한 회전방향으로 동일한 회전속도를 전달하도록 두 축을 연결하는 경우에 사용한다. 그 밖에 회전하는 부품을 지지하거나 왕복운동을 직선운동으로 바꾸는 경우도 있다.

2.1.1. 축의 종류

[1] 작용하는 힘에 의한 분류

(1) 전동축(transmission shaft)

전동축은 동력을 전달하는 것을 목적으로 하는 축이다.

① 주로 비틀림 작용을 받는 일반적인 동력 전달용 축이 있으며, 여기에 속하는 것이 주축(main shaft)이나 중간축이다.

② 비틀림작용 이외에 전단, 굽힘, 인장, 압축작용을 받는 축이 있으며, 여기에 속하는 것이 터빈 축, 윈치의 드럼 축, 선박의 추진축 등이다.

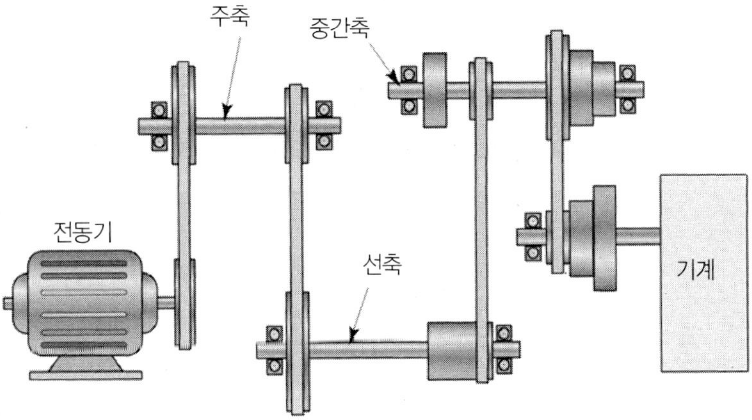

[그림 18] 전동축

(2) 차축(axle)

차축은 기차나 자동차의 두 바퀴를 연결한 것이며, 차체나 화물의 중량을 지지하므로 굽힘 작용을 받는다.

(3) 스핀들(spindle)

스핀들은 전동축 중에서 특별한 것이며 동력을 전달하면서 실제 작동을 하는 비교적 짧은 축이며, 기계부품의 하나이다. 비틀림 작용을 받으며, 형상 치수가 정밀하고 변형이 적으며 내마모성이 커야 한다.

[2] 모양에 따른 분류

(1) 직선축(straight shaft)

일반적으로 사용되는 곧은 축이며, 축의 대부분이 여기에 속한다. 축의 단면 모양은 원형이며, 특수한 경우에는 4각 축, 6각 축 등이 있다. 또한 중실축(中實軸)과 중공축(中空軸)이 있다.

(2) 크랭크축(crank shaft : 곡선축)

왕복운동 기관이나 공기 압축기 등에서 사용하는 축이며 직선 왕복운동을 회전운동으로 바꾸고 또 회전운동을 직선 왕복운동으로 바꾸는데 사용되는 축이다.

(3) 플렉시블 축(flexible shaft)

축의 방향이 자유롭게 변화될 수 있는 축으로 철사를 코일 모양으로 2~3중으로 감아서 만든 것이다. 주로 작은 동력전달에 사용된다.

(a) 크랭크축 (b) 플렉시블축

[그림 19] 축의 모양에 따른 분류

2.1.2. 축의 재료

일반적인 축에는 탄소강을 사용하고 고속·고하중의 경우에는 크롬—몰리브덴(Cr—Mo)강, 니켈—크롬(Ni—Cr)강이나 그 밖의 특수강을 사용한다. 크랭크축이나 캠축 등 형상이 복잡한 축은 미하나이트 주철이나 고급 주철을 사용하고 또한 강도나 내마모성을 고려하여 담금질 등의 열처리를 한다.

2.1.3. 축의 강도설계

[1] 굽힘만이 작용하는 축

(1) 중실축

$$M = \sigma_a Z = \frac{\pi}{32} d^3 \sigma_a = \frac{d^3}{10.2}\sigma_a$$

$$\therefore\ d = \sqrt[3]{\frac{10.2}{\sigma_a}M} \fallingdotseq 2.17\sqrt[3]{\frac{M}{\sigma_a}}$$

M : 축의 굽힘 모멘트($kg_f \cdot mm$)
σ_a : 축의 허용 굽힘응력(kg_f/mm^2)
Z : 축의 단면계수

(a) 중실축 (b) 중공축

[그림 20] 중실축과 중공축

(2) 중공축

$$M = \sigma_a Z = \frac{\pi}{32}\left(\frac{{d_2}^4 - {d_1}^4}{d_2}\right)\sigma_a = \frac{{d_2}^3}{10.2}(1-x^4)\sigma_a$$

$$\therefore\ d_2 = \sqrt[3]{\frac{10.2M}{(1-x^4)\sigma_a}} \fallingdotseq 2.17\sqrt[3]{\frac{M}{(1-x^4)\sigma_a}}$$

d_1 : 중공축의 내경(mm)
d_2 : 중공축의 외경(mm)
$x = \frac{d_1}{d_2}$: 내 · 외경의 비

[2] 비틀림 만을 받는 축(전동축)

(1) 중실 축

$$T = \frac{\pi}{16} d^3 \tau_a \fallingdotseq \frac{d^3}{5.1} \tau_a$$

$$\therefore \; d = \sqrt[3]{\frac{16T}{\pi \tau_a}} \fallingdotseq \sqrt[3]{\frac{5.1T}{\tau_a}} = 1.72\sqrt[3]{\frac{T}{\tau_a}} \quad \cdots\cdots (5\text{–}18)$$

T : 축의 비틀림 모멘트($kg_f \cdot mm$) d : 축의 지름(mm)

τ_a : 축의 허용 비틀림 응력(kg_f/mm^2) Z_p : 축의 극 단면계수

•마력(PS)의 경우

$$H_{PS} = \frac{T \cdot \omega}{75 \times 1000} = \frac{2\pi n T}{75 \times 60 \times 1000}$$

$\therefore \; T = \dfrac{716200 H_{PS}}{n}$ [$kg_f \cdot mm$]를 위의 (5–18)식 T에 대입하면

$$\cdot \; d \fallingdotseq 154\sqrt[3]{\frac{H_{PS}}{\tau_a n}} \; [mm]$$

•전력(kw)의 경우

$$H_{kw} = \frac{T \cdot \omega}{102 \times 1000} = \frac{2\pi n T}{102 \times 60 \times 1000}$$

$\therefore \; T = \dfrac{974000 H_{kw}}{n}$ [$kg_f \cdot mm$]를 위의 (5–18)식 T에 대입하면

$$\cdot \; d \fallingdotseq 170\sqrt[3]{\frac{H_{kw}}{\tau_a n}} \; [mm]$$

(2) 중공 축

$$T = Z_p \cdot \tau_a$$

여기서, $Z_p = \frac{\pi}{16} d_2^{\,3}(1-x^4)$ 이므로 아래와 같다.

$$T = \frac{\pi}{16} d_2^{\,3}(1-x^4)\ \tau_a = \frac{d_2^{\,3}}{5.1}(1-x^4)\tau_a$$

$$\therefore\ d_2 = \sqrt[3]{\frac{5.1T}{(1-x^4)\tau_a}}$$

(3) 굽힘과 비틀림을 동시에 받는 축

① 최대 주 응력설(랭킨의식) : 취성재료에 적합

상당 굽힘 모멘트 : $M_e = \frac{1}{2}(M + \sqrt{M^2 + T^2})$ ························ (5-19)

② 최대 전단응력(게스트의 식) : 연성재료에 적합

상당 비틀림 모멘트 : $T_e = \sqrt{M^2 + T^2}$ ···································· (5-20)

(4) 축의 강성설계

① bach의 축설계 기준 : 축 길이 1m를 기준으로 비틀림 각을 0.25° 이하로 제한하며 축지름을 설계한다.

비틀림 각, $\theta = 583.6\frac{T \cdot \ell}{d^4 \cdot G}$ 에서

$\theta = 0.25^\circ$, L= 1000mm, $T = 716200\frac{H_{ps}}{n}\left(974000\frac{H_{ps}}{n}\right)$ G= 8300kg_f/mm^2(연강)

의 조건을 적용하여 축지름을 구하면

$$d[mm] \fallingdotseq 120\sqrt[4]{\frac{H_{ps}}{n}}$$

$$d[mm] \fallingdotseq 130\sqrt[4]{\frac{H_{ps}}{n}}$$

(5) 축의 위험속도

$$\eta_c = \frac{30}{\pi}\omega_c = \frac{30}{\pi}\sqrt{\frac{g}{\delta}} \fallingdotseq 300\sqrt{\frac{1}{\delta}} \quad \cdots\cdots (5-21)$$

η_c : 축의 위험회전수(rpm)　　ω_c : 위험 각속도(rad/sec)
g : 중력 가속도(980cm/sec^2)　　δ : 축의 처짐량(cm)

2.2. 축이음(shaft joint or coupling)

구동축의 끝부분과 피동축의 끝부분을 연결하는 기계부품을 말한다. 즉 2개의 회전축을 연결하여 한쪽의 동력을 다른 쪽으로 전달하는 데 사용하는 장치이다. 축이음은 동작 중 이음을 끊을 수 없는 커플링과 필요에 따라 단속(斷續)할 수 있는 클러치로 구분할 수 있다. 축이음은 축이 1개로는 너무 길거나 2축의 축선이 일직선상에 있지 않은 경우 등에 사용한다.

(1) 축이음의 구비조건

① 중심 맞추기가 완전하여야 한다.
② 분해・결합이 쉬워야 한다.
③ 회전체의 바깥 면은 매끈하여야 하고, 돌기 물이 있을 경우에는 보호 장치를 하여야 한다.
④ 동력전달이 원활하고, 확실하여야 한다.
⑤ 진동이 있어도 풀리지 않아야 한다.
⑥ 작고, 가벼워야 한다.
⑦ 회전평형이 잡혀 있어야 한다.

(2) 축이음의 종류

① 단속(斷續)이 불가능한 경우 : 고정축 이음, 플렉시블 커플링, 올담 커플링, 자재이음
② 단속이 가능한 축 이음(클러치) : 물림 클러치, 마찰 클러치, 비역전 클러치, 유체클러치, 전자클러치

2. 2. 1. 커플링(coupling)

[1] 슬리브 커플링(sleeve coupling or muff coupling)

슬리브 커플링은 주철제 원통 속에 2개의 축을 양쪽에서 각각 밀어 넣고 키로 고정시킨 방식이다. 일반적으로 축의 지름이 매우 적을 때 사용된다.

[2] 플랜지 커플링(flange coupling)

플랜지 커플링은 양쪽의 축 끝에 주철이나 강으로 만든 플랜지를 고정하고 볼트로 조인 것이다.

[3] 플렉시블 커플링(flexible coupling)

플렉시블 커플링은 2축의 중심선이 어느 정도 어긋났거나 경사가 있을 때 사용하며 결합부에 합성고무, 가죽, 스프링 등의 탄성재료를 사용하여 양축사이의 토크를 이들을 통하여 전달하도록 한다.

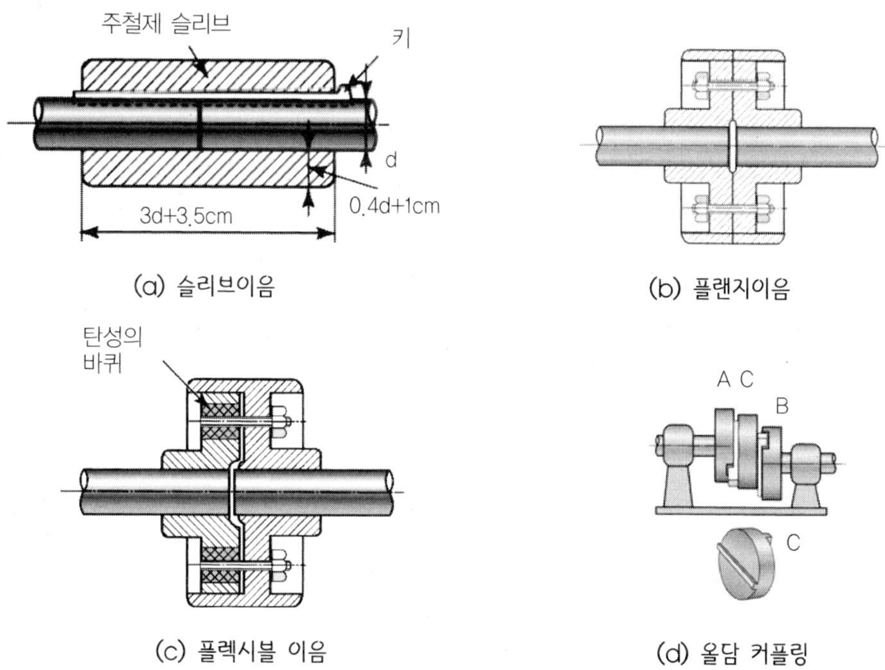

[그림 21] 커플링의 종류

[4] 올담 커플링(oldham' coupling)

올담 커플링은 두축이 평행하고 축의 중심이 어긋나 있을 때 사용하며, 양축 끝에 설치한 플랜지 사이에 90°의 각도로 키 모양의 돌출부가 양쪽에 있는 원판이 있으며, 이 돌출부가 플랜지의 홈에 끼워져 동력을 전달할 수 있도록 한다.

[5] 자재이음(universal joint)

자재이음은 두 축이 30°미만의 각도로 교차한 상태로 토크를 전달한다. 요크(yoke)를 십자형 핀으로 연결하여 토크를 전달한다. 공작기계, 자동차의 추진축, 압연 롤러의 추진축 등에 사용된다. 구동축의 각 속도를 w_1, 토크는 T_1, 회전각도를 θ°라하고 피동축의 각속도를 w_2, 토크는 T_2, 두 축의 교차 각도를 α°라 하면 각 속도비는 다음과 같다.

$$\frac{w_2}{w_1} = \frac{\cos\alpha}{1 - \sin^2\theta \cdot \sin^2\alpha} \qquad \text{(5-22)}$$

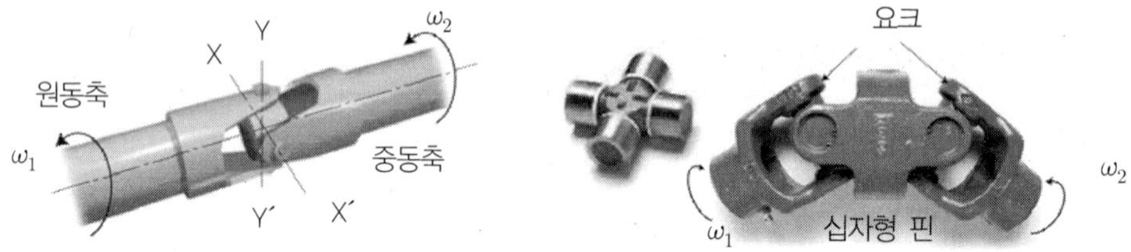

[그림 22] 자재이음

2.2.2. 클러치(clutch)

클러치는 운전 중 회전력을 단속할 수 있는 축 이음이다. 자동차에서는 기관 플라이휠 뒷면에 설치되어 있다.

[1] 클러치 마찰재료의 구비조건

① 마찰계수가 클 것,

② 내 마멸성이 클 것,

③ 단속작용(斷續 作用)이 원활하고 평형상태를 유지할 것,

④ 고온에 견딜 수 있어야 하고, 장시간 변질되지 않을 것,

⑤ 기계적 성질이 우수할 것

[2] 마찰 클러치를 설계할 때 고려하여야할 사항

① 관성을 감소시키기 위해 소형 경량일 것,

② 마멸이 발생하여도 이를 알맞게 수정할 수 있을 것

[3] 클러치의 종류

(1) 물림 클러치(claw clutch)

플랜지 중 1개는 구동축에 키로서 고정하고 다른 1개는 미끄럼 키로서 피동축에 부착하고 이것을 축방향으로 미끄럼운동을 시켜 단속하는 클러치이다.

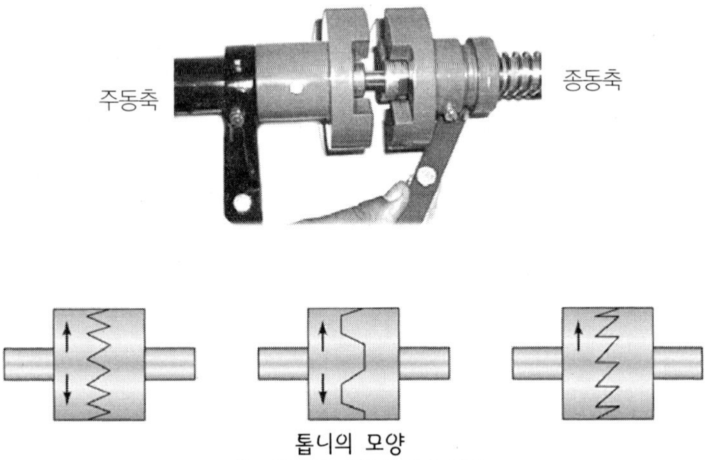

[그림 23 물림 클러치

(2) 마찰 클러치(friction clutch)

구동축과 종동축에 붙어 있는 마찰 면을 서로 밀어 붙여 마찰 면에 발생하는 마찰력에 의하여 동력을 전달하는 클러치이다.

① 원판 클러치(disk clutch) : 마찰력을 효과적으로 작용시키기 위하여 바깥둘레 부분만을 접촉시키고 중앙부는 떨어지게 하여 종동축의 원판을 미끄럼에 의하여 축 방향으로 이동시켜 동력의 전달을 단속한다.

[그림 24] 원판 클러치

② 원추 클러치(cone clutch) : 접촉면이 원추형으로 되어 있어 축 방향에 작은 힘을 가해도 쐐기작용에 의해 큰 접촉 압력을 얻는다.

(3) 유체 클러치(fluid clutch)

구동축의 토크를 유체에 의하여 종동축에 전달하여 단속을 하는 클러치이다. 구성은 2개의 날개바퀴로 되어 있으며 구동축 날개바퀴를 임펠러(impeller)라 하고 종동축 날개바퀴를 터빈(turbine)이라 한다. 유체 클러치는 축의 수명이 길고 운전은 조용하며 고속회전에서도 효율이 좋아 마찰 클러치 대신에 차량 또는 선박 등에 많이 사용되고 있다.

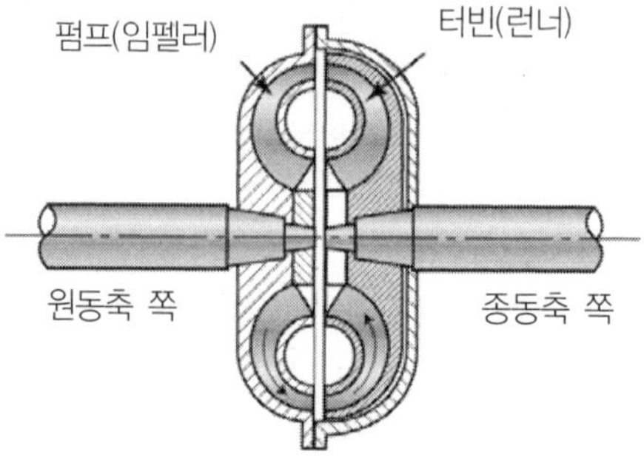

[그림 25] 유체 클러치

(4) 토크 변환기(torque converter)

유체의 운동에너지를 이용하여 토크를 자동적으로 변환하는 장치를 말한다. 구조는 터빈(임펠러), 펌프, 스테이터로 구성되어 있다. 터빈은 변속기 입력축의 스플라인에 설치되어 있고, 펌프는 크랭크축에 연결되어 있다. 또한 스테이터는 변속기 케이스에 고정된 축에 일방향 클러치(one way clutch)를 통하여 부착되어 있다.

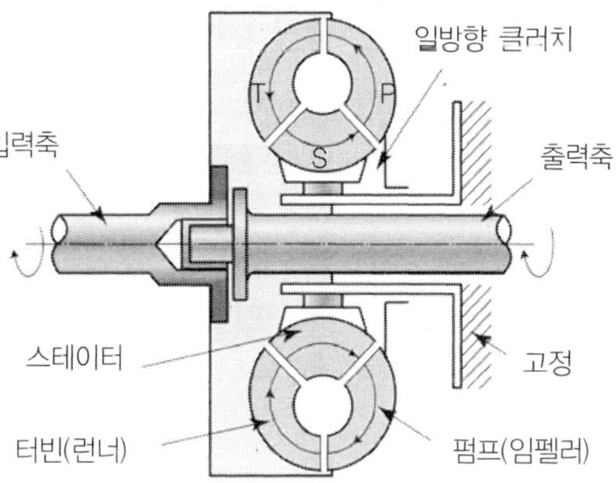

[그림 26] 토크변환기

2.3. 베어링(bearing)

베어링은 회전축 또는 왕복운동하는 축을 지지하고 있는 기계부품을 말한다. 베어링 부분과 접촉하고 있는 회전축 부분을 저널(journal)이라 한다. 베어링은 어느 것이나 그 지지부분의 상대운동에 의한 마찰을 피할 수 없으며 이 마찰을 잘 처리하지 못하면 동력의 손실과 열발생 등으로 인하여 기계효율의 저하, 마모, 진동 등이 발생하며 이것이 심하면 손상되는 경우도 있다. 따라서 베어링에는 윤활을 하여 운동을 원활하게 하여 기계의 수명을 유지한다.

2.3.1. 베어링의 분류

[1] 하중의 방향에 따른 분류

① 레이디얼 베어링(radial bearing) : 레이디얼 베어링은 하중의 방향이 축에 직각은 경우에 사용된다.

② 스러스트 베어링(thrust bearing) : 스러스트 베어링은 하중의 방향이 축과 평행인 경우에 사용된다.

③ 원뿔 베어링(conical bearing) : 축방향 및 축과 직각방향의 하중을 동시에 받는 경우에 사용된다.

[2] 접촉방법에 따른 분류

접촉방법에 따른 베어링의 분류에는 미끄럼 베어링과 구름베어링이 있다. 미끄럼 베어링은 평면 베어링이라고도 하며, 베어링의 안쪽 면이 직접 축을 지지하여 미끄럼운동을 하는 방식이며, 구름베어링은 축과 베어링 면사이에 볼이나 롤러를 넣어 구름운동을 하는 방식이다.

(1) 미끄럼 베어링(sliding bearing)

베어링이 상하로 분할되어 조립이 용이하고 윤활유를 미끄럼 면에 공급해 주는 오일 구멍은 압력 분포가 낮은 부분에 만든다.

1) 미끄럼 베어링의 재료

베어링합금은 무르기 때문에 필요한 강도를 지니도록 하기 위하여 베어링 셀(bearing shell)에 주입하여 사용한다. 베어링합금으로 널리 사용되는 것은 화이트메탈(주석, 납, 안티몬, 등의 합금), 청동, 인청동, 납 청동, 알루미늄 등이며, 베어링합금의 구비조건은 다음과 같다.

① 마모에 견딜 수 있는 정도로 단단한 반면에 축을 손상시키지 아니하도록 축의 재료보다 물러야 한다.

② 축과의 마찰 계수가 적은 재료라야 한다.

③ 마찰열의 냉각이 잘 되도록 열 전도성이 좋아야 한다.

④ 내부식성이 있어야 한다.

⑤ 제작이 쉬워야 한다.

그리고 평면 베어링의 치수는 베어링의 허용압력을 어느 한계 이하로 되도록 하여야 한다.

(a) 분할형

(b) 부시형(부싱)

[그림 27] 미끄럼 베어링

베어링 압력은 베어링에 가하는 전 하중을 베어링 면적(레이디얼 베어링은 지름×길이)으로 나눈값이며, 이 베어링의 압력이 크면 오일 막이 끊겨 윤활이 잘 안되고, 마찰이 커져 베어링이 손상되는 경우도 있다. 그밖에 마찰열의 영향도 고려하여야 한다. 이 열은 축에 가하는 베어링 압력 p(kg_f/mm^2)과 베어링 면에서 축의 미끄럼운동 속도 v(m/sec)에 비례하며, 압력과 축 표면의 속도를 곱한 pv($kg_f/mm^2 \cdot m/sec$)를 압력속도계수 혹은 발열계수라 하여 베어링의 내압(耐壓)의 기준이 된다.

- 베어링 압력(p)

$$p = \frac{P}{d \cdot \ell}$$

- 저널(베어링)의 길이(pv)

$$pv = \frac{P}{d \cdot \ell} \times \frac{\pi d n}{60 \times 1000}$$

$$\therefore \ L = \frac{\pi}{60000} \times \frac{P \cdot n}{pv}$$

p : 베어링 압력(kgf/mm^2), P : 하중
d : 저널의 직경(mm), L : 저널의 길이(mm)
n : 분당 회전수(rpm)

2) 미끄럼 베어링의 장점

① 구조가 간단하고, 값이 싸다

② 베어링 수리가 쉽다.

③ 충격에 견디는 힘이 크다.

④ 전달 토크가 크며, 베어링에 작용하는 하중이 클 때 사용한다.

⑤ 정밀도를 높일 수 있어 공작기계나 측정기 등 정밀도가 높은 회전이 요구되는 곳에서 사용된다.

⑥ 수명이 길다.

3) 미끄럼 베어링의 단점

① 시동할 때 마찰저항이 크다.

② 오일 공급(급유)에 주의하여야 한다.

(2) 구름 베어링(rolling bearing)

구름 베어링은 안 레이스(inner race), 바깥 레이스(outer race), 전동체(볼 또는 롤러), 리테이너(retainer : 볼을 전체 원둘레에 고르게 배치하여 상호간의 접촉을 피하고 마멸·소음을 방지하는 것)의 4가지로 구성되어 있다. 전동체의 형상에 따라 베어링을 분류하면, 볼 베어링(ball bearing), 롤러 베어링(roller bearing), 니들 롤러 베어링(needle roller bearing)이 있고, 하중의 작용방향에 따라 구분하면 레이디얼 베어링과 스러스트 베어링으로 나눈다.

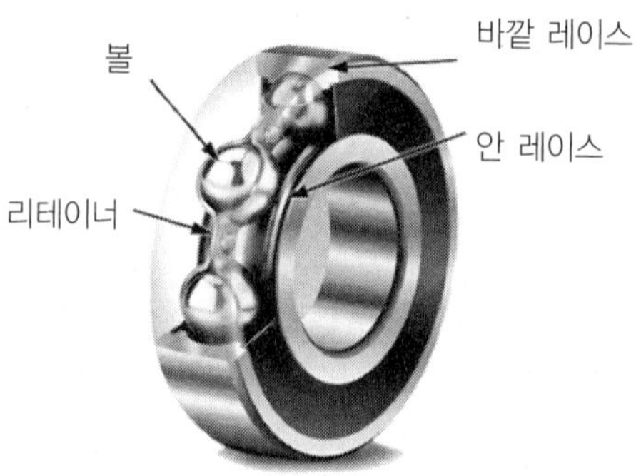

[그림 28] 구름 베어링의 구조

대부분의 레이디얼 베어링은 동시에 스러스트 하중도 받을 수 있으나 스러스트 베어링은 일반적으로 스러스트 하중만을 받는다. 볼과 롤러의 배열에 따라 베어링을 구분하면 단열(single row)과 복열(double row)이 있다.

(a) 복렬 자동 조심형　(b) 단식 스러스트 베어링　(c) 니들 베어링

(d) 원통 베어링　(e) 원뿔베어링　(f) 구면 롤러베어링　(g) 단열 깊은 홈 고정형 베어링

[그림 29] 구름 베어링의 종류

1) 구름 베어링의 장점

① 마찰저항이 적어 동력 손실이 적다.

② 오일공급(급유)이 편리하고 밀봉장치의 교정이 쉽다.

③ 베어링 저널의 길이를 짧게 할 수 있다.

④ 과열의 위험이 적고, 고속회전이 가능하다.

⑤ 축의 중심을 정확히 유지할 수 있다.

⑥ 마모가 적고, 높은 정밀도를 장기간 유지할 수 있다.

⑦ 베어링 길이가 짧아 기계를 소형화할 수 있다.

⑧ 제품이 규격화되어 사용이 편리하다.

2) 구름 베어링의 단점

① 값이 비싸고, 충격에 약하다.

② 축사이가 매우 짧은 곳에서는 사용할 수 없다.

③ 소음이나 진동이 발생하기 쉽다.

④ 수명이 비교적 짧다.

3) 구름 베어링의 호칭번호

구름 베어링의 치수에는 mm치수는 ISO에 의하여 국제적으로 표준화되어 있다. 호칭번호는 KSB 2012DP 의하여 다음과 같이 기본번호와 보조기호로 구성된다.

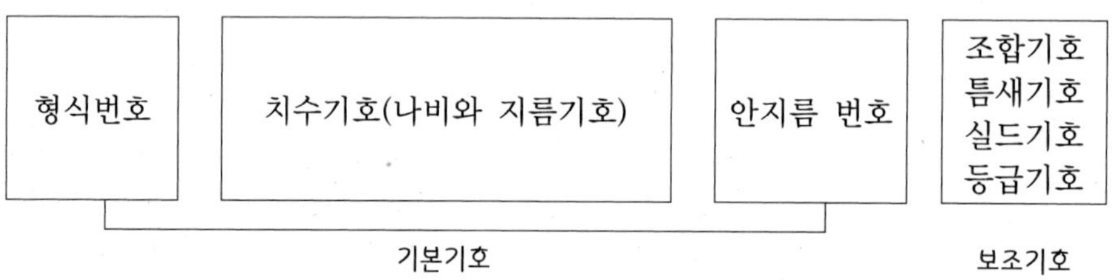

① 첫번째 숫자(형식번호)

1 : 복열 자동 조심형

2, 3 : 복열 자동 조심형(큰 나비)

6 : 단열 홈형

7 : 단열 앵귤러 컨텍트형

N : 원통 롤러형

② 두번째 숫자(치수기호)

0, 1 : 특별 경하중형　　2 : 경 하중형

3 : 중간 하중형　　4 : 고 하중형

③ 세번째 숫자, 네번째 숫자(안지름 번호)

0 0 : 안지름 10mm　　0 1 : 안지름 12mm

0 2 : 안지름 15mm　　0 3 : 안지름 17mm

안지름 20mm 이상 500mm 미만은 안지름을 5로 나눈 수가 안지름 번호(2자리)이다. 또한 5로 나눌 수 없는 경우는 안지름 치수 앞에 /를 표기하고 안지름 치수를 그대로 적는다.

【예】 안지름 22mm → /22

【예】 안지름 번호 05 : 안지름 25mm
안지름 번호 16 : 안지름 80mm

【예】

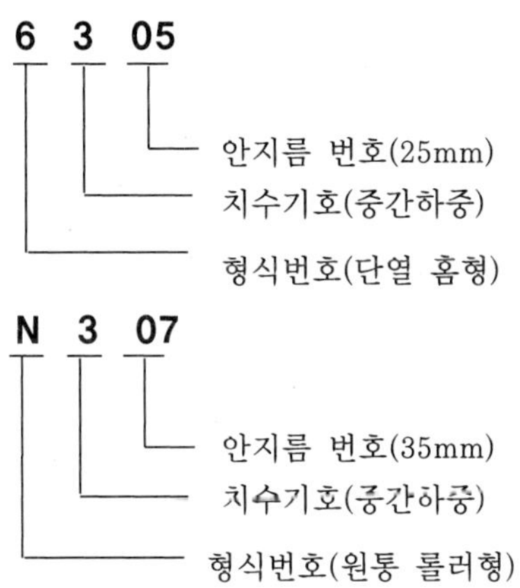

④ 다섯째 이후의 기호 : 등급기호

무 기호 : 보통 급　　H : 상급

P : 정밀급　　SP : 초 정밀급

4) 구름 베어링의 수명시간

① 베어링 수명 정의 : 레이스(race)나 전동체의 어느 것이든 피로에 의해 표면이 박리(flake, 표면이 얇게 벗겨지는 현상)될 때까지의 총 회전속도로 정의한다.

② 정격 수명 : 같은 호칭번호의 베어링 그룹을 운전조건을 일정하게 하고 일정한 하중을 가하였을 때 90%가 시동 후 피로에 의한 최초의 박리가 생기지 않고 도달할 수 있는 총 회전수로 나타내며 회전수 단위의 정적수명(Ln)과 시간단위의 정격수명(Lh)로 정의된다.

③ 동적 기본부하 용량 : 안 레이스가 회전하고 바깥 레이스가 정지한 상태에서 100만 회전(33.3rpm, 500시간 작동)이 되는 하중을 동적 기본부하 용량이라 한다.

④ 구름 베어링 수명 계산식

• 정격수명 : $L_n = \left(\dfrac{C}{P}\right)^r$

r : 3(ball), $r = \dfrac{10}{3}$ (롤러)

• 볼 베어링 : $L_h = 500\left(\dfrac{C}{P}\right)^3 \times \dfrac{33.3}{n} = \dfrac{16650}{N} \times \left(\dfrac{C}{P}\right)^3$

• 롤러 베어링 : $L_h = 500\left(\dfrac{C}{P}\right)^{\frac{10}{3}} \times \dfrac{33.3}{n} = \dfrac{16650}{N} \times \left(\dfrac{C}{P}\right)^{\frac{10}{3}}$

L_h : 베어링의 수명시간, P : 베어링의 하중(kg_f)
C : 동적 기본부하 용량(kg_f), n : 회전속도(rpm)

3. 전동용 기계요소

3.1. 기어(gear)

기어는 바깥둘레의 접촉면에 같은 간격으로 요철(凹凸)부분을 만든 바퀴이며, 이 돌기(凸기)부분을 기어의 이(齒, tooth)라 하고 그 바퀴를 기어라 한다. 구동축과 피동축에 기어를 설치하여 이가 서로 물려서 구동축의 운동을 피동축으로 전달하는 기계부품이다. 따라서 기어는 강력한 전달력과 정확한 속도비를 가지고 회전운동을 전달할 수 있다.

기어는 서로 물려서 회전하므로 미끄럼이 없는 마찰차가 구름접촉을 하며 회전하는 것과 같다. 이 구름접촉을 하고 있는 면을 기어에서 가상하여 이것을 피치면(pitch surface)라 한다. 기어를 이용한 동력의 전달은 두축 사이의 거리가 비교적 짧은 경우에 널리 사용되며 기어 전동은 마찰 전동과 비교해 볼 때 다음과 같은 특징이 있다.

① 전동이 확실하고, 큰 동력을 전달할 수 있다.

② 축압력이 작으며 전동효율이 높다.

③ 회전비가 정확하고 큰 감속을 얻을 수 있다.

④ 충격음을 흡수하는 성질이 약하므로 소음과 진동이 발생한다.

3.1.1. 기어의 종류

[1] 두축이 서로 평행한 기어

(1) 스퍼 기어(spur gear, 평 기어)

스퍼 기어는 기어 이가 축과 평행한 것이며, 평행한 두축사이에 회전운동을 전달한다. 스퍼 기어는 가장 간단하고 기본이 되는 기어이며 여러 가지 기계에서 널리 사용된다. 스퍼 기어의 공작기계는 밀링 머신, 호빙 머신, 기어 세이퍼 등이 있다.

(2) 내접 기어(internal gear)

내접 기어는 회전방향이 같고, 큰 감속비를 필요로 할 때 사용한다.

(a) 스퍼 기어 (b) 헬리컬 기어 (c) 더블 헬리컬 기어 (d) 직선 베벨 기어 (e) 스큐 베벨 기어

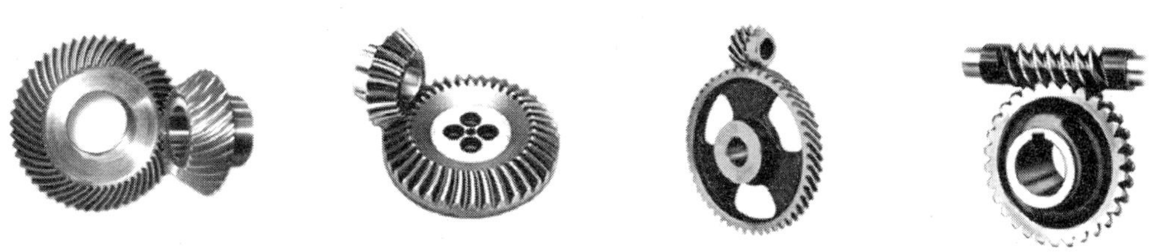

(f) 하이포이드 기어 (h) 스파이럴 베벨 기어 (i) 스크루 기어 (g) 웜 기어

[그림 30] 기어의 종류

(3) 헬리컬 기어(helical gear)

헬리컬 기어는 이가 축에 경사진 것이며, 여러 개의 이를 물릴 수 있어 충격, 소음, 진동이 적으며 큰 토크를 전달할 수 있으나 축이 측압을 받는 결점이 있다. 헬리컬 기어의 공작기계는 밀링 머신, 호빙 머신, 기어 세이퍼 등이 있다.

(4) 더블 헬리컬 기어(double helical gear)

더블 헬리컬 기어는 방향이 서로 반대인 헬리컬 기어를 같은 축에 일체로 한 것이며 축 방향의 압력을 제거할 수 있다. 더블 헬리컬 기어의 공작기계는 밀링 머신과 래크 세이퍼 등이 있다.

(5) 래크와 피니언(rack & pinion)

래크와 피니언의 래크는 직선운동을 하고, 피니언은 회전운동을 하는 것이며, 래크는 기어의 지름이 무한대(∞)이다. 래크와 피니언의 공작기계는 래크는 밀링 머신, 특수 기어 세이퍼 등을 사용한다.

[2] 두축이 만나는 기어

(1) 직선 베벨기어(bevel gear)

직선 베벨기어는 기어 면이 원뿔형이며, 토크를 직각으로 전달하고자 할 때 사용한다. 즉 두 축이 직각으로 교차하여 맞물려 회전한다. 직선 베벨기어의 공작기계는 밀링 머신, 호빙 머신, 기어 세이퍼 등이 있다.

(2) 헬리컬 베벨기어(helical bevel gear)

헬리컬기어는 이가 원뿔면의 모선과 경사진 기어이다.

(3) 스파이럴 베벨기어(spiral bevel gear)

스파이럴 베벨기어는 이가 선회하는 형태로 되어 전동이 조용하다.

[3] 두축이 만나지도 평행하지도 않는 기어

(1) 하이포이드 기어(hypoid gear)

하이포이드 기어는 기어의 이빨이 쌍곡선으로 되어 있으며, 피니언이 중심 선상 아래쪽에 설치된 것이다. 베벨 기어보다 큰 동력을 전달할 수 있다.

(2) 스크루 기어(screw gear)

스크루 기어는 헬리컬 기어의 축을 엇갈리게 한 것이다. 스크루 기어의 공작기계는 밀링 머신, 호빙 머신, 기어 세이퍼 등이 있다.

(3) 웜과 웜 기어(worm & worm gear)

웜과 웜 기어의 웜은 1~2줄 이상의 줄 수를 가진 나사모양의 것이며, 이것과 물리는 것이 웜 기어이다. 특징은 소형이고 큰 감속비를 얻을 수 있으며, 물림이 조용하고, 원활하며, 역회전이 불가능하다. 그러나 전동 효율이 낮다. 웜과 웜기어의 공작기계는 웜은 선반, 밀링 머신으로, 웜기어는 밀링 머신, 호빙 머신 등을 사용한다.

3.1.2. 기어의 각부 명칭

[1] 피치원(pitch circle)

기어는 마찰차에 요철을 붙인 것이므로 원통 마찰차로 가상을 할 때 마찰차가 접촉하고 있는 원에 상당하는 것이 피치원이다. 즉, 기어의 중심이 되는 원이다.

[2] 원주피치(circular pitch)

피치원 위에서 측정한 2개의 이웃하는 이에 대응하는 부분간의 거리이다.

[3] 기초원(base circle)

이 모양 곡선을 만드는 원이다.

[4] 이끝원(addendum circle)

기어의 이 끝을 연결하는 원이다.

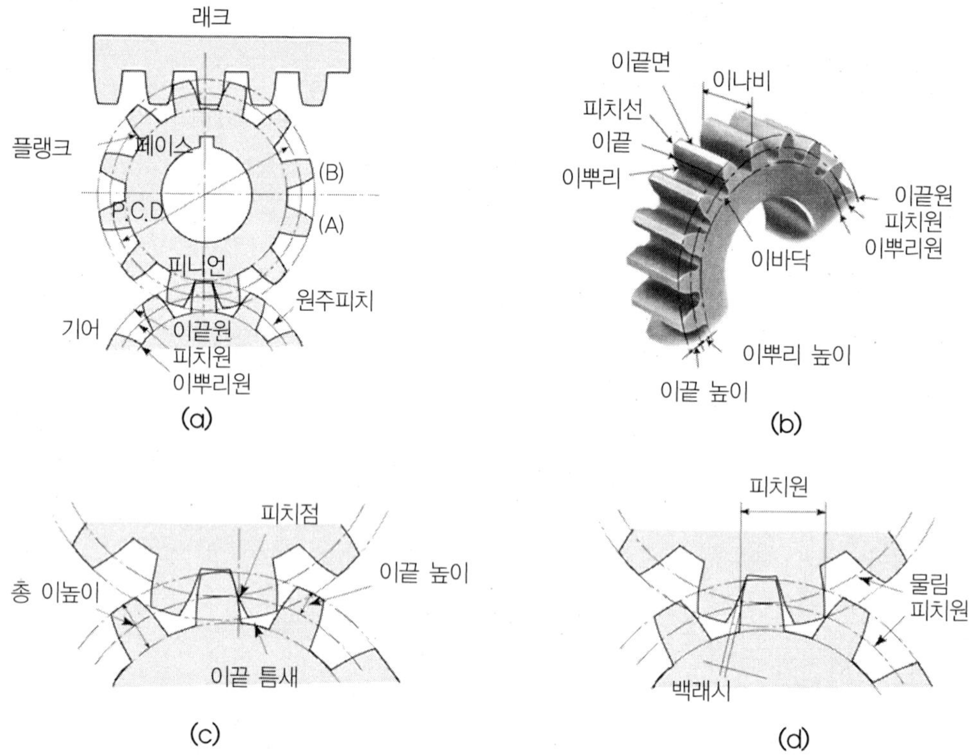

[그림 31] 기어의 각부명칭

[5] 이뿌리원(tooth circle)

기어의 이뿌리를 연결하는 원이다.

[6] 이끝 높이(addendum)

피치원에서 이끝원까지의 거리이다.

[7] 이뿌리 높이(dedendum)

피치원에서 이뿌리원까지의 거리이다.

[8] 총 이높이(height of tooth)

이끝 높이와 이뿌리 높이를 합한 크기이다.

[9] 이 두께(tooth thickness)

피치원에서 측정한 이의 두께이다.

[10] 유효 이 높이(working depth)

서로 물린 한 쌍의 기어에서 두 기어의 이끝 높이의 합이다.

[11] 클리어런스(clearance)

이끝원에서부터 이것과 물리고 있는 기어의 이뿌리원까지의 거리이다.

[12] 백 래시(back lash)

한 쌍의 기어를 물렸을 때 이의 뒷면에 생기는 간격이다.

3.1.3. 기어의 이 크기를 표시하는 방법

[1] 모듈(module : M)

모듈이란 피치원의 지름(D)을 이수(Z)로 나눈 값이며, 같은 기어에서 모듈이 클수록 이수는 적어지고, 이는 커진다.

$$M = \frac{D}{Z} \quad \cdots\cdots (5-23)$$

[2] 지름 피치(D. P : diameter pitch)

지름 피치는 모듈과 반대되는 것으로 피치원의 지름을 잇수로 나눈 값이다.

$$D.P = \frac{25.4}{M} = \frac{25.4Z}{D} \ [\mathrm{mm}] \quad \cdots\cdots (5-24)$$

$$D.P = \frac{Z}{D} \ [\mathrm{inch}] \quad \cdots\cdots (5-25)$$

[3] 원주 피치(C. P : circular pitch)

피치원 상에서 이에서 서로 인접하고 있는 이까지의 거리를 말한다. 같은 기어에서 원주피치가 클수록 잇수는 적어지고 이는 커진다.

$$C.P = \frac{\pi D}{Z} \text{ [mm, inch]} \quad \cdots\cdots (5-26)$$

3.1.4. 치형(tooth form)

[1] 인벌루트 치형(involute tooth form)

이 치형은 그림 32에 나타낸 바와 같이 원기둥(기초 원)에 감은 실을 팽팽하게 잡아 당기면서 풀 때 그 실의 한 끝이 그리는 곡선이 인벌루트 곡선이다. 이 곡선의 치형을 말하며 그 특징은 다음과 같다.

① 잇면이 동일 곡선이므로 중심 거리가 다소 틀리더라도 바르게 물린다.

② 치형의 제작과 공작이 쉬워 값이 싸고 호환성이 있다.

③ 이뿌리 부분이 두꺼우며 튼튼하다.

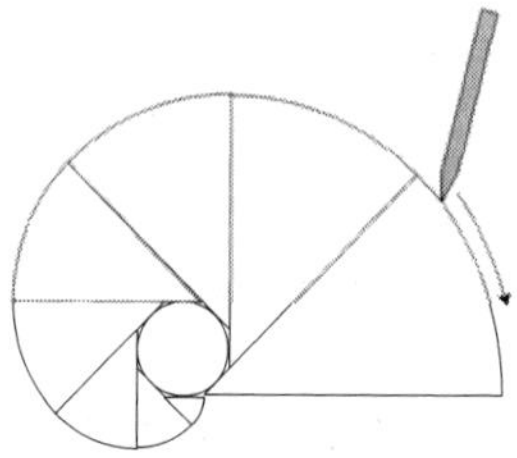

[그림 32] 인벌루트 곡선

[2] 사이클로이드 치형(cycloid tooth form)

이 치형은 아래 그림에 나타낸 바와 같이 피치 원주 상에 다른 원을 외접(外接)시키면서 굴릴 때 다른 원의 원 상의 1점이 그리는 곡선을 에피 사이클로이드곡선(epicicloid curve)이라 하고 내접(內接)시키면서 굴릴 때 그리는 선을 하이 포사이클로이드(hypocycloid curve)라고 하며, 이 2가지 곡선에 의한 치형을 말하며, 그 특징은 다음과 같다.

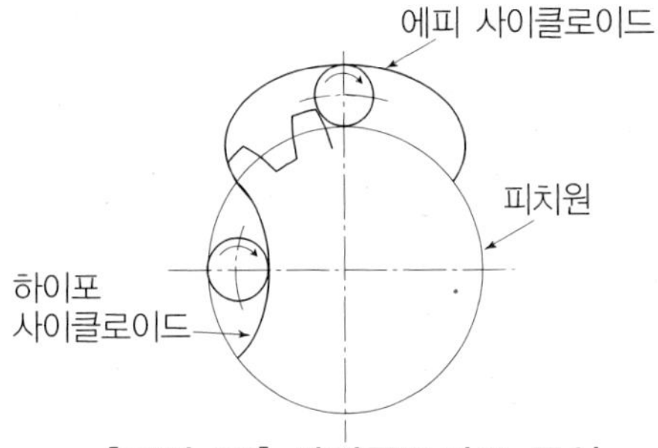

[그림 33] 사이클로이드 곡선

① 2개의 곡선이 피치 점의 양쪽에서 접합하는 치형이므로, 피치원이 완벽하게 일치하지 않으면 물림이 부정확하게 된다.
② 가공이 어렵다.
③ 이뿌리가 가늘어지므로 강도가 떨어진다.
④ 물림을 할 때 미끄럼이 없어 회전이 원활하며, 잇면의 마모가 적다.
⑤ 효율이 좋고, 소음이 적다.

3.1.5. 기어의 압력각과 물림률

[1] 기어의 압력각

그림 34에 나타낸 바와 같이 기초원의 공통접선(작용선이라고도 함)과 피치원의 공통접선이 이루는 각을 말한다. 압력각의 특징은 다음과 같다.

① 압력각이 커질수록 기어 중심에 걸리는 분력이 커지므로 동력 손실이 증가한다.

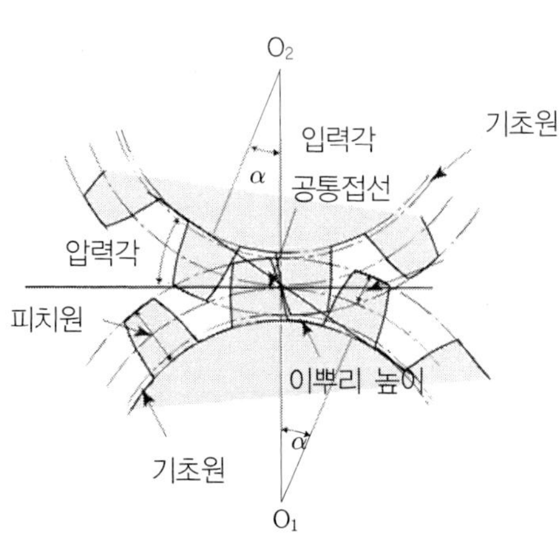

[그림 34] 기어의 압력각

② 압력각이 커지면 기어 물림율이 적어지고 한번에 물리는 잇수가 적어져 진동이나 소음이 발생하기 쉽다.
③ 압력각이 커지면 피치원상의 이 두께는 같아도 기초원이 작아지므로 이뿌리가 굵어지며, 반대로 압력각이 적으면 이뿌리는 가늘어진다.
④ 일반적으로 압력각은 14.5°와 20°가 가장 많이 사용되고 있었으나 치형의 언더컷 현상 때문에 이뿌리의 두께가 얇아지는 것을 방지하기 위해서 KS에서는 압력각을 20°로 규정하고 있다.

[2] 기어의 물림률

기어의 이와 이가 물리기 시작하여 끝 날 때까지의 피치 원상의 원호를 접촉호라고 하며, 그 접촉호의 길이를 원주 피치로 나눈 값을 물림률이라고 한다.

그러나 인벌루트 기어에서는 물림 길이를 법선 피치(기초원의 원호에 따라서 측정한 피치)로 나눈값과 같으므로 실제로는 물림율 = 물림 길이/법선 피치라고 생각하여도 된다. 일반적으로 그 값은 1.2~2.5 정도이나 실제로는 2.0~2.5가 가장 원활하게 물린다.

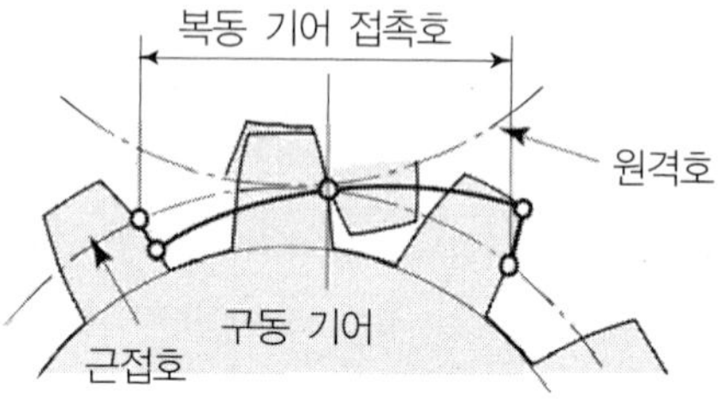

[그림 35] 접촉 호

3.1.6. 치형의 간섭

[1] 이의 간섭

이의 간섭이란 서로 맞물리고 있는 기어의 한쪽 끝이 상대 기어의 이 뿌리 부분에 닿아 정상적인 회전을 방해하는 것이며 방지방법은 이의 높이(어덴덤)를 낮추고, 압력각을 20° 이상으로 크게 하며, 치형의 이 끝 면을 깎아내야 하며, 피니언의 반지름 방향의 이뿌리 면을 파낸다.

[2] 언더 컷(under cut)

언더 컷이란 이의 간섭으로 이 끝부분이 이뿌리 부분에 파고 들어갈 때 깎여지는 현상이며, 언더 컷을 방지하기 위한 한계 잇수는 압력각을 크게 하거나 이 끝 높이를 표준보다 낮게하여야 한다.

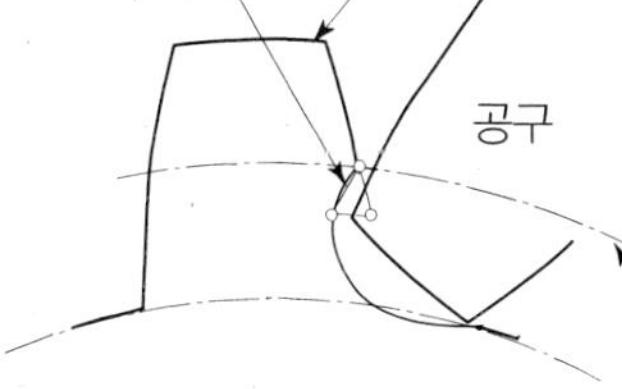

[그림 36] 언더 컷

[3] 전위 기어(shifted gear)

전위 기어란 큰 기어의 이뿌리 높이를 길게 하고, 이와 반대로 작은 기어의 이뿌리 높이는 짧게 하고 이 끝 높이를 길게 절삭하면 언더컷을 방지할 수 있다. 즉 이수가 적은 기어를 제작할 때 언더컷을 방지하기 위해 래크 공구의 표준 피치선과 절삭 기어의 피치선을 일치시키지 아니하고 약간 어긋나게 절삭하는 기어이다.

전위시킨 큰 기어의 물림 피치원은 기준 피치원보다 작고, 작은 기어에서는 커진다. 전위 기어의 사용목적은 다음과 같다.

① 중심거리를 자유롭게 변화시키고자 할 때

② 언더컷을 방지하고 할 때

③ 이의 강도를 개선하고자 할 때

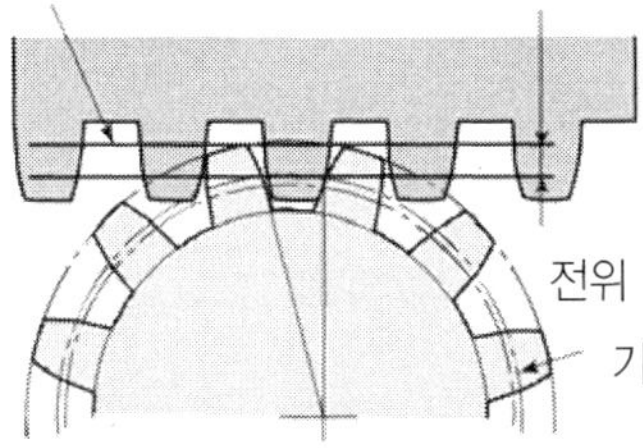

[그림 37] 전위 기어

3.1.7. 기어의 바깥지름과 중심거리

[1] 바깥지름(D_o), 이끝원 지름

바깥지름이란 표준 기어에서 이 끝 높이의 2배를 피치원의 지름에 합한 것이다.

$$D_o = 2M + MZ = M(2+Z) = \frac{(2+Z)}{D.P} \quad \cdots\cdots (5-27)$$

[2] 중심거리(C)

$$C = \frac{D_1 + D_2}{2} = \frac{M(Z_1 + Z_2)}{2} \quad \cdots\cdots (5-28)$$

[3] 기어의 회전비

한 쌍이 서로 물려 있는 기어에서 구동차를 A, 피동 차를 Z의 기호로 나타낼 때 기어의 회전비를 i라고 하면

$$i = \frac{N_Z}{N_A} = \frac{D_A}{D_Z} = \frac{Z_A}{Z_Z} \quad \cdots\cdots (5-29)$$

D : 피치원의 지름(mm)

Z : 잇수

N : 회전속도

(1) 2단 물림 기어장치

이 장치에서는 아래 그림의 (b)의 B, (c)의 B, C는 공전 기어(idle gear)이며, 이와 같은 경우의 회전비는 모두

$$i = \frac{N_Z}{N_A} = \frac{Z_A}{Z_Z} \quad \cdots\cdots (5-30)$$

로 나타내며 공전 기어의 존재는 관계없다.

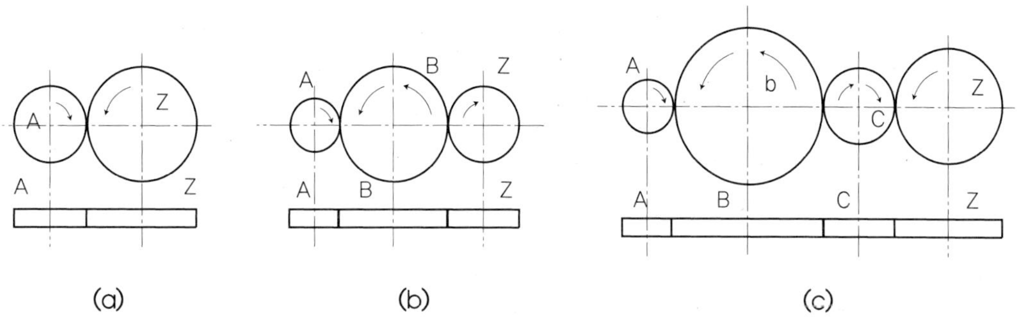

[그림 38] 2단 물림 기어 장치

(2) 다단 물림 기어

아래 그림과 같은 장치를 다단 물림 기어장치라 하고 B, C, D, E ……를 중간 기어라 하며 BC축과 DE축을 중간축이라고 한다.

■ 그림 (a)의 경우 : $i = \dfrac{N_Z}{N_A} = \dfrac{Z_A \times Z_C}{Z_B \times Z_Z}$

■ 그림의 (b)의 경우 : $i - \dfrac{N_Z}{N_A} = \dfrac{Z_A \times Z_C \times Z_E \times Z_G}{Z_B \times Z_D \times Z_F \times Z_Z}$

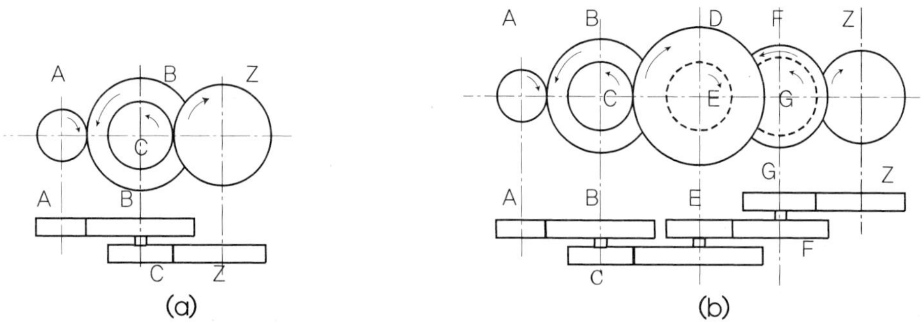

[그림 39] 다단물림 기어장치

(3) 웜(worm)과 웜휠의 회전비

웜의 나사 줄 수를 Z_A, 회전수를 N_A, 웜휠의 잇수를 Z_Z, 회전수를 N_Z라 하면 $Z_A \times N_A = Z_Z \times N_i$이 된다. 따라서 웜의 나사 줄 수가 한 줄일 때에는 $Z_A = 1$, 나사 줄 수가 2줄인 경우에는 $Z_A = 2$가 된다.

$$i = \frac{Z_\omega}{Z} = \frac{n}{n_\omega} = \frac{L}{\pi D} \quad \cdots\cdots (5-31)$$

Z_ω : 웜의 줄수, Z : 웜기어의 잇수
n : 웜기어의 회전수, n_ω : 웜의 회전수
L : 웜의 리드, D : 웜기어의 피치원 지름

3.2. 감아걸기 전동

벨트와 로프 및 체인전동 등을 감아걸기 전동장치라 한다. 감아걸기 전동장치는 구동축과 피동축사이의 거리가 비교적 멀리 떨어져 있어 마찰차나 기어 등으로 직접 전달하기 쉬운 경우에 탄성(flexible)이 있는 벨트나 로프 또는 체인 등을 이용하여 두 축에 마련된 풀리에 걸어 풀리와의 마찰이나 풀리에 마련된 돌기와 물려서 동력과 회전을 전달하는 장치이다. 즉, 두 축 사이의 거리가 멀거나 또는 정확한 속도비를 필요로 하지 않는 동력 전달에 사용된다.

형상으로는 평벨트와 V벨트가 있고, 평벨트의 축간거리는 10m 이하, 속도비는 1 : 1~6, 속도는 10~30(최대 50)m/s이다. 또한 V벨트 전동의 축간거리는 5m 이하, 속도비는 1 : 1~7, 속도는 10~15(최대 25)m/s에 적합하다.

3.2.1. 평벨트 전동

2축에 고정되어 있는 벨트 풀리에 가죽, 고무, 면직, 강판의 벨트를 걸어 동력을 전달하는 벨트이다. 동력전달은 벨트와 풀리의 마찰력을 이용하므로 미끄러지기 쉽다.

그러나 매우 간편하고 값이 싸므로 두 축의 거리가 비교적 멀고 정확한 회전이 요구되지 않는 기계의 운전에서 주로 사용된다. 또한 피동쪽의 관성 모멘트가 큰 경우의 시동이나 운전 중에 부하가 급격히 증가하였을 때 벨트가 미끄러져 다른 부분의 손상을 방지하는 안전장치의 역할도 한다.

전동효율은 96~98% 정도로 좋으나 벨트의 너비나 두께에 제한을 받으므로 300PS 정도까지 동력을 전달할 수 있다.

[1] 벨트 거는 방법

(1) 평행 걸기(opened type)

평행하는 두 축사이에 벨트를 평행하게 그대로 감는방식이며 회전방향은 같은 방향이다.

(2) 십자 걸기(crossed type)

벨트가 도중에서 한번 서로 십자형으로 마주치게 하는 방식이다. 회전은 서로 반대방향이며 평행걸기의 경우보다 접촉각이 크게 되기 때문에 작은 풀리로서 큰 동력을 전달할 수 있는 이점이 있으나 벨트끼리 서로 접촉되어 돌아가므로 벨트의 마모가 쉽게 발생되는 단점이 있다.

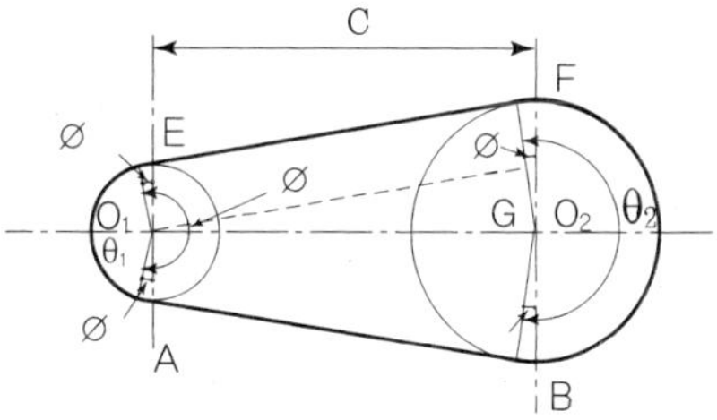

(a) 평행 걸기

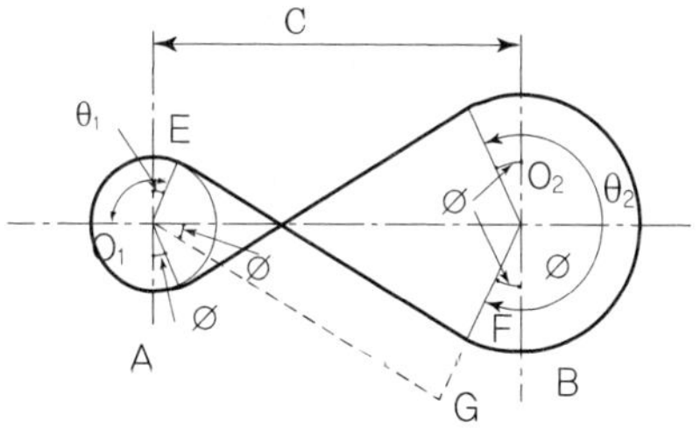

(b) 십자 걸기

[그림 40] 벨트 거는 방법

(3) 벨트의 회전속도 비

$$i = \left(\frac{D_1}{D_2}\right) = \left(\frac{N_2}{N_1}\right) \quad \cdots\cdots (5-32)$$

D_1, N_1 : 구동차의 지름, 회전속도
D_2, N_2 : 피동차의 지름, 회전속도

[2] 벨트의 길이

그림 40에서 정리하면 다음과 같다.

•평행걸기(opened type) : $L = 2C + \frac{\pi}{2}(D_2 + D_1) + \frac{(D_2 - D_1)^2}{4C}$

•십자걸기(crossed type) : $L = 2C + \frac{\pi}{2}(D_2 + D_1) + \frac{(D_2 + D_1)^2}{4C}$

[3] 벨트의 폭

$$\sigma = \sigma_t + \sigma_b$$

σ_t : 긴장측 장력 T_1에 의한 인장응력
σ_b : 풀리에 감겼을 때의 굽힘응력

$$\sigma_t = \frac{T_1}{bh}$$

$$\varepsilon = \frac{2\pi\left(\frac{D}{2}+h\right) - 2\pi\left(\frac{D}{2}+\frac{h}{2}\right)}{2\pi\left(\frac{D}{2}+\frac{h}{2}\right)} \fallingdotseq \frac{h}{D}$$

따라서 $\sigma_b = \frac{hE}{D}$

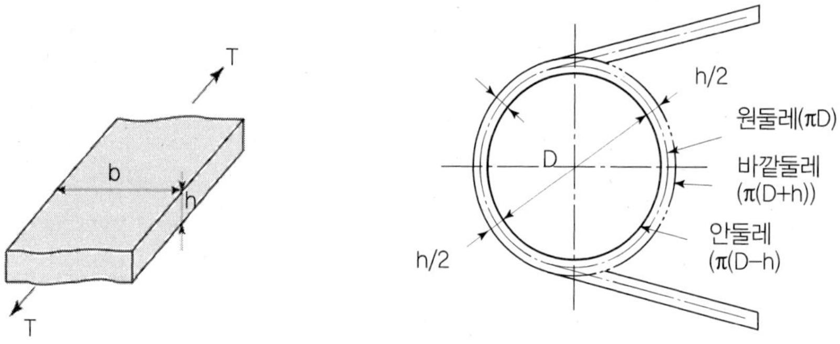

[그림 41] 벨트의 응력

벨트에 발생하는 최대 응력은 다음과 같다.

$$\sigma = \sigma_t + \sigma_b = \frac{T_1}{bh} + \frac{hE}{D}$$

그러나 $\frac{h}{D}$가 적을 경우에는 굽힘응력을 무시한다.

벨트의 면적은 다음과 같다.

$$T_1 = A \cdot \sigma \cdot \eta$$

$$\therefore \ A = \frac{T_1}{\sigma \cdot \eta}$$

$A = b \times h$: 벨트의 면적
η : 벨트이음의 효율

3.2.2. V벨트 전동

두 축에 V홈을 가진 V벨트 풀리를 고정하고 단면이 사다리꼴로 되어 있는 벨트를 몇 개 걸어 동력을 전달한다. 동력의 전달은 V벨트와 벨트 풀리 홈사이에서 작용하는 마찰력에 의해서 행해지는데 V홈 밑에 V벨트가 접촉하지 않게 되어야 한다. V벨트를 끼우거나 뺄 때는 한쪽으로 V벨트 풀리를 이동, 조정해야 한다.

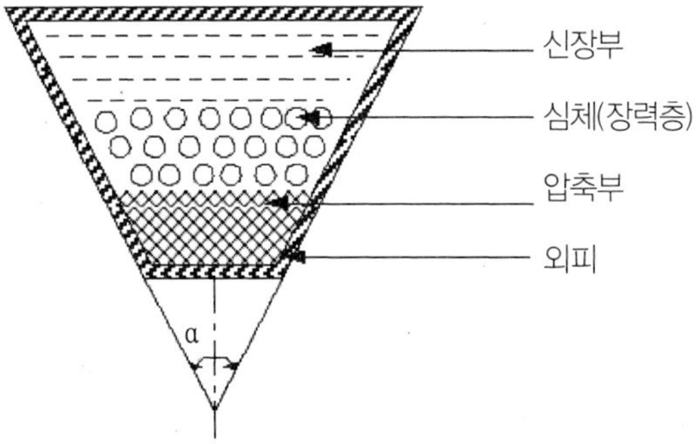

[그림 42] V벨트의 구조

[1] V벨트의 특징

① 미끄럼이 적고, 속도비가 크다.

② 고속회전을 시킬 수 있다.

③ 장력이 작아, 베어링에 가해지는 부담이 적다.

④ 운전이 정숙하고, 벨트가 풀리에서 벗겨지는 일이 없다.

⑤ 이음이 없어 전체가 균일한 강도를 지닌다.

[2] V벨트의 크기

단면의 크기와 전체 길이로 표시하는데 벨트의 굵기는 단면 각부의 치수로 나타내며, 각부 치수에 의해서 M, A, B, C, D, E형의 6가지 종류가 있으나 동력 전달용으로는 M형을 제외한 5가지가 사용된다. 또 길이는 단면의 중앙을 지나는 유효둘레를 호칭번호로 나타내며 유효둘레와 호칭번호의 관계식은 다음과 같다.

$$\text{호칭번호} = \frac{\text{벨트의 유효둘레(mm)}}{25.4} \qquad (5-33)$$

즉, 호칭번호는 유효둘레를 인치(inch)로 나타낸 것이다.

3.2.3. 로프(rope) 전동

엘리베이터, 리프트, 크레인, 윈치 등에 널리 사용되는 동력 전달용 기구로 벨트 전동보다 큰 동력전달에 유리하며 거리가 먼 곳으로의 동력전달이 가능하며 섬유로프는 10～30m, 와이어로프는 50～100m까지 적당하다.

[1] 로프 전동의 특징

① 축간거리가 비교적 먼 곳에서 사용한다.

② 벨트에 비해 미끄럼이 많고, 수명이 짧다.

③ 전동효율은 80～90% 정도이다.

[2] 로프의 종류

(1) 섬유로프(textile rope)

① 무명로프 : 연하고 습기에 약하므로 옥외에 사용이 곤란하다.

② 대마로프 : 일본산 대마를 원료로 하는 백마 로프와 마닐라 대마를 원료로 하는 마닐라 로프(manila rope) 등이 있다. 마닐라 로프는 강도가 크고 비바람에 잘 견뎌 야외에서 쓸 수 있고 큰 동력전달에 적합하다.

③ 3가닥 4가닥으로 구성되며 보통 Z꼬임(왼꼬임)으로 만드나 S꼬임(오른꼬임)으로 만드는 수도 있다.

④ 로프의 크기는 로프 단면적의 외접원으로 지름으로 한다.

(a) 3가닥 로프

(b) 4가닥 로프

[그림 43] 섬유 로프의 구성

(2) 와이어로프(wire rope)

와이어로프는 강선(鋼線, 소선이라고도 부름)을 여러 개 꼬아서 만든 스트랜드(stand) 6~8개를 그 중심에 섬유심을 넣어 꼬아 만든 것이다.

[3] 로프 꼬임방법

(1) 보통 꼬임(ordinary lay)

보통 꼬임은 스트랜드의 꼬임방향과 로프의 꼬임방향이 반대인 것이며, 킹크 발생이 적고, 취급이 쉬우나 소선의 외부 접촉길이가 짧아 랭 꼬임보다 마모가 크다.

(2) 랭 꼬임(lang lay)

랭 꼬임은 스트랜드의 꼬임방향과 로프의 꼬임방향이 같은 것이며, 마모가 적고 유연성이 크며 수명이 길다. 그러나 꼬임이 풀리기 쉽고 킹크 발생이 쉽다.

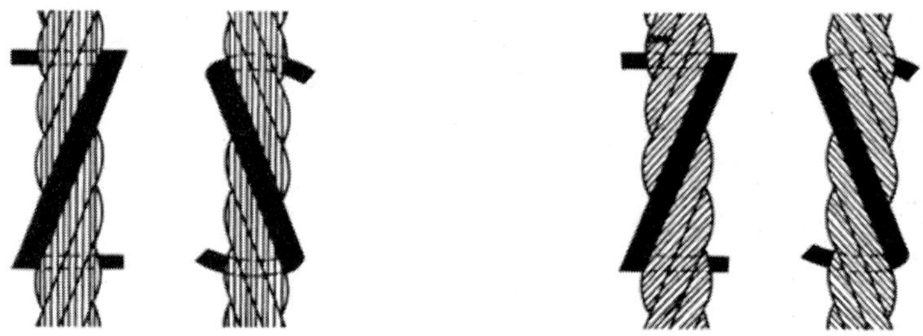

(a) 보통 꼬임　　(b) 랭 꼬임

[그림 44] 로프의 꼬임방법

[4] 로프 거는 방식

(1) 단독방식

단독방식은 그림 45(a)와 같이 링 모양으로 만든 로프 여러 개를 평행으로 걸어서 사용하는 것이며, 특징은 각 로프에 균일하게 하중을 분포시키기가 어렵고 이음 부분이 굵어 진동이 일어나는 결점이 있으나, 한두 개의 로프가 끊어져도 운전 중지를 하지 않아도 되며, 로프의 수를 증가시키면 큰 동력 전달이 가능하다.

(2) 연속방식

연속방식은 연속된 1개의 로프로 구성되어 있어 진동이 적고, 장력을 균일하게 조정하기 쉽다. 그러나 단점으로는 로프가 끊어지면 전동이 불가능하게 되고 로프를 정비하기 위해서는 기계의 운전을 정지해야 한다.

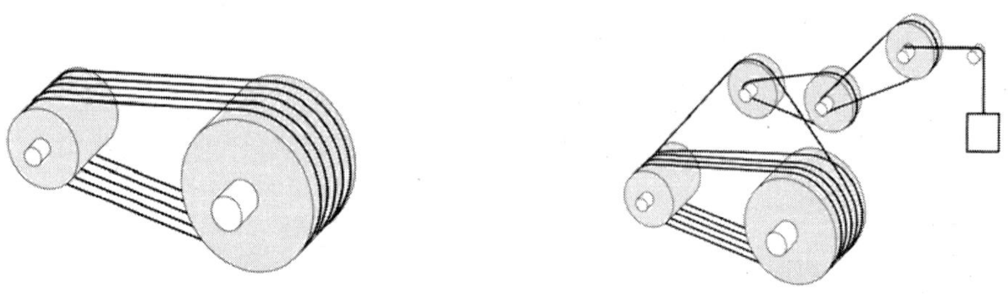

(a) 단독방식　　(b) 연속방식

[그림 45] 로프거는 방식

3.2.4. 체인(chain) 전동

체인 전동장치는 그림 46과 같이 체인을 체인 스프로킷(sprocket)에 걸어 동력을 전달하는 것이다. 스프로킷에 롤러나 돌기가 걸리므로 벨트나 로프 전동과 같이 마찰을 이용하지 아니하고 기동 전동과 비슷한 성질을 지니고 있다.

스프로킷을 이용하기 때문에 두 축이 떨어져 있거나 거리는 비교적 짧고(4m 이하), 속도가 그다지 빠르지 않은 경우에 사용한다. 또한 미끄럼이 없기 때문에 속도비가 정확하고 큰 동력을 전달할 수 있다. 그러나 장기간 사용하면 마모되어 소음이나 진동이 일어나기 쉽다. 체인에는 전동용, 리프트(lift)용, 운반용으로 사용한다. 전동용으로 사용하는 체인에는 롤러체인(roller chain)과 사일런트 체인(silent chain)이 있다.

[그림 46] 체인 전동장치

[1] 체인 전동의 특징

① 미끄럼이 없어 일정한 속도비를 얻을 수 있다.

② 초기 장력을 줄 필요가 없다.

③ 유지 및 수리가 쉽다.

④ 큰 동력을 전달할 수 있고 효율이 95% 이상이다.

⑤ 내유성, 내열성, 내습성이 크다.

⑥ 어느 정도의 충격을 흡수할 수 있다.

[2] 체인의 종류

(1) 블록체인(block chain)

블록체인은 판(plate)의 링크를 핀으로 연결한 것이며, 저속(v = 4m/sec) 이하에서 사용된다. 경하중으로 적합하나 중 하중용으로는 사용이 곤란하다.

(2) 롤러체인(roller chain)

강판으로 만든 링크를 핀으로 연결한 것으로 핀에 마멸을 적게하기 위하여 부시 및 롤러를 끼운다. 핀은 바깥 링크에 고정하고 부시는 안쪽 링크에 고정되어 있으며 롤러는 자유롭게 회전한다. 롤러체인은 사용 중 피치가 늘어나면 1개 이(tooth)에 하중이 집중되어 탄성 변형을 하므로 고속에서 소음이 발생한다.

(a) 블록 체인 (b) 롤러 체인 (c) 사일런트 체인

[그림 47] 체인의 종류

(3) 사일런트체인(silent chain)

강판의 링크를 조합하여 필요한 길이로 만든 것으로 전달 마력에 따라 링크를 몇 장이라도 포개어 적당한 폭으로 체인을 만든다. 체인이 체인 휠에 물려 링크의 양단 경사면이 잇면에 밀착하여 전동을 하면 피치가 늘어났을 때에는 이에 대하여 이쪽 끝에서 물리게 되어 여전히 잇면과 밀착되기 때문에 고속에서도 소음을 내지 않는다.

[3] 체인 전동의 속도비

$$i = \frac{Z_1}{Z_2} = \frac{N_2}{N_1} \quad \cdots\cdots (5-34)$$

$N_1\ N_2$: 구동차와 피동차의 회전속도

$Z_1\ Z_2$: 구동차와 피동차의 잇수

체인의 평균속도는 아래와 같다.

$$v_m = \frac{N_1 p Z_1}{1000 \times 60} = \frac{N_2 p Z_2}{1000 \times 60} \text{ [m/s]} \quad \cdots\cdots (5-35)$$

p : 피치

[4] 체인의 전달 동력

$$H_{PS} = \frac{P \cdot v_m}{75} \qquad H_{KW} = \frac{P \cdot v_m}{102} \quad \cdots\cdots (5-36)$$

P : 체인 전동에서의 장력[kgf], H : 전동마력

3.3. 마찰차(friction wheel)

2개의 바퀴(원통형, 원추형 바퀴)를 직접 접촉시켜 이것을 서로 밀어붙여 그 사이에서 생기는 마찰력을 이용하여 두 축사이에 동력을 전달하는 장치이다. 전달동력의 크기는 양 바퀴의 밀어붙이는 힘과 마찰력의 크기 등에 의해서 결정된다.

3.3.1. 마찰차의 특징

① 정확한 속도비로 동력을 전달할 수 없다.

② 필요 이상의 과부하가 걸리면 미끄러져 기계에 부하를 주지 않는다.

③ 큰 동력전달에는 부적합하다.

3.3.2. 마찰차의 사용범위

① 전달할 토크가 비교적 적은 곳

② 일정 속도비가 요구되지 않는 곳

③ 회전속도가 큰 곳

④ 기어를 사용하기가 곤란한 곳

⑤ 양 축사이를 자주 단속할 필요성이 있는 곳

3.3.3. 마찰차의 종류

마찰차의 종류에는 원통 마찰차, 원뿔 마찰차, 홈 붙이 마찰차, 변속 마찰차(에번스 마찰차) 등이 있다.

[1] 원통 마찰차

두 축이 평행인 경우에 사용된다.

[2] 홈붙이 마찰차

두 축이 평행한 경우로 큰 동력을 전달하기 위해 마찰차의 면에 V홈이 파져 있다.

[3] 원추 마찰차

두 축이 어떤 각도로 교차하는 경우

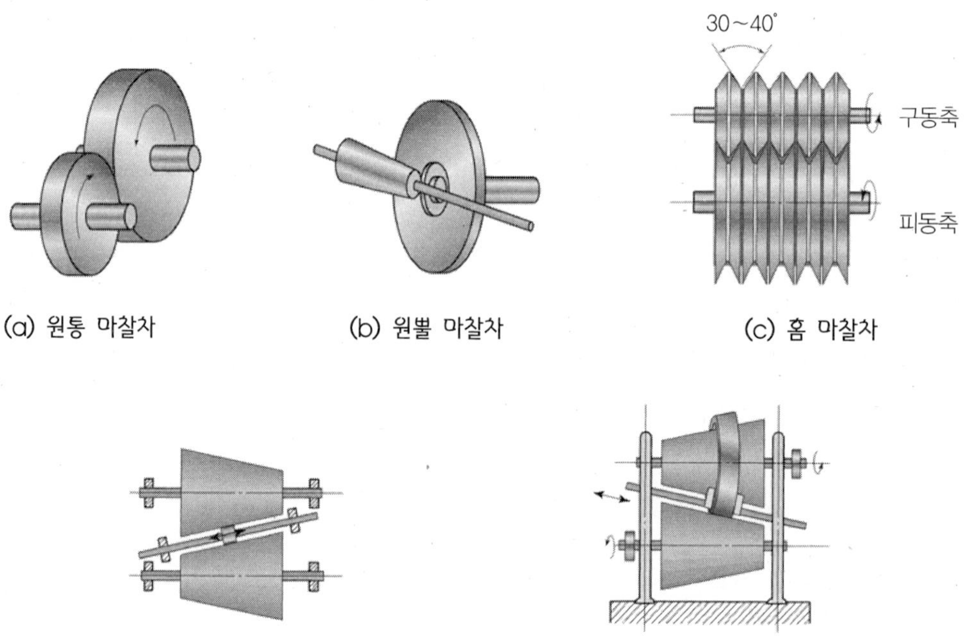

(a) 원통 마찰차 (b) 원뿔 마찰차 (c) 홈 마찰차

(d) 원뿔차 (e) 에반스식 마찰차

[그림 48] 마찰차의 종류

[4] 변속 마찰차

(1) 원판 마찰차의 변속

세로축 원판에 수평축 롤러를 접촉시키고 수평축의 롤러를 이동시키면서 변속하는 방식이다.

(2) 원추 마찰차의 변속

마주하는 원뿔 마찰차사이에 롤러를 끼우고 축방향으로 움직일 때 변속을 얻은 것이며, 롤러 대신에 벨트를 물리게 하고 벨트를 이동시켜 속도를 변화시키는 장치를 에반스식 원추 마찰차(evan's friction cone)라고 한다.

4. 제어용 기계요소

4.1. 스프링(spring)

탄성한도가 높은 재료를 특수한 형상으로 변형시킨 것을 스프링이라 한다. 스프링은 변형을 함으로서 외부에서 작용한 에너지를 내부에 축적하여 사용하는 기계요소이다.

4.1.1. 스프링의 기능

① 하중의 측정과 조정 및 에너지 축적

② 복원성 이용 및 진동 완화작용

③ 충격 에너지의 흡수작용

4.1.2. 스프링의 종류

[1] 코일 스프링(coil spring)

봉재를 나선 형상으로 감은 것으로 제작비가 싸고 기능이 양호하며, 경량·소형으로 제작이 가능하기 때문에 많이 사용된다.

[2] 판 스프링(leaf spring)

판자모양으로 된 재료를 이용한 것으로 단판과 여러 판을 겹친 겹판 스프링이 있다.

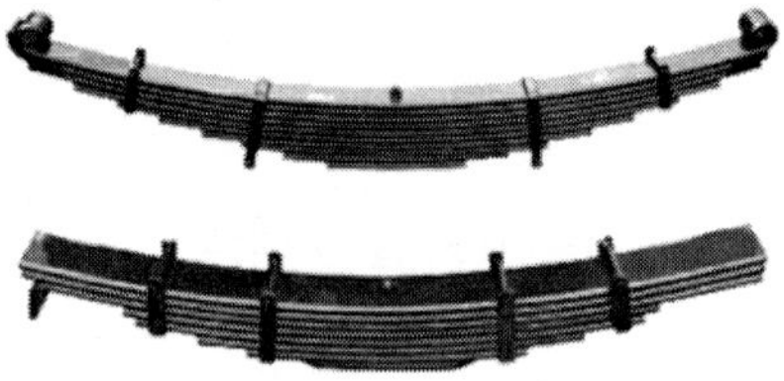

[그림 49] 판 스프링

[3] 태엽 스프링(spiral spring)

얇은 강판 또는 띠 모양의 강 재료를 와권상(spiral)으로 감은 스프링이다. 시계의 태엽, 장난감의 동력용으로 사용된다.

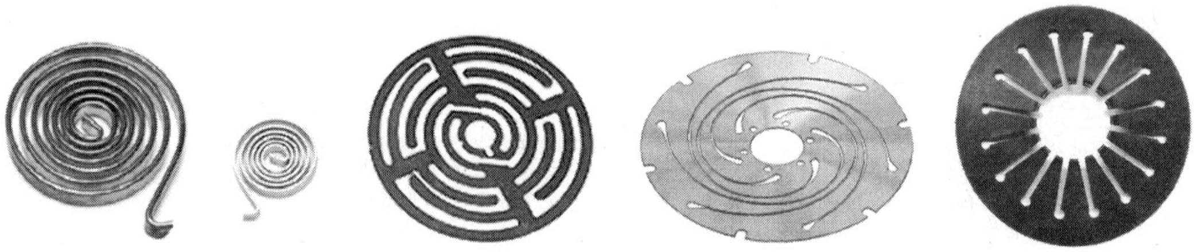

(a) (b) (c) (d)

[그림 50] 태엽 스프링

[4] 링 스프링(ring spring)

제한된 공간에서 큰 에너지를 흡수할 수 있고, 또 감쇠력을 가지고 있으므로 철도 차량의 연결기에 완충용으로 사용된다. 축방향에 하중이 작용하면 사면의 작용에 의하여 바깥쪽 바퀴는 팽창하여 인장을 받고, 안쪽바퀴는 줄어서 압축을 받게 되는 것이다.

[5] 토션 바(torsion bar)

봉재를 비틀음으로서 스프링으로 사용하는 것으로 큰 에너지를 축적할 수 있고 경량이고 간단한 형상을 갖는다.

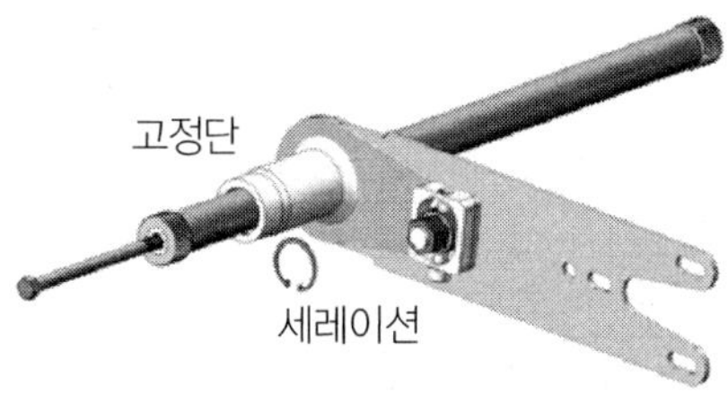

[그림 51] 토션 바

4.1.3. 스프링의 특성

[1] 스프링 하중

$$P = k\delta \quad \cdots\cdots (5\text{–}37)$$

P : 스프링의 하중(kg_f)
k : 스프링 상수
δ : 변형량(mm)

· 하중에 의하여 일어나는 일 U(kg · mm)

$$U = \frac{1}{2}P\delta = \frac{1}{2}k\delta^2 \quad \cdots\cdots (5\text{–}38)$$

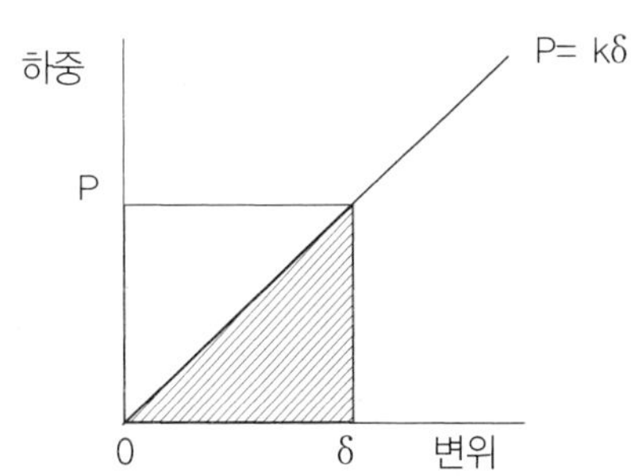

[그림 52] 하중과 변형량 관계

[2] 스프링 상수가 k_1, k_2인 2개를 접속할 때 스프링 상수

•병렬의 경우 : $k = k_1 + k_2$

•직렬의 경우 : $\frac{1}{k} = \frac{1}{k_1} + \frac{1}{k_2}$

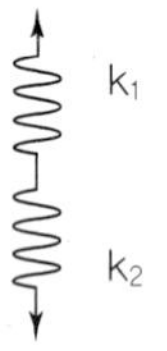

(a) 직렬연결

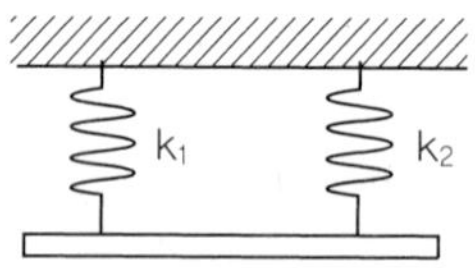

(b) 병렬연결

[그림 53] 스프링의 조합

4.1.4. 스프링의 설계

[1] 코일스프링

(1) 스프링의 강도

•전단응력

$$T = \tau z_P = \frac{\pi}{16} d^3 \tau$$

$$\therefore \ \tau = \frac{16 \gamma W}{\pi d^3} = \frac{8DW}{\pi d^3}$$

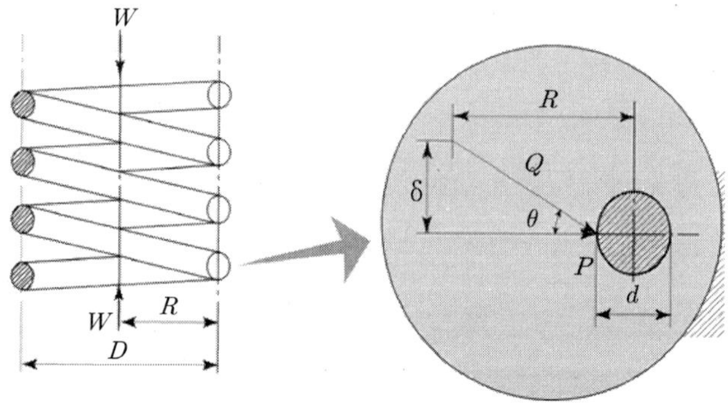

[그림 54] 코일 스프링

•스프링 처짐

$$\delta = R\theta \frac{n\pi D^3 W}{4GI_P} = \frac{8nD^3 W}{Gd^4} = \frac{64nR^3 W}{Gd^4} \quad \cdots\cdots (5-39)$$

d : 소선의 지름(mm), D : 코일의 평균 지름(mm)
W : 하중(kg_f), δ : 스프링의 처짐(mm)
n : 유효 권수, θ : 비틀림 각

(2) 스프링의 지수

$$C = \frac{2R}{d} = \frac{D}{d} \quad \cdots\cdots (5-40)$$

(3) 스프링상수

$$k = \frac{W}{\delta} = \frac{Gd^4}{8D^3 n} = \frac{Gd}{8nC^3} = \frac{GD}{8nC^4} = \frac{Gd^4}{64nR^3} \quad \cdots\cdots (5-41)$$

(4) 에너지의 계산

$$U = \frac{W\delta}{2} = \frac{32nR^3 W^2}{Gd^4} = \frac{V\tau^2}{4K^2 G} \quad \cdots\cdots (5-42)$$

p : 코일의 피치(mm) V : 스프링 재료의 부피$(\frac{\pi d^2}{4} \cdot 2\pi \gamma n)$

[2] 판스프링

(1) 단일 판스프링

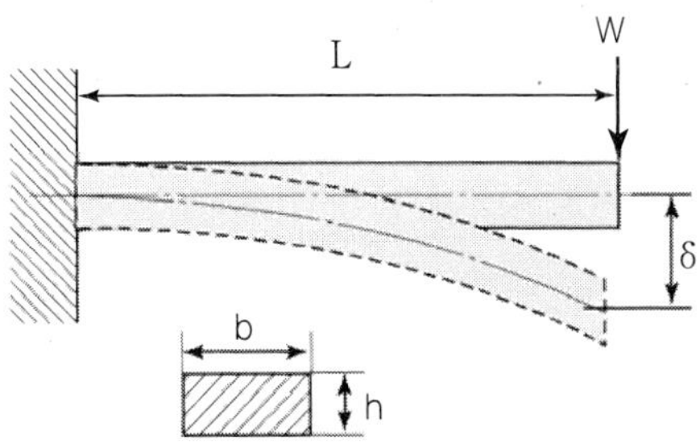

[그림 55] 단일 판 스프링

•굽힘응력 : $\sigma_b = \dfrac{6W\ell}{bh^2}$

•자유단에 생기는 처짐량 : $\sigma_b = \dfrac{6W\ell^3}{bh^3E}$

•고정단의 너비 : $b = \dfrac{6W\ell}{\sigma_b h^2}$

W : 하중(kg_f) b : 고정단의 폭(mm)
h : 두께(mm) ℓ : 길이(mm)

(2) 겹판 스프링

① 내다지 보로 고려하는 경우

- 굽힘 응력 $\sigma_b = \dfrac{6W\ell}{nbh^2}$

- 처짐 $\delta = \dfrac{6W\ell^3}{Enh^3}$

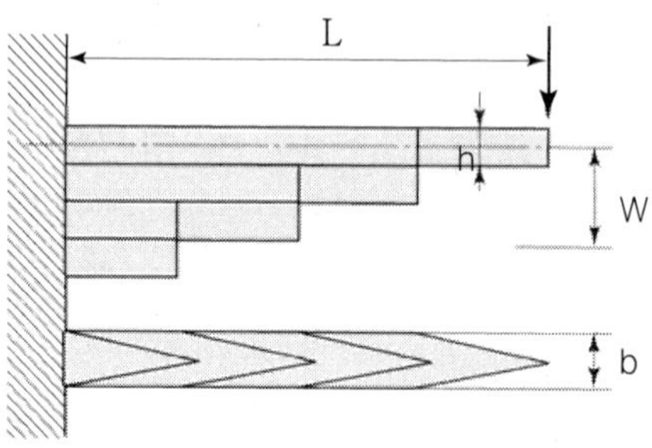

[그림 56] 겹판 스프링(내다지 보)

② 양단 지지보로 고려하는 경우

- 굽힘 응력 $\sigma_b = \dfrac{3}{2}\dfrac{W\ell}{nbh^2}$

- 처짐 $\delta = \dfrac{3}{8}\dfrac{\ell^3 W}{nbh^3E}$

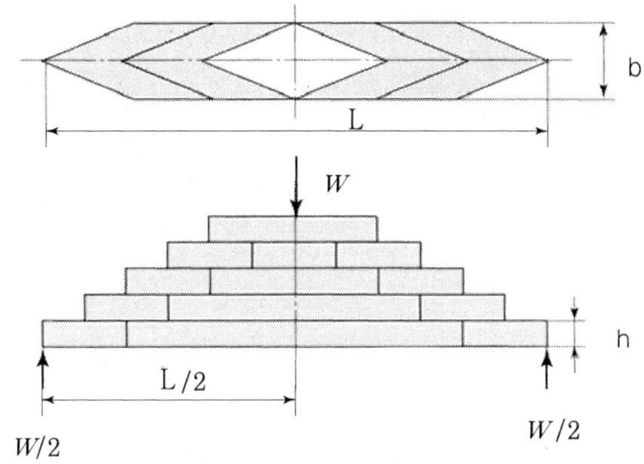

[그림 57] 겹판 스프링(양단 지지보)

[스프링의 계산식]

스프링의 종 류	스프링의 향상	최대 응력	하 중	처 짐
판 스프링	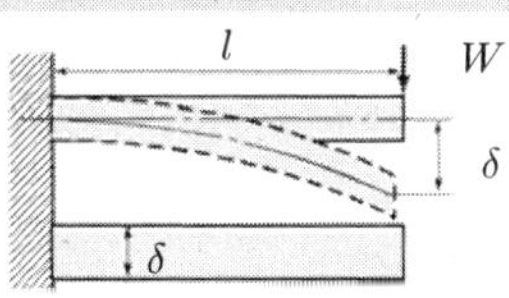	$\sigma = \frac{6lw}{bh^2}$ $-\frac{3}{2}\frac{hF_s}{l^2}$	$\frac{bh^{2E}}{bh^2}\delta$ $-\frac{bh^2}{6l}\delta$	$\frac{4l^{2E}}{bh^{3E}} - \frac{2l^2\sigma}{bh^{3E}}$
	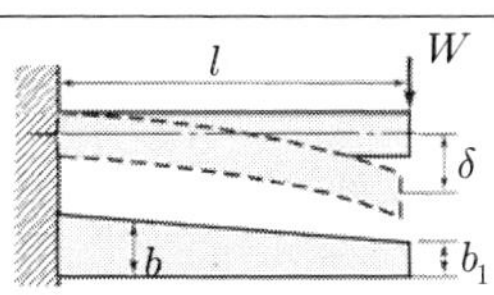	$\sigma = \frac{6lW}{bh^2}$ $\frac{3}{2}\frac{hE_s}{al^2}$	$\frac{bh^{3E}}{4\alpha l^3}\sigma$ $= \frac{bh^2\sigma}{6l}$	$\frac{4\alpha l^{3W}}{bh^{3E}}$ $= \frac{2\alpha l^2\sigma}{3hE}$
겹 스프링	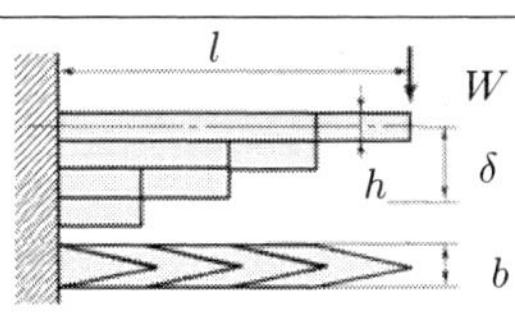	$\sigma = \frac{6lW}{bh^2}$ $-\frac{hE\delta}{l^2}$	$\frac{nb^{3E}}{6l^3}\delta$ $-\frac{nbh^2\alpha}{6l}$	$\frac{6l^{3W}}{nbh^{3E}} = \frac{l^2\sigma}{hE}$
코일 스프링	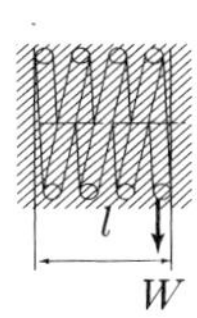 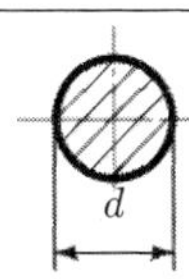	$\frac{32RW}{\pi d^3}$ $= \frac{1}{2}\frac{dE\delta}{lR}$	$\frac{\pi d^3\sigma}{32R}$	$\frac{64R^{2W}}{\pi d^{4E}}$ $= \frac{2lR\sigma}{dE}$
	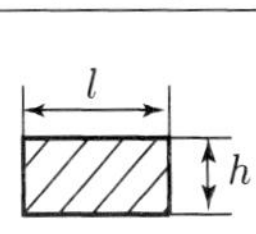	$-\frac{6RW}{bh^2}$ $-\frac{1}{2}\frac{hE\delta}{lR}$	$\frac{bh^2\sigma}{6R}$	$\frac{12lR^{2W}}{bd^{3E}}$ $= \frac{2lR\sigma}{hE}$

σ: 최대 굽힘응력(kg/mm^2) E: 세로 탄성계수(kg/mm^2) W: 하중(kg)
δ: 처짐량(mm) n: 겹판 스프링의 판수 또는 코일 스프링의 유효 감김수

4.2. 브레이크(brake)

기계의 운동부분의 에너지를 흡수하여 그 운동을 정지시키든지 또는 운동속도를 조절하여 위험을 방지하는 기계요소이다. 일반적으로 운동에너지를 고체마찰에 의하여 열에너지로 바꾸는 마찰 브레이크가 널리 사용된다.

4.2.1. 브레이크의 종류

[1] 블록 브레이크(block brake)

(1) 단식 블록 브레이크

구조가 가장 간단하며, 회전하는 브레이크 드럼에 슈를 밀어붙이는 구조이다. 제동축에 굽힘 모멘트가 작용하므로 너무 큰 토크의 제동에는 사용하지 못한다.

(2) 복식 블록 브레이크

축의 양쪽에서 대칭으로 브레이크를 작용시키므로 서로 힘이 균형을 이루어 축에 굽힘 모멘트가 걸리지 않아 큰 제동력을 필요로 할 때 사용한다.

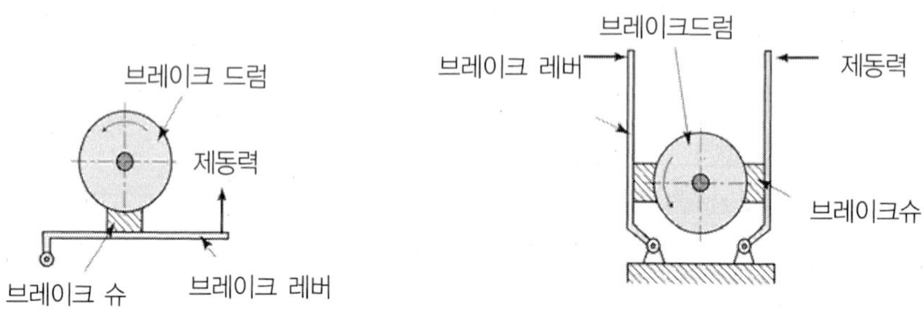

(a) 단식 블록 브레이크　　(b) 복식 블록 브레이크

[그림 58] 블록 브레이크의 종류

[2] 밴드 브레이크(band brake)

브레이크 드럼에 강철로 만든 밴드를 감고 밴드에 레버로 장력을 주어서 제동작용을 하는 것이다.

[3] 원뿔 브레이크(cone brake)

브레이크 로드에 제동축 방향의 힘을 가하고 다시 원뿔부분에 있는 쐐기작용으로 접촉 압력을 높여 제동작용을 하는 것이다.

[4] 원판 브레이크(disc brake)

원판이 서로 축과 케이스에 키로 설치되어 있으며, 이것을 축 방향으로 밀면 원판과 원판이 밀착하여 이 사이에서 발생하는 마찰력으로 축에 제동력이 작용하는 것이다.

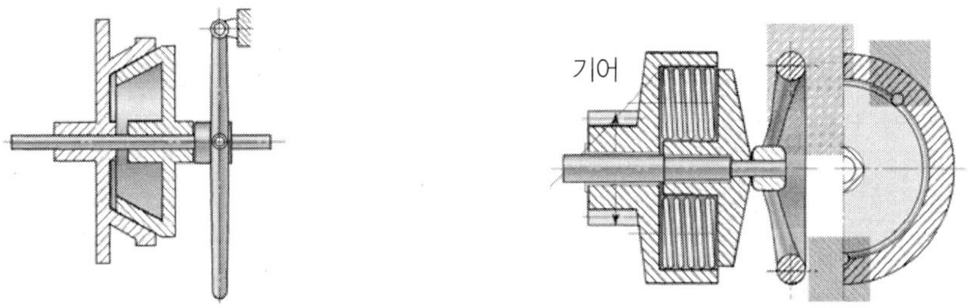

(a) 원뿔 브레이크 (b) 원판 브레이크

[그림 59] 원뿔 브레이크와 원판 브레이크

[5] 웜 브레이크(worm brake)

웜이 웜 기어에 의해서 회전하였을 때 역회전을 하지 않는 성질(self locking)을 이용한 것으로서 주로 체인블록(chain block)이나 윈치(winch) 등에서 사용된다.

[그림 60] 웜 브레이크

4. 2. 2. 브레이크 토크

$$T = f\frac{D}{2} = \frac{\mu WD}{2} \quad \cdots\cdots (5-43)$$

T : 브레이크 토크(kg_f—mm)
D : 브레이크 드럼의 지름(mm)
f : 제동력(kg_f)
W : 드럼과 블록사이에서 작용하는 힘(kg_f)
F : 브레이크 레버에 가하는 조작력(kg_f)
μ : 드럼과 블록 사이의 마찰계수
a, b, c : 각각의 브레이크 레버의 치수(mm)

[1] 내 작용선 c 〉 0

•우회전의 경우

$Fa - Wb - \mu Wc = 0$

$$\therefore\ F = \frac{W}{a}(b + \mu_c) = \frac{f}{\mu_a}(b - \mu_c)$$

•좌회전의 경우

$Fa - Wb + \mu Wc = 0$

$$\therefore\ F = \frac{W}{a}(b - \mu_c) = \frac{f}{\mu_a}(b - \mu_c)$$

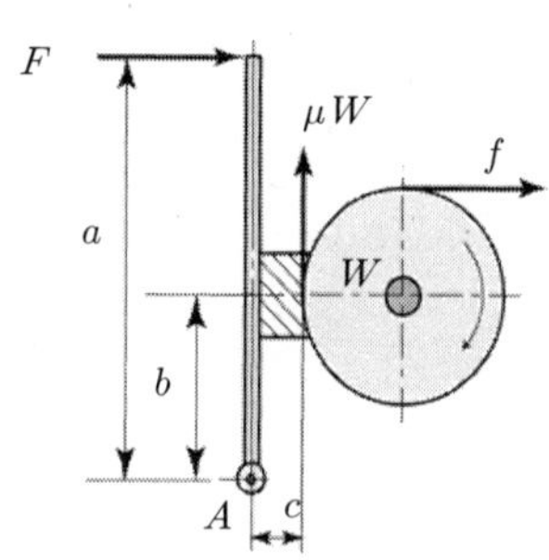

[그림 61] 내 작용선의 경우

[2] 외 작용선(c 〈 0)

•우회전의 경우

$$Fa - Wb + \mu Wc = 0 \qquad \therefore\ F = \frac{W}{a}(b - \mu_c) = \frac{f}{\mu_a}(b - \mu_c)$$

•좌회전의 경우

$$Fa - Wb - \mu Wc = 0 \qquad \therefore\ F = \frac{W}{a}(b + \mu_c) = \frac{f}{\mu_a}(b + \mu_c)$$

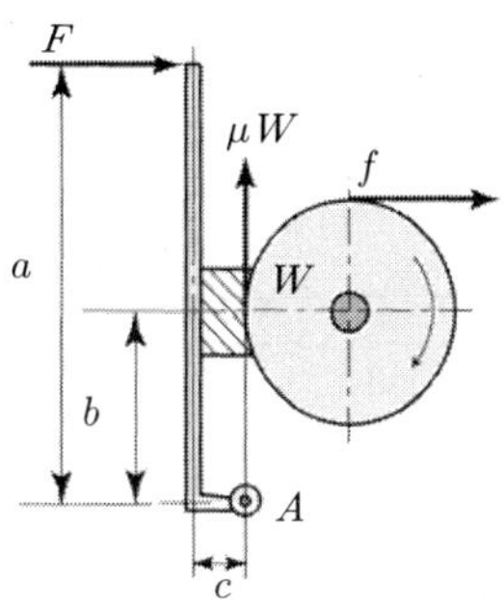

[그림 62] 외 작용선의 경우

[3] 중 작용선(c= 0)

좌회전이나 우회전의 경우에는 동일하다.

$$Fa - Fb = 0 \qquad \therefore\ F = W\frac{b}{a}$$

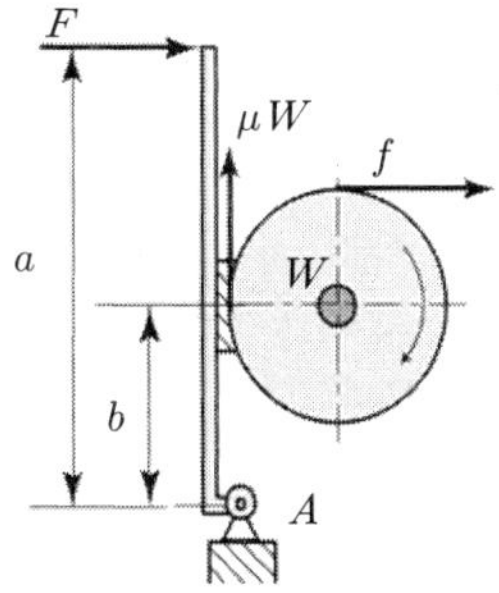

[그림 63] 중 작용선의 경우

4.2.3. 블록 브레이크의 용량

[1] 브레이크의 압력

$$q = \frac{W}{A} = \frac{W}{be} \quad \cdots\cdots \quad (5-44)$$

W : 블록을 브레이크 드럼에 밀어붙이는 힘(kg_f)
b : 브레이크 블록의 폭(mm)
e : 브레이크 블록의 길이(mm)
D : 브레이크 드럼의 지름(mm)
A : 브레이크 블록의 마찰 면적(mm^2)
q : 블록과 브레이크 드럼사이의 제동압력(kg_f/cm^2)

[2] 브레이크의 용량

$$75H = fv = \mu Wv = \mu qAv$$

$$\therefore \ H = \frac{fv}{75} = \frac{\mu qAv}{75} = \frac{\mu Wv}{75}$$

마찰 면의 단위 면적당의 일량은 다음과 같다.

$$\frac{75H}{A} = \frac{\mu Wv}{A} = \mu qv \, [kg/mm^2 s]$$

v : 브레이크 드럼의 원주 속도(m/s)
f : 브레이크의 제동력(kg_f)
H : 제동마력(PS)
μqv : 브레이크 용량

CHAPTER 05 출 제 예 상 문 제

01. 원기둥에 직각 삼각형 종이를 한 바퀴 감았을 때 삼각형의 밑변과 빗변이 그리는 각을 무엇이라 하는가 ?

① 나사 각 ② 리드 각
③ 여유 각 ④ 피치 각

02. 한 줄 나사에서 피치 p, 지름 d, 나선 각을 θ라 하면 tanθ의 값은 ?

① $\tan\theta = \frac{\pi p}{d}$ ② $\tan\theta = \frac{p}{\pi d}$
③ $\tan\theta = \frac{\pi d}{p}$ ④ $\tan\theta = \frac{d}{\pi p}$

03. 3줄 나사에서 피치가 0.5mm이면 이 나사의 리드는 몇 mm인가 ?

① 1.0 ② 1.5
③ 2.0 ④ 3.0

$\ell = n \cdot P$에서 3×0.5 = 1.5mm

04. 피치가 3인 2줄 나사에서 2바퀴 회전시키면 리드는 얼마인가 ?

① 2mm ② 3mm
③ 6mm ④ 12mm

$\ell = n \cdot P$에서 2×3×2 = 12mm

05. 3줄 나사의 피치가 3mm일 때 40°회전시키면 축 방향으로 이동한 거리는 얼마인가 ?

① 1mm ② 2mm
③ 3mm ④ 4mm

리드 = 줄수×피치이므로 3×3mm = 9mm, 따라서 40° 회전하였을 때 리드는 $\frac{9 \times 40^\circ}{360^\circ}$ = 1mm

06. 나사의 호칭지름이란 ?

① 유효지름
② 수나사의 바깥지름
③ 암나사의 안지름
④ 수나사의 골지름

07. 암나사의 호칭지름은 무엇으로 표시하나?

① 구멍의 안지름
② 구멍의 바깥지름
③ 암나사에 맞는 수나사의 바깥지름
④ 암나사에 맞는 수나사의 바깥지름

08. 나사의 유효 지름은 무엇인가 ?

① 나사의 바깥지름
② 나사의 안지름
③ 나사의 바깥지름을 피치로 나눈 값
④ 나사의 바깥지름과 골지름을 더한 것을 둘로 나눈 값

09. 유니 파이 보통나사 $\frac{5}{16}$ − 18UNC의 피치는 몇 mm인가 ?

① 7.9375 ② 2.50
③ 1.2700 ④ 1.4111

1inch = 25.4mm이므로 $\frac{25.4}{18}$ = 1.411mm

정 답 1. ② 2. ② 3. ② 4. ④ 5. ① 6. ② 7. ③ 8. ④ 9. ④

10. 유니파이 보통나사 $\frac{1}{4}$ – 20UNC의 피치는 몇 mm인가 ?

① 2.54 ② 1.27
③ 0.84 ④ 0.55

11. 유니파이 1-8 UNC에서 피치는 몇 mm인가 ?

① 4.234 ② 4.125
③ 3.365 ④ 3.175

$\frac{25.4}{8}$ = 3.175mm

12. 나사 호칭이 1/4인치-20UNC에 대한 설명 중 틀린 것은 ?

① 1인치당 산수는 20개이다.
② 나사산의 각도는 60°이다.
③ 유니파이 보통 나사이다.
④ 피치는 6.35mm이다.

13. 나사의 표시법에서 M12라 할 때 숫자 12는 무엇을 표시하나 ?

① 바깥지름 ② 유효지름
③ 골지름 ④ 피치

14. 삼각나사의 종류가 아닌 것은 ?

① 미터나사 ② 유니 파이나사
③ 애크미나사 ④ 휘트워드나사

15. 다음 중 나사의 산이 삼각형으로 되어 있지 않은 것은 ?

① 휘트워드나사 ② 애크미나사
③ 유니 파이나사 ④ 미터나사

삼각나사의 종류에는 미터나사, 유니 파이 나사(나사산의 각도는 60°), 휘트워드나사(나사산의 각도는 55°) 등 3가지가 있다.

16. 미터 보통나사의 나사산의 각도는 얼마인가 ?

① 55° ② 60°
③ 30° ④ 45°

미터 보통나사의 나사산의 각도는 60°이다.

17. ABC나사라고도 하며, 나사산의 각도가 60°인 나사는 ?

① 휘트워드 나사 ② 유니파이 나사
③ 애크미 나사 ④ 테이퍼 나사

18. 미터계열 사다리꼴나사의 나사산의 각도는 얼마인가 ?

① 29° ② 30°
③ 58° ④ 60°

사다리꼴나사의 나사산의 각도는 미터 계열이 30°, 인치 계열이 29°이다.

19. 공작기계의 주 나사와 같이 이동용(移動用) 나사로 사용될 수 있는 나사의 형식으로 가장 적합한 것은 ?

① 사다리꼴나사
② 휘트워드나사
③ 유니 파이나사
④ 미터나사

사다리꼴나사는 공작기계의 주 나사와 같이 이동용 나사로 사용될 수 있는 나사의 형식으로 가장 적합하다. 용도는 선반의 리드, 나사 프레스, 바이스 등이다.

20. 한 방향으로 큰 힘이 작용하는 경우에 사용하며, 바이스나 잭 등에서 사용하는 나사는 ?

① 사다리꼴나사 ② 둥근나사
③ 삼각나사 ④ 톱니나사

정 답 10. ② 11. ④ 12. ④ 13. ① 14. ③ 15. ② 16. ② 17. ② 18. ② 19. ① 20. ④

21. 관용나사에 대한 설명 중 틀린 것은 ?

① 휘트워드나사의 산형이 기본이다.

② 나사산의 각도는 55°이다.

③ 평행나사와 테이퍼나사의 두 종류가 있다.

④ 호칭 지름은 mm로 표시한다.

22. 다음 중 관용 평행나사의 기호로 옳은 것은 ?

① PF ② PT

③ PS ④ TF

PF : 관용 평행나사, PT : 관용 테이퍼 나사
PS : 관용 평행 암나사

23. 기계부품을 고정시킬 때 사용하는 3각 나사는 4각 나사와 비교할 때 다음과 같은 특성을 가지고 있다. 이중에 맞지 않는 것은 어느 것인가 ?(단, 조건 및 재질은 동일하다)

① 체결용으로 적합하다.

② 효율이 나쁘다.

③ 마찰계수가 작아진다.

④ 자립(self lock)작용이 있다.

삼각나사의 특징
① 마찰계수가 커 체결용으로 적합하다.
② 효율이 나쁘다.
③ 자립(self lock)작용이 있다.

24. 다음 중 리드 각 α, 마찰계수 μ= tanρ인 4각 나사가 자립(self locking)할 수 있는 조건은 ?

① α 〈 ρ ② α 〈 2ρ

③ α 〉 ρ ④ α 〉 2ρ

나사의 자립조건이란 마찰 각(ρ)이 리드 각(α)보다 커야하는 관계 즉, ρ > α를 말하며, 나사가 자립상태를 유지하는 나사의 효율은 반드시 50% 이하여야 하며, 나사가 스스로 풀리지 않는 자립 조건의 한계는 ρ = α이다.

25. 나사의 리드 각을 α, 마찰각을 ρ라 할 때 나사의 자립 조건을 만족시키는 식은 ?

① α 〉 ρ ② α 〉 2ρ

③ α ≦ ρ ④ α ≦ 2ρ

26. 볼트에는 머리가 있고 양쪽이 나사로 되어 있는 특별한 것으로서 분해·조립이 반복되는 곳에서 사용하는 나사는 ?

① 스터드 볼트 ② 아이 볼트

③ 스테이 볼트 ④ 리머 볼트

27. 나사가 축방향에 인장하중 W만 받을 때 나사의 바깥지름 d는 다음 중 어느 것인가 ?(단, 허용 인장응력을 σkgf/cm^{2}이고 하중은 Wkgf/cm^{2}이다)

① $d ≒ \sqrt{\frac{2\delta}{3W}}$ [cm]

② $d ≒ \sqrt{\frac{2W}{\delta}}$ [cm]

③ $d ≒ \sqrt{\frac{W}{2\delta}}$ [cm]

④ $d ≒ \sqrt{\frac{\delta}{2W}}$ [cm]

나사가 축방향에 인장하중 W만 받을 때 나사의 바깥지름 d는 $d ≒ \sqrt{\frac{2W}{\delta}}$ 이다.

28. 12ton의 축방향과 비틀림 하중을 동시에 받는 체결용 나사의 지름은 몇 mm인가 ?(단, 재료의 허용 인장응력은 4.6kgf/mm^{2}이다)

① 44mm ② 58mm

③ 68mm ④ 84mm

$d ≒ \sqrt{\frac{8 \times 12 \times 1000}{3 \times 4.6}}$ = 83.4mm

정 답 21. ④ 22. ① 23. ③ 24. ① 25. ③ 26. ① 27. ② 28. ④

29. 50ton의 축 하중(W)을 받는 그림과 같은 4각 나사의 아이 볼트가 바깥지름 120mm, 골지름 100mm, 피치가 12mm일 때 너트 높이(H)는 얼마인가 ?(단, 너트의 허용 접촉압력은 97kgf/cm^2)

① 80mm
② 120mm
③ 160mm
④ 180mm

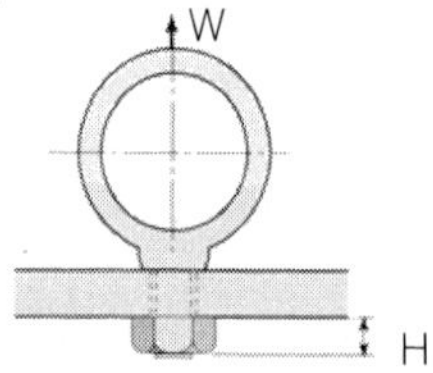

H= Zp에서 H= $\dfrac{4Wp}{\pi(d^2-d_1^2)q}$

$= \dfrac{4\times50\times1000\times1.2}{3.14\times(12^2-10^2)\times97}$ = 17.9cm ≒ 180mm

30. 바깥지름이 40mm, 피치가 6 mm인 사각나사가 2000kgf의 하중을 받을 때 나사의 효율은 얼마인가 ?(단, 나사부의 마찰계수 μ는 0.1, 유효지름은 35mm이다)

① 35% ② 16%
③ 44% ④ 49%

$\eta = \dfrac{\tan\alpha}{\tan(\alpha+\rho)}$에서

① tan α= $\dfrac{p}{\pi de} = \dfrac{6}{3.14\times35}$ = 0.0545

∴ tanα= 3.12°

② tan ρ = μ = 0.1 ∴ ρ= 5.71°

③ η= $\dfrac{\tan 3.12}{\tan(3.12+.71)}$×100= 35%

31. 2개의 너트를 충분히 조인 다음에 안쪽 너트를 풀어놓아 2개의 너트가 서로 미는 상태로 만드는데 이때 안쪽의 너트를 무엇이라 하는가 ?

① 캡 너트 ② 나비너트
③ 로크너트 ④ 플랜지 너트

32. 축의 원형을 변경시키지 않고 회전력을 전달시킬 수 있는 키는 다음 중 어느 것인가?

① 안장 키 ② 반달 키
③ 납작키 ④ 둥근 키

안장 키(새들 키)는 축의 원형을 변경시키지 않고(축에 홈을 파지 않고) 회전력을 전달시킬 수 있다.

33. 축에 홈을 파지 않고 회전력을 전달시킬 수 있는 키는 ?

① 안장 키 ② 반달 키
③ 납작키 ④ 둥근 키

34. 다음 그림의 키 이름은 ?

① 안장 키
② 납작키
③ 접선 키
④ 묻힘 키

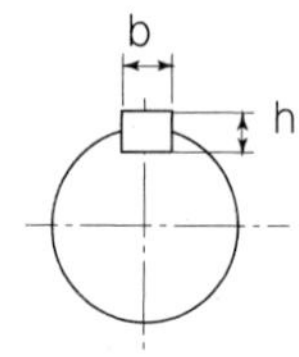

35. 매우 큰 회전력 또는 양쪽방향의 회전인 축에 120°또는 180°의 각도로 두 곳에 설치하는 키는 ?

① 접선 키(tangential key)
② 원뿔 키(cone key)
③ 드라이빙 키(driving key)
④ 새들 키(saddle key)

접선키는 아주 큰 회전력 또는 양쪽 방향의 회전인 축에 120°또는 180°의 각도로 두 곳에 설치하는 키이다.

36. 다음 중 그림과 같이 축과 보스에 모두 키 홈을 가공하는 키의 명칭으로 적합한 것은 ?

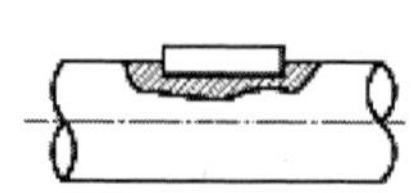

① 안장 키(saddle key)
② 납작키(flat key)
③ 반달 키(woodruff key)
④ 묻힘 키(sunk key)

정 답 29. ④ 30. ① 31. ③ 32. ① 33. ① 34. ④ 35. ① 36. ④

37. 성크 키(묻힘 키)의 치수 기입방법은 어느 것이 알맞은가 ?(단, B : 너비, h : 높이, L : 길이)

① L × b × h ② b × h × L

③ h × b × L ④ L × h × b

성크 키의 치수 방법은 너비(b)×높이(h)×길이(L)이다.

38. 성크 키의 재료에 발생하는 전단응력은 ?(단, T : 키의 토크, h : 키의 높이, b : 키의 폭, L : 키의 길이, d : 축의 지름)

① $\frac{2T}{b\ell d}$ ② $\frac{2T}{h\ell d}$

③ $\frac{4T}{bh\ell d}$ ④ $\frac{4T}{b\ell d}$

$T = P \cdot \frac{d}{2}$에서 $P = \frac{2T}{d}$이므로

$\tau = \frac{P}{b \cdot \ell}$에서 P를 대입하면

$\therefore \tau = \frac{2T}{b \cdot \ell \cdot d}$

39. 토크를 전달함과 동시에 보스를 축방향으로 이동시킬 필요성이 있을 때 다음 중 어느 키를 사용하면 되는가 ?

① 안장 키 ② 평키

③ 페더 키 ④ 세트 키

40. 우드러프 키라고도 하며 일반적으로 60 mm 이하의 작은 축에 사용하며 자동차, 공작기계 등에서 널리 사용되는 키는 ?

① 미끄럼 키 ② 접선 키

③ 반달 키 ④ 성크 키

41. 2개의 축을 서로 연결하는 기계요소로서 관계없는 것은 ?

① 키(key) ② 코터(cotter)

③ 만능 이음 ④ 리벳(rivet)

2개의 축을 서로 연결하는 기계요소에는 키, 코터, 만능 이음(유니버설 조인트) 등이 있다.

42. 너트의 풀림방지용으로 사용하는데 알맞은 핀은 ?

① 테이퍼 핀 ② 코터 핀

③ 평행 핀 ④ 분할 핀

43. 다음은 핀(pin)에 대한 설명이다. 옳지 않은 것은 어느 것인가 ?

① 분할 핀은 너트의 풀림 방지용으로 사용된다.

② 핀의 종류에는 평행 핀, 테이퍼 핀, 분할 핀 등이 있다.

③ 기계부품을 연결하거나 고정시킬 때 핀에 하중이 가볍게 걸리는 곳에 사용된다.

④ 핀은 주로 인장 파괴된다.

44. 코터의 폭이 4cm, 두께가 2cm, 코터의 허용 전단응력이 $75kgf/cm^2$이라면 코터에 가할 수 있는 허용하중(kgf)은 ?

① 600 ② 1200

③ 1800 ④ 2400

P = 2hbt= 75×2×4×2 = 1200kgf

45. 기밀 용기를 제작하기 위하여 리벳 체결을 할 때 작업 순서는 ?

① 드릴링, 리밍, 리베팅, 코킹

② 리밍, 드릴링, 리베팅, 코킹

③ 드릴링, 리밍, 코킹, 리베팅

④ 리밍, 드릴링, 코킹, 리베팅

46. 코킹하기 위해 판끝을 얼마로 깎아주는가?

① 45～60° ② 60～75°

③ 75～80° ④ 90～120°

정 답 37. ② 38. ① 39. ③ 40. ③ 41. ④ 42. ④ 43. ④ 44. ② 45. ① 46. ③

47. 리벳이음에서 전단되는 것이 아닌 것은 ?

① 리벳의 전단
② 판 끝의 전단
③ 판이 인장으로 전단
④ 리벳 구멍의 압축

리벳이음에서 전단이 되는 경우
① 리벳의 전단
② 리벳 구멍사이의 전단
③ 판의 전단
④ 리벳 축 또는 구멍의 압축
⑤ 리벳과 강판의 가장자리 전개

48. 리벳이음에서 리벳효율을 나타낸 식으로 옳은 것은 ?(단, 리벳의 전단 파괴에 의해 구하며, n : 1피치 내의 리벳 전단 면수, p : 피치(mm), σ : 강판 재의 허용 인장응력(kgf/mm^2), t : 강판의 두께(mm), d : 리벳지름(mm), τ : 리벳의 허용 전단응력(kgf/mm^2)이다)

① $\eta = 1 - \frac{d}{p}$　　② $\eta = \frac{4pt\sigma}{\pi d^2 \tau}$
③ $\eta = 1 - \frac{p}{d}$　　④ $\eta = \frac{n\pi d^2 \tau}{4pt\sigma}$

49. 판 두께 16mm, 리벳지름 16mm, 리벳구멍 지름 17mm, 피치 64mm인 1줄 리벳 겹치기 이음에서 1피치마다 하중이 1500kgf 작용할 때 강판효율은 얼마인가 ?

① 66.6%　　② 70.6%
③ 73.4%　　④ 77.4%

$$\text{강판효율} = 1 - \frac{\text{리벳구멍지름}}{\text{피치}} \times 100$$
$$= 1 - \frac{17}{64} = 73.4\%$$

50. 판 두께 15mm, 리벳지름이 2mm, 피치가 10mm, 1열 겹치기 리벳 이음이 있다. 피치당 하중을 900kgf으로 하면 판의 인장 응력은 ?

① $6.5kgf/mm^2$　　② $7.5kgf/mm^2$
③ $8.5kgf/mm^2$　　④ $9.5kgf/mm^2$

$$\text{인장 응력} = \frac{W}{(p-d)t} = \frac{900}{(10-2)\times 15}$$
$$= 7.5kgf/mm^2$$

51. 축을 작용하는 힘에 의한 분류에 속하지 않는 것은 ?

① 차축　　② 스핀들
③ 전동축　　④ 크랭크축

52. 축 이음 중 두 개의 중심선이 서로 평행하거나 일치하지 않았을 때 양쪽에 키 및 키홈 형상이 있는 중간 원판을 사용하는 커플링은 ?

① 플랜지 커플링
② 물림 커플링
③ 올드 함 커플링
④ 유니버설 커플링

커플링의 종류와 그 특징
① 플랜지 커플링 : 원통(boss)에 플랜지를 일체로 주조한 것을 두 축의 끝에 끼워서 조립하고 이것을 리머 볼트로 고정한 것이며, 대형 축의 축이음으로 사용된다.
② 올드 함 커플링 : 두 개의 중심선이 서로 평행하거나 일치하지 않았을 때 양쪽에 키 및 키 홈 형상이 있는 중간 원판을 사용하는 것이다.
③ 유니버설 커플링 : 두 축이 동일한 평면 위에 있고 그 중심선이 30° 이하의 각도로 교차하는 경우에 사용된다.

53. 축의 위험 속도를 피하기 위한 조치 중에서 가장 적합한 것은 ?

① 축의 지름을 가늘게 한다.
② 축의 지름을 굵게 한다.
③ 케이스의 강성을 높인다.
④ 기초 볼트의 지름을 크게 한다.

축의 위험 속도를 피하기 위해서는 축의 지름을 굵게 한다.

정 답 47. ③ 48. ④ 49. ③ 50. ② 51. ④ 52. ③ 53. ②

54. 축의 계산에서 임계속도란 무엇인가 ?

① 축의 강제진동수가 축의 고유진동수와 일치하였을 때의 속도이다.
② 축이 회전 가능한 한 최대의 회전속도이다.
③ 축의 이음부분이 마찰에 의하여 마모되기 시작하는 때의 회전수이다.
④ 전동축에서 안전율 10일 때의 회전수이다.

55. 회전축의 전달마력H(ps), 회전수를 n(rpm)이라고 하면 비틀림 모멘트는 ?

① $97400\frac{H}{n}\,kg_f \cdot cm$
② $97400\frac{n}{H}\,kg_f \cdot cm$
③ $71620\frac{H}{n}\,kg_f \cdot cm$
④ $71620\frac{n}{H}\,kg_f \cdot cm$

비틀림 모멘트는 마력(ps)에서는 $71620\frac{H}{n}\,kg_f \cdot cm$을, kw에서는 $97400\frac{n}{H}\,kg_f \cdot cm$으로 산출한다.

56. 200rpm으로 10Hps를 전달하는 축에 작용하는 토크는 몇 kg_f-cm인가 ?

① 358.1 ② 487
③ 3581 ④ 4870

$T = \frac{71620 \times PS}{n} = \frac{71620 \times 10}{200} = 3581 kg_f\text{-}cm$

57. 지름 60mm의 축이 500rpm으로 회전하여 동력을 전달하고 있고 허용 전단응력이 100kgf/cm²일 때 최대 전달마력은 얼마인가 ?

① 18.6Hps ② 24.6Hps
③ 29.6Hps ④ 42.6Hps

① $T = \frac{\pi d^3 \tau}{16} = \frac{3.14 \times (0.06)^3 \times (100 \times 10^4)}{16}$

$= 42.39 kgf \cdot m$

② $Hps = \frac{nT}{716.2} = \frac{500 \times 42.39}{716.2} = 29.6Hps$

58. 지름이 40mm인 연강제 실축에 200rpm으로 10Hps를 전달할 때 발생하는 전단응력은 몇 kgf/cm²인가 ?

① 255 ② 265
③ 275 ④ 285

$Hps = \frac{n}{71620} \times \frac{\pi d^3 \tau}{16}$ 에서

$\tau = \frac{71620 \times 16 \times ps}{\pi d^3 n} = \frac{71620 \times 16 \times 10}{3.14 \times 4^3 \times 200}$

$= 285 kgf/cm^2$

59. 지름 13cm인 중실 축으로 500Hps를 전달하려면 회전속도는 최소 몇 rpm이어야 되는가 ?(단, 축의 허용 전단응력은 4kgf/mm²이다)

① 175 ② 189
③ 201 ④ 208

① $T = \frac{\pi d^3 \tau a}{16} = \frac{3.14 \times 130^3 \times 4}{16}$

$= 1,722,520 kgf \cdot mm$

② 회전수(n)$= \frac{716200 \times 500}{1,725,520} \fallingdotseq 208rpm$

60. 1200kgf-m의 비틀림 모멘트만을 받는 축지름의 크기로 가장 적당한 것은 ?(단, 허용 비틀림 응력은 4.8kgf/mm²이다)

① 60mm ② 80mm
③ 109mm ④ 130mm

$T = \frac{\pi d^3}{16} \cdot \tau$에서

$d = \sqrt[3]{\frac{16T}{\pi \tau}} = \sqrt[3]{\frac{16 \times 1200000}{3.14 \times 4.8}} = 108.4mm$

정 답 54. ① 55. ③ 56. ③ 57. ③ 58. ④ 59. ④ 60. ③

61. 지름 10mm의 원형 단면 축에 길이방향으로 785kgf의 인장하중이 걸릴 때 하중 방향에 수직인 단면에 생기는 응력은 몇 kg_f/mm^2인가 ?

① 7.85 ② 78.5
③ 10 ④ 100

응력$= \frac{하중}{단면적} = \frac{785}{\frac{\pi}{4}\times10^2} = 10$

62. 길이 L= 50cm, 지름 d = 1cm인 동력축이 있다. 허용 전단응력이 $\tau= 64\times10^2$ kg_f/cm^2일 때 전달토크는 약 몇 kg_f-cm인가 ?

① 628 ② 1256
③ 6280 ④ 12566

$T= \frac{\pi d^3\tau}{16} = \frac{3.14\times1^3\times64\times10^2}{16} = 1256$

63. 각속도 4rad/s로 4Hkw의 동력을 전달하는 전동축에 작용하는 토크는 약 몇 kgf · m인가 ?

① 93.75 ② 102
③ 81.6 ④ 816

• $Hps= \frac{F\cdot v}{75} = \frac{F\cdot r\omega}{75\times1000}$
$= \frac{T\cdot\omega}{75\times1000} = \frac{T\cdot2\pi n}{75\times1000\times60} = \frac{T\cdot n}{716200}$

• $Hkw= \frac{T\cdot\omega}{102\times1000}$에서

$\therefore T= \frac{Hkw}{\omega}\times102\times1000$ 이므로

$T= \frac{4}{4}\times102\times1000= 102{,}000$kgf · mm= 102kgf · m

64. 30Hkw의 동력을 200rpm으로 전달하는 연강축의 지름을 구하시오.(단, 축의 허용 전단 응력은 $2kgf/mm^2$이다)

① 68mm ② 72mm
③ 75mm ④ 80mm

① $T= \frac{974000\times Hkw}{n} = \frac{974000\times30}{200}$
= 146100kgf · mm

② $d=\sqrt[3]{\frac{16\times146100}{3.14\times2}} = 72mm$

65. 다음은 베어링에 대한 설명이다. 이중 틀린 것은 ?

① 축으로부터 베어링에 작용하는 하중의 방향이 축에 수직인 것을 스러스트 베어링이라 한다.
② 슬라이딩 베어링은 접촉면이 면접촉이다.
③ 리그넘바이트는 수차, 펌프 등의 주축과 선반의 프로펠러축의 베어링 재료로 사용된다.
④ 슬라이딩 베어링의 재료는 높은 내부식성을 갖추어야 한다.

66. 롤링 베어링의 구성 요소가 아닌 것은 ?

① 인너 레이스 ② 롤링 엘리먼트
③ 아웃 레이스 ④ 하우징

67. 구름베어링의 호칭번호는 무엇을 뜻하는가 ?

① 형식+바깥지름, 치수
② 구조+안지름
③ 제조 회사 번호+안지름, 치수
④ 형식+안지름, 치수

68. 구름 베어링의 호칭 번호가 6202라면 베어링의 안지름은 얼마인가 ?

① 12mm ② 17mm
③ 10mm ④ 15mm

62는 경하중용 단열 레이디얼 볼베어링의 종별 표시이며, 02는 안지름 15mm를 표시한다.

정 답 61. ③ 62. ② 63. ② 64. ② 65. ① 66. ④ 67. ④ 68. ④

69. 구름 베어링의 호칭번호가 EL6304일 때 설명 중 맞는 것은 ?

① 단열 볼베어링, 고하중 외경이 20mm

② 단열 니들베어링, 고하중 내경이 20mm

③ 단열 롤러베어링, 중하중 외경이 20mm

④ 단열 볼베어링, 중하중 내경이 20mm

70. 베어링 설계에서 롤링 베어링이 회전 중에 견딜 수 있는 하중은 ?

① 동적 하중

② 정적 하중

③ 동적 기본 부하 용량

④ 정적 기본 부하 용량

베어링을 설계할 때 롤링 베어링이 회전 중에 견딜 수 있는 하중은 동적 기본 부하 용량이다.

71. 6026 P6과 같이 표시한 롤링 베어링의 호칭번호에서 26은 무엇을 나타내는가 ?

① 베어링계열 번호

② 안지름 번호

③ 등급기호

④ 틈새기호

6026 P6에서 6은 형식(단열 홈형), 0은 치수(특별 경하중용), 26은 안지름 번호(26×5=130mm), P6은 등급 기호(정밀 급)이다.

72. 다음은 롤링 베어링을 슬라이딩 베어링과 비교하였다. 롤링 베어링에 대한 설명 중 틀린 것은 ?

① 내열성이 우수하다.

② 소음이 일반적으로 낮다.

③ 가격이 높다.

④ 정지 마찰이 적다.

73. 슬라이딩 베어링을 롤링 베어링과 비교할 때 슬라이딩 베어링의 특성으로 올바른 것은 ?

① 규격화되어 있다.

② 진동 소음이 비교적 적다.

③ 내 충격성이 비교적 약하다.

④ 윤활장치가 간단하나 수명이 짧다.

74. 저널 직경이 53mm, 회전수 600rpm, 작용 하중 500kgf인 베어링의 마찰계수 μ= 0.005일 때 베어링의 마찰 손실마력은 약 몇 ps인가 ?

① 0.0555 ② 0.0666

③ 0.0777 ④ 0.0888

① $v = \frac{\pi D n}{60 \times 1000} = \frac{3.14 \times 53 \times 600}{60 \times 1000}$

= 1.66m/s

② $Hps = \frac{\mu P v}{75} = \frac{0.05 \times 500 \times 1.66}{75} = 0.0555$

75. 원주속도 v= 1.5m/s로 회전하는 전동축을 지지하는 저널 베어링에서 베어링 하중 P = 400kgf, 마찰계수 μ= 0.03일 때 마찰에 의한 손실 동력(Hps)은 ?

① 2.65 ② 1.93

③ 0.84 ④ 0.24

$Hps = \frac{\mu P v}{75} = \frac{0.03 \times 400 \times 1.5}{75} = 0.24$

76. 축의 지름 d= 80mm, 베어링의 길이 L = 150mm, 하중 W= 1200kgf인 슬라이딩 베어링의 압력 p의 값은 얼마인가 ?

① $0.05kgf/mm^2$ ② $0.1kgf/mm^2$

③ $0.2kgf/mm^2$ ④ $0.4kgf/mm^2$

$P = \frac{W}{d\ell} = \frac{1200}{80 \times 150} = 0.1kgf/mm^2$

정 답 69. ④ 70. ③ 71. ② 72. ② 73. ② 74. ① 75. ④ 76. ②

77. 베어링 하중 2.52ton, 회전수 n= 300 rpm인 저널의 지름은 얼마인가 ?(단, 베어링 압력은 0.2kgf/mm^{2}이고, 길이와 지름의 비 L/d = 2이다)

① 6.90cm ② 8.32cm
③ 7.94cm ④ 8.62cm

p= $\frac{W}{d \cdot \ell}$에서 $\frac{\ell}{d}$= 2

∴ ℓ= 2d, 0.2= $\frac{2520}{d \cdot 2d}$, $2d^2$= 12600

d = 79.4mm= 7.94cm

78. 베어링 하중 1260kgf, 회전수 600rpm의 저널 베어링의 폭과 지름의 비가 2이고, 허용 베어링의 압력이 0.1kgf/mm^{2}일 때 지름은 약 얼마인가 ?

① 112mm ② 72mm
③ 76mm ④ 80mm

p= $\frac{W}{d \cdot \ell}$= 80mm

79. 다음 중 두 축선이 서로 교차할 때 사용하는 기어는 ?

① 스퍼 기어 ② 피니언과 래크
③ 베벨 기어 ④ 웜과 웜 기어

80. 서로 맞물리는 기어의 두 축이 만나지도 평행하지도 않는 기어의 종류는 ?

① 스퍼 기어 ② 베벨 기어
③ 헬리컬 기어 ④ 웜 기어

81. 두축이 직각이고, 만나지 않는 경우에 사용되며, 큰 속도비를 얻는데 사용되는 기어는?

① 웜 기어 ② 래크와 피니언
③ 베벨 기어 ④ 헬리컬 기어

82. 다음 중 치형의 간섭을 방지하는 방법으로 틀린 것은 ?

① 치형을 전위시킬 것
② 공구 압력 각을 적게 할 것
③ 이 끝 높이를 수정할 것
④ 작은 기어의 치수를 한계 치수보다 많게 할 것

치형의 간섭이란 서로 맞물리는 기어의 한쪽 끝이 상대편 기어의 이뿌리 부분에 닿아 정상적인 회전을 방해하는 현상이며, ①, ③, ④ 이외에 압력 각을 20°이상으로 크게 하고, 피니언 반지름방향의 이뿌리 면을 파낸다.

83. 전위 기어의 사용 목적이 아닌 것은 ?

① 언더 컷을 방지하기 위해
② 이의 강도를 개선하기 위해
③ 호환성을 좋게 하고, 가공을 쉽게 하기 위해
④ 중심 거리를 바꾸기 위해

전위 기어란 잇수가 적은 기어를 제작할 때 언더 컷을 방지하기 위해 래크 공구의 표준 피치선과 절삭 기어의 피치 선을 일치시키지 아니하고 약간 어긋나게 절삭하는 기어이며, 사용 목적은 ①, ②, ④이다.

84. 사이클로이드 치형과 비교한 인벌루트 치형의 특징이 아닌 것은 ?

① 중심 거리가 약간 달라져도 회전비에는 영향이 없다.
② 공작이 쉽고 호환성이 좋다.
③ 미끄럼이 적으므로 회전이 원활하다.
④ 같은 크기의 치형에서 마무리가 튼튼하고 강하다.

인벌루트 치형은 원기둥에 감긴 실을 당기면서 풀 때 실의 한 점이 그리는 원의 일부를 곡선으로 한 것으로 일반 기어에서 주로 사용하며 특징은 ①, ②, ④이다.

정 답 77. ③ 78. ④ 79. ③ 80. ④ 81. ① 82. ② 83. ③ 84. ③

85. 다음 중 헬리컬 기어의 장점에 해당되지 않은 것은 ?

① 축방향 추력이 없어 출력의 손실이 적다.
② 되도록 많은 이가 동시에 물릴 수 있어 진동이 없다.
③ 스퍼기어보다 이의 수를 적게할 수 있다.
④ 이의 경사각이나 너비를 크게 하면 접촉호가 짧아도 물림이 끊어지지 않는다.

헬리컬 기어는 이가 축에 경사져 있어 축이 추력(스러스트)하중을 받는 결점이 있다.

86. 평 기어의 물림률(contact ratio)이란 무엇인가 ?

① 물림 길이를 원주 피치로 나눈 값
② 물림 길이를 모듈로 나눈 값
③ 접촉 호의 길이를 선 피치로 나눈 값
④ 접촉 호의 길이를 원주피치로 나눈 값

평기어의 물림률 $= \dfrac{\text{접촉호의 길이}}{\text{원주피치}}$

87. 언더 컷(under cut)을 방지하기 위한 한계 이수에 대한 설명 중 맞는 것은 ?

① 압력 각을 크게 하거나, 어덴덤을 표준보다 낮게 할수록 적어진다.
② 압력 각을 크게 하거나, 어덴덤을 표준보다 높게 할수록 적어진다.
③ 압력 각을 작게 하거나, 어덴덤을 표준보다 적게 할수록 적어진다.
④ 압력 각을 작게 하거나, 어덴덤을 표준보다 크게 할수록 적어진다.

언더컷을 방지하기 위한 한계 이수는 압력각을 크게 하거나, 어덴덤을 표준보다 낮게 할수록 적어진다.

88. 웜 기어(worm gear) 감속장치의 장점이 아닌 것은 ?

① 큰 감속비를 얻을 수 있다.
② 소음과 진동이 적다.
③ 역전을 방지할 수 있다.
④ 추력하중이 생기지 않고 효율이 좋다.

웜 기어의 특징은 소형이며, 큰 감속비를 얻을 수 있고, 물림이 원활하고 소음이 없으며, 역회전이 불가능하다. 그러나 전동효율이 낮은 결점이 있다.

89. 웜 기어에서 웜의 줄 수는 2, 피치는 2π mm이고, 웜 휠의 피치원 지름이 64mm일 때 감속비는 얼마인가 ?

① $\frac{1}{10}$　② $\frac{1}{12}$
③ $\frac{1}{14}$　④ $\frac{1}{16}$

$i = \dfrac{n}{n_\omega} = \dfrac{L}{\pi D}$에서 $L = n \cdot P = 2 \times 2\pi$이므로

$$i = \frac{2 \times 2\pi}{\pi \times 64} = \frac{1}{16}$$

90. 기어 이의 크기를 나타낸 것이 아닌 것은?

① 모듈　② 어덴덤
③ 지름 피치　④ 원주 피치

기어 이의 크기를 나타내는 방법에는 모듈, 지름 피치, 원주 피치 등이 있다.

91. 2개의 기어가 서로 맞물려 돌아가기 위한 조건이다. 다음 중 가장 옳은 것은 ?

① 모듈이 서로 같아야 한다.
② 치형이 서로 같아야 한다.
③ 모듈, 치형이 서로 같아야 한다.
④ 모듈, 치형 및 압력각이 서로 같아야 한다.

정 답 85. ① 86. ④ 87. ① 88. ④ 89. ④ 90. ② 91. ④

92. 피치원의 지름이 100mm이고, 이수가 20인 표준 평 기어의 모듈은 얼마인가 ?

① 2 ② 5
③ 10 ④ 20

$m = \frac{D}{Z} = \frac{100}{20} = 5$

93. 모듈 5, 이수 60인 표준 스퍼 기어의 외경(이끝원의 지름)은 몇 mm인가 ?

① 12 ② 300
③ 310 ④ 320

바깥지름(O. D) = m(Z+2) = 5×(60+2) = 310

94. 두 개의 평 기어가 서로 물고 있을 때 모듈 5이고 이수 Z_1= 20, Z_2= 34이면 축간거리는 몇 mm인가 ?

① 135 ② 145
③ 155 ④ 165

축간거리(C)= $\frac{m(Z_1+Z_2)}{2} = \frac{5\times(20+34)}{2} = 135$

95. 외접하는 표준 평 기어에서 감속비 1 : 2, 모듈 m= 4, 피니언의 이수 25인 한 쌍의 기어의 중심거리는 얼마인가 ?

① 75mm ② 150mm
③ 200mm ④ 300mm

$C = \frac{m(Z_1+Z_2)}{2} = \frac{4\times[25+(25\times2)]}{2} = 150\text{mm}$

96. 기어의 이수가 Z_1= 19, Z_2= 56, 모듈 m= 4, 압력 각 α= 20°인 한 쌍의 외접 표준 평 기어가 있다. 이 기어 장치의 중심거리는 몇 mm인가 ?

① 300 ② 150
③ 450 ④ 200

$C = \frac{m(Z_1+Z_2)}{2} = \frac{4\times(19+56)}{2} = 150\text{mm}$

97. 스퍼 기어의 피니언이 3,000rpm으로 잇수가 20개일 때 1,000rpm으로 감속하려면 잇수는 몇 개가 적당한가 ?

① 30개 ② 60개
③ 90개 ④ 120개

$i = \frac{1000}{3000} = \frac{20}{x} \quad \therefore x = 60$

98. 비틀림 각이 20°인 한 쌍의 헬리컬 기어에서 이수가 각각 40, 80이고, 치직각 모듈(mm)이 5일 때 중심거리는 얼마인가?

① 281.91mm ② 300.00mm
③ 319.25mm ④ 339.74mm

$C = \frac{mn(Z_1+Z_2)}{2\times\cos\beta} = \frac{5\times(40+80)}{2\times\cos 20^\circ} = 319.25\text{mm}$

99. 비틀림 각이 30°인 헬리컬 기어에서 P. C. D= 101.61mm, 이빨 직각 모듈이 4일 때 이 기어의 바깥지름(mm)은 얼마인가 ?

① 105.61 ② 106.22
③ 109.61 ④ 110.85

$Do = mn(\frac{Z}{\cos\beta}+2)$에서

Do= P. C. D+2mn = 101.61+(2×4)

= 109.61mm

100. 물고 돌아가는 한 쌍의 평 기어의 원주속도가 6.28m/sec이다. 12.1Hkw의 동력을 전달시키려면 기어에 작용하는 힘은 얼마가 필요한가 ?

① 약 177kgf ② 약 187kgf
③ 약 196kgf ④ 약 207kgf

$HkW = \frac{Pv}{102}$에서

$P = \frac{HkW\times102}{v} = \frac{12.1\times102}{6.28} = 196.3\text{kgf}$

정 답 92. ② 93. ③ 94. ① 95. ② 96. ② 97. ② 98. ③ 99. ③ 100. ③

101. 피치원의 반지름이 40mm인 기어에서 기어를 1분 동안에 1200회전시켜 5Hps를 전달할 때 기어의 이가 받는 힘은 ?

① 54.6kgf ② 64.6kgf
③ 74.6kgf ④ 84.6kgf

① V= $v = \frac{\pi Dn}{60 \times 1000} = \frac{3.14 \times 80 \times 1200}{60 \times 1000}$

= 5m/sec

② F= $\frac{75 \times Hps}{v}$ (F: 힘, v: 회전속도)

= $\frac{75 \times 5}{5}$ = 75kgf

102. 그림의 차동장치에서 기어 A의 이수가 60개, B의 이수가 20개이다. 암 C를 시계방향으로 1회전하고, 다음에 기어 A를 암 C의 회전방향과 반대방향으로 2회전하였을 때 기어 B는 어느 쪽으로 몇 회전하는가 ?

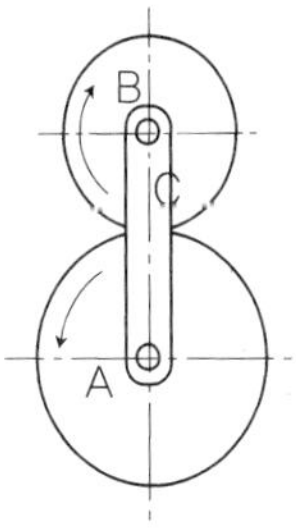

① 반 시계방향으로 8회전
② 시계방향으로 10회전
③ 반 시계방향으로 4회전
④ 반 시계방향으로 9회전

유성기어 열에서

n_L : 마지막 기어의 회전수, n_F : 처음기어의 회전수, Na : 암의 회전수, +/- : 시계방향/반 시계방향일 때

$i = \frac{n_L - n_a}{n_F - n_a} = \frac{\text{구동기어잇수}}{\text{종동기어잇수}}$이므로

$i = \frac{n_L - 1}{-2 - 1} = \frac{60}{20} = \frac{60}{20}$

n_L - 1= 3×(-3)

∴ n_L= -8이므로 반 시계방향 8회전이다.

103. 그림과 같은 기어 전동장치에서 기어 수가 Z_1= 30, Z_2= 40, Z_3= 20, Z_4= 30인 경우 Ⅰ축이 300rpm으로 우회전하면 Ⅲ축은 어느 방향으로 몇 회전하는가 ?(단, Z_2는 Ⅰ축의 기어와 맞물린 기어이고, Z_3는 Ⅲ축 기어와 맞물린 기어 잇수임)

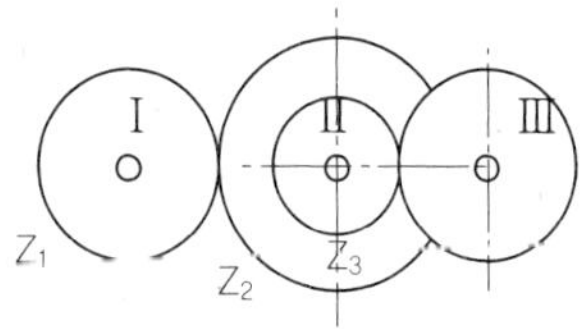

① 300 우회전 ② 300 좌회전
③ 150 우회전 ④ 150 좌회전

N_3= N_1 ×($\frac{Z_1}{Z_2} \times \frac{Z_3}{Z_4}$) = 300× $\frac{30}{40} \times \frac{20}{30}$ = 150

따라서 Ⅰ축의 방향과 같으므로 우회전 150rpm이다.

104. 운전 중에 회전을 끊었다 연결하였다 할 수 있는 축이음은 ?

① 올드함 커플링 ② 유체 커플링
③ 조이덴 호브이음 ④ 클러치이음

105. 마찰 클러치를 설계할 때 고려해야 할 사항이 아닌 것은 ?

① 관성을 적게하기 위하여 소형이어야 하고, 가벼워야 한다.
② 마모가 생겨도 이것을 적당하게 수정할 수 있어야 한다.
③ 원활하게 단속할 수 있어야 한다.
④ 관성을 크게 하여 운전이 원활하게 되어야 한다.

마찰클러치를 설계할 때 고려해야 할 사항

① 관성을 적게하기 위하여 소형이어야 하고, 가벼워야 한다.
② 마모가 생겨도 이것을 적당하게 수정할 수 있어야 한다.
③ 원활하게 단속할 수 있어야 한다.
④ 회전관성을 작게하여 운전이 원활하게 되어야 한다.

정 답 101. ③ 102. ① 103. ③ 104. ④ 105. ④

106. 접촉면의 안지름이 60mm, 바깥지름이 100mm의 단판 클러치를 1Hps, 1450rpm으로 전동할 때 클러치를 미는 힘은 몇 kgf인가 ?(단, 클러치 접촉면은 주철과 청동으로서 마찰계수는 0.2이다)

① 61.8kgf ② 43.2kgf
③ 72.5kgf ④ 56.2kgf

$T = \mu P \times \frac{D_m}{2} \times Z$

$P = \frac{2T}{\mu Z D m}$ 에서

① $T = \frac{716200 \times Hps}{n} = \frac{716200 \times 1}{1450} = 494$kgf-mm

② 클러치판의 평균 지름(Dm)

$= \frac{(100+60)}{2} = 80$mm

③ $\frac{2 \times 494}{0.2 \times 1 \times 80} = 61.8$kgf

107. 단식 원판클러치의 전달 마력은 ?(단, 원판 접촉면의 평균지름 D= 500mm, 마찰면의 폭 b= 40mm, 원추 접촉면의 단위압력 p= 0.8kgf/cm^2, 회전속도 n= 1000 rpm, 허용 마찰계수 μ= 0.3이다)

① 26.3Hps ② 35.1Hps
③ 52.6Hps ④ 64.4Hps

$T = \mu P \times \frac{D_m}{2} \times Z$에서

$P = \frac{\pi}{4}(D_2^2 - D_1^2) \cdot P$ 이므로

$= 0.3 \times \frac{\pi}{4}(52^2 - 48^2) \times 0.8 \times \frac{50}{2} \times 1 ≒ 1885$kgf · cm

$Hps = \frac{T \times n}{71620} = \frac{1885 \times 1000}{71620} = 26.3$Hps

108. 원판 클러치에 있어서 접촉면의 바깥지름 D_2= 300mm, 안지름 D_1= 200mm, 마찰면의 평균 압력 q= 0.015kgf/mm^{2}이고, 마찰계수 μ= 0.3인 경우 축의 회전수가 400rpm이면 약 몇 Hkw의 동력을 전달시킬 수 있는가 ?

① 5 ② 7
③ 9 ④ 11

$T = \mu P \times \frac{D_m}{2}$에서

$= \mu \times \frac{\pi}{4}(D_2^2 - D_1^2) \times q \times \frac{D_m}{2}$에서

$T = 0.3 \times \frac{\pi}{4}(300^2 - 200^2) \times 0.015 \times \frac{250}{2}$

$= 22089.3$kgf · cm

$Hkw = \frac{T \times n}{974000} = 9.07$

109. 접촉면의 안지름이 40mm, 바깥지름이 80 mm인 단판 클러치로 45kgf · cm의 토크를 전달하는데 필요한 스러스트는 얼마인가 ?(단, 마찰계수는 0.15이다)

① 100kgf ② 125kgf
③ 150kgf ④ 200kgf

$T = \mu P \times \frac{D_m}{2}$

$P = \frac{2T}{\mu D m}$에서

① $Dm = \frac{(80+40)}{2} = 60$mm= 6cm

② $P = \frac{2 \times 45}{0.15 \times 6} = 100$kgf

110. 마찰 면의 수가 4인 디스크 클러치에서 접촉면 안지름이 50mm, 바깥지름이 90 mm이고 스러스트를 70kgf작용시킬 때 전달시킬 수 있는 토크는 몇 kgf-mm인가 ?(단, 클러치판의 마찰계수 μ= 0.3이다)

① 2560 ② 2940
③ 3240 ④ 5880

$T = \mu W \frac{\frac{D_1 + D_2}{2}}{2} Z$

$= 0.3 \times 70 \times \frac{\frac{(50+90)}{2}}{2} \times 4 = 2940$kgf-mm

정 답 106. ① 107. ③ 108. ③ 109. ① 110. ②

111. 원통 마찰차를 사용하여 원주속도 9m/s로 5Hps를 전달하려면 마찰차를 누르는 힘은 몇 kgf가 필요한가 ?(단, 마찰계수 μ= 0.3이다)

① 138.8 ② 234.4
③ 287.1 ④ 306.8

Hps= $\frac{\mu F v}{75}$에서

F= $\frac{75 \times Hps}{\mu v}$ = $\frac{75 \times 5}{0.3 \times 9}$ = 138.8kgf

112. 매분 300회전하는 지름 600mm의 평 마찰차를 200kgf로 밀어붙이면 약 몇 마력(Hps)을 전달시킬 수 있는가 ?(단, 마찰계수는 0.35이다)

① 8.79 ② 9.41
③ 9.94 ④ 10.05

Hps= $\frac{\mu F v}{75}$

$v[\text{m/sec}] = \frac{\pi \times D \times n}{60 \times 1000}$에서

Hps= $\frac{0.35 \times 200 \times \pi \times 600 \times 300}{60 \times 1000 \times 75}$ = 8.796

113. 원동차 지름이 200mm, 종동차 지름이 350mm의 원통 마찰차에서 원동차가 12분간에 630회전할 때 종동차는 20분간에 몇 회전하는가 ?

① 300 ② 400
③ 500 ④ 600

$i = \frac{n_2}{n_1} = \frac{d_1}{d_2}$이므로 $n_1 = \frac{630}{12}$= 52.5rpm

$\therefore \frac{n_2}{52.5} = \frac{200}{350}$, n_2= 30(종동차의 분당 회전수)

따라서 20분 동안의 회전수= 30×20 = 600

114. 다음 중 무단변속으로 이용할 수 없는 마찰차는 ?

① 원판 마찰차 ② 구면 마찰차
③ 원추 마찰차 ④ 홈 마찰차

마찰차를 이용한 무단변속장치에는 원판차, 원추차(에반스 마찰 원추차), 구면차, 접시형차를 사용한다.

115. 다음 중 마찰차에 관한 설명 중 옳지 않은 것은 ?

① 마찰차는 직접 전동 장치의 일종이다.
② 마찰차는 확실한 속도비로 운전된다.
③ 내접 마찰차에서는 회전 방향이 같다.
④ 마찰 계수가 큰 것일수록 큰 동력을 전달할 수 있다.

마찰차의 특징은 ①, ③, ④ 이외에 운전이 정숙하고 전동의 단속이 쉽고, 과부하가 걸리면 다른 부분의 손상을 방지할 수 있으나, 미끄럼이 수반되므로 정확한 속도비로 운전이 어렵다.

116. 원통 마찰차에서 두 차의 회전수와 지름과 각속도의 관계를 옳게 나타낸 것은 ?

① 회전수는 지름과 각속도에 비례한다.
② 회전수는 지름과 각속도에 반비례한다.
③ 회전수는 지름에 비례하고, 각속도에 반비례한다.
④ 회전수는 지름에 반비례하고, 각속도에 비례한다.

원통 마찰차의 회전수는 지름에 반비례하고, 각속도에 비례한다.

$v[\text{m/sec}] = \frac{\pi \times d \times n}{60 \times 1000}$ $v = r\omega$에서

d : 지름, n : 회전수, ω : 각속도, r: 반지름

117. 다음 브레이크 중 자동 하중 브레이크라고도 하는 것은 ?

① 원판 브레이크 ② 원추 브레이크
③ 웜 브레이크 ④ 폴 브레이크

자동 하중 브레이크의 종류에는 웜 브레이크, 나사 브레이크, 코일 브레이크, 캠 브레이크, 로프 브레이크, 원심력 브레이크 등이 있다.

정 답 111. ① 112. ① 113. ④ 114. ④ 115. ② 116. ④ 117. ③

118. 그림과 브레이크의 드럼 축에 10000 kgf-mm의 토크가 작용하고 있는 블록 브레이크의 레버 끝에 가하는 힘 F는 몇 kgf인가 ?(단, 마찰계수 μ= 0.2이다)

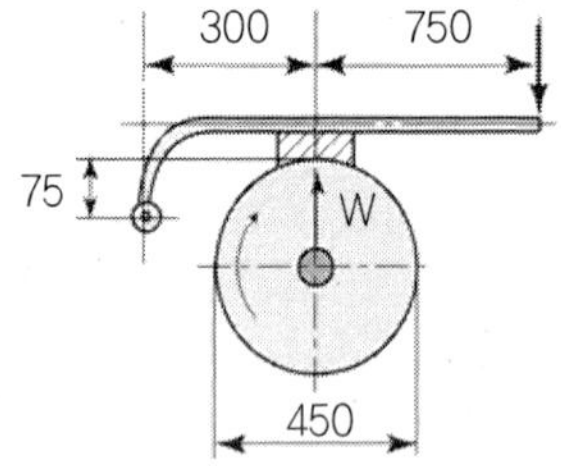

① 58kgf ② 60kgf

③ 64kgf ④ 72kgf

외작용선, 우회전의 경우 F · ℓ = W · b -μWc 에서

$T= \mu W \times \frac{D_m}{2}$ 에서

$W= \frac{2T}{\mu D} = \frac{2 \times 10000}{0.2 \times 450} = 222.2kgf$

$F= \frac{222.2(300 - 0.2 \times 75)}{1050} = 60.3kgf$

119. 3m/s로 8Hps를 전달하는 벨트 전동장치에서 필요한 벨트의 유효장력은 몇 kgf인가 ?

① 28 ② 100

③ 160 ④ 200

$Hps= \frac{Te \times v}{75}$ (m/sec)에서

$Te= \frac{H_{ps} \times 75}{v} = \frac{75 \times 8}{3} = 200kgf$

Te : 유효장력

120. 평벨트 전동장치에 대한 다음 설명 중 옳은 것은 ?

① 벨트와 풀리의 접촉각이 증가하면 전동 마력은 감소한다.

② 가죽 벨트는 중고품이 신품보다 늘어나기 쉽다.

③ 바로 걸기에서 벨트를 수평으로 걸어서 전동하는 경우 긴장측을 위로하는 것이 좋다.

④ 벨트 전동장치에서 속도비를 일정하게 유지하기 어렵다.

평벨트는 두 축에 고정되어 있는 벨트 풀리에 가죽, 고무, 면직, 강판 등의 벨트를 걸어서 동력을 전달하는 기구이다. 바로 걸기에서 벨트를 수평으로 걸어서 전동하는 경우에는 긴장 측을 아래쪽으로 하며, 벨트와 풀리의 접촉각이 증가하면 전동 마력이 증가한다. 그리고 속도비를 일정하게 유지시키기 위해서는 체인 전동장치를 사용한다.

121. 8m/s의 속도로서 16Hps를 전달하는 벨트 전동장치에서 긴장측의 장력은 몇 kgf인가 ?(단, 긴장측의 장력은 이완측 장력의 2배이고, 원심력은 무시한다)

① 150 ② 200

③ 250 ④ 300

① 유효장력(Te)= $\frac{75 \times 16Hps}{8m/s} = 150kgf$

② $\frac{T_1(\text{긴장측장력})}{T_2(\text{이완측장력})} = e^{\mu\theta}$

$e^{\mu\theta}$: 장력비, 아이텔바인의 식

③ 긴장측 장력(T_1) $= \frac{Te \times e^{\mu\theta}}{e^{\mu\theta} - 1} = \frac{150 \times 2}{2 - 1}$

= 300kgf

122. 7.5m/s 속도로 동력을 전달하고 있는 V 벨트의 긴장측 장력이 172kgf, 이완측의 장력이 70kgf이라면 전달하고 있는 동력은 몇 kw인가 ?

① 7.5 ② 10.2

③ 15 ④ 20.4

유효장력(Te)= 긴장측장력(T_1) - 이완측장력(T_2)

$H_{kw}= \frac{Te \times V}{102} = \frac{(172-70) \times 7.5}{102} = 7.5Hkw$

정 답 118. ② 119. ④ 120. ④ 121. ④ 122. ①

123. 평 벨트의 장력이 300kgf이고, 이음 효율이 80%일 때 벨트의 두께는 몇 cm이면 되는가 ?(단, 벨트의 너비는 10mm, 허용 인장응력은 $2kgf/mm^2$이다)

① 1.5　　② 1.9
③ 2.3　　④ 2.7

평벨트 장력(Tt)

$T_t = b \times t \times \sigma \times \eta$ 에서

b : 벨트의 폭,　　t : 벨트의 두께

σ : 벨트의 인장응력,　η : 벨트 이음의 효율

$t = \dfrac{Tt}{b\sigma\eta} = \dfrac{300}{10 \times 2 \times 0.8}$

= 18.75mm = 1.9mm

124. 그림과 같은 스프링장치에서 P= 10kgf 일 때 이 스프링장치의 하중방향의 처짐은 얼마인가 ?(단, 각 스프링의 스프링 상수는 k_1= 2kgf/cm, k_2= 3kgf/cm이다)

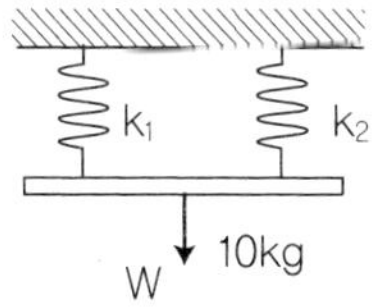

① 1.67cm　　② 2cm
③ 5cm　　④ 8.33cm

① 병렬연결이므로 스프링 상수

$k = k_1 + k_2 = 2+3 = 5$

② P = kδ 에서 $\delta = \dfrac{P}{k} = \dfrac{10}{5} = 2cm$

125. 겹판 스프링에 있어서 처짐 δ는 ?(단, 하중 W, 스팬 L, 판수 N, 판 두께 h, 판의 폭 b, 세로 탄성계수 E이다)

① $\dfrac{3W\ell}{2Nbh^2E}$

② $\dfrac{3W\ell}{2Nbh^3E}$

③ $\dfrac{3W\ell^3}{2Nbh^3E}$

④ $\dfrac{3W\ell}{8Nbh^3E}$

겹판 스프링에 있어서 처짐 δ는 양단지지의 경우이므로 $\dfrac{3W\ell}{8Nbh^3E}$으로 계산한다.

정 답 123. ② 124. ② 125. ③

06 재료시험

CHAPTER

금속재료의 시험방법에는 기계적 시험법, 금속 조직시험, 강의 불꽃 시험법 등이 있으나 여기서는 기계적 시험법과 비파괴 시험법에 대해서 집중적으로 설명하고 금속조직 시험은 개념만 설명을 하겠다.

1. 기계적 시험법

1.1. 인장시험(tension test)

인장시험은 만능 재료시험기를 이용하여 인장강도, 항복점, 연신율, 단면 수축율 등을 측정할 수 있다. 인장시험편은 KS규격에 의하여 1호에서 14호까지 각각 형상 및 치수 등이 규정되어 있다. 1호 시험편은 강판, 형강 및 평강의 인장시험에 사용되고 있다.

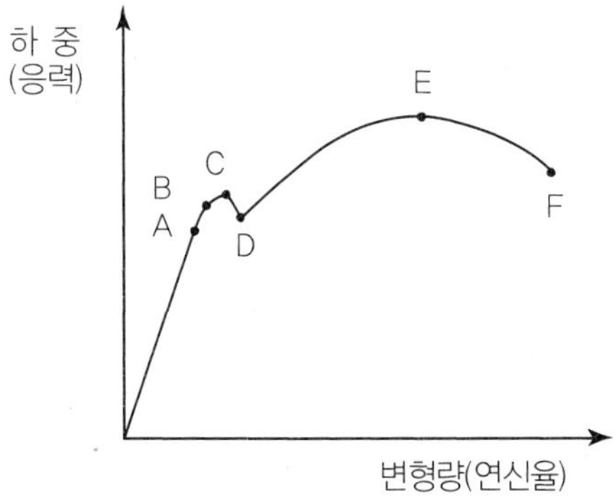

A(비례한도) : 하중과 연신율이 비례하는 최대점
B(탄성한도) : 영구변형을 일으키려는 최대점
C(상항복점) : 응력변화가 일어나기 시작하는 점
D(하항복점) : 응력변화는 없이 변형이 많이 일어나는 점
E(최대응력) : 가장 많은 힘을 받을 수 있는 점
F(파괴점) : 파단되는 점

[그림 1] 하중–변형량 선도(응력–변형율 선도)

[1] 항복점(yielding point)

항복점이란 응력—연신율 선도의 C점을 초과한 하중이 작용하면 연신율과 비례 관계 없이 시험편이 늘어나는 점이다.

[2] 인장 강도(tensile strength)

인장 강도는 응력—연신율 선도에서 최대 하중(P_{max})을 표시하는 E점의 하중을 시험편 원래의 단면적(A_0)으로 나눈 값이다.

$$\sigma_B = \frac{P_{max}}{A_0} \ [\mathrm{kg/cm^2}] \quad \cdots\cdots (6\text{-}1)$$

[3] 연신율(elongation ratio)

연신율은 시험편의 절단 후에 다시 접촉시켜 측정한 표점거리 L_1과 시험편 원래의 표점거리 L과의 차이(늘어난 길이)를 L로 나눈 값을 %로 표시한 것이다.

$$\psi = \frac{L_1 - L}{L} \times 100\% \quad \cdots\cdots (6\text{-}2)$$

[4] 단면 수축률

단면 수축률 Φ는 시험 전의 단면적 A_0와 시험 후의 단면적 A의 차이를 A_0로 나눈 값을 %로 표시한다.

$$\varnothing = \frac{A_0 - A}{A_0} \times 100\% \quad \cdots\cdots (6\text{-}3)$$

1.2. 경도시험(hardness test)

금속재료의 경도를 측정할 때 사용되는 방법으로 제강시 탄소 함유량의 판정 및 부품 재질검사 등의 목적으로 사용된다. 시험방법으로는 브리넬 경도시험, 비커스 경도시험, 로크웰 경도시험, 쇼어 경도시험법 등이 있다.

1.2.1. 브리넬 경도(H_B : brinell hardness)

브리넬 경도시험은 고 탄소강의 강구(steel ball)에 일정한 하중을 걸어서 시험편의 시험 면에 30초 동안 눌러 이때 시험 면에 생긴 오목부분의 표면적을 하중으로 나눈 값으로 한다. 볼의 지름은 10mm, 5mm, 2mm를 사용하며, 하중은 철강 3000kgf, 구리 1000kgf, 알루미늄 500kgf이다. 브리넬 경도시험은 H_B450 이하의 재료의 경도시험에 사용한다.

$$H_B(\text{브리넬경도}) = \frac{\text{하중(kg)}}{\text{오목부분의 표면적(mm}^2)} = \frac{2P}{\pi D(D-\sqrt{D^2-d^2})} = \frac{P}{\pi Dt} \quad \cdots\cdots (6\text{-}4)$$

P: 하중(kgf), D: 볼의 지름(mm)
d: 자국의 지름(mm), t: 자국의 깊이(mm)

1.2.2. 비커스 경도(Hv : vickers hardness)

비커스 경도시험은 다이아몬드 사각뿔을 가지 피라미드형 압입자를 사용하여 시험편을 눌러 시험편에 생긴 피라미드 모양의 오목 부분의 대각선을 측정하여 표로서 경도를 구한다. 피라미드형 다이아몬드 압입자의 꼭지각은 136°, 사용 하중은 시험기의 용량에 따라 1kgf부터 단계별로 50kgf의 하중을 주오 사용한다. 경강, 정밀 가공부품, 박판(薄板) 등의 시험에 사용한다.

$$Hv(\text{비커스경도}) = \frac{2P\sin\frac{\theta}{2}}{d^2} = \frac{1.8544P}{d^2} \quad \cdots\cdots (6\text{-}5)$$

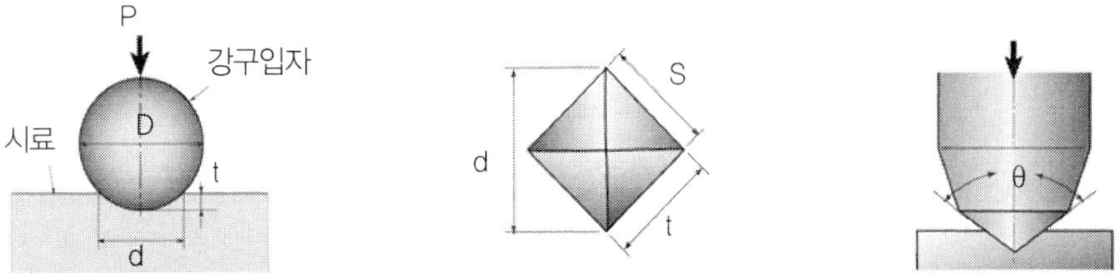

(a) 브리넬 경도 (b) 버커스 경도

[그림 2] 경도시험법

1.2.3. 로크웰 경도(H_R : rockwell hardness)

로크웰 경도 시험방법에는 B스케일과 C스케일 등 다양한 스케일로 분류되어 있다. B스케일은 100kgf의 하중에서 $\frac{1}{16}$″의 강구를, C스케일에서는 150kgf의 하중으로 120°의 원뿔 및 선단 반지름은 0.2mm의 다이아몬드 압입자를 사용하며, 기준하중(초하중)을 가한 후 시험하중을 가하며 압입깊이의 차이로서 경도를 나타낸다.

$$H_{RB}(B) = 130 - 500 \cdot h$$

$$H_{RC}(C) = 100 - 500 \cdot h$$

h: 압입 자국의 깊이

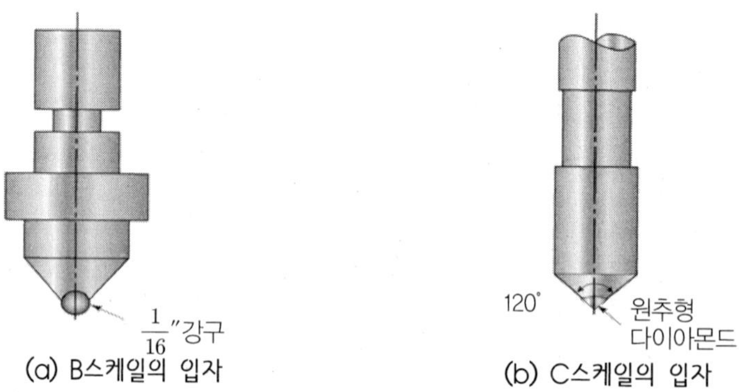

(a) B스케일의 입자 (b) C스케일의 입자

[그림 3] 로크웰의 종류

1.2.4. 쇼어 경도(Hs : shore hardness)

쇼어 경도시험은 작은 다이아몬드를 끝 부분에 고정시킨 낙하 물체를 일정한 높이에서 낙하시켰을 때 반발하여 올라온 높이를 측정하는 것이다. 쇼어 경도시험은 반발 경도시험이라고도 한다.

$$Hs(\text{쇼어 경도}) = \frac{1000}{65} \times \frac{\text{반발높이 } h}{\text{일정높이(낙하높이) } h_0} \quad \cdots\cdots (6-6)$$

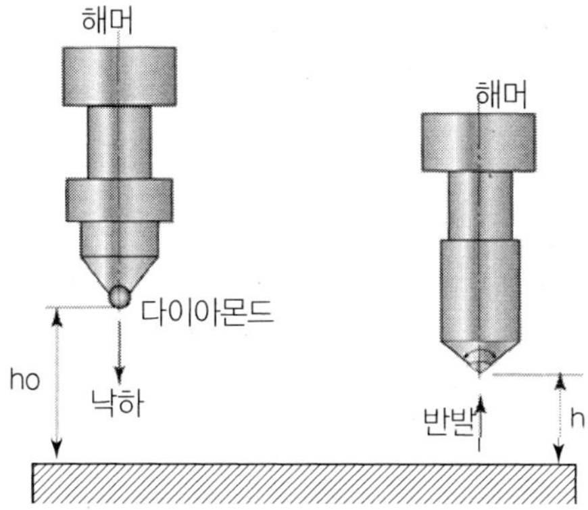

[그림 4] 쇼어 경도 시험법

1.3. 충격시험(impact test)

충격에 대해 재료가 저항하는 성질을 인성(toughness)이라고 하며, 이 인성을 알아보는 시험을 충격시험이라고 한다. 시험기에는 단순 보(simple beam)의 시험편을 사용하는 샬피 식(charpy type)과 외팔보(cantilevers)의 시험편이 사용되는 아이조이드 식(izod type)이 있다.

$$E = WR(\cos\beta - \cos\alpha) \quad \cdots\cdots (6-7)$$

W: 해머의 중량, α: 충격 전 해머의 들어 올리는 각도
β: 시험편 파단 후의 해머의 각도, E : 파단시 시험편이 흡수한 에너지(kgf · m)
R: 해머의 회전축 중심선에서 중심까지의 거리(m)

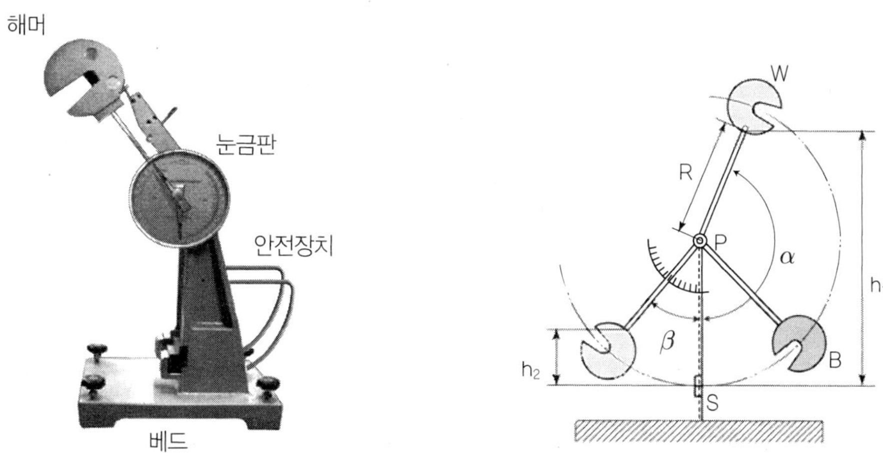

[그림 5] 충격 시험기

1.4. 피로시험(fatigue test)

기계나 구조물 중에는 인장과 압축과 같이 반복적인 힘을 받는 부분이 있다. 이런 경우 가해주는 힘이 항복강도보다 작다고 하더라도 이것을 오랜시간에 걸쳐 연속적으로 되풀이하여 작용시키면 드디어 파괴된다. 이와 같은 현상을 재료가 피로파괴를 일으켰다고 하며, 이렇게 피로파괴에 이르는 과정을 피로라 한다.

2. 비파괴시험

2.1. 침투 탐상법

침투 탐상법은 결함을 탐상할 물체에 염료액이나 형광을 발하는 액체를 뿜어주거나 그 속에 시험할 물체를 담가서 액체를 결함이 있는 부분에 충분하게 침투시키고 표면에 묻은 여분의 액체를 잘 닦은 다음 여기에 백색가루를 알코올로 녹인 현상제를 뿜어 건조시키면 침투액이 모세관 현상에 의해 현상제에 비쳐 나와 결함부분이 확대되는 원리를 이용한 것이다.

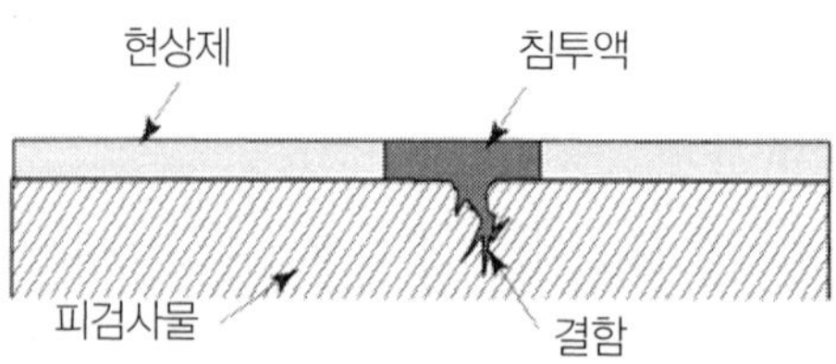

[그림 6] 침투 탐상법

2.2. 자기분말 탐상법

자기분말 탐상법은 강이나 주철의 표면 또는 표면 부근에 결함이 있을 때 그 재료를 자화시키면 결함부분에서 자력선이 누출된다.

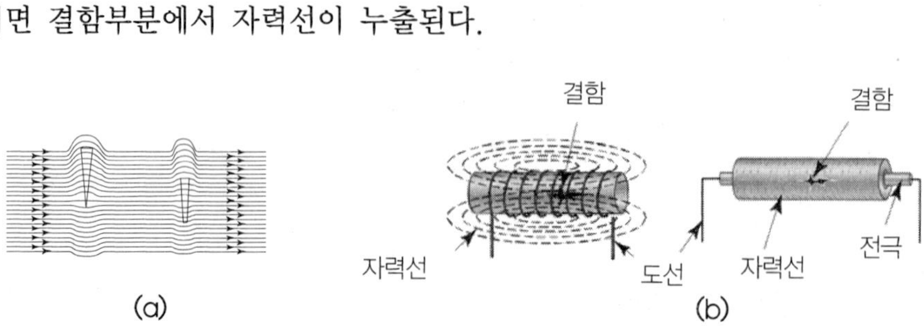

[그림 7] 자기 분말 탐상법

이와 같이 자화된 부분에 산화철 분말에 기름 또는 물을 탄 액체를 바르면 자력선이 누출되는 곳에 새로운 자극이 생성되어 산화철 분말이 집중적으로 붙으면서 결함이 검출된다.

2.3. 초음파 탐상법

초음파 탐상법은 초음파를 재료 중에 투사하면 결함이 있는 부분에서 초음파가 반사된다. 이 반사파를 전압으로 바꾸어 증폭시켜 모니터에 나타내면 파형이 검출되어 결함을 탐상한다.

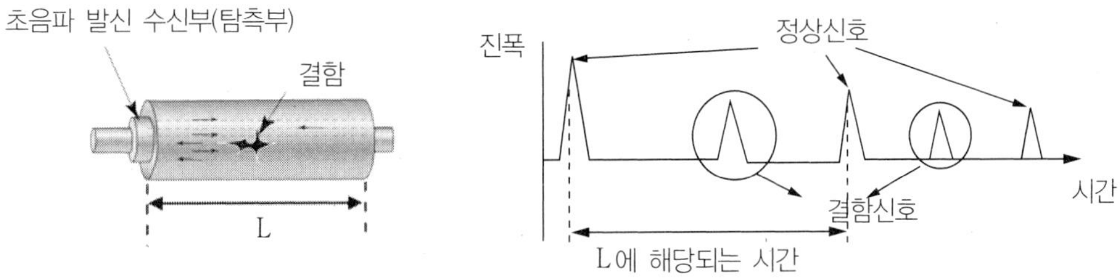

[그림 8] 초음파 탐상법

2.4. 방사선 탐상법

방사선 탐상법은 재료 속을 통과한 X선 등의 방사선을 사진필름에 감광시켜 현상하면 기포가 있는 곳, 깨진부분 등에서는 진하게 나타나므로 내부의 결함을 검출할 수 있다.

3. 금속 조직시험

금속의 종류, 화학성분, 기계적 성질, 열처리나 가공의 정도, 재료의 결함 등을 알 수 있으며 품질관리나 개선, 연구에도 응용할 수 있는 중요한 시험이다.

금속의 현미경조직을 관찰하기 위해서는 시험편 준비가 필요하며, 관찰하고자 하는 재료를 작게 절단하여 시험편을 취급하기 용이하도록 수지 등의 몰드에 마운팅(mounting)시키고 연마(grinding) 및 탁마(polishing)작업을 한다. 그리고 관찰하고자 하는 금속종류에 적합한 부식액을 사용하여 부식(etching)시킨 후 물로 씻어 건조한다. 이러한 금속 현미경 조직 관찰용 시험편 준비과정을 거쳐 금속조직을 관찰한다.

CHAPTER 06

출제예상문제

01. 금속재료의 시험에서 일반적인 기계시험에 속하는 것은 ?

① 경도시험
② 비파괴시험
③ 현미경 조직시험
④ 화학 분석시험

금속 재료시험에는 기계적시험(파괴시험)과 비파괴시험이 있으며, 기계적시험에는 인장시험, 경도시험, 피로시험, 충격시험, 비틀림시험 등이 있다.

02. 다음 중 정적시험에 속하지 않는 것은 ?

① 인장시험　② 경도시험
③ 충격시험　④ 굽힘시험

정적시험이란 재료에 일정한 하중을 가해 시험하는 것이며, 충격시험이란 재료에 충격을 가하는 동적시험이다.

03. 기계재료의 시험방법 중 동적시험인 것은?

① 인장시험　② 압축시험
③ 충격시험　④ 굽힘시험

04. 다음 중 S—N곡선과 관계가 있는 것은 ?

① 경도시험　② 인장시험
③ 충격시험　④ 피로시험

S—N(응력—진폭)곡선은 피로 사이클수 곡선으로 응력(응력—진폭) 준위와 피로 수명 한계의 판단기준이 된다.

05. 다음 중 인장시험으로 알 수 없는 사항은?

① 변률　② 인장 강도
③ 항복점　④ 충격값

06. 인장시험 결과 중에서 시험편 평행부분이 하중의 증가로 연신을 시작하는 처음의 최대 하중을 평행부분의 원단 면적으로 나눈 값을 무엇이라고 하는가 ?

① 인장 강도　② 항복 강도
③ 단면 수축률　④ 연신률

07. 연강은 비례 한도 내에서 응력과 비례하는 것은 다음 중 어느 것인가 ?

① 연신률　② 인장력
③ 항복점　④ 탄성계수

08. 다음 중 강의 인장강도를 표시한 것은 ?

① 최대 하중을 파괴될 때의 단면적으로 나눈 값을 말한다.
② 파괴될 때의 하중을 파괴될 때의 단면적으로 나눈 값을 말한다.
③ 최대 하중을 원단면적으로 나눈 값을 말한다.
④ 파괴될 때의 하중을 원단면적으로 나눈 값을 말한다.

09. 금속 재료를 잡아당기면 그 힘의 방향으로 늘어나는데, 힘이 비례 한계 내에서는 그 힘에 비례하여 늘어난다. 이 법칙을 무엇이라고 하는가 ?

① 힘의 법칙　② 훅의 법칙
③ 관성의 법칙　④ 줄의 법칙

정답 1. ① 2. ③ 3. ③ 4. ④ 5. ④ 6. ② 7. ① 8. ③ 9. ②

10. 인장시험에서 시험 전 표점거리 50mm의 시험편을 시험 후 절단된 표점거리를 측정하니 60mm이였다. 이 시험편의 변률은 ?

① 10%　　② 15%

③ 20%　　④ 25%

$\frac{L_1 - L}{L} \times 100 = \frac{60 \times 50}{50} \times 100 = 20\%$

11. 다음 중 경도시험에 속하지 않는 것은 ?

① 로크웰　　② 브리넬

③ 비커스　　④ 샬피

12. 재료의 경도를 측정하는데 여러 가지 방법이 있다. 다음의 경도시험기 중 눌린 자국의 넓이를 기준하여 경도를 표시하는 것은 어느 것인가 ?

① 브리넬 경도

② 로크웰 경도

③ 쇼 경도

④ 비커스 경도

경도시험기의 종류와 그 특성

① 브리넬 경도 : 고 탄소강의 ball에 일정한 하중을 주어 시험 면에 발생한 오목 부분의 표면적으로 하중을 나눈값으로 경도를 시험하는 방법

② 로크웰 경도 : 경질 재료에는 다이아몬드 원뿔(C스케일)을, 연질 재료에는 ball(B스케일)을 일정한 하중으로 눌러 그 압입 된 깊이로 경도를 구한다.

③ 쇼 경도 : 다이아몬드를 끝에 고정시킨 낙하물을 일정한 높이에서 시험편에 낙하시켰을 때 반발하여 올라온 높이를 측정하는 경도 시험기

④ 비커스 경도 : 다이아몬드 사각뿔을 가진 피라미드형 압입자로 일정한 하중을 주어 시험 면에 생긴 오목부의 표면적으로 경도를 측정하며, 피라미드의 꼭지각은 136°이며, 하중은 120kgf이다.

13. 시험편에 압축하중을 가하여 생기는 오목 자국의 지름을 측정하여 경도를 알아내는 시험은 ?

① 로크웰 경도　　② 쇼 경도

③ 비커스 경도　　④ 브리넬 경도

14. 피라미드형의 다이아몬드의 압입자를 일정 하중으로 눌러 발생한 압입 자국의 대각선으로 경도를 측정하는 경도시험기는 ?

① 브리넬 경도시험기

② 비커스 경도시험기

③ 쇼 경도시험기

④ 로크웰 경도시험기

15. 다음 중 원뿔형 다이아몬드 강구를 사용하여 압입된 깊이로 경도 값을 얻는 경도시험기는 ?

① 브리넬 경도계

② 로크웰 경도계

③ 쇼 경도계

④ 버커스 경도계

16. 경도시험기에서 B 스케일과 C 스케일을 지닌 경도계는 다음 중 어느 것인가 ?

① 비커스 경도계

② 브리넬 경도계

③ 로크웰 경도계

④ 쇼 경도계

17. 끝 부분이 다이아몬드로 되어 있는 추를 25mm 높이에서 떨어뜨려 그 반발된 높이로 경도를 결정하는 경도시험기는 ?

① 브리넬 경도시험기

② 비커스 경도시험기

③ 쇼 경도시험기

④ 로크웰 경도시험기

정 답 10. ③ 11. ④ 12. ① ④ 13. ④ 14. ② 15. ② 16. ③ 17. ③

18. 충격시험의 목적은 다음 중 무엇인가 ?

① 경도
② 인장 강도
③ 인성과 취성
④ 굽힘 강도

19. 고온의 상태에서 재료에 작은 하중을 가하였을 때는 늘어나지 않지만 시간의 경과에 따라서 점점 늘어나는 것이 증가하여 파단되는 현상을 무엇이라고 하는가 ?

① 피로 ② 크리프
③ 비틀림 ④ 전단

20. 주물의 결함을 검출하는데 이용되는 시험은 어느 것인가 ?

① 피로시험 ② 충격시험
③ 인장시험 ④ X선 투과시험

21. 용접부의 비파괴검사 방법 중 가장 일반적이며, 용도의 제한이 가장 적은 것은 ?

① 초음파 검사법
② 방사선 투과 검사법
③ 자기 탐상 검사법
④ 도료 침투법

방사선 투과 검사법은 용접부의 비파괴 검사 방법 중 가장 적합하다.

22. 다음 시험방법 중 비자성 재료의 표면에 작은 구멍이나 틈을 검출하는 시험법으로 가장 적합한 것은 ?

① 샬피 V-노치 충격시험
② 임프런트 시험
③ 자기 검사
④ 침투시험

침투시험은 비자성 재료의 표면에 작은 구멍이나 틈을 검출하는 시험방법으로 가장 적합하다.

23. 정밀 기기를 사용하지 않고도 금속의 광범위한 성질을 육안으로 검사하는 방법은 어느 것인가 ?

① 매크로시험 ② X선 검사법
③ 형광 검사법 ④ 자력 검사법

24. 다음 중 금속의 매크로 시험방법에 속하지 않는 것은 ?

① 파단면 검사
② 설파 프린트
③ X선 분석법
④ 매크로 매칭

25. 금속재료를 파괴하지 아니하고도 표면의 균열 등의 결함을 알 수 있는 방법은 ?

① 설파 프린트법
② 매크로 조직검사법
③ 자기 탐상법
④ 크리프 시험법

26. 다음 중 비파괴 시험이 아닌 것은 ?

① 침투 탐상법
② X선 검사법
③ 초음파 탐상법
④ 크리프 시험법

정 답 18. ③ 19. ② 20. ④ 21. ② 22. ④ 23. ① 24. ③ 25. ③ 26. ④

CHAPTER 07 유 · 공압 기계

1. 유체기계 기초이론

유체기계란 액체 및 기체를 작동물질로 하여 위치 에너지를 압력 및 속도 에너지로 만들어 동력을 얻는 기계를 말하며, 그 종류에는 수력기계, 유압기계, 공기기계 등이 있다.

1.1. 수력기계

1.1.1. 펌프의 분류

[1] 터보형(turbo type)

① 원심형 : 볼류트 펌프와 터빈펌프가 있다.

② 사류형(diagonal flow type)

③ 축류형(axial flow type)

[2] 용적형

① 왕복형 : 피스톤펌프와 플런저펌프가 있다.

② 회전형 : 기어펌프와 베인펌프가 있다.

[3] 특수형

① 분사펌프(분류펌프)

② 공기 양수펌프

③ 수격펌프

④ 점성펌프

1.1.2. 수차(水車)의 분류

① 충격수차 : 송풍기와 풍차가 있다.

② 반동수차 : 프란시스 수차, 프로펠러 수차, 카플란 수차 등이 있다.

1.2. 유압기기

유압기기는 파스칼의 원리를 이용한 기기이며, 유압펌프, 액추에이터, 제어밸브 등으로 구성되어 있다.

1.3. 공기기계

[1] 고압형

고압형 공기기계에는 압축기, 진공펌프, 압축공기 기계 등이 있다.

[2] 저압형

저압형 공기기계에는 송풍기와 풍차가 있다.

2. 수력기계

2.1. 원심펌프(centrifugal pump)

2.1.1. 원심펌프의 특징

이 펌프는 1개 또는 여러 개의 임펠러(impeller)에 의하여 유체의 이송작용을 하거나 압력을 발생시키는 형식이며, 양정이 크고 양수 량이 많을 때 적합하며 그 특징은 다음과 같다.

① 소형 경량이며, 구조가 간단하여 다루기가 쉽다.

② 고속회전이 가능하고, 펌프의 효율이 높다.

③ 맥동(脈動)발생이 적다.

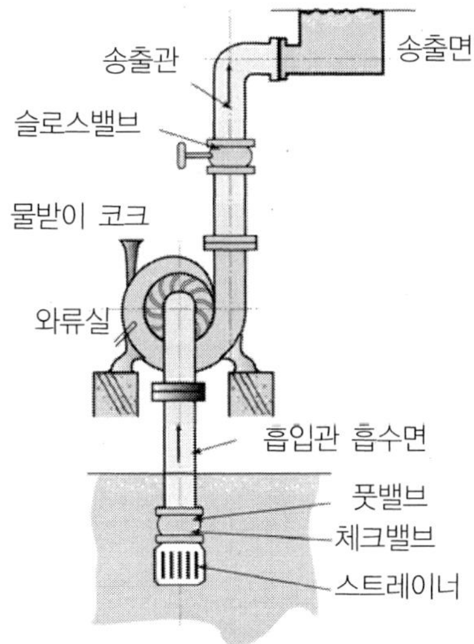

[그림 1] 원심펌프의 구조

2.1.2. 원심펌프의 종류

[1] 안내깃(guide vane) 유무

(1) 볼류트펌프(volute pump)

회전차의 바깥둘레(外周)에 안내 날개가 없어, 물을 날개 차에서 직접 와류실로 유도하는 형식이다. 이 펌프는 날개 1단이 발생하는 양정이 낮은 곳에서 사용되는 것으로서 구조가 간단하고 고장도 적다. 또한, 효율도 좋은 편이며 양수량의 변화에 따른 효율 감소율이 적다.

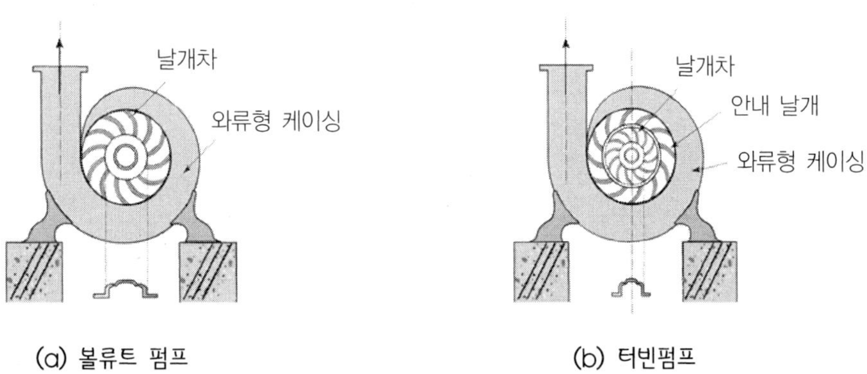

[그림 2] 원심펌프의 종류

(2) 터빈펌프(디퓨저펌프 : turbine or diffuser pump)

회전차의 바깥둘레에 안내 날개를 가진 원심 펌프로서 안내 날개에 의해서 날개차 출구에서의 물의 흐름을 감속시켜 속도 에너지를 압력 에너지로 변환시키는 역할을 한다. 안내 날개는 고정되어 있어 회전하지는 않는다.

터빈펌프는 벌류트 펌프에 비해 기계효율이 좋으며 더 높은 양정을 얻을 수 있다. 특히 높은 양정과 높은 압력이 필요할 경우에는 1축에 여러 개의 날개차를 배열하여 설치한 다단 터빈펌프를 사용한다.

알아두기

안내깃의 작용

안내 깃의 작용은 배출 양정을 향상시키기 위해 임펠러에서 얻은 속도 에너지를 배출에 보다 적합한 에너지로 변환시키는 작용을 한다.

[2] 임펠러의 형상

① 반경류형(radial flow pump) : 유체가 임펠러를 통과할 때 유체의 경로가 축에 수직인 평면 내를 반지름 방향으로 유출되는 형식이다.

② 혼류형(mixed flow pump) : 깃(날개)입구에서 출구에 이르는 사이에 반지름 방향과 축방향과의 유동이 조합된 형식이다.

2.1.3. 펌프의 크기와 양정

[1] 펌프의 크기 표시방법

펌프의 크기는 펌프의 흡입구경과 배출구경으로 표시한다.

[2] 흡입, 배출구의 속도

$$V_S = K_S\sqrt{2gH} \quad \cdots\cdots (7-1)$$

K_S : 흡입, 배출구의 유속계수
g : 중력가속도
H : 전 양정

[3] 흡입, 배출구의 지름

$$Q = A_S \cdot V_S \ (\mathrm{m^3/sec})$$에서

$$Q = \frac{\pi}{4} D_S^2 \cdot V_S \ (\mathrm{m^3/sec})$$

$$D_S = \sqrt{\frac{4Q}{\pi \cdot V_S}}$$

Q : 양수량($\mathrm{m^3/sec}$)

2.1.4. 원심펌프의 양정

양정(head)이란 펌프의 입구와 출구에 있어서 유체의 단위 중량이 갖는 에너지와의 차이를 말한다.

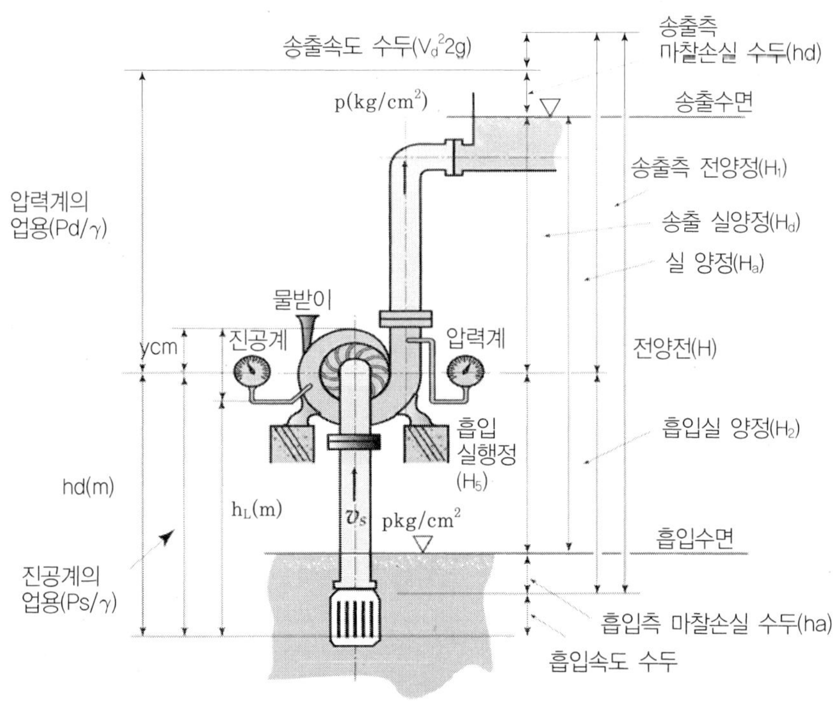

[그림 3] 펌프의 양정

[1] 실 양정(actual head)

실 양정이란 흡입 수면과 송출 수면과의 수직거리이다.

$$H_a = H_s + H_d \quad \cdots\cdots (7-2)$$

H_a : 실양정(흡입 수면과 송출 수면 사이의 수직 높이)
H_s : 흡입 실양정(펌프의 중심선으로부터 흡입 수면까지의 수직거리)
H_d : 송출 실양정(펌프의 중심선으로부터 송출 수면까지의 수직거리)

[2] 전 양정(total head)

$$H = \frac{P_d - P_s}{\gamma} + \frac{{v_d}^2 - {v_s}^2}{2g} + y \quad \cdots\cdots (7-3)$$

P_d, P_s : 각각 송출측 압력계와 흡입측 진공계에서의 계기 압력
v_d, v_s : 각각 송출측의 흐름속도(流速)와 흡입측의 흐름속도
y : 송출측 압력계기와 흡입측 압력계기(일반적으로 흡입측은 펌프의 중심선과 일치)와의 수직거리

[3] 펌프의 회전수

$$N = n\left(1 - \frac{S}{100}\right) \quad \cdots\cdots (7-4)$$

$$n = \frac{120f}{P} \quad \cdots\cdots (7-5)$$

$$N = n\left(1 - \frac{S}{100}\right) = \frac{120f}{P}\left(\frac{1-S}{100}\right) \quad \cdots\cdots (7-6)$$

n : 전동기의 동기 회전수
P : 전동기의 극수
f : 전원(電源)의 주파수
S : 펌프를 작동할 때 부하 때문에 발생한 미끄럼율(%)

[4] 원심펌프의 동력과 효율

(1) 수동력(water horse power)

펌프에 의해서 펌프를 지나는 액체에 준 동력을 의미한다.

$$PS(HP) = \frac{\gamma QH}{75 \times 60} \quad \cdots\cdots (7-7)$$

※ 1HP= 75kg_f m/sec

1PS= 76.1kg_f m/sec

$$kw = \frac{\gamma QH}{102 \times 60} \quad \cdots\cdots (7-8)$$

γ : 유체의 비중량(kgf/m^3), Q : 송출량(m^3/min)

H : 전양정(m)

(2) 축동력과 효율

축동력은 원동기에 의해서 펌프를 운전하는 데 필요한 동력은 의미한다.

1) 전효율(total efficiency, η_t)

$$\eta_t = \frac{L_w}{L} \quad \cdots\cdots (7-9)$$

L_w : 수동력(water horse power)

L : 축동력(shaft horse power) 혹은 제동동력(brake horse power)

2) 체적효율(volumetric efficiency, η_v)

펌프의 회전부분과 고정부분 사이의 간극을 통해서 유량 손실이 발생한다. 즉, 펌프 출구에서 유효한 유량은 회전차를 통과한 유량보다 누설된 양만큼 적다. 이 두 양의 비율을 체적효율이라 한다.

일반적으로 체적효율은 0.90~0.95이다.

$$\eta_v = \frac{Q}{Q + \triangle Q} \quad \cdots\cdots (7\text{-}10)$$

Q : 펌프의 송출유량(펌프가 실제로 송출관 쪽으로 압송하는 유량)
$Q+\triangle Q$: 회전차 속을 지나는 유량
$\triangle Q$: 누설된 유량

3) 기계효율(mechanical efficiency, η_m)

회전차에 의하여 실제로 흡수되고 수두로 변환된 동력의 펌프측에 공급된 동력에 대한 비를 기계효율이라 한다. 일반적으로 기계 효율의 범위는 0.90～0.97이다.

$$\eta_m = \frac{L - L_m}{L} = \frac{\gamma H_{th}(Q + \triangle Q)}{(75 \times 60)L} \quad \cdots\cdots (7\text{-}11)$$

L : 축 동력, L_m : 기계손실 동력

4) 수력효율(hydraulic efficiency, η_h)

펌프가 실제로 내는 양정의 "깃수 유한"인 경우의 이론 양정에 대한 비로 표시한다. 일반적으로 수력효율의 범위는 0.80～0.96이다.

$$\eta_h = \frac{H}{H_{th}} = \frac{H_{th} - h_l}{H_{th}} \quad \cdots\cdots (7\text{-}12)$$

h_l : 펌프 내에서 생기는 수력 손실
H : 펌프의 실제 양정
H_{th} : 이론 양정(깃수 유한)

(3) 펌프의 전 효율(η)

$$\eta = (\text{기계효율}) \times (\text{수력효율}) \times (\text{체적효율}) = \eta_m \times \eta_h \times \eta_v \quad \cdots\cdots (7\text{-}13)$$

$$\eta = \frac{L_w}{L} = \frac{Q}{Q + \triangle Q} \times \frac{\gamma H_{th}(Q + \triangle Q)}{(75 \times 60)L} \times \frac{H}{H_{th}} \quad \cdots\cdots (7\text{-}14)$$

[5] 원심펌프에서 발생하는 손실

(1) 수력손실

① 마찰손실(摩擦 損失) : 펌프의 흡입 노즐에서 송출 노즐까지 이르는 유로(流路) 전체에서 발생하는 손실이다.

② 부차적 손실(minor loss: 副次的 損失) : 회전차, 안내깃, 와류실, 송출 노즐을 유체가 흐를 때 와류에 의해서 발생하는 손실이다.

③ 충돌손실(衝突 損失) : 회전차의 깃 입구와 출구에 있어서 발생하는 충돌에 의한 손실이다.

(2) 누설손실

펌프에서는 펌프의 회전부분과 고정되어 있는 케이싱 부분사이에 반드시 틈(간극)이 존재한다. 이 틈을 통해서 압력이 높은 부분에서 낮은 부분으로 누설되는 유량을 말한다. 누설되는 곳은 아래와 같다.

① 회전차 입구부분의 웨어링 링(wearing ring) 부분

② 축 추력 평형장치 부위

③ 패킹 박스

④ 봉수용에 쓰이는 압력수

(3) 원판 마찰손실

회전차의 회전에 의하여 그 바깥쪽(케이싱에 접하는 면)에 액체에 의한 마찰 손실이 생기는데 이것을 원판 마찰손실이라 한다.

[6] 비교 회전도

1개의 임펠러를 형상과 운전상태를 상사(相似)하게 유지하면서 그 크기를 바꾸어 단위 유량에서 단위 양정을 발생시킬 때 그 임펠러에 주어져야 할 매분 회전수(rpm)를 처음(기준이 되는) 임펠러의 비교 회전도라고 한다. 비교 회전도가 같은 임펠러는 상사형이며, 비교 회전속도는 임펠러의 형상을 표시하는 척도가 되며 펌프의 성능을 표시하거나 가장 적합한 회전수를 정하는데 이용된다.

(1) 비교 회전도와 펌프형식

회전수를 일정하게 하면 고 양정 소 유량의 펌프인 경우에는 비교 회전속도의 값이 작고 출구지름에 대하여 폭이 좁다. 반대로 저 양정 대 유량의 펌프일수록 비교 회전속도의 값은 커지고 출구지름에 대한 폭이 커진다.

비교 회전도가 커질수록 출구지름에 대한 출구폭과 입구지름이 점차 커진다. 비교 회전도의 값은 각종 펌프의 구조를 대표하는 기준이 된다.

① 고압펌프(다단형) : 고 양정, 저 유량의 보일러 급수펌프로 사용

② 중압펌프 : 양수 발전용 펌프로 사용

③ 저압펌프 : 중간 양정, 중 유량형

④ 혼류형펌프 : 작은 양정, 대 유량형.

⑤ 사류펌프 : 중간 양정, 매우 큰 유량형

⑥ 축류펌프 : 매우 작은 양정, 큰 유량형

[각종 펌프의 비속도와 특징]

번 호	1	2	3	4	5	6	7
회전차의 형식	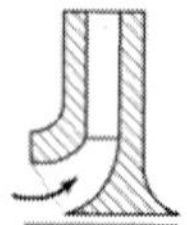	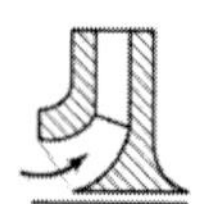	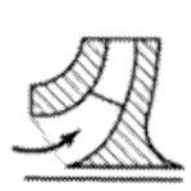	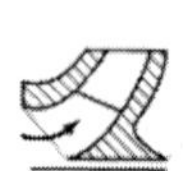		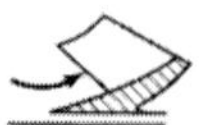	
ns의 범위	80~120	120~150	250~450	450~750	700~1000	800~1200	1200~2300
ns가 잘 사용되는 값	100	150	350	550	800	1100	1500
흐름에 의한 분류	반경류형	반경류형	혼류형	혼류형	사류형	사류형	축류형
전양정m	30	20	12	10	8	5	3
양수량 m^3/min	8이하	10 이하	10~100	100~300	8~200	8~400	8 이상
펌프의 명칭	고양정 원심펌프 터빈	고양정 원심펌프 터빈 볼류트	중양정 원심펌프 볼류트	저양정 원심펌프 양흡입 볼류트	사류펌프	축류펌프	축류펌프

[7] 펌프에서 발생하는 이상 현상

(1) 캐비테이션(공동현상)

물이 관(pipe)속을 유동하고 있을 때 물 속의 어느 부분의 정압(static pressure)이 그 때의 물의 온도에 해당하는 증기압력 이하로 되면 부분적으로 증기가 발생하는 현상을 말한다.

1) 발생조건

① 펌프와 흡수면(吸水面)사이의 수직거리가 너무 멀 때

② 펌프의 물이 고속(高速)으로 인하여 유량이 증가할 때 펌프 입구에서 발생한다.

③ 관속을 유동하고 있는 물 속의 어느 부분이 고온일수록 포화 증기압에 비례하여 상승할 때

2) 발생할 때의 영향

① 소음과 진동이 생긴다.

② 양정곡신과 효율곡선의 저하가 생긴나.

③ 날개(깃)에 침식이 발생한다.

3) 방지책

① 펌프의 설치 위치를 가능한 한 낮추어 흡입양정을 짧게 한다.

② 입축(立軸)펌프를 사용하고, 임펠러가 물 속에 완전히 잠기도록 한다.

③ 펌프의 회전속도를 낮추어 흡입 비교 회전속도를 적게 한다.

④ 양흡입(兩吸入) 펌프를 사용한다.

⑤ 2대 이상의 펌프를 사용한다.

(2) 수격현상(water hammering)

관속을 가득 차서 흐르는 액체의 속도를 급격히 변화시키면 액체에 심한 압력의 변화가 발생하는 현상이며, 방지책은 다음과 같다.

① 관내의 흐름속도를 낮춘다(단, 관의 지름을 크게 한다).

② 펌프에 플라이휠을 설치하여 펌프의 속도가 급격히 변화하는 것을 방지한다.
③ 서지탱크(surge tank)를 관선에 설치한다.
④ 밸브를 펌프 송출구 가까이 설치하고, 밸브를 적당히 조정한다.

(3) 서징(surging)현상

펌프나 송풍기(blower) 등이 작동 중에 한숨을 쉬는 것과 같은 상태로 되어, 펌프인 경우에는 입구와 출구의 진공계와 압력계 바늘이 흔들리고 동시에 송출유량이 변화하는 현상이다. 즉, 송출압력과 유량사이에서 주기적인 변화가 발생하는 현상이며, 발생원인은 다음과 같다.

① 펌프의 양정곡선이 산고 곡선(山高 曲線)이고, 산고 상승부분에서 운전하였을 때
② 유량 제어밸브가 탱크 뒤쪽에 있을 때

(4) 축 추력방지 방법

편흡입 회전차에 있어서 전면 측벽과 후면 측벽에 작용하는 정압에 차가 있기 때문에 축방향으로 작용하는 힘을 축 추력이라 한다.

① 스러스트 베어링(thrust bearing)을 사용한다.
② 양쪽 흡입형의 회전차를 사용한다.
③ 평형구멍(balance hole)을 설치한다.
④ 뒷면 시라우드(back shroud)에 방사상(放射狀)의 리브(rib)를 설치한다.

(5) 누설방지 장치

1) 축봉장치(shaft seal)

① 패킹 박스(packing box, stuffing box)
② 메커니컬 실(mechanical seal) : 화학공업에서 사용될 때와 같이 여러 종류의 액체를 취급하는 펌프에서 누출을 완전히 방지하기 위해 사용한다.

2) 수봉장치(water sealing)

이 장치는 주로 흡입쪽에 설치하는 랜턴 링(lantern ring)을 설치하여 외기의 흡입을 방지하는 것이다.

[8] 원심펌프의 운전

(1) 운전순서

① 가동을 하기 전에 송출밸브를 완진히 닫고 펌프 케이싱 속에 물을 가득 채운다.

② 전동기(motor)인 경우에는 회전방향을 확인하고 가동 조작을 한다.

③ 펌프가 소정의 압력을 내는 것을 확인한 다음 서서히 송출밸브를 적당히 열면 일반적인 운전상태로 된다.

④ 펌프를 정지할 경우에는 송출밸브를 완전히 닫은 후 전동기를 정지한다.

(2) 연합 운전방법

① 직렬운전 : 직렬운전은 양정(揚程)의 변화가 커 1대의 펌프로서는 양정이 부족할 때 2대 이상의 펌프를 직렬로 연결하여 사용한다. 즉 직렬운전을 하면 양정은 늘어나고 유량은 일정하게 된다.

② 병렬운전 : 병렬운전은 유량(流量)의 변화가 크고, 1대의 펌프로서는 유량이 부족할 때 2대 이상의 펌프를 병렬로 운전하여 사용한다.

[9] 원심펌프의 특성곡선

원심펌프와 축류 펌프에서 회전수와 흡입양정을 일정하게 할 때, 동력(L), 양정(H), 효율(η) 등의 관계를 표시한 것을 특성곡선이라고 한다.

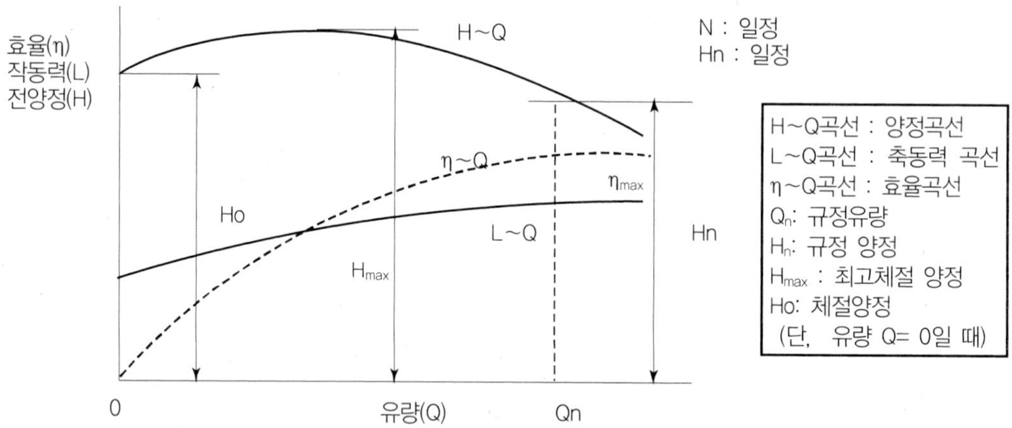

[그림 4] 원심펌프의 특성곡선

2.2. 축류펌프(axial flow pump)

2.2.1. 축류펌프의 개요

대 유량, 저 양정(10m 이하)에서 사용하며 임펠러가 회전하므로 발생하는 양정에 의해 유체의 압력 및 속도 에너지를 공급하고, 유체를 로터(회전차)속을 축방향으로 유입하여 로터를 통하여 축방향으로 유출시킨다.

[그림 5] 횡축고정의 축류펌프

2.2.2. 축류펌프의 특징

① 고속운전에 적합하다.

② 구조가 간단해 취급이 쉽다.

③ foot valve나 배출밸브를 생략할 수 있다.

④ 형체가 작아 가격이 싸고, 설치 면적을 적게 차지하며, 그 기초공사가 쉽다.

⑤ 양정의 변화에 대해 유량의 변화가 적으며, 효율 저하도 적다.

알아두기

foot valve

흡입관의 아래 끝에 설치되어 물속에 담겨 있고, 이 속에 체크밸브(check valve)가 설치되어 있어서 펌프의 운전이 정지되었을 때 흡입 관내의 역류를 방지하는 일을 한다. 또한 밸브의 아래 부분에는 스트레이너(strainer)를 부착하여 불순물이 관속으로 유입되는 것을 방지한다.

2.3. 사류펌프(diagonal flow pump)

원심펌프와 축류펌프의 중간적인 형상을 하고 있으며 소형 경량으로 할 수 있으며 양정의 변화가 심한 경우에도 유량의 변화가 적다.

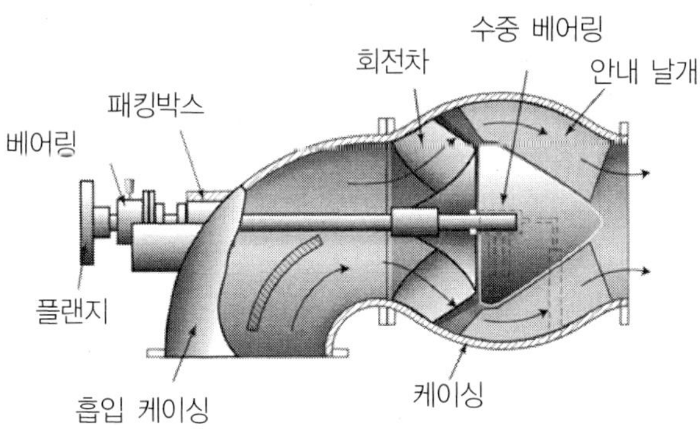

[그림 6] 사류펌프

2.4. 왕복펌프

2.4.1. 왕복펌프의 개요

피스톤이나 플런저의 왕복에 의하여 액체를 흡입하며 소요의 압력으로 압축하여 보내며 송출 유량은 적으나 고압에서 사용된다.

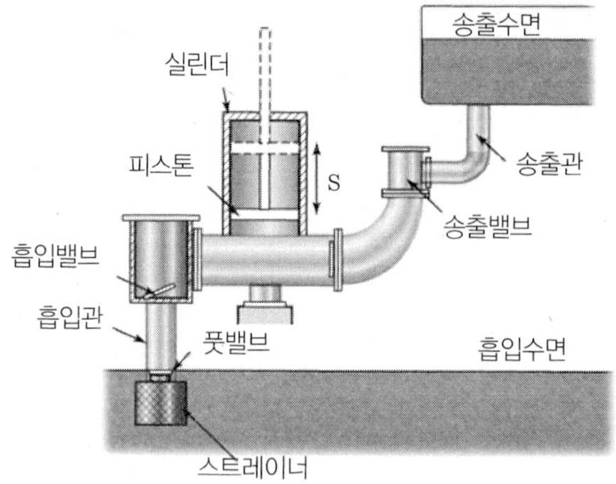

[그림 7] 왕복펌프

2.4.2. 왕복펌프의 특징

① 고압에 적합하며, 송출 압력이 $350kg_f/cm^2$ 정도에서는 플런저 펌프를 사용한다.

② 저속이며, 대형이다.

③ 송출압력은 회전속도에 제한을 받지 않는다.

2.4.3. 왕복펌프 밸브의 구비조건

① 밸브 개폐가 정확할 것

② 물이 밸브를 통과할 때 저항을 최소한으로 할 것

③ 누출을 완벽하게 방지할 것

④ 개폐작용이 신속하고, 고장이 적을 것

⑤ 내구성이 클 것

이와 같이 송출관 내의 흐름변화가 크므로 이것을 방지하기 위해서는 복동단식, 단복동단식으로 실린더 수를 늘여나가면 된다.

알아두기

🔽 왕복펌프의 송출곡선

아래 그림에서 표시한 것과 같이 단일 실린더의 경우에는 θ= 0~π사이에는 액체를 배출하지만 θ= 0~2π사이에서는 액체를 흡입하고 배수는 정지된다.

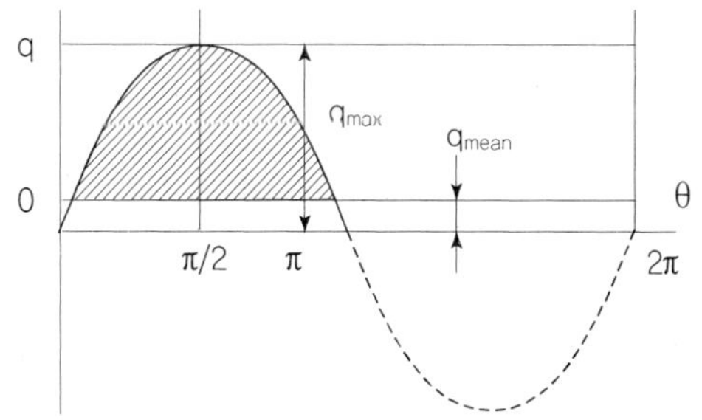

[그림 8] 배수량 곡선

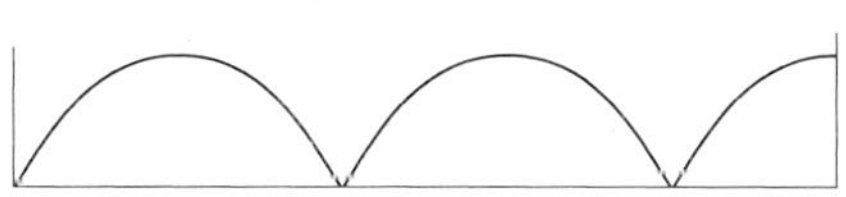

(a) 복동단식

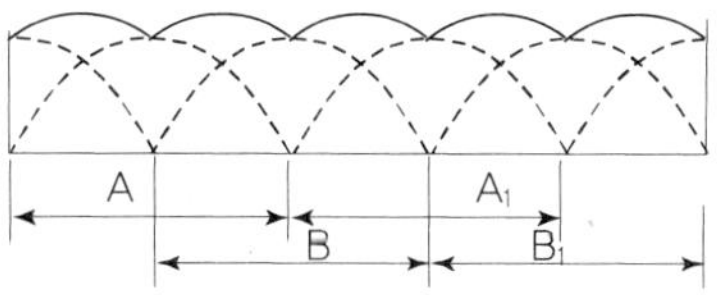

(b) 복동단식(위상차 90°)

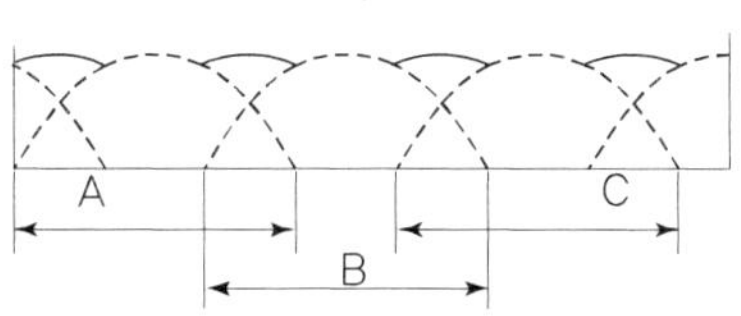

(c) 단동 3연식(위상차 120°)

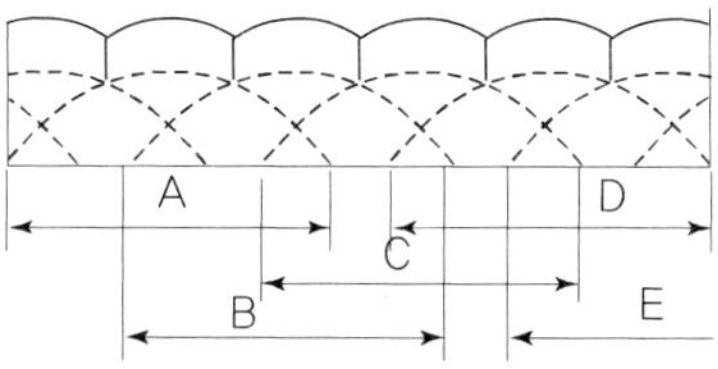

(d) 단동 4연식(위상차 72°)

[그림 9] 왕복펌프의 형식과 배수량 곡선

2.5. 회전펌프(rotary pump)

피스톤, 기어, 나사 등을 이용하여 흡입 및 배출밸브 없이 액체를 밀어내는 방식의 펌프를 총칭하는 것이며 특징은 다음과 같다.

① 저 유량, 고압의 양정에 적합하다.

② 고 점도의 액체에 적합하다.

③ 액체를 연속적으로 배출하므로 맥동이 없다.

④ 역회전이 가능하다.

⑤ 구조가 간단하여 취급이 쉽다.

2.6. 수차(water turbine)

수차란 물이 지니고 있는 위치 에너지를 기계적 에너지로 전환시키는 장치를 말한다.

2.6.1. 수차의 분류

[1] 중력 수차

물이 낙하할 때의 중력으로 작동하는 형식이며, 물레방아가 여기에 속한다.

[2] 충격 수차

물이 가지는 속도 에너지에 의하여 물의 충격으로 수차를 회전시키는 것이며, 펠톤 수차가 여기에 속한다.

[3] 반동 수차

물이 가지는 압력과 속도 에너지를 회전차(로터)를 통과하는 사이에 수차에 주어서 회전시키는 형식이며, 프란시스 수차, 프로펠러 수차, 카플란 수차가 여기에 속한다.

2.6.2. 유효 낙차와 출력

•유효낙차(effective head)

$$H = H_g - (h_1 + h_2 + h_3) \quad \cdots\cdots \quad (7-15)$$

H_g : 총 낙차(취수 댐 수면과 방수면의 수직 높이, m)

h_1 : 도수로의 손실 수두(m)

h_2 : 수압관 내의 손실 수도(m)

h_3 : 방수로의 손실 수두(m)

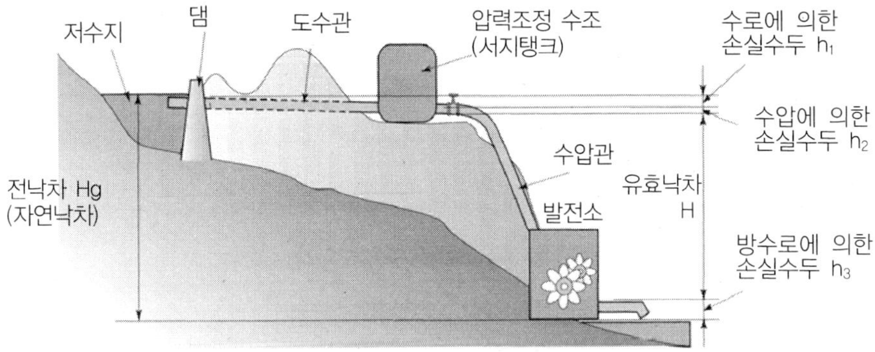

Ha : 실 양정(흡입수면과 송출수면 사이의 수직 높이)

Hs : 흡입 실 양정(펌프의 중심선으로부터 흡입수면까지의 수직거리)

Hd : 송출 실 양정(펌프의 중심선으로부터 송출수면까지의 수직거리)

[그림 10] 수차

•동력(출력)

$$PS = \frac{\gamma HQ}{75}$$

$$kw = \frac{\gamma HQ}{102}$$

2.6.3. 각종 수차의 특징

[1] 펠톤(pelton) 수차

1개의 회전차에 여러 개의 분사노즐을 둘 수 있으며, 에너지의 대부분을 회전차로 전달하는 형식이다.

① 비교 회전속도가 적고, 높은 낙차에 적합하다.

② 부하가 급감소하였을 때 수압관 내의 수격현상을 방지하는 디플렉터를 두고 있다.

③ 유량을 조정하는 니들밸브(needle valve)를 사용한다.

[그림 11] 펠튼 수차의 구조

[2] 프란시스(francis) 수차

프란시스 수차는 낙차 및 수량에 대하여 적용범위가 넓어 25~550m의 중 낙차에서 사용하고 있다. 특징은 다음과 같다.

① 배출손실이 적고, 적용 낙차범위가 넓다.

② 동일 용량일 때 펠톤 수차보다 소형이다.

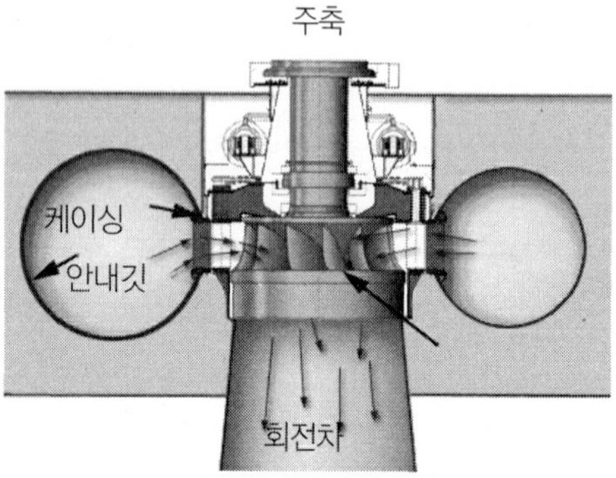

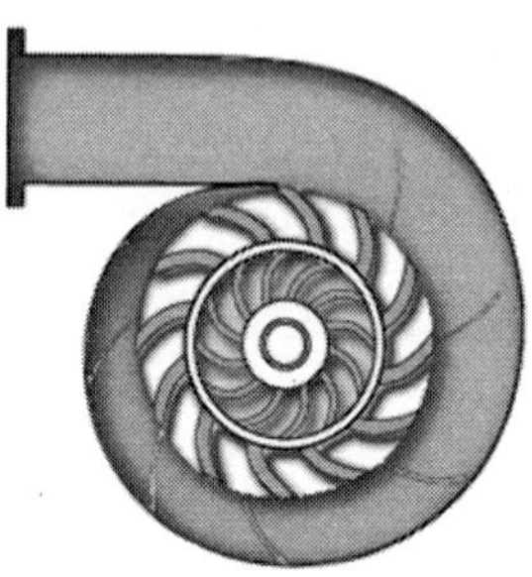

[그림 12] 프란시스 수차

[3] 프로펠러(propeller) 수차

이 수차는 90m 이하의 저 낙차이며 대 유량인 곳에서 사용한다. 축류형에서는 깃을 회전차의 보스에 고정한 프로펠러 수차와 부하와 낙차의 변화 등에 따라 경사각을 조정하는 카플란 수차 등이 있다.

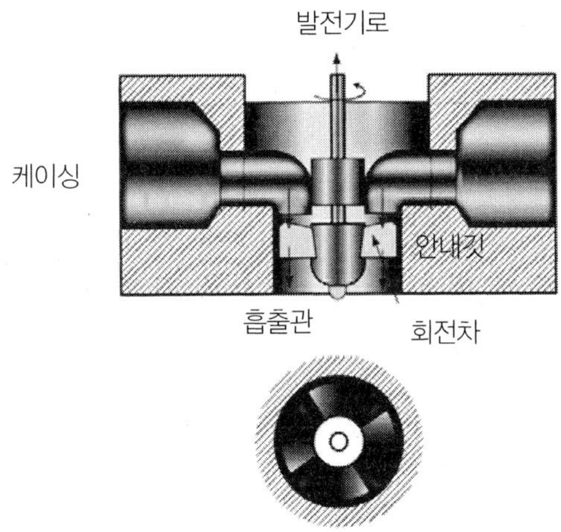

[그림 13] 프로펠러 수차

3. 유압기계

유압기계는 윤활성이 있는 적당한 점도의 작동유체를 사용하여, 유압펌프에 의하여 작동유체에 압력에너지를 부여하며 관로, 각종 제어밸브 등을 거쳐서 유압모터, 유압실린더에 유도되어 제어된 유압동력에 의하여 소요작동을 하도록 하는 일련의 기계요소 및 그 결합체를 말한다.

3.1. 유압기계의 장 • 단점

[1] 유압기계의 장점

① 작은 동력으로 큰 힘을 얻을 수 있으며, 동력의 분배와 집중이 쉽다.

② 과부하 방지 및 원격 조작이 가능하다.

③ 넓은 범위의 무단(無斷)변속이 가능하고, 회전운동 및 직선운동이 가능하다.

④ 작동속도 조정이 가능하며, 진동이 작고 작동이 원활하다.

⑤ 동력 전달이 원활하다.

[2] 유압기계의 단점

① 작동유의 온도변화에 따라 액추에이터의 속도가 변한다.

② 배관이 까다로우며, 작동 유의 누출이 많다.

③ 에너지 손실이 크고, 작동유가 연소할 염려가 있다.

④ 작동유의 흐름속도에 제한을 받으므로 액추에이터의 작동속도에 한계가 있다.

3.2. 구성요소

유압기계의 구성요소는 유압펌프(hydraulic pump), 액추에이터(actuator), 제어밸브(control valve), 어큐뮬레이터(accumulator : 축압기) 등으로 구성되어 있다.

3.2.1. 유압펌프(hydraulic pump)

유압펌프는 기관으로부터 공급되는 기계적 에너지를 유압 에너지로 변환시키는 기구이다.

3.2.2. 액추에이터(actuator)

유압 펌프에서 공급된 유압 에너지를 직선운동이나 회전운동과 같은 기계적인 일을 하는 기기이며 직선운동하는 것을 실린더(cylinder), 회전운동을 하는 것을 모터(motor)라고 한다.

3.2.3. 제어밸브(control valve)

[1] 압력 제어밸브

일의 크기를 결정한다.

① 릴리프밸브(relief valve) : 회로 내의 최고 압력을 낮추어 압력을 일정하게 유지하는 밸브이며, 유압펌프와 제어밸브 사이에 병렬로 설치되어 있다.

② 시퀀스밸브(sequence valve) : 2개 이상의 분기회로를 가진 회로 내에서 액추에이터의 작동순서를 제어한다.

③ 언로더밸브(unloader valve : 무부하밸브) : 회로 내의 유압이 규정값에 도달하면 이것을 유압펌프로 복귀시켜 펌프를 무부하로 작동하도록 해준다.

④ 리듀싱밸브(reducing valve : 감압밸브) : 유량이나 입구 측의 유압과는 관계없이 미리 설정한 2차측 압력을 일정하게 유지하는 밸브이다.

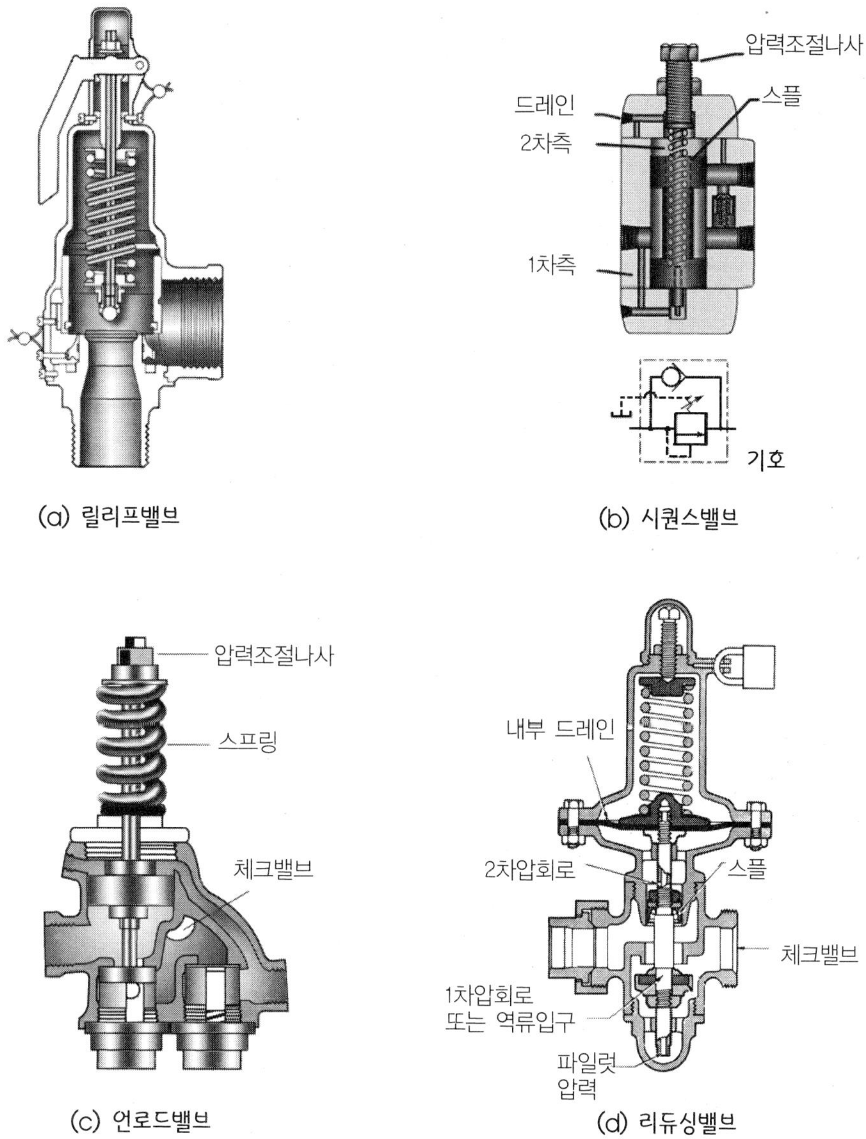

[그림 14] 압력제어 밸브의 종류

⑤ 카운터 밸런스밸브(counter balance valve) : 한 방향의 흐름은 규제된 방향에 의한 흐름이며, 반대쪽 방향의 흐름은 자유인 밸브이며, 유압실린더 등에서 하중이 하강할 때 그 자체 중량으로 인한 자유 낙하를 방지하는 밸브이다.

[2] 유량 제어밸브

일의 속도를 결정한다.

① 교축밸브(throttle valve) : 작동유의 통로 단면적을 변화시켜 유량을 조절한다.

② 압력 보상부 유량 제어밸브 : 액추에이터의 부하 압력원에 압력 변동이 있어도 밸브로 흐르는 유량을 설정된 값으로 유지한다.

③ 분류밸브 : 유압원으로부터 2개 이상의 유압 관로로 분류할 때 각각의 유로의 압력에 관계없이 일정 비율로 유량을 분할하여 흐르게 하는 밸브이다.

[3] 방향 제어밸브

① 체크밸브(check valve) : 역류를 방지하는데 사용한다.

② 디셀러레이션밸브 : 유압 실린더를 행정 최종단에서 실린더의 속도를 감속하여 서서히 정지시키고자할 때 사용한다.

③ 스풀밸브와 서틀밸브 : 1개의 회로에 여러 개의 밸브면을 두고 직선운동이나 회전운동으로 유압회로를 구성하여 오일의 흐름방향을 변환시킬 때 사용한다.

3.2.4. 어큐뮬레이터(accumulator : 축압기)

① 유압회로 내에서 발생하는 맥동적인 압력이나 충격파를 저장하거나 회로 내의 압력이 부족 되는 순간 압력을 보상해준다.

② 온도변화에 따른 오일의 체적변화에 대한 보상을 한다.

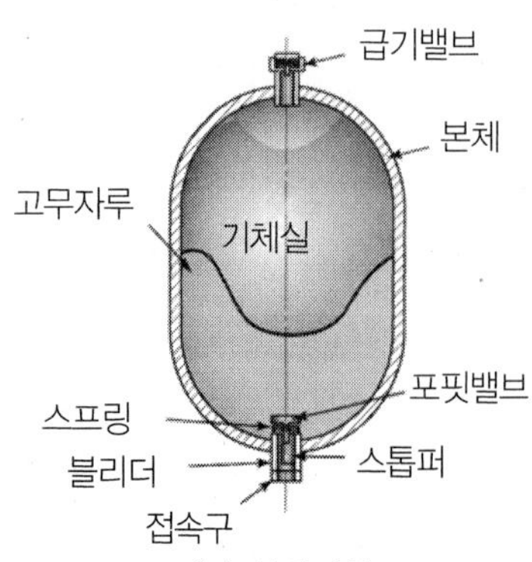

(a) 블리더형

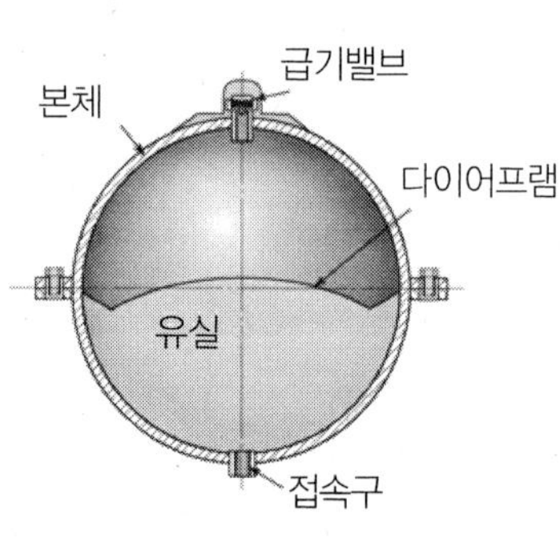

(b) 다이어프램형

[그림 15] 어큐뮬레이터

③ 어큐뮬레이터는 질소가스가 봉입된 형식을 주로 사용한다.

3.3. 작동유의 구비조건

① 강인한 유막을 형성할 수 있는 점성과 유동성이 있을 것

② 비중이 적당할 것

③ 인화점 및 발화점이 높을 것

④ 비압축성이어야 하며, 윤활성이 좋을 것

⑤ 점도와 온도와의 관계가 좋을 것

⑥ 물리적, 화학적으로 변화가 없고 안정될 것

4. 공압기계

공압기계는 크게 저압식 공기기계와 고압식 공기기계로 구분할 수 있다. 저압식 공기기계에는 송풍기, 풍차 등이 있고, 고압식 공기기계에는 압축기, 진공펌프, 압축공기기계 등이 있다.

4.1. 저압공기 기계

저압공기 기계에는 송풍기와 풍차가 있다.

4.1.1. 송풍기

송풍기는 기계적 에너지를 기체에 공급하여 기체의 압력과 속도에너지로 변환시키며, 압력의 높음과 낮음에 따라 팬[0~0.1kg_f/cm^2(1,000mmAq)]과 블로워[0.1~1.0kg_f/cm^2(1~10mAq)]로 분류한다. 일반적으로 압축기는 압력이 1kg_f/cm^2 이상인 것을 말한다.

[1] 원심식 송풍기

① 다익팬(multi blade fan) : 다익팬은 깃(날개)이 회전방향 쪽으로 기울어져 있으며, 같은 풍량(風量)에 대하여 회전차의 바깥지름과 회전속도가 다른 팬에 비해 가장 크며 시로코 팬(sirocco fan)이라고 부르며 풍량이 많고, 익현의 길이가 짧고, 날개폭이 넓다.

(a) 다익팬 (b) 레이디얼팬 (c) 터보팬

[그림 16] 원심식 송풍기의 종류

② 터보팬(turbo fan) : 터보팬은 회전차의 깃이 회전방향에 대해 뒤쪽으로 기울어져 있으며, 고속회전이 가능하고 효율이 높으며 소요동력이 적으나 공기의 배출 온도가 높다.

③ 한계 부하팬(limit loaded fan) : 한계 부하팬은 흡입구에 프로펠러 형상의 안내깃이 있으며, 풍량이 설계점 이상으로 증가하여도 축동력이 증가하지 않는다.

④ 익형팬(airfoil fan) : 익형팬은 풍량이 설계점 이상으로 증가하여도 축동력이 증가하지 않으며, 효율이 높고 소음이 적다.

⑤ 레이디얼팬(radial fan) : 레이디얼팬은 반지름 방향의 깃을 지니며 다익팬에 비하여 익현 길이가 길고 깃 폭이 짧다. 다익팬보다 효율이 높다.

[2] 축류형 송풍기

축류 송풍기는 저압, 대 풍량, 고속형이며 날개가 두꺼워지더라도 풍압(風壓), 풍량(風量) 및 효율에 미치는 영향이 거의 없으며 원심식보다 소음이 크고 설계점 이외의 풍량에서는 효율이 급격히 저하한다. 특징은 다음과 같다.

① 날개수를 증가시키면 풍압, 풍량 및 효율은 상승하나 어느 값에서는 일정해 진다.

② 날개의 설치 각을 증가시키면 풍량이 증가한다.

③ 비교 회전속도가 가장 크다.

④ 축방향에서 흡입 및 배출이 가능하므로 관로 도중에 간단히 설치할 수 있다.

(a) 프로펠러팬

(b) 도풍관이 있는 축류팬

(c) 정익이 있는 축류팬

[그림 17] 축류형 송풍기

4.1.2. 송풍기의 출력

•송풍기 전압(P_t)

$$P_t = \left(P_{S2} + \frac{\gamma}{2g}v_2^2\right) - \left(P_{S1} + \frac{\gamma}{2g}v_1^2\right) = P_{t2} - P_{t1} \quad \cdots\cdots\cdots \quad (7-16)$$

P_{S2} : 송풍기 출구에서의 정압, P_{S1} : 송풍기 입구에서의 정압
P_{t2} : 송풍기 출구에서의 전압, P_{t1} : 송풍기 입구에서의 전압

•송풍기 정압(P_s)

$$P_S = P_t - P_{d2}(\mathrm{kg/m^2,\ mmAg}) \quad \cdots\cdots\cdots \quad (7-17)$$

P_{d2} : 송풍기 출구의 동압

•전압 공기 동력(L_{at})

$$L_{at} = \frac{P_t \cdot Q}{102 \times 60}(\mathrm{kw}) = \frac{\mathrm{P_t \cdot Q}}{75 \times 60}(\mathrm{PS}) \quad \cdots\cdots\cdots \quad (7-18)$$

Q : 풍량($\mathrm{m^3/min}$)

•정압 공기 동력(L_{as})

$$L_{as} = \frac{P_S \cdot Q}{102 \times 60}(\mathrm{kw}) = \frac{\mathrm{P_S \cdot Q}}{75 \times 60}(\mathrm{PS}) \quad \cdots\cdots\cdots \quad (7-19)$$

• 축동력(L) : 회전차가 회전할 때 회전차 축 끝에 걸리는 동력

• 전압효율(η_t)

$$\eta_t = \frac{\text{전압공기 동력}}{\text{축동력}} = \frac{L_{at}}{L} \quad \cdots\cdots\cdots \quad (7-20)$$

• 정압효율(η_s)

$$\eta_S = \frac{\text{정압공기 동력}}{\text{축동력}} = \frac{L_{as}}{L} \quad \cdots\cdots\cdots \quad (7-21)$$

4.2. 고압공기 기계

고압공기 기계에는 압축기, 진공펌프, 압축공기 기계 등이 있다.

4.2.1. 압축기

압축기는 송풍기와 원리가 비슷하며, 기체에 압력을 주어 저압쪽에서 고압쪽으로 고압의 공기를 배출하는 기구이다.

4.2.2. 진공펌프

진공펌프는 용기 내의 압력을 대기압력 이하의 저압으로 유지하기 위해 대기 압력 쪽으로 기체를 배출하는 펌프이다. 진공펌프의 진공도를 표시하는 방법에는 절대 진공을 100%로 한 %로서 표시하는 방법과 절대 진공을 760mmHg로 한 수은주로 표시하는 방법이 있다. 진공도 V_C%와 절대압력 P(kg/cm^2)와의 관계는 다음과 같다.

$$P = P_a\left(1 - \frac{H_g}{760}\right) = P_a\left(1 - \frac{V_c}{100}\right) \quad \cdots\cdots\cdots \quad (7-22)$$

P_a : 대기압(kg/cm^2) H_g : 진공도(mmHg)

4.2.3. 압축공기 기계

압축기에서 얻은 압축공기를 동력원으로 하여 일을 하는 기기이다.

CHAPTER 07 출제예상문제

유 · 공압 기계 기초이론

01. 다음 중에서 터보형(Turbo type) 펌프에 속하지 않는 것은 ?

① 왕복식 펌프 ② 원심식 펌프
③ 축류식 펌프 ④ 사류식 펌프

터보형 펌프의 종류에는 원심펌프(centrifugal pump), 사류펌프(diagonal type pump), 축류펌프(axial type pump)가 있다.

02. 볼류트 펌프(volute pump)나 디퓨저 펌프(diffuser pump)는 어떤 펌프형식에 속하는가 ?

① 원심펌프 ② 축류펌프
③ 왕복펌프 ④ 회전펌프

03. 터보형 원심식 펌프의 한 종류로서 회전자의 바깥둘레에 안내 깃이 없는 펌프는?

① 플런저펌프 ② 볼류트 펌프
③ 베인펌프 ④ 터빈펌프

볼류트 펌프는 안내 깃이 없는 와류형 펌프 중에서 가장 간단한 것으로 스크루형으로 되어 있는 방과 프로펠러로 되어 있다. 프로펠러를 고속도로 회전시켜 그 원심력을 이용하여 물을 송출하는 것으로 소형으로 되어 있기 때문에, 양수 고도가 30m 이하의 경우에 가장 널리 사용된다.

04. 원심펌프에서 케이싱(casing)을 스파이럴(spiral)로 만드는 가장 중요한 이유는?

① 손실을 적게 하기 위하여
② 축 추력을 방지하기 위하여
③ 축을 모터와 직결하기 위하여
④ 공동현상(cavitation)을 적게 하기 위하여

원심펌프의 케이싱을 스파이럴로 만드는 이유는 손실을 적게 하기 위함이다.

05. 축류펌프의 구성요소가 아닌 것은 ?

① 회전차 ② 안내 깃
③ 축 ④ 피스톤

축류펌프(axial flow pump)는 회전차, 축, 안내 깃, 몸체, 베어링으로 되어있다.

06. 펌프 중에서 왕복운동으로 압력을 활용하는 펌프는 ?

① 제트펌프 ② 원심펌프
③ 피스톤펌프 ④ 기어펌프

왕복형 펌프의 종류에는 피스톤 펌프와 플런저 펌프가 있다.

07. 용적형 펌프에 해당하는 피스톤 펌프는 어느 형식에 속하는 펌프인가 ?

① 왕복식 펌프 ② 원심식 펌프
③ 사류펌프 ④ 회전식 펌프

08. 왕복펌프에서 공기실의 가장 주된 역할은 ?

① 밸브의 개폐를 쉽게 한다.
② 밸브의 닫혀있을 때 누설이 없게 한다.
③ 송출되는 유량의 변동을 적게 한다.
④ 피스톤(또는 플런저)의 운동을 원활하게 한다.

정 답 1. ① 2. ① 3. ② 4. ① 5. ④ 6. ③ 7. ① 8. ③

09. 다음 중 왕복펌프의 밸브 구비요건이 아닌 것은 ?

① 밸브의 개폐가 정확해야 한다.
② 물이 밸브를 지날 때의 저항이 최대한 커야 한다.
③ 누설이 정확하게 방지되어야 한다.
④ 내구성이 양호해야 한다.

10. 분사펌프(jet pump)는 다음 중 어느 분류에 해당하는가 ?

① 사류형 펌프
② 용적식형 펌프
③ 특수형 펌프
④ 베인형 펌프

분사펌프는 특수펌프에 속한다.

11. 다음 특수펌프 중 고속 분류로서 액체 또는 기체를 수송하는 것으로 분류펌프 또는 분사펌프라고도 하는 것은 ?

① 재생펌프　② 기포펌프
③ 수격펌프　④ 제트펌프

제트펌프는 특수펌프 중 고속 분류로서 액체 또는 기체를 수송하는 것으로 분류펌프 또는 분사펌프라고도 한다.

12. 양수관의 하단에 압축공기를 보내서 이 때 물보다 가벼운 물과 공기의 혼합체를 만들어 이 혼합체의 비중량이 물의 비중량보다 가벼워지는 것을 이용하여 양수하는 펌프는 ?

① 기포펌프　② 제트펌프
③ 수격펌프　④ 점성펌프

기포펌프는 양수관의 하단에 압축공기를 보내서 이때 물보다 가벼운 물과 공기의 혼합체를 만들어 이 혼합체의 비중량이 물의 비중량보다 가벼워지는 것을 이용하여 양수한다.

13. 일정 유량으로 유체가 흐를 때, 관의 지름을 두 배로 하면 유속은 몇 배인가 ?

① 1/4　② 1/2
③ 2　④ 4

일정 유량으로 유체가 흐를 때, 관의 지름을 2배로 하면 유속은 1/4배로 된다.

14. 50℃의 물을 30m 높은 곳으로 양수하자면 펌프의 전양정을 몇 m로 하면 되는가 ?(단, 흡수 면에는 대기압이 작용하고 송수면 출구에서는 39.2 N/cm^{2}의 압력이 작용한다. 전 손실수두는 6m이며, 흡입관과 송출관의 지름은 같고 50℃ 물의 비중량은 γ= 9800N/m^{3}이다.)

① 36　② 40
③ 76　④ 84

$$H=\frac{P_2-P_1}{\gamma}+Ha=Hi+\frac{v_2^2-v_1^2}{2g}$$

$$=\frac{39.2\times10^4}{9800}+30+6+0=76\text{m}$$

H : 전양정, P_2 : 출구압력, P_1 : 입구압력

Ha : 양수하고자 하는 높이, γ : 물의 비중량

Hi : 전손실수두, v_1, v_2 : 유속, g : 중력가속도

15. 어떤 펌프가 매분 3000회전으로 전양정 150m에 대하여 0.3m^3/s인 수량(水量)을 방출한다. 이것과 상사(相似)인 것으로 치수가 2배인 펌프가 매분 2000회전이고 다른 것은 동일한 상태로 운전될 때 전양정은 약 몇 m인가 ?

① 201　② 224
③ 243　④ 267

$$H_2=H_1\left(\frac{N_2}{N_1}\right)^2\times\left(\frac{D_2}{D_1}\right)^2$$

$$=150\times\left(\frac{2000}{3000}\right)^2\times\left(\frac{2}{1}\right)^2=267\text{m}$$

정 답 9. ② 10. ③ 11. ④ 12. ① 13. ① 14. ③ 15. ④

16. 직관 내의 유체유동에서 마찰에 의한 손실수두와 다른 요인과의 관계를 바르게 설명한 것은 ?

① 중력가속도에 비례한다.

② 관의 지름에 반비례한다.

③ 관의 길이에 반비례한다.

④ 유속의 제곱에 반비례한다.

손실수두는 관의 지름에 반비례한다.

17. 안지름 50cm의 파이프로 1.7m/sec의 물을 흘러가게 할 때 파이프의 길이가 50m일 때의 마찰 손실수두는 ?(단, 관 마찰계수 λ= 0.03이다.)

① 0.442m　② 0.523m
③ 0.785m　④ 0.973m

$Hf = \lambda\frac{\ell}{d}\times\frac{V^2}{2g}$

$= 0.03\times\frac{50}{0.5}\times\frac{1.7^2}{2\times9.8}$ = 0.44m

λ : 관의 마찰계수, ℓ : 파이프 길이

d : 파이프 안지름, V : 흐름속도

g : 중력 가속도(9.8m/s²)

18. 펌프에서 관의 길이 ℓ [m], 마찰계수 f, 유체의 평균유속 V[m/sec]일 때 관의 마찰 손실수두 hf를 구하는 공식은 ?(단, 관은 한 변이 b[m]인 정사각형이며, Rh는 수력 반지름이고, 원관의 지름 d[m]이다.)

① $hf = f\frac{\ell}{d}\frac{V^2}{2g}$

② $hf = f\frac{d}{\ell}\frac{V}{2g}$

③ $hf = f\frac{4\ell}{Rh}\frac{V^2}{2g}$

④ $hf = \frac{f}{4}\frac{\ell}{Rh}\frac{V^2}{2g}$

관의 마찰손실 수두 $hf = \frac{f}{4}\frac{\ell}{Rh}\frac{V^2}{2g}$

19. 유효낙차 100m이고, 유량 200m³/sec인 수력 발전소의 수차에서 이론출력을 계산하면 몇 kW 인가 ?

① 412×10^3　② 326×10^3
③ 196×10^3　④ 116×10^3

$H_{kW} = \frac{QH}{102} = \frac{100\times200\times10^3}{102}$ = 196×10³kW

H_{kW} : 출력, Q : 유량, H : 양정

20. 펌프의 송출압력이 90N/cm², 송출량이 60L/min인 유압펌프의 펌프동력은 몇 W 인가 ?

① 700　② 800
③ 900　④ 1000

$H_{kW} = \frac{PQ}{102\times60} = \frac{90\times60\times1000}{102\times60\times100\times9.8}$

= 0.9kW= 900W

H_{kW} : 출력, P : 펌프의 송출압력, Q : 유량

21. 수면에서 5m 높이에 설치된 펌프가 펌프로부터 높이 30m인 곳에 매초 1m³의 물을 보내려면 이론상 동력은 약 몇 kW가 필요한가 ?

① 245　② 294
③ 343　④ 400

① $H = Ha + H_1 + H_2$ = 5m + 30m= 35m

② $H_{kW} = \frac{\gamma QH}{102} = \frac{1000\times1\times35}{102}$

= 343kW

H_{kW} : 출력, γ : 유체의 비중

Q : 유량, H : 총 양정

정 답 16. ② 17. ① 18. ④ 19. ③ 20. ③ 21. ③

22. 총 양정이 3m, 공급유량 2.5m^3/min인 펌프의 동력은 약 몇 kW가 필요한가 ?(단, 유체의 비중은 0.82이고, 펌프효율은 0.9이다)

① 0.56　② 1.12
③ 2.24　④ 4.48

$$H_{kW} = \frac{\gamma QH}{102 \times 60 \times \eta}$$
$$= \frac{0.82 \times 1000 \times 2.5 \times 3}{102 \times 60 \times 0.9} = 1.12\text{kW}$$

H_{kW} : 출력, γ : 유체의 비중, Q : 유량
H : 양정, η : 펌프효율

23. 유량이 20m^3/sec인 사류펌프의 양정이 5m이면 이 펌프의 동력은 얼마인가 ?(단, 이 유체의 비중량은 9800N/m^{3}으로 한다)

① 98kW　② 980kW
③ 9800kW　④ 98000kW

$$H_{kW} = \frac{\gamma QH}{102} = \frac{9800 \times 20 \times 5}{102 \times 9.8} = 980\text{kW}$$

H_{kW} : 출력, γ : 유체의 비중
Q : 유량, H : 양정

24. 급수펌프의 전 양정이 30m이고, 유량이 5m^3/min, 효율은 82%이다. 이 펌프를 구동시키는데 필요한 전동기의 축 동력은 약 몇 kW인가 ?(단, 물의 비중량은 9800 N/m^3 이다)

① 25　② 30
③ 35　④ 50

$$H_{kW} = \frac{\gamma QH}{102 \times 60 \times \eta}$$
$$= \frac{9800 \times 5 \times 30}{102 \times 0.82 \times 60 \times 10} = 30\text{kW}$$

25. 펌프의 양수량이 0.6m^3/min이고, 관로의 전 수두손실이 5m인 펌프가 펌프중심으로부터 1m 아래에 있는 물을 20m의 송출액면에 양수하는 펌프의 축 동력은 약 몇 kW 인가 ?(단, 펌프의 효율은 85%이다)

① 2.54　② 3.0
③ 5.85　④ 8.4

① $H = Ha + H_1 + H_2$= 5+1+20= 26m

② $H_{kW} = \frac{\gamma QH}{102 \times 60 \times \eta} = \frac{1000 \times 0.6 \times 26}{102 \times 60 \times 0.85}$
= 3kW

26. 원심펌프 송출유량이 0.3m^3/min이고, 관로의 손실수두가 8m 이다. 펌프 중심에서 1.5m 아래 있는 저수지에서 물을 흡입하여 펌프 중심에서 15m의 높이의 탱크로 양수 할 때, 펌프의 동력은 몇 kW 인가 ?

① 1　② 1.2
③ 2　④ 2.2

① $H = Ha + H_1 + H_2$= 8m+1.5m+15m= 24.5m

② $H_{kW} = \frac{\gamma QH}{102 \times 60 \times \eta}$
$$= \frac{1000 \times 0.3 \times 24.5}{102 \times 60} = 1.2\text{kW}$$

H_{kW} : 출력, γ : 유체의 비중
Q : 유량, H : 양정, η : 펌프효율

27. 유량이 6m^3/min, 손실양정 6m, 실양정 30m인 급수펌프를 1750rpm으로 운전할 때 소요 동력은 약 몇 kW인가 ? (단, 펌프효율은 0.88이다)

① 20　② 30
③ 35　④ 40

$$H_{kW} = \frac{\gamma QH}{102 \times 60 \times \eta} = \frac{1000 \times 6 \times (6+30)}{102 \times 0.88 \times 60}$$
= 40kW

γ : 유체의 비중, Q : 공급유량
H : 총양정, η : 펌프효율

정 답 22. ② 23. ② 24. ② 25. ② 26. ② 27. ④

28. 펌프의 전 효율(η)을 구하는 식은 ?(단, ηm : 기계효율, ηv : 체적효율, ηh : 수력효율 이다)

① $\eta = \eta m \cdot \eta v \cdot \eta h$

② $\eta = \dfrac{\eta m \cdot \eta v}{\eta h}$

③ $\eta = \eta m + \eta v + \eta h$

④ $\eta = \dfrac{1}{\eta m \cdot \eta v \cdot \eta h}$

29. 원심펌프에서 전 효율이 80%, 송출유량이 $2m^3$/min이다. 이 펌프의 수력효율이 90%, 기계효율이 90%일 때 체적효율은 약 몇 %인가 ?

① 92 ② 95

③ 97 ④ 99

전효율(η)= 기계효율(η_m)×체적효율(η_v)×수력효율(η_h)에서

$$\eta_v = \frac{\eta}{\eta_m \times \eta_h} = \frac{0.8}{0.9 \times 0.9} \times 100 = 98.765\%$$

30. 수력기계에서 공동현상(Cavitation)이 발생하는 근본 원인은 ?

① 특정 공간에서 유체의 저속 흐름이 원인이다.

② 낮은 대기압이 원인이다.

③ 특정 공간에서 발생하는 고압이 원인이다.

④ 특정 공간에서 발생하는 저압이 원인이다.

수력기계에서 공동현상이 발생하는 주원인은 특정 공간에서 발생하는 저압 때문이다.

31. 펌프에서 캐비테이션이 발생하였을 때 나타나는 현상이 아닌 것은 ?

① 소음이 발생한다.

② 양정과 유량이 감소한다.

③ 침식 및 부식현상이 발생한다.

④ 기포가 발생하여 마모를 방지한다.

캐비테이션 현상은 공동현상이라고도 부르며, 유압이 진공에 가까워짐으로서 기포가 발생하며 이로 인해 국부적인 고압이나 소음과 진동이 발생하고, 양정과 유량 및 효율이 저하되며, 침식 및 부식현상이 발생한다.

32. 펌프에서 공동현상(cavitation)의 방지책이 아닌 것은 ?

① 펌프의 설치위치를 낮춘다.

② 흡입관의 직경을 크게 한다.

③ 단 흡입이면 양 흡입으로 한다.

④ 펌프의 회전수를 증가시킨다.

펌프의 공동현상(캐비테이션) 방지방법

① 펌프의 설치높이와 회전속도를 낮게 한다.

② 단 흡입펌프이면 양 흡입펌프를 사용한다.

③ 흡입 비속도와 흡입양정을 낮게 한다.

④ 2대 이상의 펌프를 사용한다.

⑤ 임펠러(회전차)가 물속에 완전히 잠기도록 한다.

33. 펌프를 운전할 때 출구와 입구의 압력 변동이 생기고 유량이 변하는 현상을 무엇이라고 하는가 ?

① 수격현상

② 공동현상

③ 서징현상

④ 유체고착 현상

서징(surging)현상이란 펌프를 운전할 때 출구와 입구의 압력 변동이 생기고 유량이 변하는 현상이다.

34. 유압펌프의 입구와 출구에서 진공계 또는 압력계의 지침이 크게 흔들리고 송출량이 급변하는 현상은 ?

① 수격현상 ② 언로더 현상

③ 서징현상 ④ 캐비테이션

정 답 28. ① 29. ④ 30. ④ 31. ④ 32. ④ 33. ③ 34. ③

35. 관로 내의 흐름을 급격히 정지시키면 유체속도의 급격한 변화에 따라 유체압력이 크게 상승하는 현상을 무엇이라 하는가 ?

① 퍼컬레이션　② 캐비테이션
③ 수격현상　④ 서징현상

수격현상(water hammering)이란 관로 내의 흐름을 급격히 정지시키면 유체속도의 급격한 변화에 따라 유체압력이 크게 상승하는 현상이다.

36. 다음 중 반동수차가 아닌 것은 ?

① 프란시스 수차　② 펠톤 수차
③ 프로펠러 수차　④ 카플란수차

37. 1N의 힘은 몇 kg 중 인가 ?

① 1/9.8　② 1/980
③ 980　④ 9.8

1N의 힘은 1/9.8kg중 이다.

38. 표준 대기압을 나타낸 것 중 틀린 것은?

① 1atm
② 760mmHg
③ 14.7PSI
④ 10.0332kgf/cm^2

표준 대기압 = 760torr(토리첼리) = 760mmHg
= 10,332mmH_2O= 1.0332(kgf/cm^2)
= 14.5PSI=101,332N/m^2 = 1,013.25hPa
= 1,013mbar

39. 70m의 물속의 수압은 수은주의 높이로 약 몇 m인가 ?

② 0.68　② 36.4
③ 3.68　④ 5.15

수은의 비중이 13.6이므로 $\frac{70m}{13.6}$ = 5.15m

40. 공작물을 단면적 100cm^{2}인 유압실린더로 1분에 2m의 속도로 이송시키기 위해 필요한 유량은 몇 L/min인가 ?

① 10　② 20
③ 30　④ 40

$Q = AV = \frac{100cm^2 \times 200cm/min}{1000}$ = 20L/min

Q : 유량, A : 단면적, V : 흐름속도(유속)

41. 내경이 40mm인 관을 통하여 40m/s의 속도로 유압유가 흘렀다면 이때의 유량(L/min)은 ?

① 201.4　② 251.7
③ 301.1　④ 351.7

$Q = AV = \frac{0.785 \times 4^2 \times 400 \times 60}{1000}$
= 301.4 ℓ/min

42. 관로 내를 흐르는 유체의 평균유속이 3m/sec이고, 유량이 9.9m^3/sec일 때 관의 단면적은 ?

① 3.3m^2　② 29.7m^2
③ 0.3m^2　④ 1.65m^2

$Q = AV$에서 $A = \frac{Q}{V} = \frac{9.9m^3/sec}{3m/sec}$ = 3.3m^2

43. 실린더 피스톤의 단면적이 100cm^{2}이고, 로드의 단면적이 50cm^{2}인 유압실린더에 분당 20L의 유압유가 공급될 때 공작물의 후진속도는 몇 m/min인가 ?

① 0.4　② 4
③ 40　④ 4000

$V = \frac{Q}{A_1 - A_2} = \frac{20L}{(100cm^2 - 50cm^2)} \times 10$
= 4m/min

V : 공작물의 후진속도, Q : 유압유의 공급유량
A_1 : 피스톤의 단면적, A_2 : 피스톤 로드의 단면적

정 답 35. ③ 36. ② 37. ① 38. ④ 39. ④ 40. ② 41. ③ 42. ① 43. ②

44. 다음 중 유압의 기초적인 원리라 할 수 있는 파스칼의 원리에 대한 설명이 아닌 것은 ?

① 유체의 압력은 면에 직각으로 작용한다.

② 각 점에서의 압력은 모든 방향으로 같다.

③ 가한 압력은 유체 각부에 같은 세기로 전달된다.

④ 유체의 압력은 압력을 직접 받는 면이 가장 크다.

파스칼의 원리는 "유압기기의 압력은 밀폐된 공간이어서 유체의 일부에 압력을 가하면, 그 압력은 유체 내의 모든 곳에 같은 크기로 전달된다."

① 유체의 압력은 면에 직각으로 작용한다.
② 각 점에서의 압력은 모든 방향으로 같다.
③ 가한 압력은 유체 각부에 같은 세기로 전달된다.

45. 밀폐된 용기에 넣은 정지 유체의 일부에 가해지는 압력은 유체의 모든 부분에 동일한 힘으로 전달된다는 유압장치의 기초가 되는 것은 ?

① 뉴턴의 제1법칙

② 보일 · 샤를의 법칙

③ 파스칼의 원리

④ 아르키메데스 원리

46. 유압의 장점에 대한 설명이 잘못된 것은?

① 힘과 속도를 자유롭게 변속시킬 수 있다.

② 열의 냉각장치를 취할 필요가 없다.

③ 과부하에 대한 안전장치가 필요하다.

④ 적은 장치로 큰 출력을 얻을 수 있다.

47. 기계의 작동유가 갖추어야 할 일반적인 특성으로 옳지 않은 것은 ?

① 윤활성 ② 유동성

③ 기화성 ④ 내산성

작동유가 갖추어야 할 성질은 윤활성, 유동성, 내산성, 부식방지성, 내마모성, 소포성 등이다.

48. 유압유의 구비조건이 아닌 것은 ?

① 비압축성일 것

② 적당한 점도가 있을 것

③ 열을 흡수 · 기화할 수 있을 것

④ 녹이나 부식을 방지할 수 있을 것

유압유(작동유)의 구비조건

① 열 전달율이 높고, 열팽창 계수가 작을 것
② 점도지수가 크고, 화학적으로 안정될 것
③ 비 압축률(비압축성)이 높을 것
④ 증기압이 낮고, 비점이 높을 것
⑤ 마찰 면에 윤활성이 좋을 것
⑥ 이물질을 신속히 분리할 수 있을 것
⑦ 적정한 점도가 있을 것
⑧ 산화에 대하여 안정성이 있을 것
⑨ 유압장치에 사용되는 재료에 대하여 불활성일 것

49. 유압작동유가 구비하여야 할 조건으로 옳지 않은 것은 ?

① 접동부의 마모가 적을 것

② 운전조건 범위에서 휘발성이 적을 것

③ 넓은 온도 범위에서 점도변화가 적을 것

④ 유압장치에 사용되는 재료에 대하여 활성일 것

50. 유압유의 점도가 너무 높을 때 발생되는 현상으로 거리가 먼 것은 ?

① 캐비테이션 발생

② 장치의 관내저항에 의한 압력증대

③ 작동유의 비활성으로 응답성 저하

④ 내부 및 외부 누설증대

유압유의 점도가 낮으면 누설이 증대된다.

정답 44. ④ 45. ③ 46. ② 47. ③ 48. ③ 49. ④ 50. ④

유 · 공압 기기 및 회로

01. 유압펌프의 종류 중 회전식이 아닌 것은?

① 피스톤 펌프　② 기어펌프
③ 베인 펌프　④ 나사 펌프

02. 구동 회전수에 의해 결정되는 토출량이 부하압력에 관계없이 거의 일정한 용적형 펌프는 ?

① 기어펌프　② 터빈펌프
③ 축류펌프　④ 볼류트 펌프

기어펌프는 구동 회전수에 의해 결정되는 토출량이 부하압력에 관계없이 거의 일정한 용적형 펌프이다.

03. 베인펌프(vane pump)의 형식은 ?

① 원심식　② 왕복식
③ 회전식　④ 축류식

04. 유압펌프는 크게 용적형 펌프와 비용적형 펌프로 분류할 수 있고, 또 용적형 펌프에는 회전펌프와 피스톤 펌프로 분류할 수 있다. 이때 회전펌프에 속하는 것은 ?

① 터빈펌프　② 벌류트펌프
③ 축류펌프　④ 베인 펌프

05. 원통형 케이싱 안에 편심 회전자가 있고 그 회전자의 홈 속에 판 모양의 깃이 원심력 또는 스프링 장력에 의하여 벽에 밀착하면서 회전하여 액체를 압송하는 펌프는 ?

① 피스톤펌프　② 나사펌프
③ 베인 펌프　④ 기어펌프

베인 펌프는 둥근 케이싱 속에 편심 된 로터(회전자)가 설치되어 있으며, 로터의 홈 속에 베인(깃, 날개)을 설치하고 베인이 케이싱 벽에 밀착하면서 회전하여 액체를 압송하는 형식이다.

06. 베인펌프의 특징에 관한 설명으로 틀린 것은 ?

① 작동유의 점도에 제한이 있다.
② 비교적 고장이 적고 수리 및 관리가 용이하다.
③ 베인의 마모에 의한 압력저하가 발생되지 않는다.
④ 기어펌프나 피스톤 펌프에 비해 토출 압력의 맥동현상이 적다.

07. 유압펌프를 처음 시동할 경우 작동방법에 관한 설명으로 옳지 않은 것은 ?

① 시동 시 펌프가 차가울 경우 뜨거운 작동유를 사용하여 펌프온도를 상승시킨다.
② 신품인 베인 펌프는 압력을 걸어 시동하고 최초 5분 정도는 간헐적으로 작동시켜 길들이는 것이 좋다.
③ 시동 전에 회전상태를 검사하여 플렉시블 캠링의 회전방향과 설치위치를 정확히 해둔다.
④ 작동유는 적절한 정도로 맑고 깨끗하게 사용해야 한다.

08. 단동 피스톤펌프에서 실린더 직경 20 cm, 행정 20cm, 회전수 80rpm, 체적효율 90%이면 토출유량(m^3/min)은 ?

① 0.261　② 0.271
③ 0.452　④ 0.502

$Q = \eta_v ALN$ = 0.9×0.785×0.2^2×0.2×80
= 0.452m^3/min

Q : 토출유량, η_v : 체적효율,
A : 실린더 단면적, L : 행정, N : 회전속도

정답 1. ① 2. ① 3. ③ 4. ④ 5. ③ 6. ① 7. ① 8. ③

09. 유압제어 밸브를 기능상 크게 3가지로 분류할 때 여기에 속하지 않는 것은 ?

① 압력제어 밸브 ② 온도제어 밸브
③ 유량제어 밸브 ④ 방향제어 밸브

유압제어 밸브의 종류
① 일의 크기를 결정하는 압력제어 밸브
② 일의 속도를 결정하는 유량제어 밸브
③ 일의 방향을 결정하는 방향제어 밸브

10. 다음 밸브 중 압력제어 밸브가 아닌 것은 ?

① 릴리프밸브(relief valve)
② 감압밸브(reducing valve)
③ 시퀀스밸브(sequence valve)
④ 체크밸브(check valve)

압력제어 밸브의 종류에는 릴리프밸브, 감압(리듀싱)밸브, 시퀀스밸브, 무부하(언로더)밸브, 카운터밸런스 밸브 등이 있다.

11. 압력제어밸브 중에서 릴리프밸브(relief valve)의 설명으로 맞는 것은 ?

① 회로의 일부에 배압을 발생시키고자 할 때 사용하는 밸브
② 회로내의 최고 압력을 낮추어 압력을 일정하게 하는 밸브
③ 두 개 이상의 분기회로를 가진 회로 내에서 작동순서를 제어하는 밸브
④ 유량이나 입구 측의 압력크기와는 관계없이 미리 설정 한 2차측 압력을 일정하게 해주는 밸브

12. 회로 내의 압력상승을 제한하여 설정된 압력의 오일을 공급하는 것은 ?

① 릴리프밸브 ② 방향제어 밸브
③ 유량제어 밸브 ④ 유압 구동기

13. 방향제어밸브를 분류하는 방법이 아닌 것은 ?

① 밸브의 기능에 의한 분류
② 포크의 크기에 의한 분류
③ 밸브의 구조에 의한 분류
④ 밸브의 설계방식에 의한 분류

방향제어밸브는 밸브의 기능에 의한 분류, 포크의 크기에 의한 분류, 밸브의 구조에 의한 분류로 분류한다.

14. 유체를 한쪽 방향으로만 흐르게 하여 역류를 방지하는 밸브는 ?

① 슬루스 밸브 ② 스톱밸브
③ 볼 밸브 ④ 체크밸브

체크밸브는 역류를 방지하며, 유체를 한쪽 방향으로만 흐르게 한다.

15. 유압제어밸브의 기능에 따른 분류 중 유량제어밸브는 ?

① 스로틀밸브
② 릴리프밸브
③ 시퀀스밸브
④ 카운터밸런스밸브

16. 유량제어 밸브가 아닌 것은 ?

① 교축(throttle)밸브 ② 체크밸브
③ 속도제어 밸브 ④ 급속 배기밸브

17. 다음 유압기기의 구성요소 중 유압 액추에이터인 것은 ?

① 유압펌프 ② 유압실린더
③ 제어밸브 ④ 유압 조절밸브

유압펌프에서 보내준 유압에너지를 기계적 에너지로 변환하는 것을 액추에이터라 하며, 종류에는 회전운동을 하는 유압모터와 직선왕복 운동을 하는 유압실린더가 있다.

정답 9. ② 10. ④ 11. ② 12. ① 13. ④ 14. ④ 15. ① 16. ② 17. ②

18. 안지름이 16cm, 추력 F= 5ton, 피스톤의 속도 V= 40m/min인 유압실린더에서 필요로 하는 유압은 몇 kgf/cm^{2}인가 ?

① 14.3　② 24.9
③ 31.2　④ 46.7

$P = \frac{F}{A} = \frac{5000}{0.785 \times 16^2}$ = 24.88kgf/cm^2

P : 유압, F : 추력, A : 유압실린더의 단면적

19. 그림의 실린더 A부분 단면적이 4000 mm^2, 축 d부분을 뺀 B부분 단면적 3000 mm^{2}일 때 압력 P_1= 30kgf/cm^2, P_2= 5kgf/cm^{2}이면 추력 F는 몇 kgf인가 ?

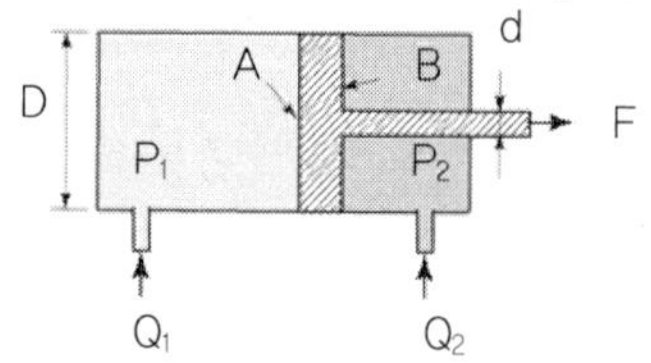

① 850　② 1050
③ 1200　④ 1350

F= 0.785×D^2×P$_1$-0.785×(D^2-d^2)×P$_2$
= (40cm^2×30kgf/cm^2) - (30cm^2×6kgf/cm^2)
= 1050kgf

20. 유압모터로 어떤 물체를 300N · m의 토크로 분당 1000회전시키려고 한다. 이때 모터에 필요한 동력은 몇 kW인가 ?(단, 효율은 100%이다)

① 31.4　② 41.9
③ 314　④ 419

$H_{kW} = \frac{TR}{974 \times 9.8} = \frac{300 \times 1000}{974 \times 9.8}$ = 31.4kW

H_{kW} : 동력, T : 토크, R : 회전속도

21. 흡입관 하부에 스트레이너(strainer)를 설치하는 이유로 다음 중 가장 적합한 것은 ?

① 불순물 침투방지
② 유량조절
③ 양정을 높이기 위해
④ 역류 방지

스트레이너는 오일탱크에 설치되어 있으며, 펌프가 유압유를 흡입할 때 불순물이 침투되는 것을 방지한다.

22. 유압기기의 부속장치 중 유압에너지 압력에 대해 맥동제거, 압력보상, 충격완화 등의 역할을 하는 것은 ?

① 스트레이너　② 패킹
③ 어큐뮬레이터　④ 필터 엘리먼트

어큐뮬레이터(축압기)는 유압유 저장용의 용기이며, 그 기능은 유압에너지 압력의 맥동제거, 압력보상, 충격완화, 에너지 저장 등이다.

23. 유압장치에 사용되는 유압유 저장용의 용기로 어큐뮬레이터라고도 하는 유압 부속기기는 ?

① 축압기　② 유압필터
③ 증압기　④ 유압유닛

24. 유압회로 중 속도제어 회로인 것은 ?

① 무부하 회로
② 미터 인 회로(meter-in circuit)
③ 로킹 회로
④ 일정 모터 구동회로

25. 유압회로 중 속도제어를 위한 것으로 유량제어 밸브를 실린더 입구 측에 설치한 회로는 ?

① 무부하 회로
② 미터 인 회로
③ 로킹 회로
④ 일정 토크구동 회로

정 답 18. ② 19. ② 20. ① 21. ① 22. ③ 23. ① 24. ② 25. ②

26. 4포트 3위치 방향전환밸브의 중간위치 형식 중 센터 바이패스형이라고도 하며, 중립위치에서 펌프를 무부하시킬 수 있고 실린더를 임의의 위치에 고정시킬 수 있는 것은 ?

① ABR 접속형 ② 오픈 센터형
③ 탠덤 센터형 ④ 클로즈 센터형

① 오픈 센터형 : 중립일 때 모든 포트가 통해져 있기 때문에 펌프를 무부하로 하여 실린더는 수동으로 자유로이 움직일 수 있다.
② ABR 접속형 : 1개의 펌프로 여러 개의 실린더를 작동시킬 수 있고, 실린더를 수동으로 자유롭게 움직일 수 있다. 또 전자 파일럿 전환 밸브의 파일럿용 솔레노이드 밸브로 자주 사용된다.
③ 클로즈 센터형 : 중립일 때 모든 포트가 서로 막혀 있기 때문에 1개의 펌프로 여러 개의 실린더를 작동시킬 수 있고 또한 실린더의 위치 정하기나 고정도 할 수 있다.

27. 다음 유압 회로도에서 품번 ①은 무엇을 나타내는가 ?

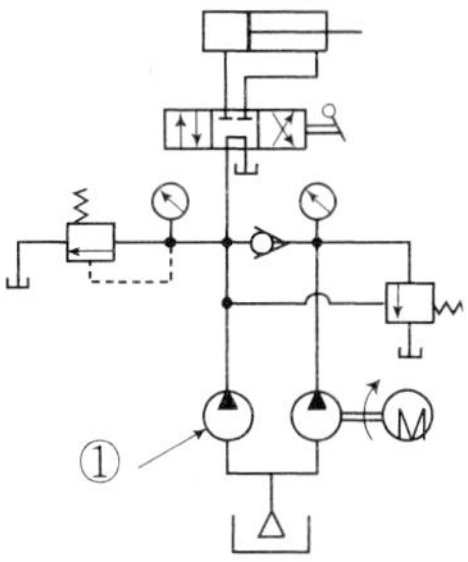

① 유압모터 ② 공압 모터
③ 유압펌프 ④ 공압 펌프

공압 기계

01. 일반적으로 공기압축기의 사용압력이 $1N/cm^2$ 이상부터 $10N/cm^2$ 미만인 경우에 사용되는 공기압 발생장치는 ?

① 컴프레서(compressor)
② 펌프(pump)
③ 블로어(blower)
④ 팬(fan)

공기압 발생장치의 종류
① 컴프레서(compressor) : $10N/cm^2$ 이상의 압력을 발생시키는 공기압 발생장치
② 블로어(blower, 송풍기) : $1N/cm^2$ 이상부터 $10N/cm^2$ 미만인 경우에 사용되는 공기압 발생장치
③ 팬(fan) : $1N/cm^2$ 미만의 압력을 발생시키는 공기압 발생장치

02. 공압 기기에서 일반적인 압력에 의한 압축기(compressor)의 분류기준이 되는 토출 공기압으로 다음 중 가장 적합한 것은?

① $0.1N/cm^2$ 이상
② $1.0N/cm^2$ 이상
③ $10N/cm^2$ 이상
④ $100N/cm^2$ 이상

03. 공기기계를 압력에 따라 분류할 때 배출 압력 10kPa 미만의 공기기계에 대한 일반적인 호칭으로 가장 적합한 것은 ?

① 송풍기(fan)
② 블로어(blower)
③ 펌프(pump)
④ 압축기(compressor)

04. 기계에 작동하는 기체를 저압식과 고압식으로 나눌 때 고압식에 포함되는 것으로만 이루어져 있는 것은 ?

① 진공펌프, 회전형 압축기
② 원심 압축기, 팬
③ 축류 송풍기, 왕복형 압축기
④ 압축공기 기계, 송풍기

① 저압형 공기기계에는 송풍기(blower), 풍차(wind mill)가 있다.
② 고압형 공기기계에는 압축기(compressor), 진공펌프(vacuum pump), 압축 공기기계가 있다.

정답 26. ③ 27. ③ 1. ③ 2. ③ 3. ① 4. ①

05. 유압장치에 비교한 공기압 장치의 특징에 대한 설명으로 틀린 것은 ?

① 사용 에너지 매체를 쉽게 구할 수 있다.
② 에너지로서 저장성이 있다.
③ 방청과 윤활이 자동적으로 이루어진다.
④ 폭발과 인화의 위험이 없다.

공압의 장점
① 에너지 축적이 용이하다.
② 화재나 폭발의 위험이 적어 안정성이 좋다.
③ 배관을 통하여 먼 거리까지의 이송이 가능하다.
④ 제어가 용이하다.
⑤ 속도가 빠르다.

•공압의 단점
① 유압에 비해 출력이 작다.
② 효율이 좋지 못하고 배기소음이 크다.

06. 공기압의 조정유닛 구성요소에 속하지 않는 것은 ?

① 필터(filter)
② 압력조절밸브(pressure regulation valve)
③ 윤활기(lubricator)
④ 어큐뮬레이터(accumulator)

07. 공기(空氣)기계는 작동유체가 액체가 아닌 기체이기 때문에 다음과 같은 점에 주의할 필요가 있다. 틀린 것은 ?

① 기체는 압축성이 있다는 것
② 팽창할 때에는 온도 변화가 따른다는 것
③ 기체는 단위 체적 당 중량이 액체에 비하여 대단히 작다는 것
④ 유로 및 관로에서의 경제 유속을 물에 비하여 1/10배 정도로 낮게 해야 한다는 것

공기기계를 사용할 때 고려할 사항
① 기체는 압축성이 있다는 것
② 팽창할 때에는 온도변화가 따른다는 것
③ 기체는 단위체적 당 중량이 액체에 비하여 대단히 작다는 것

08. 압력비를 가장 높게 할 수 있는 압축기는 ?

① 송풍기　　② 축류압축기
③ 왕복압축기　　④ 회전압축기

왕복압축기는 대표적인 용적형 압축기이며, 실린더 내에서 피스톤을 왕복 운동시켜 비교적 소량의 기체를 높은 압력비로 압축하는 압축기이다.

09. 공압기계에서 왕복 압축기의 특징에 관한 설명으로 옳지 않은 것은 ?

① 대풍량에 적합하지 않다.
② 압력비가 원심식보다 높다.
③ 기계적 접촉부분이 적고, 회전속도가 높다.
④ 풍량이 압력변화에 따라 거의 변화하지 않는다.

왕복 압축기의 특징
① 압력비가 높다.
② 풍량이 압력변화에 따라 거의 변화하지 않는다.
③ 기계적 접촉부분이 많고, 회전속도가 낮다.
④ 송출량이 맥동적이므로 공기탱크가 필요하다.
⑤ 대풍량에는 부적합하다.

10. 공기압 발생장치인 압축기의 일반적인 설치 조건으로 가장 적합하지 않은 것은?

① 습기제거를 위해 직사광선이 있는 곳에 설치한다.
② 저온·저습 장소에 설치하여 드레인 발생을 적게 한다.
③ 지반이 견고한 장소에 설치하여 소음·진동을 예방한다.
④ 빗물·바람 등에 보호될 수 있도록 지붕이나 보호벽을 설치한다.

압축기의 일반적인 설치조건은 ②, ③, ④항 이외에 직사광선이 없는 곳에 설치한다.

정 답 5. ③ 6. ④ 7. ④ 8. ③ 9. ③ 10. ①

11. 공기압축기에서 생산된 압축공기를 탱크에 저장하는 경우에 공기탱크의 압력이 설정압력에 도달하면 압축공기를 토출하지 않는 무부하운전이 되게 하는 것은 ?

① 언로드밸브(unload valve)

② 릴리프밸브(relief valve)

③ 시퀀스밸브(sequence valve)

④ 카운터밸런스 밸브(counter balance valve)

12. 공기압 회로에서 다수의 에어 실린더나 액추에이터를 사용할 때, 각 작동순서를 미리 정해두고 그 순서에 따라 움직이고 싶은 경우 사용하는 밸브로 가장 적합한 것은 ?

① 언로딩 밸브 ② 공기밸브

③ 공기 리베터 ④ 시퀀스 밸브

시퀀스 밸브는 2개 이상의 분기회로를 가지는 회로 중에서 그 작동순서를 회로의 압력에 의하여 제어하는 밸브이다.

13. 유압회로에서 어떤 부분회로의 압력을 주회로의 압력보다 저압으로 해서 사용하고자 할 때 사용하는 밸브는 ?

① 릴리프밸브

② 리듀싱밸브

③ 체크밸브

④ 카운터밸런스 밸브

리듀싱(감압)밸브는 회로일부의 압력을 릴리프 밸브의 설정압력(메인 유압) 이하로 하고 싶을 때 사용하며 입구(1차 쪽)의 주 회로에서 출구(2차 쪽)의 감압회로로 유압유가 흐른다. 상시 개방상태로 되어 있다가 출구(2차 쪽)의 압력이 감압밸브의 설정압력보다 높아지면 밸브가 작용하여 유로를 닫는다.

14. 공압 실린더와 연결되어 스로틀밸브를 조정하여 정밀한 속도제어를 위해 사용되는 것은 ?

① 어큐뮬레이터

② 루브리케이터

③ 속도제어 밸브

④ 하이드로 체크유닛

하이드로 체크유닛은 공압 실린더와 연결되어 스로틀 밸브를 조정하여 정밀한 속도제어를 위해 사용된다.

15. 공기탱크와 압축기사이에 설치한 클램프 상태에 있는 회로에서 압력저하에 따른 위험방지 목적으로 압축기 정지시 역류방지용 등에 사용되는 밸브는 ?

① 스톱(stop)밸브

② 체크(check)밸브

③ 셔틀(shuttle)밸브

④ 스로틀(throttle) 밸브

① 스톱밸브 : 밸브시트에 밀착할 수 있는 밸브본체를 나사 봉에 설치하고, 이것에 핸들을 설치하고 밸브본체의 상 · 하 움직임이 가능하도록 하여 유체의 흐름을 개폐한다. 입구와 출구가 일직선상에 있어 유체의 흐름이 같은 방향인 글러브 밸브와 유체의 흐름 방향이 90°로 바뀌는 앵글밸브가 있다.

② 체크밸브 : 역류를 방지하며 유체를 한쪽 방향으로만 흐르도록 한다.

③ 셔틀밸브 : 두 개 이상의 입구와 한 개의 출구가 설치되어 있으며, 출구가 최고 압력의 입구를 선택하는 기능을 한다.

④ 스로틀밸브 : 원판을 회전시켜 관로를 개폐시켜 유체와의 마찰에 의하여 유체의 압력을 낮추는 데 사용한다.

16. 공압 모터의 일반적인 장점에 관한 설명으로 틀린 것은 ?

① 폭발성이 없다.

② 속도조절이 자유롭다.

③ 역전 시 충격발생이 적다.

④ 공기의 압축성 때문에 제어성이 좋고, 배출소음이 적다.

정 답 11. ① 12. ④ 13. ② 14. ④ 15. ② 16. ④

17. 전동기나 유압모터와 공기압 모터를 비교했을 때 일반적으로 공기압 모터의 특징에 대한 설명으로 거리가 먼 것은 ?

① 과부하시의 위험성이 낮다.

② 폭발의 위험성이 있는 환경에서 사용할 수 있다.

③ 기동, 정지, 역전시에 쇼크의 발생 없이 자연스럽다.

④ 부하에 따른 회전수 변동이 적어 일정한 회전수를 유지할 수 있다.

공기압 모터의 특징
① 마모 등에 의한 주기적 부품 교환이 필요 없다.
② 내구성이 좋고 유지보수가 편리하다.
③ 회전방향의 전환이 용이하고 설치가 간단하다.
④ 다양한 회전수와 토크 범위로 인해 별도의 감속기 등이 필요 없다.
⑤ 성능의 저하가 적다.
⑥ 과부하시의 위험성이 낮다.
⑦ 폭발의 위험성이 있는 환경에서 사용할 수 있다.
⑧ 기동, 정지, 역전 등에서 충격발생 없이 자연스럽다.

18. 공압모터의 종류에 속하지 않은 것은 ?

① 회전 날개형 ② 피스톤형
③ 기어형 ④ 분권형

19. 다음 중 압축기 뒤에 설치되어 압축공기를 저장하는 공기탱크에 관한 설명으로 옳지 않은 것은 ?

① 맥동을 방지하거나 평준화한다.

② 압력용기이므로 법적 규제를 받는다.

③ 비상시에도 일정시간 운전을 가능하게 한다.

④ 다량의 공기소비 시 급격한 압력상승을 방지한다.

공기탱크의 기능은 맥동을 방지하가 평준화하고, 비상시에도 일정시간 운전을 가능하게 하며, 압력용기이므로 법적 규제를 받는다.

20. 공기압 회로 중 압축공기 필터에 대한 설명으로 틀린 것은 ?

① 수분 · 먼지가 침입하는 것을 방지하기 위해 설치한다.

② 필터는 공기 배출구에 설치한다.

③ 드레인 여과방식으로 수동식과 자동식이 있다.

④ 오염의 정도에 따라 필터의 엘리먼트를 선정할 필요가 있다.

21. 공기가 흐르는 통로의 크기를 가감시켜서 공기의 흐르는 양을 조절하는 것으로 니들형, 격판형 등이 있는 밸브를 무엇이라고 하는가 ?

① 셔틀 밸브 ② 체크밸브
③ 차단밸브 ④ 유량제어 밸브

유량제어 밸브는 공기가 흐르는 통로의 크기를 가감시켜서 공기의 흐르는 양을 조절하는 것으로 니들형, 격판형 등이 있다.

22. 공압에서 속도조절방식 중 공급공기 조절방식(meter in system)의 특징으로 적합하지 것은 ?

① 실린더의 초기운동에 안정감이 있다.

② 피스톤의 진행방향으로의 부하에 대해 적용할 수 없다.

③ 체적이 작은 실린더에서 제한적으로 사용된다.

④ 부하의 방향에 큰 영향을 받지 않으므로 복동 실린더의 속도조절에 주로 사용된다.

공급공기 조절방식(meter in system)의 특징
① 실린더의 초기운동에 안정감이 있다.
② 피스톤의 진행방향으로의 부하에 대해 적용할 수 없다.
③ 체적이 작은 실린더에서 제한적으로 사용된다.

정 답 17. ④ 18. ④ 19. ④ 20. ② 21. ④ 22. ④

23. 공압에서 속도조절 방식 중 배기 조절방식(meter out system)의 특징이 아닌 것은 ?

① 부하의 방향에 큰 영향을 받지 않으므로 복동 실린더의 속도조절에 주로 사용된다.
② 실린더의 초기운동에 안정감이 있다.
③ 실린더의 초기운동에 약간의 동요가 있다.
④ 초기상태를 제외하고는 안정감이 있다.

배기 조절방식(meter out system)의 특징
① 부하의 방향에 큰 영향을 받지 않으므로 복동 실린더의 속도조절에 주로 사용된다.
② 초기상태를 제외하고는 안정감이 있다.
③ 실린더의 초기운동에 약간의 동요가 있다.

24. FLIP-FLOP 회로에 대한 설명으로 옳은 것은 ?

① 입력 A가 ON되면 출력이 전환되고, 입력 A가 OFF되어도 입력 B가 ON 될 때까지 출력이 그대로 유지되는 회로이다.
② 입력 A가 OFF되면 출력이 전환되고, 입력 A가 OFF되어도 입력 B가 ON 될 때까지 출력이 그대로 유지되는 회로이다.
③ 입력 A가 ON되면 출력이 전환되고, 입력 A가 ON되어도 입력 B가 OFF 될 때까지 출력이 그대로 유지되는 회로이다.
④ 입력 A가 OFF 되면 출력이 전환되고, 입력 A가 ON되어도 입력 B가 OFF 될 때까지 출력이 그대로 유지되는 회로이다.

FLIP-FLOP 회로는 메모리(memory)회로라고도 부르며, 입력 A가 ON되면 출력이 전환되고, 입력 A가 OFF되어도 입력 B가 ON될 때까지 출력이 그대로 유지되는 회로이다.

25. 공압기계에서 이슬점 온도란 무엇을 말하는가 ?

① 공기 또는 가스 등에 포함된 수증기가 압축되기 시작하는 온도를 말한다.
② 공기 또는 가스 등에 포함된 수증기가 팽창하기 시작하는 온도를 말한다.
③ 공기 또는 가스 등에 포함된 수증기가 응축되기 시작하는 온도를 말한다.
④ 공기 또는 가스 등에 포함된 수증기가 폭발되기 시작하는 온도를 말한다.

이슬점 온도란 공기 또는 가스 등에 포함된 수증기가 응축되기 시작하는 온도를 말한다.

26. 원심 송풍기의 전압이 250mmAq, 회전수 960rpm, 풍량이 16m^3/min일 때 이 송풍기의 회전수를 1400rpm으로 증가시키면 풍량은 몇 m^3/min인가 ?

① 19.32 ② 23.33
③ 34.03 ④ 49.62

$$Q_2 = \frac{Q_1 \times N_2}{N_1} = \frac{16 \times 1400}{960}$$
$= 23.33\text{m}^3$

Q_2 : 회전수를 증가시킨 후의 풍량
N_2 : 증가시킨 회전수
N_1 : 송풍기의 처음 회전수

정 답 23. ② 24. ① 25. ③ 26. ②

00 부 록(과년도 출제문제)

CHAPTER

| 2013.03.10 |

자동차 정비 산업기사

01. 철강의 표면경화법 중 강재를 가열하여 그 표면에 Al을 고온에서 확산 침투시켜 표면을 경화하는 법은 ?

① 크로마이징(chromizing)
② 칼로라이징(calorizing)
③ 실리콘나이징(siliconizing)
④ 세라다이징(sheradizing)
③ 산화가 방지되므로 가공시간이 절약된다.
④ 가열이 균일하고, 제품의 변형을 방지할 수 있다.

02. 저항 점용접은 사용이 간편하고 용접 자동화가 용이하므로 자동차 산업현장에서 널리 이용되고 있다. 이러한 점용접의 품질을 평가하는 방법으로 거리가 먼 것은 ?

① 피로시험 ② 마멸시험
③ 초음파 탐상시험 ④ 인장시험

03. 드릴 날의 파손원인으로 거리가 먼 것은 ?

① 드릴이 짧게 고정된 상태에서 가공할 때
② 절삭날이 규정된 각도와 형상으로 연삭되지 않아 한쪽으로 과대한 절삭력이 작용할 때
③ 드릴가공 중에 드릴이 외력에 의해 구부러진 상태로 계속 가공할 때
④ 이송이 너무 커서 절삭저항이 증가할 때

04. 단면적 $400mm^2$인 봉에 6kN의 추를 달았더니. 허용 인장응력에 도달하였다. 이 봉의 인장깅도가 30Mpa이라년 안전율은 얼마인가?

① 2 ② 3
③ 4 ④ 5

① $\sigma = \frac{W}{A} = \frac{6 \times 1000\text{N}}{400\text{mm}^2} = 15\text{N/mm}^2$

σ : 인장응력, W : 하중
A : 단면적

② $S = \frac{\sigma u}{\sigma a} = \frac{30\text{MPa}}{15\text{N/mm}^2} = 2$

05. 보 속에 발생하는 굽힘 응력의 크기에 대한 설명 중 옳은 것은 ?

① 굽힘 모멘트의 크기에 반비례한다.
② 굽힘응력은 중립면에서 최댓값을 갖는다.
③ 중립면으로부터 거리에 정비례한다.
④ 단면의 중립축에 대한 단면 2차 모멘트에 정비례한다.

06. 지름이 d인 원형 단면봉에 비틀림 토크가 작용할 때의 전단응력이 τ라고 하면 지름이 3 d인 동일재질의 원형 단면봉에 동일한 비틀림 토크가 작용할 때의 전단응력은 ?

① $\frac{1}{9}\tau$ ② 9τ

③ $\frac{1}{27}\tau$ ④ 27τ

07. 냉간가공과 열간가공을 구분하는 것은 ?

① 가공경화 ② 변형경화

③ 나선전위 ④ 재결정온도

08. 그림과 같은 기어 트레인장치에서 A축과 B축이 만나는 기어의 잇수를 각각 Z_1, Z'_2라고 하고, B축과 C축이 만나는 기어의 잇수를 각각 Z_2, Z'_3, C축과 D축이 만나는 기어의 잇수를 각각 Z_3, Z_4라고 할 때, 그 잇수가 다음 표와 같을 경우 A축의 회전수(N_1)가 1600 rpm일 때 D축의 회전수(N_4)는 몇 rpm인가 ?

축	기어	잇수(개)	기어	잇수(개)
A축	Z_1	45	-	-
B축	Z_2	32	Z'_2	64
C축	Z_3	15	Z'_3	75
D축	Z_4	72	-	-

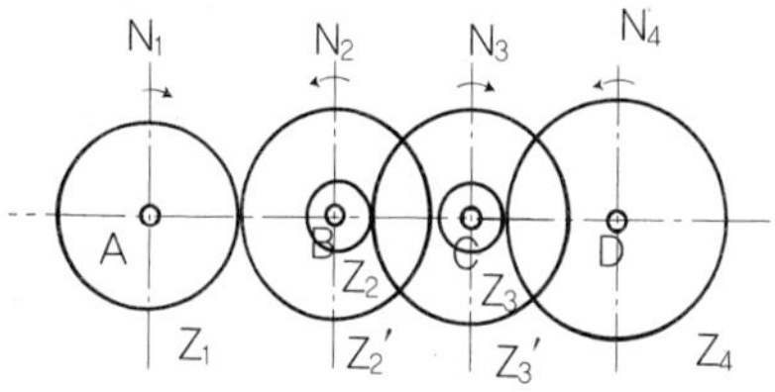

① 90 ② 100

③ 110 ④ 120

해설 $N_4 = \frac{Z_1}{Z'_2} \times \frac{Z_2}{Z'_3} \times \frac{Z_3}{Z_4} \times N_1$

$= \frac{45}{64} \times \frac{32}{75} \times \frac{15}{72} \times 16000 = 100$

09. 나사의 풀림방지를 위한 방법으로 거리가 먼 것은 ?

① 분할 핀을 사용하여 조립
② 캡 너트를 사용
③ 로크너트를 사용
④ 스프링 와셔를 사용

10. 정확도와 정밀도에 대한 설명으로 틀린 것은?

① 정확도는 참값에 대한 한쪽으로 치우침이 작은 정도를 뜻한다.
② 정밀도는 측정치의 흩어짐이 작은 정도를 뜻한다.
③ 정밀도는 모표준편차로 나타낼 수 있다.
④ 정확도는 계통적 오차보다는 우연오차에 의한 원인이 크다.

11. 유압펌프를 처음 시동할 경우 작동방법에 관한 설명으로 옳지 않은 것은 ?

① 시동 시 펌프가 차가울 경우 뜨거운 작동유를 사용하여 펌프온도를 상승시킨다.
② 신품인 베인펌프는 압력을 걸어 시동하고 최초 5분 정도는 간헐적으로 작동시켜 길들이는 것이 좋다.
③ 시동 전에 회전상태를 검사하여 플렉시블 캡링의 회전방향과 설치위치를 정확히 해둔다.
④ 작동유는 적절한 정도로 맑고 깨끗하게 사용해야 한다.

12. 다음 중 베어링합금이 아닌 것은 ?

① 켈밋(kelmet)
② 건 메탈(gun metal)
③ 화이트 메탈(white metal)
④ 배빗메탈(babbit metal)

13. 주조품을 제작하기 위한 모형(pattern)의 종류 중 주물형상이 크고 소량의 주조품을 요구할 때 그 형상의 골격을 제작한 후 그 간격의 공간을 점토 등의 물질로 메꾸어 제작하는 모형은 ?

① 코어 모형
② 부분 모형
③ 매치 플레이트 모형
④ 골조 모형

14. 축에 끼운 링이 빠지는 것을 방지하기 위하여 사용하며 끝 부분을 두 갈래로 벌려 굽혀 빠지지 않도록 하는 기계요소는 ?

① 테이퍼 핀　② 코터
③ 분할 핀　④ 코킹

15. 다음은 각 원소가 탄소강의 성질에 미치는 영향으로 틀린 것은 ?

① 망간 : 연신율을 감소 억제시키고, 인장강도와 고온강도를 증가시킨다.
② 규소 : 강의 강도, 탄성한계, 인장강도를 높여 주지만 연신율과 충격치는 감소시킨다.
③ 인 : 상온에서 충격값을 저하시켜 상온취성의 원인이 된다.
④ 황 : 0.02% 정도의 황은 상의 인장강도, 연신율, 충격치를 증가시킨다.

16. 수나사의 호칭지름은 나사의 어떤 지름을 의미하는가 ?

① 유효지름　② 안지름
③ 골지름　④ 바깥지름

17. 물체의 외부로부터 가해지는 하중을 작용방향에 따른 분류와 작용시간에 따른 분류로 구분할 때, 다음 중 작용시간에 따른 분류에 속하는 하중은 ?

① 충격하중　② 인장하중
③ 압축하중　④ 굽힘하중

18. 그림과 같은 단식블록 브레이크에서 브레이크에 가해지는 힘 F를 나타내는 식으로 옳은 것은 ?(단, W는 브레이크 드럼과 브레이크 블록사이에 작용하는 힘, μ는 마찰계수, f는 마찰력이다)

① $F=\dfrac{\mu W \ell_2}{\ell_1}$

② $F=\dfrac{W \ell_1}{\ell_2}$

③ $F=\dfrac{W \ell_2}{\ell_1}$

④ $F=\dfrac{\mu W \ell_1}{\ell_2}$

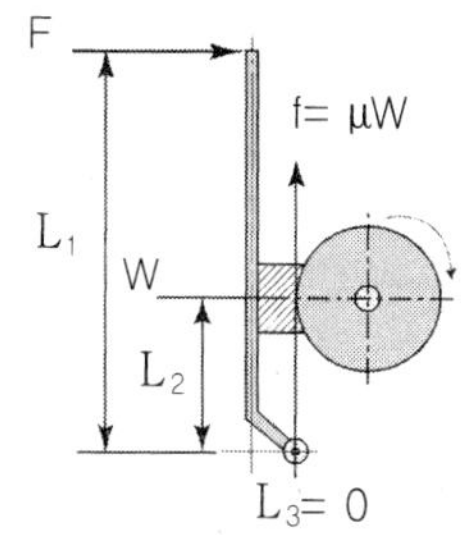

19. 유압펌프의 용적효율이 70%, 압력효율이 80%, 기계효율이 90%일 때 전체효율은 약 몇 %인가 ?

① 50　② 60
③ 70　④ 80

전체효율= 기계효율 × 용적효율 × 압력효율
= (0.9 × 0.7 × 0.8) × 100= 50.4%

20. 다음 중 유압 작동유의 구비조건으로 거리가 먼 것은 ?

① 비압축성이어야 한다.
② 점도지수가 작아야 한다.
③ 화학적으로 안정적이어야 한다.
④ 열을 잘 방출할 수 있어야 한다.

Answer

1. ② 2. ② 3. ① 4. ① 5. ③ 6. ③
7. ④ 8. ② 9. ② 10. ④ 11. ①
12. ② 13. ④ 14. ③ 15. ④ 16. ④
17. ① 18. ③ 19. ① 20. ②

| 2013.06.02 |

자동차 정비 산업기사

01. 중심거리가 900mm이고, 외접하는 한 쌍의 표준 스퍼기어의 회전비가 1 : 3일 때 피니언(작은 기어)의 피치원 지름은 약 몇 mm 인가?

① 450　　② 750
③ 1050　　④ 1350

① $C=\frac{D_1+D_2}{2}$, $i=\frac{D_1}{D_2}=\frac{N_2}{N_1}=\frac{1}{3}$

② $D_1+D_2= 2C= 2\times900= 1800mm$

③ $\frac{1}{3}D_2+D_2= 1800= \frac{1}{3}D_2+\frac{3}{3}D_2 = 1800$

$= \frac{4}{3}D_2= 1800$

$\therefore D_2= \frac{5400}{4} = 1350mm$

④ $D_1= \frac{1}{3}D_2= \frac{1}{3}\times1350= 450mm$

02. 강판 원통 내부에 내화벽돌을 쌓은 것으로 제작이 용이하고 구조가 간단하며 일반적으로 주철을 용해시키는데 쓰이는 대표적인 용해로는 ?

① 전기로　　② 전로
③ 반사로　　④ 큐폴라

03. 고속도강의 대표적인 재료는 18-4-1형이라고 불리는 것인데, 이 재료의 표준조성으로 옳은 것은 ?

① W(18%) - Cr(4%) - V(1%)
② W(18%) - V(4%) - Co(1%)
③ W(18%) - Cr(4%) - Mo(1%)
④ Mo(18%) - Cr(4%) - V(1%)

18-4-1형 고속도강의 표준조성은 W(18%) - Cr(4%) - V(1%)이다.

04. 그림과 같이 물체에 하중(W_S)을 작용시키면 단면에 수평으로 작용하는 응력(τ)을 무엇이라고 하는가 ?

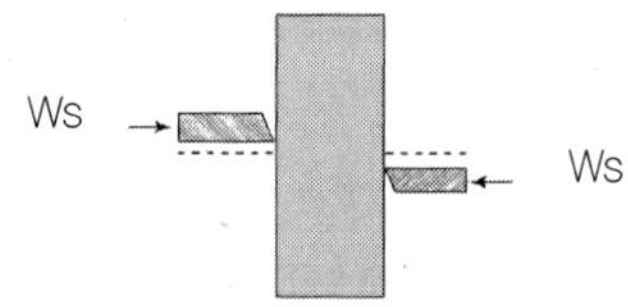

① 인장응력　　② 전단응력
③ 압축응력　　④ 경사응력

05. 다음 중 황동의 주성분은 ?

① 구리(Cu), 망간(Mn)
② 구리(Cu), 아연(Zn)
③ 구리(Cu), 니켈(Ni)
④ 구리(Cu), 규소(Si)

06. 금속 파이프 또는 소재를 컨테이너 속에 넣고 강한 압력으로 다이(die)를 통과시켜 축 방향으로 일정한 단면을 가진 소재로 가공하는 방법은 ?

① 프레스 가공　　② 선반가공
③ 압출가공　　④ 전조가공

07. 마름모꼴 단면의 코일을 암나사와 수나사 사이에 삽입하여 주철, 경금속, 플라스틱, 목재 등과 같이 강도가 불충분한 모재를 강화하거나, 마멸 등으로 나사산이 손상된 암나사 구멍을 재생하는데 사용하는 기계요소는 ?

① 로크너트(Lock nut)
② 분할 핀(Split pin)
③ 세트 스크루(Set screw)
④ 헬리 인서트(Helicoid insert)

08. 스프링상수가 3N/mm인 스프링과 4.5N/mm인 스프링을 직렬로 연결하여 스프링 저울을 만들었다. 이 스프링 저울로 어떤 물건의 무게를 측정하였더니 저울이 5cm가 늘어났다. 이 물건의 무게는 몇 N 인가 ?

① 30　② 45
③ 75　④ 90

① 직렬연결의 합성 스프링 상수

$$k = \frac{1}{k_1 + k_2}$$

$$\frac{1}{3} + \frac{1}{4.5} = \frac{4.5}{13.5} + \frac{3}{13.5} = \frac{7.5}{13.5}$$

따라서 $k = \frac{13.5}{7.5} = 1.8$N/mm

② 스프링 저울이 5cm(50mm) 늘어났으므로 물건의 무게 $W = \delta k$

∴ 50mm×1.8N/mm = 90N

09. 수력기계에서 공동현상(Cavitation)이 발생하는 근본 원인은 ?

① 특정 공간에서 유체의 저속 흐름이 원인이다.
② 낮은 대기압이 원인이다.
③ 특정 공간에서 발생하는 고압이 원인이다.
④ 특정 공간에서 발생하는 저압이 원인이다.

10. 균일분포하중(w[m/m])을 받는 외팔보의 최대 굽힘모멘트(M_{max})는 ?(단, L[m]은 외팔보의 길이이다)

① $M_{max} = w \cdot L$
② $M_{max} = \frac{w \cdot L^2}{2}$
③ $M_{max} = \frac{w \cdot L^2}{8}$
④ $M_{max} = \frac{w \cdot L}{4}$

11. 선반가공 중에 발생할 수 있는 구성인선을 방지할 수 있는 대책으로 거리가 먼 것은 ?

① 절삭 깊이를 적게 한다.
② 경사각을 적게 한다.
③ 절삭공구의 인선을 예리하게 한다.
④ 절삭속도를 크게 한다.

12. L(길이), M(질량), T(시간)로 나타내는 MLT 계 차원으로 물리량을 나타내고자 할 때 동력을 옳게 나타낸 것은 ?

① MLT^{-1}　② ML^2T^{-3}
③ $ML^{-1}T^{-2}$　④ $ML^{-2}T$

13. 아크용접에서 용접 입열이란 무엇을 말하는가 ?

① 용접봉에서 모재로 용융금속이 옮겨가는 상태
② 단위시간 당 소비되는 용접봉의 중량
③ 용접봉이 녹기 시작하는 온도
④ 용접부에 외부에서 주어지는 열량

14. 다음 중 천연고무에서 경질고무의 기준은 어떻게 되는가 ?

① 황(S)성분이 약 10% 이하의 고무
② 황(S)성분이 약 15% 이하의 고무
③ 황(S)성분이 약 30% 이하의 고무
④ 황(S)성분이 약 50% 이하의 고무

15. 유압회로 중 속도제어를 위한 것으로 유량제어밸브를 실린더 입구 측에 설치한 회로는 ?

① 무부하 회로
② 미터 인 회로
③ 로킹 회로
④ 일정 토크구동 회로

16. 버니어캘리퍼스의 어미자의 1눈금이 1mm이고, 아들자의 눈금은 어미자의 19mm를 20등분하였을 때 읽을 수 있는 최소눈금은 ?

① 0.02mm ② 0.20mm
③ 0.50mm ④ 0.05mm

최소눈금= $1-\frac{19}{20}=\frac{20}{20}-\frac{19}{20}=\frac{1}{20}$
= 0.05mm

17. 다음 중 나사에 대한 설명으로 틀린 것은 ?

① 나사를 1회전시켰을 때, 축방향으로 진행한 거리를 리드라고 한다.
② 오른나사는 시계방향으로 회전할 때 전진하는 나사이다.
③ 유효지름은 수나사의 최대 지름이며, 나사의 크기를 나타낸다.
④ 일반적으로는 대부분 오른나사이며, 왼나사는 특수한 목적에 사용한다.

18. 길이 60cm, 지름 2cm의 연강 환봉을 2000N의 힘으로 길이방향으로 잡아당길 때 0.018cm가 늘어난 경우 변형률(strain)은 ?

① 0.0003 ② 0.003
③ 0.009 ④ 0.09

$\varepsilon=\frac{l'-l}{l}=\frac{60.018-60}{60}=0.0003$

19. 300rpm으로 회전하면서 2.5kW를 전달시키고 있는 축의 비틀림 모멘트는 약 몇 N・m인가 ?

① 46.3 ② 59.6
③ 63.2 ④ 79.6

$T=\frac{974\times H_{kW}\times 9.8}{R}$
$=\frac{974\times 2.5}{300}\times 9.8=79.6\text{N}\cdot\text{m}$

20. 코터이음(cotter joint)을 하기에 가장 적합한 곳은 ?

① 두 개의 강판을 접합해야 할 경우
② 배관 이음을 해야 할 경우
③ 축 중심이 일정 거리만큼 떨어진 2개의 평행한 축을 연결할 경우
④ 기본적으로 회전력을 전달하지만, 축 방향으로 인장력이나 압축력을 받는 2개의 축을 연결할 경우

Answer

1. ① 2. ④ 3. ① 4. ② 5. ② 6. ③
7. ④ 8. ④ 9. ④ 10. ② 11. ②
12. ② 13. ④ 14. ③ 15. ② 16. ④
17. ③ 18. ① 19. ④ 20. ④

| 2013.08.18 |

자동차 정비 산업기사

01. 기계구조물에 여러 하중이 각각 작용할 때, 일반적으로 안전율을 가장 크게 설계해야 하는 하중의 형태는 ?

① 정하중 ② 반복하중
③ 충격하중 ④ 교번하중

02. 동력을 전달하는 축의 강도설계에서 굽힘과 비틀림을 함께 받는 중실축의 최대 전단응력 (T_{max})은 ?(단, 굽힘 모멘트는 M이고, 비틀림 모멘트는 T이며, 중실축의 지름은 d이다.)

① $T_{max} = \dfrac{16}{\pi d^3}\sqrt{M^2+T^2}$

② $T_{max} = \dfrac{16}{\pi d^3}(M+\sqrt{M^2+T^2})$

③ $T_{max} = \dfrac{32}{\pi d^4}\sqrt{M^2+T^2}$

④ $T_{max} = \dfrac{32}{\pi d^4}(M+\sqrt{M^2+T^2})$

03. 바닥이 넓은 축열실(畜熱室) 반사로를 사용하여 선철을 용해, 정련하는 제강법은 ?

① 평로 ② 전기로
③ 전로 ④ 용광로

04. 프레스가공에서 굽힘작업에 속하지 않는 것은 ?

① 비딩(beading)
② 플랜징(flanging)
③ 엠보싱(embossing)
④ 세이빙(shaving)

05. 다음 금긋기용 공구 중 가공물의 중심을 잡거나 정반위에서의 가공물을 이동시켜 평행선을 그을 때 사용되는 공구의 명칭은 ?

① 리머 ② 펀치
③ 서피스 게이지 ④ 스크레이퍼

06. 웜기어장치에서 회전수 1500rpm인 3줄 웜이 잇수 30개인 웜휠(웜기어)에 물려 돌고 있다면, 이때 웜휠의 회전수는 몇 rpm인가 ?

① 50 ② 150
③ 180 ④ 280

$W_n = \dfrac{R\times n}{Z} = \dfrac{1500\times 3}{30} = 150$

W_n : 웜휠의 회전수, R : 회전수
n : 웜의 줄 수, Z : 웜의 잇수

07. 피복금속 아크용접에서 용입불량이 나타나는 원인으로 거리가 먼 것은 ?

① 이음 설계에 결함이 있을 때
② 용접속도가 너무 느릴 때
③ 용접전류가 너무 낮을 때
④ 용접봉 선택이 불량할 때

08. 기본 부하용량이 18000N인 볼 베어링이 베어링 하중을 2000N을 받고 150rpm으로 회전할 때 이 베어링의 수명은 약 몇 시간인가 ?

① 62000 ② 71000
③ 76000 ④ 81000

$L_h = 500\times\left(\dfrac{C}{P}\right)^3\times\dfrac{33.3}{N}$

$= 500\times\left(\dfrac{18000}{2000}\right)^3\times\dfrac{33.3}{150} = 80919$

09. 안지름이 1m인 압력용기에 $5N/cm^2$의 내압이 작용하고 있다. 압력용기의 뚜껑을 18개의 볼트로 체결할 경우 다음 중에서 사용 가능한 가장 작은 볼트는 ?(단, 볼트 지름방향의 허용 인장응력은 $1000N/cm^2$이고, 볼트에는 인장하중만 작용한다)

① M14(골 지름 11.835mm)
② M22(골 지름 19.294mm)
③ M27(골 지름 23.752mm)
④ M36(골 지름 31.670mm)

① $P=0.785D^2p = 0.785\times100^2\times5$
$= 39250N/P$
P : 뚜껑에 작용하는 전체압력
D : 안지름, p : 내압

② $W=\frac{P}{n} = \frac{39250N}{18} = 2181N$
W : 볼트 1개에 작용하는 하중
n : 볼트의 개수

③ $d=\sqrt{\frac{4W}{\pi\times\sigma a}} = \sqrt{\frac{4\times2181}{3.14\times1000}}$
= 1.67cm = 16.7mm 이상이어야 하므로 M22를 사용하여야 한다.

10. 강제 원형봉을 토션 바(torsion bar)로 사용하고자 할 때 원형 봉에 발생하는 최대 전단응력에 대한 설명으로 틀린 것은 ?(단, 여기서는 원형 봉에 발생하는 최대전단응력, 원형봉의 지름, 길이, 재질 비틀림 각도만을 고려하며, 각 보기 항에서 지시하지 않는 다른 항목은 일정하다고 가정한다)

① 최대 전단응력은 비틀림 각에 비례한다.
② 최대 전단응력은 원형 봉의 길이에 반비례한다.
③ 최대 전단응력은 전단탄성계수에 반비례한다.
④ 최대 전단응력은 원형봉 지름에 비례한다.

11. 유압펌프의 종류 중 회전식이 아닌 것은 ?

① 피스톤 펌프 ② 기어펌프
③ 베인 펌프 ④ 나사 펌프

12. 주철조직에 유리 탄소(free carbon)와 Fe_3C 혼재하고 있으며, 주조와 절삭이 쉬워 일반 가공기계의 베드용으로 사용되는 보통주철은 ?

① 회주철 ② 백주철
③ 반주철 ④ 페라이트주철

13. 원형단면 봉에 축방향으로 하중이 작용할 때 발생하는 인장응력을 구하는 식으로 옳은 것은 ?(단, 봉 지름은 d, 인장하중은 P이다)

① $\frac{2P}{\pi d^3}$ ② $\frac{4P}{\pi d^3}$
③ $\frac{2P}{\pi d^2}$ ④ $\frac{4P}{\pi d^2}$

$\sigma a=\frac{P}{A}=\frac{P}{\frac{\pi d^2}{4}}=\frac{4P}{\pi d^2}$

14. 유압기기의 부속장치 중 유압에너지 압력에 대해 맥동제거, 압력보상, 충격완화 등의 역할을 하는 것은 ?

① 스트레이너 ② 패킹
③ 어큐뮬레이터 ④ 필터 엘리먼트

15. 강판의 두께 12mm, 리벳의 지름 20mm, 피치 50mm의 1줄 겹치기 리벳이음에서 1피치 당 하중이 12kN일 경우, 강판의 인장응력은 약 몇 N/mm^2 인가 ?

① 33.3 ② 64.2
③ 75.3 ④ 86.1

$\sigma a=\frac{W}{(p-d)t}=\frac{12\times1000}{(50-20)\times12}$
$= 33.3N/mm^2$
σa : 인장응력, W : 하중, p : 피치
d : 리벳지름, t : 강판 두께

16. 드릴로 뚫은 구멍을 정확한 치수로 다듬는데 사용되는 수공구는 ?

① 탭 ② 다이스
③ 정 ④ 리머

17. 다음 중 원추 클러치의 설명으로 틀린 것은 ?

① 마찰 클러치의 한 종류이다.
② 주동축의 운전 중에도 단속이 가능하다.
③ 갑자기 큰 토크가 걸리면 미끄럼이 일어나 안전장치의 작용을 할 수 있다.
④ 클러치의 재료는 온도상승에 의한 마찰계수 변화가 큰 것이 좋다.

18. 유압유에 요구되는 성질로 가장 거리가 먼 것은 ?

① 마찰 면에 윤활성이 좋을 것
② 이물질을 신속히 흡수할 수 있을 것
③ 적정한 점도가 있을 것
④ 산화에 대하여 안정성이 있을 것

19. 담금질한 강에 인성을 갖게 하기 위하여 A_1 변태점 이하의 일정 온도로 가열하는 열처리는 ?

① 풀림(annealing)
② 불림(normalizing)
③ 뜨임(tempering)
④ 염욕 열처리(salt bath treatment)

20. 자동차부품, 전동기부품, 가정용 공구, 기계 및 공구 등에 사용되는 다이캐스팅용 Al합금의 요구되는 성질 중 틀린 것은 ?

① 유동성이 좋을 것
② 응고수축에 대한 용탕 보급성이 좋을 것
③ 열간 메짐이 클 것
④ 금형에 점착하지 않을 것

Answer

1. ③ 2. ① 3. ① 4. ④ 5. ③ 6. ②
7. ② 8. ④ 9. ② 10. ③ 11. ①
12. ① 13. ④ 14. ③ 15. ① 16. ④
17. ④ 18. ② 19. ③ 20. ③

| 2014.03.02 |

자동차 정비 산업기사

01. 지름 20mm의 드릴로 연강 판에 구멍을 뚫을 때, 회전수가 200rpm이면 절삭속도는 약 몇 m/min인가 ?

① 12.6 ② 15.5
③ 17.6 ④ 75.3

$V = \frac{\pi DN}{1000} = \frac{3.14 \times 20 \times 200}{1000} = 12.6$m/min

V : 절삭속도, D: 공작물의 지름, N: 공작물의 회전속도

02. M5×0.8로 표기되는 나사에 관한 설명으로 옳지 않은 것은 ?

① 미터나사이다.
② 나사의 피치는 0.8mm이다.
③ 나사를 180°회전시키면 리드는 0.4mm이다.
④ 암나사 작업을 위해 지름 5mm의 드릴이 필요하다.

03. 카바이트(CaC_2)를 물에 넣으면 아세틸렌가스와 생석회가 생성되는 다음 화학식에서 밑줄 친 부분에 들어갈 물질의 분자식으로 옳은 것은 ?

$CaC_2 + 2H_2O \rightarrow (\qquad) + Ca(OH)_2$

① CO_2　② C_2H_2
③ CH_3OH　④ $C_2(OH)_2$

04. 회로 내의 압력상승을 제한하여 설정된 압력의 오일을 공급하는 것은 ?

① 릴리프밸브
② 방향제어 밸브
③ 유량제어 밸브
④ 유압 구동기

05. 일명 미끄럼 키라고도 하며, 회전토크를 전달함과 동시에 보스가 축 방향으로 이동할 수 있는 키는 ?

① 평 키　② 새들 키
③ 페더 키　④ 반달 키

06. 회전축의 흔들림 검사에 가장 적합한 측정기는 ?

① 게이지 블록
② 다이얼 게이지
③ 마이크로미터
④ 버니어캘리퍼스

07. 금속재료의 가공경화로 생긴 잔류응력 제거 및 절삭성 향상 등을 개선시키는 열처리 방법으로 가장 적당한 것은 ?

① 풀림　② 뜨임
③ 코팅　④ 담금질

08. 너비 6cm, 높이 8cm인 직사각형 단면에서 사용할 수 있는 최대 굽힘모멘트의 크기는 몇 N · m인가 ?(단, 허용응력은 10N/mm²이다)

① 64　② 640
③ 6400　④ 64000

$M = \dfrac{b \times h^2 \times \sigma_b}{6} = \dfrac{60 \times 80^2 \times 10}{6 \times 1000}$ = 640N

09. 2개의 금속편 끝을 각각 용융점 근처까지 가열하여 양끝을 접촉시켜 압력을 가하여 접합시키는 작업은 ?

① 단조　② 압출
③ 압연　④ 압접

10. 모듈이 6이고, 중심거리가 300mm, 속도비가 2 : 3인 외접하는 표준 스퍼 기어의 작은 기어 바깥지름은 얼마인가 ?

① 240mm　② 252mm
③ 360mm　④ 372mm

① $C = \dfrac{D_1 + D_2}{2}$, $i = \dfrac{N_b}{N_a} = \dfrac{D_1}{D_2} = \dfrac{2}{3}$

C : 중심거리(mm), D_1 : 작은 기어 지름(mm)
D_2 : 큰 기어 지름(mm), i : 회전비
N_a : 큰 기어 회전수(rpm)
N_b : 작은 기어 회전수(rpm)]

② $D_1 + D_2 = 2C$= 2×300= 600mm

③ $\dfrac{2}{3}D_2 + D_2$= 600mm= $\dfrac{2}{3}D_2 + \dfrac{3}{3}D_2$

= 600mm= $\dfrac{5}{3}D_2$= 600mm

$\therefore D_2 = \dfrac{3 \times 600}{5}$= 360mm

④ $D_1 = \dfrac{2}{3}D_2 = \dfrac{2}{3}$×360mm= 240mm

⑤ $Z_1 = \dfrac{D_1}{M} = \dfrac{240}{6}$= 40

M : 모듈, Z : 잇수

⑥ $OD = M \times (2 + Z_1)$= 6×(2+40)
= 252mm
OD : 바깥지름

11. 자동차 현가장치의 코일스프링이 인장 또는 수축될 때 감겨있는 코일 자체에 작용하는 가장 주된 응력은 ?

① 충격하중에 의한 전단응력
② 전단하중에 의한 전단응력
③ 굽힘 모멘트에 의한 굽힘응력
④ 비틀림 모멘트에 의한 전단응력

12. 주조할 때 주형에 접힌 표면을 급랭시켜 표면은 시멘타이트가 되게 하고, 내부는 서서히 냉각시켜 펄라이트가 되게 한 주철은 ?

① 백주철　② 회주철
③ 칠드주철　④ 가단주철

13. 4포트 3위치 방향전환밸브의 중간위치 형식 중 센터 바이패스형 이라고도 하며, 중립위치에서 펌프를 무부하시킬 수 있고 실린더를 임의의 위치에 고정시킬 수 있는 것은 ?

① ABR 접속형　② 오픈 센터형
③ 탠덤 센터형　④ 클로즈 센터형

14. 그림과 같은 구조물에서 AB 부재에 작용하는 인장력은 약 몇 N 인가 ?

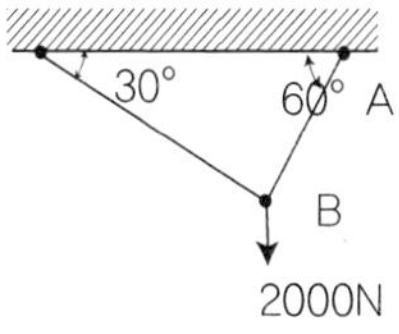

① 1232　② 1309
③ 1732　④ 2309

인장력= cos30°×2000N= 1732N

15. 다음 중 압축기 뒤에 설치되어 압축공기를 저장하는 공기탱크에 관한 설명으로 옳지 않은 것은 ?

① 맥동을 방지하거나 평준화한다.
② 압력용기이므로 법적 규제를 받는다.
③ 비상시에도 일정시간 운전을 가능하게 한다.
④ 다량의 공기 소비시 급격한 압력상승을 방지한다.

16. 축의 비틀림 강도를 고려하여 원형축에 비틀림 모멘트를 가했을 때, 비틀림각을 구할 수 있다. 비틀림 각에 관한 설명으로 옳지 않은 것은 ?

① 비틀림 모멘트와 비틀림각은 비례한다.
② 비틀림각은 극관성 모멘트에 비례한다.
③ 횡탄성계수가 작을수록 비틀림각은 증가한다.
④ 축의 길이가 증가할수록 비틀림각은 증가한다.

17. 다음 중 내열용 알루미늄 합금에 해당되지 않는 것은 ?

① Y합금(Y alloy)
② 두랄루민(duralumin)
③ 로우엑스(Lo-Ex)
④ 코비탈륨(cobitalium)

18. 절삭 공구용 특수강에 속하는 것은 ?

① 강인강　② 침탄강
③ 고속도강　④ 스테인리스강

19. 직경 4cm의 원형 단면봉에 200kN의 인장하중이 작용할 때 봉에 발생하는 인장응력은 약 몇 N/mm^2인가 ?

① 159.15　② 169.42
③ 171.56　④ 181.85

$$\sigma = \frac{W}{A} = \frac{200 \times 1000}{0.785 \times 40^2}$$

$= 159.23 N/mm^2$

20. 지름 d, 길이 l인 전동축에서 비틀림각이 1° 인 것을 0.25° 로 하기 위하여 축 지름만 설계 변경한다면 얼마로 하면 되겠는가?

① $\sqrt{2}\,d$ ② $2d$
③ $\sqrt[3]{2}\,d$ ④ $\sqrt[3]{4}\,d$

전달토크를 T, 전단 탄성계수를 G, 길이 l, 비틀림각을 θ라 할 때 $\theta = \frac{32}{\pi d^4} \cdot \frac{Tl}{G}$이다.

비틀림각을 0.25°로 할 때 축 지름을 d_1이라고 하면

$\theta_1 = \frac{32}{\pi d_1^4} \cdot \frac{Tl}{G}$, $\theta = 1°$, $\theta_1 = 0.25°$이므로

$\theta = 4\theta_1$

$\therefore \frac{\theta}{\theta_1} = 4 = \frac{1/d^4}{1/d_1^4} = \frac{d_1^4}{d^4}$

$\therefore d_1^4 = 4d^4$이므로 $d_1 = \sqrt{2}\,d$가 된다.

Answer
1. ① 2. ④ 3. ② 4. ① 5. ③ 6. ②
7. ① 8. ② 9. ④ 10. ② 11. ④
12. ③ 13. ③ 14. ③ 15. ④ 16. ②
17. ② 18. ③ 19. ① 20. ①

| 2014.05.25 |

자동차 정비 산업기사

01. 동력 축에서 마력을 ps, 허용 전단응력 τ (kgf/mm²), 매분회전수 n(rpm), 축의 지름을 d라고 할 때 축의 지름(cm)을 구하는 식은 ?

① $d = 71.5\sqrt[3]{\frac{ps}{\tau n}}$

② $d = 7150\sqrt[3]{\frac{ps}{\tau n}}$

③ $d = 79.2\sqrt[3]{\frac{ps}{\tau n}}$

④ $d = 7920\sqrt[3]{\frac{ps}{\tau n}}$

02. 모듈 3, 잇수 30인 표준 스퍼기어의 외경은 몇 mm 인가 ?

① 85 ② 96
③ 105 ④ 116

$OD = M \times (Z+2)$ = 3×(30+2)= 96

OD : 기어의 외경, M : 기어의 모듈

Z : 기어의 잇수

03. 원심펌프 송출유량이 0.3m³/min이고, 관로의 손실수두가 8m이다. 펌프 중심에서 1.5m 아래 있는 저수지에서 물을 흡입하여 펌프 중심에서 15m의 높이의 탱크로 양수할 때, 펌프의 동력은 몇 kW 인가 ?

① 1 ② 1.2
③ 2 ④ 2.2

① $H = Ha + H_1 + H_2$
= 8m+1.5m+15m= 24.5m

② $H_{kW} = \frac{\gamma QH}{102 \times 60 \times \eta}$
$= \frac{1000 \times 0.3 \times 24.5}{102 \times 60}$ = 1.2kW

H_{kW} : 출력, γ : 유체의 비중
Q : 유량, H : 양정, η : 펌프효율

04. 2500rpm으로 회전하면서 25kW을 전달하는 전동축이 있다. 이 전동축의 비틀림 모멘트는 몇 N · m 인가 ?

① 7.5 ② 9.6
③ 70.2 ④ 95.5

$T = \frac{974 \times H_{kW} \times 9.8}{R} = \frac{974 \times 25 \times 9.8}{2500}$

= 95.5N · m

05. 압출가공에 대한 설명으로 옳지 않은 것은?

① 속이 빈 용기를 만드는 데는 충격압출이 적합하다.
② 납 파이프나 건전지 케이스를 생산하는 데 적합하다.
③ 단면의 형태가 다양한 직선, 곡선제품의 생산이 가능하다.
④ 압출에 의한 표면 결함은 소재온도와 가공속도를 늦춤으로써 방지할 수 있다.

06. 나사의 끝을 침탄처리 한 작은 나사로서, 주로 얇은 판의 연결에 사용하며, 암나사를 만들지 않고 드릴 구멍에 끼워 암나사를 내면서 조여지는 나사는 ?

① 볼 나사(ball screw)
② 세트 스크루(set screw)
③ 태핑나사(tapping screw)
④ 작은 나사(machine screw)

07. 펌프에서 캐비테이션이 발생하였을 때 나타나는 현상이 아닌 것은 ?

① 소음이 발생한다.
② 양정과 유량이 감소한다.
③ 침식 및 부식현상이 발생한다.
④ 기포가 발생하여 마모를 방지한다.

08. 나사산의 각도는 60도이고, 보통나사와 가는 나사가 있으며 미국, 영국, 캐나다 등 세 나라의 협정나사로서 ABC 나사라고도 하는 것은 ?

① 관용나사 ② 사다리꼴 나사
③ 톱니 나사 ④ 유니파이 나사

09. 다음 중 세라믹스의 종류에 해당하지 않는 것은 ?

① 산화물계 ② 황화물계
③ 탄화물계 ④ 질화물계

10. 압축코일 스프링에서 왈(Wahl)의 수정계수를 사용하여 전단응력을 구하고자 할 때 필요한 설계인자가 아닌 것은 ?

① 소선의 지름
② 스프링의 지름
③ 설계 압축하중
④ 재료의 전단탄성계수

11. 다음 중 아크용접에서 언더컷(under cut)이 가장 많이 나타나는 조건은 ?

① 운봉불량, 전류 과대일 때
② 고전압, 고용접 속도일 때
③ 전류부족, 저용접 속도일 때
④ 피복제 조성불량, 전류 부족일 때

12. 길이 3m의 4각 단면봉이 압축하중을 받아 0.0002의 세로변형률을 일으켰다면 수축량은 몇 cm 인가 ?

① 0.0006 ② 0.0015
③ 0.015 ④ 0.06

$l' = l \times \varepsilon$ = 300cm×0.0002= 0.06cm

l' : 수축량, l : 재료의 길이

ε : 세로변형률

13. 사형주조와 비교한 다이캐스팅의 장점에 관한 설명으로 옳지 않은 것은 ?

① 단면이 얇은 주물의 주조가 가능하다.

② 제품의 크기가 대형주물 주조에 적합하다.

③ 아연, 알루미늄합금의 대량 생산용으로 사용한다.

④ 주물의 형상이 정확하고 끝손질할 필요가 거의 없다.

14. 다음 중 보의 처짐량을 구하는 방법이 아닌 것은 ?

① 중첩법을 이용하는 방법

② 면적모멘트를 이용하는 방법

③ 소성에너지를 이용하는 방법

④ 처짐곡선의 미분방정식을 이용하는 방법

15. 기계의 분진이나 쇠 부스러기를 청소하기 위해서 사용하는 것은 ?

① 줄 ② 브러시

③ 정 ④ 스크레이퍼

16. 강화유리란 보통 판유리를 600℃ 정도의 가열온도로 열처리한 것인데 다음 중 강화유리의 특징으로 볼 수 없는 것은 ?

① 안전성이 높다.

② 유리의 강도가 크다.

③ 유리파편의 결정질이 크다.

④ 곡선유리의 자유화가 쉽다.

17. 다음 중 밀링머신에서 사용되는 부속장치가 아닌 것은 ?

① 분할대

② 래크 절삭장치

③ 슬로팅 장치

④ 릴리이빙 장치

18. 기계의 작동유가 갖추어야 할 일반적인 특성으로 옳지 않은 것은 ?

① 윤활성 ② 유동성

③ 기화성 ④ 내산성

19. 탄소강에 함유되어 있는 원소 중 연신율을 감소시키지 않고 강도를 증가시키며, 고온에서 소성을 증가시켜 주조성을 좋게 하는 원소는?

① 인(P) ② 황(S)

③ 망간(Mn) ④ 규소(Si)

20. 공기압축기에서 생산된 압축공기를 탱크에 저장하는 경우에 공기탱크의 압력이 설정압력에 도달하면 압축공기를 토출하지 않는 무부하 운전이 되게 하는 것은 ?

① 언로드 밸브(unload valve)

② 릴리프 밸브(relief valve)

③ 시퀀스 밸브(sequence valve)

④ 카운터밸런스 밸브(counter balance valve)

Answer

1. ① 2. ② 3. ② 4. ④ 5. ③ 6. ③
7. ④ 8. ④ 9. ② 10. ④ 11. ①
12. ④ 13. ② 14. ③ 15. ② 16. ③
17. ④ 18. ③ 19. ③ 20. ①

| 2014.08.17 |

자 동 차 정 비 산 업 기 사

01. 다음 중 큐폴라의 규격에 해당하는 것은 ?

① 매시간당 용해되는 철의 무게
② 24시간당 용해되는 철의 무게
③ 1회에 용해할 수 있는 철의 무게
④ 1회 용해하는데 사용된 코크스의 무게

02. 500℃ 이상의 고온에서 장시간 사용하는 연강재료의 안전계수를 구할 때의 기초 강도는 ?

① 항복점
② 극한강도
③ 허용응력
④ 크리이프한도

03. 비틀림을 받는 원형 단면 축의 극관성 모멘트는 ?(단, d는 원형의 지름이다)

① $\frac{\pi d^3}{16}$ ② $\frac{\pi d^3}{32}$
③ $\frac{\pi d^4}{16}$ ④ $\frac{\pi d^4}{32}$

04. 다음 중 연삭재료로 사용되는 재료가 아닌 것은 ?

① 석면 ② 산화크롬
③ 산화철 ④ 알루미나

05. 그림과 같은 코일 스프링 장치에서 W는 작용하는 하중, 스프링 상수를 K_1, K_2라 할 경우, 합성 스프링 상수를 바르게 표현한 것은 ?

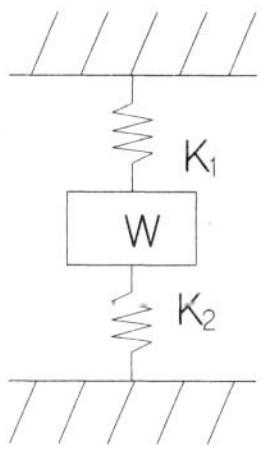

① $K_1 + K_2$
② $\frac{1}{K_1 + K_2}$
③ $\frac{K_1 K_2}{K_1 + K_2}$
④ $\frac{K_1 + K_2}{K_1 K_2}$

06. 그림과 같은 단순보에서 R_A와 R_B의 값으로 적절한 것은 ?

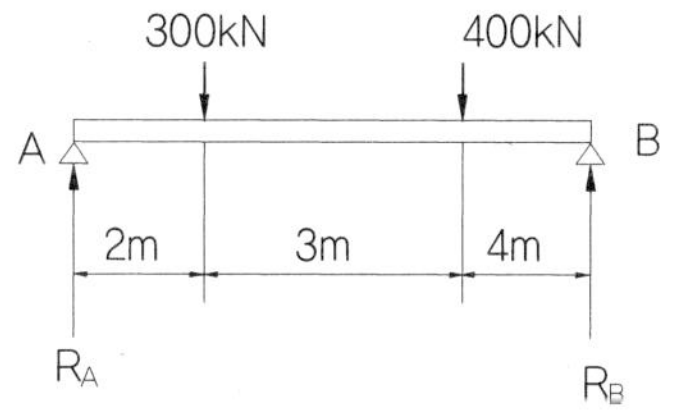

① R_A = 396.8kN, R_B= 303.2kN
② R_A = 411.1kN, R_B= 288.9kN
③ R_A = 432.3kN, R_B= 267.7kN
④ R_A = 467.4kN, R_B= 232.6kN

$R_A = \frac{300kN \times (3m + 4m) + 400kN \times 4m}{9m}$

= 411.1kN

R_B= 300kN + 400kN - 411.1= 288.9kN

07. 마이크로미터의 측정면이나 블록게이지의 측정면과 같이 비교적 작고, 정밀도가 높은 측정물의 평면도 검사에 사용하는 측정기로 가장 적합한 것은 ?

① 옵티컬 플랫(optical flat)
② 윤곽 투영기(profile projector)
③ 컴비네이션 세트(combination set)
④ 오토 콜리메이터(auto-collimator)

08. 세로방향으로 쪼개져 있어 구멍의 크기가 핀보다 작아도 망치로 때려 박을 수 있는 핀으로 충격이나 진동을 받는 곳에 사용하며 지지력이 매우 큰 장점이 있는 핀은 ?

① 스냅(snap)핀
② 스프링(spring) 핀
③ 평행(parallel) 핀
④ 테이퍼(taper) 핀

09. 다음 중 황동의 구멍 뚫기 작업에 사용하는 드릴의 날끝 각으로 가장 적절한 것은 ?

① 60°　　② 100°
③ 118°　　④ 140°

10. 소성가공법에서 판금가공의 종류가 아닌 것은 ?

① 굽힘가공　　② 타출가공
③ 압출가공　　④ 전단가공

11. 단면이 60mm×35mm인 장방형 보에 발생하는 압축응력이 5N/mm^{2}일 경우, 몇 kN의 압축압력이 작용하였는가 ?

① 5.75kN　　② 10.5kN
③ 21.0kN　　④ 42.0kN

60 × 35 × 5= 10.5kN

12. 평벨트 풀리의 벨트 접촉면의 중앙부가 약간 높은 이유로 가장 적절한 것은 ?

① 벨트의 중량을 감소시키기 위하여
② 벨트의 접촉각을 크게 하기 위하여
③ 벨트가 마모되는 것을 방지하기 위하여
④ 벨트가 벗겨지는 것을 방지하기 위하여

13. 내연기관 실린더, 실린더헤드 등에 사용되는 재료로서 주철 중 탄소의 일부가 유리되어 흑연화되어 있는 것을 무엇이라 하는 가 ?

① 회주철　　② 백주철
③ 반주철　　④ 가단주철

14. 티탄 및 티탄합금에 관한 설명으로 옳지 않은 것은 ?

① 티탄의 비중은 약 4.51로 철에 비해 가볍고 강도가 크다.
② 티탄합금은 저온에서 특히 강도가 크고 내식성, 내마모성이 우수하다.
③ 열처리된 티탄합금은 다른 구조용 재료에 비해 항복비와 내구비가 높다.
④ 티탄합금은 티탄의 성질을 개선하기 위하여 Al, Sn, Mn, Fe, Cr, Mo, V 등의 합금원소를 첨가한다.

15. 나사의 효율을 바르게 표기한 것은 ?

① $\dfrac{\text{리드각}}{\text{나사각}}$

② $\dfrac{\text{나사에 준 일량}}{\text{나사가 이룬 일량}}$

③ $\dfrac{\text{나사가 이룬 일량}}{\text{나사에 준 일량}}$

④ $\dfrac{\text{마찰이 있는 경우의 회전력}}{\text{마찰이 없는 경우의 회전력}}$

16. 유압작동유가 구비하여야 할 조건으로 옳지 않은 것은 ?

① 접동부의 마모가 적을 것
② 운전조건 범위에서 휘발성이 적을 것
③ 넓은 온도범위에서 점도변화가 적을 것
④ 유압장치에 사용되는 재료에 대하여 활성일 것

17. 가스용접에서 아세틸렌 발생기의 형식에 맞지 않는 것은 ?

① 주수식　　② 침투식
③ 투입식　　④ 침지식

18. 유니버설 이음(universal joint)에 관한 설명으로 옳은 것은 ?

① 두 축이 평행하고 있을 때에 사용하는 클러치이다.
② 두 축이 교차하고 있을 때 사용하는 크랭크축이다.
③ 두 축이 직교할 때 사용되고 운전 중 단속할 수 있다.
④ 두 축이 교차하는 경우에 사용되는 커플링의 일종이다.

19. 유량이 $20m^3$/sec인 사류펌프의 양정이 5m이면 이 펌프의 동력은 얼마인가 ?(단, 이 유체의 비중량은 $9800N/m^3$으로 한다)

① 98kW ② 980kW
③ 9800kW ④ 98000kW

$\frac{20 \times 5 \times 10^3}{102}$ = 980kW

20. 유압펌프의 입구와 출구에서 진공계 또는 압력계의 지침이 크게 흔들리고 송출량이 급변하는 현상은 ?

① 수격현상 ② 언로더현상
③ 서징현상 ④ 캐비테이션현상

Answer

1. ① 2. ④ 3. ④ 4. ① 5. ① 6. ②
7. ① 8. ② 9. ③ 10. ③ 11. ②
12. ④ 13. ① 14. ② 15. ③ 16. ④
17. ② 18. ④ 19. ② 20. ③

| 2015.03.08 |

자동차 정비 산업기사

01. 주석계 화이트 메탈 설명으로 틀린 것은 ?

① 베어링용 합금이다.
② 배빗메탈이라고도 한다.
③ Sn-Sb-Cu계 합금이다.
④ 고속·고하중용 베어링용으로는 사용할 수 없다.

02. 유압제어밸브의 기능에 따른 분류 중 유량제어밸브는 ?

① 스로틀 밸브
② 릴리프 밸브
③ 시퀀스 밸브
④ 카운터밸런스 밸브

03. 다음 중 응력에 관한 설명으로 옳지 않은 것은 ?

① 사용응력은 허용응력보다 작은 값이어야 한다.
② 두 축 방향으로 작용하는 응력을 2축 응력이라 한다.
③ 충격에 의해 생기는 응력은 정하중으로 작용하는 경우의 3배가 된다.
④ 보에서 굽힘으로 인하여 발생하는 최대 인장응력은 중립축으로부터 가장 먼 거리에서 나타난다.

04. 아크용접에서 언더 컷(under cut)은 어떤 조건일 때 가장 많이 나타나는가 ?

① 전류부족, 용접속도 빠름
② 전류부족, 용접속도 느림
③ 전류과대, 용접속도 빠름
④ 전류과대, 용접속도 느림

05. 리벳이음을 용접이음과 비교한 설명으로 틀린 것은 ?

① 구조물 등에서 현장 조립할 때에는 용접이음보다 쉽다.
② 경합금을 이용할 때에는 용접이음보다 신뢰성이 떨어진다.
③ 용접이음과 같이 강판 등을 영구적으로 접합할 때 사용한다.
④ 용접이음과는 달리 초기응력에 의한 잔류변형이 생기지 않으므로 취약파괴가 일어나지 않는다.

06. Al, Cu 및 Mg으로 구성된 합금에서 인장강도가 크고 시효경화를 일으키는 고력(고강도) 알루미늄합금은 ?

① Y합금　② 두랄루민
③ 실루민　④ 로우엑스

07. 측정치의 통계적 용어에 관한 설명으로 옳은 것은 ?

① 치우침(bias)– 참값과 모평균과의 차이
② 오차(error) – 측정치와 시료평균과의 차이
③ 편차(deviation) – 측정치와 참값과의 차이
④ 잔차(residual) – 측정치와 모평균과의 차이

08. 테이퍼가 있는 일종의 쐐기로서 축과 축을 결합하는 경우와 축방향으로 작용하는 압축력이나 인장력에 대해서 풀리지 않도록 부품을 결합할 때 사용하는 기계요소는 ?

① 핀　② 코터
③ 와셔　④ 스플라인

09. 재료의 인장강도가 4500N/mm^{2}인 연강제의 허용응력이 374N/mm^{2}이라면 안전율은 ?

① 10　② 11
③ 12　④ 13

$$S = \frac{\sigma u}{\sigma a} = \frac{4500}{375} = 12$$

S : 안전율, σu : 인장강도, σa : 허용 인장응력

10. 유압유의 구비조건이 아닌 것은 ?

① 비압축성일 것
② 적당한 점도가 있을 것
③ 열을 흡수·기화할 수 있을 것
④ 녹이나 부식을 방지할 수 있을 것

11. 스프링 백 현상은 어느 작업 시 가장 많이 발생하는가 ?

① 용접　② 절삭
③ 열처리　④ 프레스

스프링 백(spring back)이란 소성재료를 굽힘가공을 할 때 재료를 굽힌 후 힘을 제거하면 판재의 탄성으로 인하여 탄성변형 부분이 원래의 상태로 복귀하여 그 굽힘 각도나 굽힘 반지름이 열려 커지는 현상이며, 프레스작업이나 판금가공에서 주로 발생한다.

12. 전동용 평 벨트(belt) 재료의 구비조건이 아닌 것은 ?

① 탄성이 작을 것
② 마찰계수가 클 것
③ 인장강도가 클 것
④ 열이나 기름에 강할 것

13. 탄소강의 조직 중에서 경도가 가장 큰 조직은 ?

① 페라이트 ② 마텐자이트
③ 펄라이트 ④ 오스테나이트

각 조직의 경도순서 : 시멘타이트 > 마텐자이트 > 트루스타이트 > 소르바이트 > 펄라이트 > 오스테나이트 > 페라이트

14. 열처리의 담금질액 중 냉각속도가 가장 빠른 것은 ?

① 물 ② 기름
③ 비눗물 ④ 소금물

15. 드릴링 머신에서 할 수 없는 작업은 ?

① 코킹 ② 카운터 보링
③ 리밍 ④ 카운터 싱킹

16. 프레스 전단작업에서 판재를 펀치로 뽑기 하는 작업은 ?

① 노칭(notching)
② 트리밍(trimming)
③ 브로칭(broaching)
④ 블랭킹(blanking)

17. 수면에서 5m 높이에 설치된 펌프가 펌프로부터 높이 30m인 곳에 매초 $1m^3$의 물을 보내려면 이론상 동력은 약 몇 kW가 필요한가?

① 245 ② 294
③ 343 ④ 400

① $H = Ha + H_1 + H_2$
= 5m + 30m = 35m

② $H_{kW} = \dfrac{\gamma QH}{102} = \dfrac{1000 \times 1 \times 35}{102}$
= 343kW

H_{kW} : 출력, γ : 유체의 비중
Q : 유량, H : 총양정

18. 외경이 내경(d_1)의 2배인 중공축과 같은 비틀림 모멘트를 전달하는 중실축의 직경은 ?

① $1.55d_1$ ② $1.96d_1$
③ $2.47d_1$ ④ $2.74d_1$

19. 탄소강의 응력-변형 곡선에서 항복점은 ?

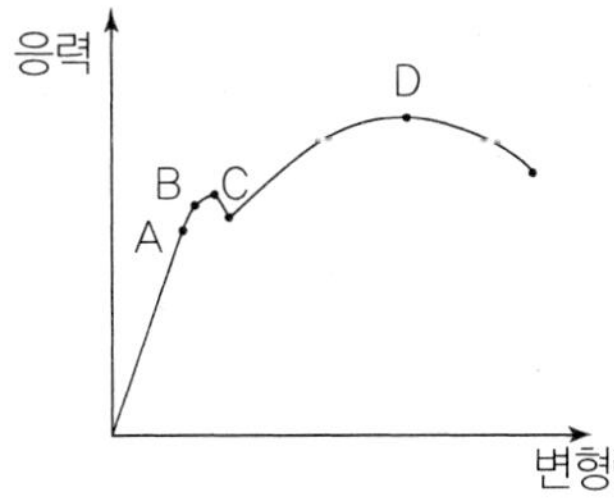

① A ② B
③ C ④ D

A : 비례한계, B : 탄성한계
C : 항복점, D : 인장강도

20. 단성한도 내에서 인장하중을 받는 봉에 발생하는 응력에 의한 단위체적 당 저장되는 탄성에너지가 u_1 일 때, 봉에 발생하는 인장응력이 2배가 되면 단위체적 당 저장되는 탄성에너지는 ?

① $\dfrac{1}{4}u_1$ ② $\dfrac{1}{2}u_1$
③ $2u_1$ ④ $4u_1$

Answer

1. ④ 2. ① 3. ③ 4. ③ 5. ② 6. ②
7. ① 8. ② 9. ③ 10. ③ 11. ④
12. ① 13. ② 14. ④ 15. ① 16. ④
17. ③ 18. ② 19. ③ 20. ④

| 2015.05.31 |

자동차 정비 산업기사

01. 강의 열처리 중 담금질의 주목적은 ?

① 균열 방지
② 재질의 경화
③ 인성 증가
④ 잔류응력 제거

담금질은 강의 경화(경도) 또는 강도를 증가시키기 위하여 A_1 또는 A_3변태점 보다 30~50℃(730~800℃) 높게 가열한 후 급랭하여 재료를 경화시키는 열처리이다.

02. 연강재료를 인장시험 할 때 비례한도 내에서 응력(P)과 변형률(ε)과의 관계는 ?

① $P \propto \varepsilon$　② $P \propto \varepsilon^2$
③ $P \propto \frac{1}{\varepsilon}$　④ $P \propto \frac{1}{\varepsilon^2}$

03. 먼지 · 모래 등이 들어가기 쉬운 곳에 가장 적합한 나사는 ?

① 사각나사　② 톱니나사
③ 둥근나사　④ 사다리꼴나사

04. 그림과 같이 물체 A와 바닥 B의 표면에 수직하중(P) 150N이 작용할 때 물체 A를 이동시켜 150N의 마찰력(Q)이 발생한다면 마찰각은 ?

① 15°
② 30°
③ 45°
④ 90°

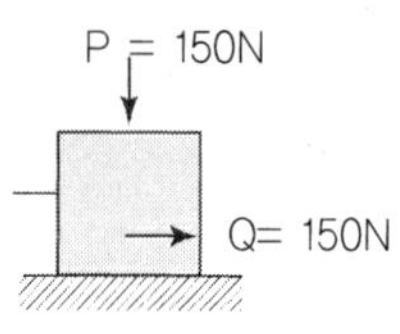

Q= μP, tanθ= μ이므로

$$\frac{150}{150} = 1 \quad \therefore \tan^{-1}1 = 45°$$

Q : 마찰력, μ : 마찰계수, P : 수직하중

05. 직관 내의 유체유동에서 마찰에 의한 손실수두와 다른 요인과의 관계를 바르게 설명한 것은 ?

① 중력가속도에 비례한다.
② 관의 지름에 반비례한다.
③ 관의 길이에 반비례한다.
④ 유속의 제곱에 반비례한다.

06. 전동용 기계요소인 기어(gear)에서 두 축이 만나지도 평행하지도 않는 기어가 아닌 것은 ?

① 베벨 기어(bevel gear)
② 스크루 기어(screw gear)
③ 하이포이드 기어(hypoid gear)
④ 웜과 웜기어(worm and worm gear)

07. 벨트 풀리(belt pulley)와 같은 원형 모양의 주형제작에 편리한 주형법은 ?

① 혼성주형법　② 회전주형법
③ 조립주형법　④ 고르개 주형법

08. 베인펌프(vane pump)의 형식은 ?

① 원심식　② 왕복식
③ 회전식　④ 축류식

09. 연삭숫돌에서 연삭이 진행됨에 따라 입자 날끝이 자동적으로 닳아 떨어져 커터의 바이트처럼 연삭하지 않아도 되는 현상은 ?

① 드레싱　② 글레이징
③ 트루잉　④ 자생작용

10. 길이 500mm의 봉이 인장하중을 받아 0.5mm 만큼 늘어났을 때 인장변형률은 ?

① 0.001 ② 0.01
③ 100 ④ 1000

$\varepsilon = \frac{l'}{l} = \frac{0.5}{500} = 0.001$

ε : 변형률, l' : 늘어난 길이
l : 본래의 길이

11. 칠드주철에 관한 설명으로 옳지 않은 것은 ?

① 칠드층을 만들기 위해 Si가 많은 재료를 사용한다.
② 압연용 롤러와 기차의 바퀴 등에 사용되며 내마모성이 큰 주물이다.
③ 백선화된 부분은 시멘타이트가 형성되어 강도가 크고 취성이 있다.
④ 내부는 인성이 있는 회주철로서 취약하지 않아 잘 파손되지 않는다.

12. 아크 용접작업에서 용접결함과 가장 거리가 먼 것은 ?

① 운봉속도
② 아크의 길이
③ 전류의 세기
④ 용접봉 심선의 굵기

13. 비틀림 모멘트를 받는 원형단면 축에 발생되는 최대전단응력은 ?

① 축 지름이 증가하면 최대 전단응력은 감소한다.
② 단면계수가 감소하면 최대 전단응력은 감소한다.
③ 축의 단면적이 감소하면 최대 전단응력은 증가한다.
④ 가해지는 토크가 증가하면 최대 전단응력은 감소한다.

14. 판금가공(sheet metal working)의 종류에 해당되지 않는 것은 ?

① 접합가공 ② 단조가공
③ 성형가공 ④ 전단가공

15. 지름이 4mm인 강선이 그림과 같이 반지름이 500mm인 원통 위에서 휘어져 있을 때 최대 굽힘응력은 몇 kgf/cm^{2}인가 ?(단, E= 2.0 ×10^6kgf/cm^{3}이다)

① 796.8
② 1593.6
③ 7968
④ 15936

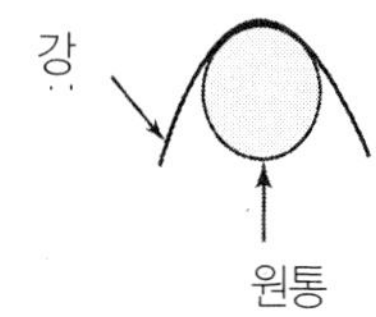

16. 그림과 같은 마이크로미터의 측정값은 ?

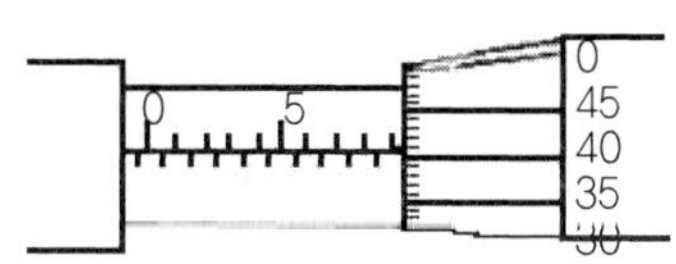

① 5.41mm ② 5.91mm
③ 9.41mm ④ 9.91mm

17. 원심펌프에서 케이싱(casing)을 스파이럴(spiral)로 만드는 가장 중요한 이유는 ?

① 손실을 적게 하기 위하여
② 축 추력을 방지하기 위하여
③ 축을 모터와 직결하기 위하여
④ 공동현상(cavitation)을 적게 하기 위하여

18. 비금속재료 중 하나인 합성수지의 일반적인 특징으로 틀린 것은 ?

① 열에 약하다.
② 전기전도성이 좋다.
③ 가공성이 좋고 성형이 간단하다.
④ 투명한 것이 많고 착색이 용이하다.

19. 보의 길이 300mm, 지름 50mm인 원형 단면의 외팔보가 있다. 이 보에 생기는 최대 처짐을 0.2mm 이하로 제한한다면 보의 자유단에 작용시킬 수 있는 집중하중은 최대 약 몇 Pa인가 ?(단, 세로탄성계수(E)는 206GPa, π = 3.14이다)

① 1400 ② 1500
③ 1600 ④ 1700

20. 키가 사용되지 않는 곳은 ?

① 기어 ② 커플링
③ 체인 ④ 벨트풀리

Answer

1. ② 2. ① 3. ③ 4. ③ 5. ② 6. ①
7. ② 8. ③ 9. ④ 10. ① 11. ①
12. ④ 13. ① 14. ② 15. ③ 16. ③
17. ① 18. ② 19. ① 20. ③

| 2015.08.16 |

자동차 정비 산업기사

01. 테이퍼 구멍을 가진 다이에 재료를 잡아 당겨 통과시켜 가공제품이 다이 구멍의 최소단면 형상 치수를 갖게 하는 가공법은 ?

① 전조가공 ② 절단가공
③ 인발가공 ④ 프레스가공

02. 주조형 목형(원형)을 실물치수보다 크게 만드는 가장 중요한 이유는 ?

① 주형의 치수가 크기 때문이다.
② 코어를 넣어야 하기 때문이다.
③ 잔형을 덧붙임 하여야 하기 때문이다.
④ 수축여유와 가공여유를 고려하기 때문이다.

03. 아크용접 피복제(flux)의 역할로 옳지 않은 것은 ?

① 용착금속의 탈산 정련작용을 한다.
② 용적을 미세화하고 용착효율을 높인다.
③ 용융금속에 필요한 원소를 보충시켜 준다.
④ 슬래드가 되어 용융금속을 급냉시켜 조직을 튼튼하게 한다.

04. 스팬이 2m인 단순보의 중앙에 1000kgf의 집중하중이 작용할 때 최대 휨모멘트는 몇 kgf · m 인가 ?

① 250 ② 500
③ 25000 ④ 50000

최대 굽힘 모멘트

$$M_{max} = \frac{P\ell}{4} = \frac{1000kgf \times 2m}{4}$$

$= 500kgf \cdot m$

05. 비틀림 모멘트가 작용하는 원형축에 관한 설명으로 옳지 않은 것은 ?

① 비틀림 응력은 반지름에 비례한다.
② 비틀림 각은 원형축 길이에 비례한다.
③ 비틀림 응력은 극관성 모멘트에 반비례한다.
④ 축의 중심에서 최대 비틀림 응력이 발생된다.

06. 판 두께 10mm, 인장강도 3500N/cm^2, 안전계수 4인 연강판으로 5N/cm^{2}의 내압을 받는 원통을 만들고자 한다. 이때 원통의 안지름은 몇 cm인가 ?

① 87.5　② 175
③ 350　④ 700

07. 담금질성(hardenability)을 개선시키고 페라이트 조직을 강화할 목적으로 첨가하는 원소는?

① Cr　② Mn
③ Mo　④ Ni

08. 고탄소강을 공구강으로 사용하는 이유로 가장 적합한 것은 ?

① 경도를 필요로 하기 때문에
② 전성을 필요로 하기 때문에
③ 인성을 필요로 하기 때문에
④ 충격에 견디어야 하기 때문에

09. 두줄나사를 두 바퀴 돌렸더니 축 방향으로 12mm 이동하였다면 이 나사의 피치(p)와 리드(l)는 각각 얼마인가 ?

① p= 3mm, l= 3mm
② p= 6mm, l= 3mm
③ p= 3mm, l= 6mm
④ p= 6mm, l= 6mm

해 ① $P = \frac{L}{n} = \frac{12\text{mm}}{2\times2}$ = 3mm

P : 피치, L : 리드, n : 줄 수

② $l = nP$ = 2 × 3mm= 6mm

l : 리드, n : 줄 수, P : 피치

10. 각도측정기인 사인 바는 일정각도 이상을 측정하면 오차가 커지는데, 일반적으로 몇 도 이하에서 사용하는가 ?

① 30°　② 45°
③ 60°　④ 75°

11. Y합금의 주요 구성성분이 아닌 것은 ?

① 주석　② 구리
③ 니켈　④ 알루미늄

12. 지름 3m인 원형 수직수문의 상단이 수면 아래 6m에 있을 때 물의 전압력은 ?

① 28톤　② 36톤
③ 41톤　④ 53톤

13. 방향제어밸브를 분류하는 방법이 아닌 것은?

① 밸브의 기능에 의한 분류
② 포크의 크기에 의한 분류
③ 밸브의 구조에 의한 분류
④ 밸브의 설계방식에 의한 분류

14. 공작기계의 명칭과 가공법이 바르게 연결된 것은 ?

① 선반 – 기어 가공, 키 홈 가공
② 밀링 – 수나사 가공, 기어 가공
③ 연삭기 – 평면 가공, 외경 가공
④ 드릴링 머신 – 카운터 보링 가공, 기어 가공

15. 언더컷을 방지하기 위해 표준이의 래크공구로 표준 절삭량보다 낮게 절삭하여 기준 피치선의 피치원보다 다소 바깥쪽으로 절삭한 기어는 ?

① 스퍼기어 ② 인터널 기어
③ 전위기어 ④ 헬리컬 기어

16. 스프링 장치에 인장하중 P= 100N일 때 스프링 장치의 하중방향의 처짐량은 ?(단, 스프링상수 k_1= 20N/cm이고, k_2= 10N/cm이다.)

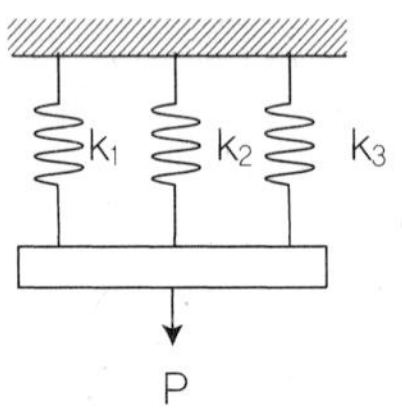

① 1.67cm ② 2cm
③ 2.5cm ④ 20cm

① 병렬연결이므로 $k = k_1 + k_2 + k_1$
= 20N/cm+10N/cm+20N/cm= 50N/cm

② $\delta = \dfrac{W}{k} = \dfrac{100\text{N}}{50\text{N/cm}}$ = 2cm

17. 구동 회전수에 의해 결정되는 토출량이 부하 압력에 관계없이 거의 일정한 용적형 펌프는 ?

① 기어펌프 ② 터빈펌프
③ 축류펌프 ④ 볼류트 펌프

18. 볼 베어링의 호칭번호가 6008 경우 안지름은 몇 mm인가 ?

① 8 ② 16
③ 20 ④ 40

볼 베어링의 호칭치수(6008)
6 : 형식 번호(단열)
0 : 지름 번호(특별 경 하중용)
08 : 안지름 번호
안지름 20mm 이상 500mm 미만은 안지름을 5로 나눈 수가 안지름 번호이다. 따라서 08×5= 40mm 그리고 00인 경우는 안지름이 10mm, 01은 안지름 12mm, 02는 안지름 15mm, 03은 안지름 17mm이다.

19. 동력용 나사산의 전체효율을 구할 때 필요한 항목이 아닌 것은 ?

① 리드
② 수직응력
③ 나사산에 작용하는 하중
④ 나사를 돌리는데 필요한 토크

20. 최대인장력 2000N을 받을 수 있는 단면적 20mm^{2}인 특수강의 안전율이 4일 때, 허용인장 응력은 몇 MPa인가 ?

① 25 ② 40
③ 250 ④ 400

$\sigma = \dfrac{W}{A \times S} = \dfrac{2000\text{N}}{20\text{mm}^2 \times 4}$ = 25MPa

Answer

1. ③ 2. ④ 3. ④ 4. ② 5. ④ 6. ③
7. ① 8. ① 9. ③ 10. ② 11. ①
12. ④ 13. ④ 14. ③ 15. ③ 16. ②
17. ① 18. ④ 19. ② 20. ①

| 2016.03.06 |

자동차 정비 산업기사

01. 탄소강에 관한 설명으로 옳지 않은 것은 ?

① 탄소량이 증가하면 비중도 증가한다.
② 탄소강의 탄성률은 온도가 증가함에 따라 감소한다.
③ 탄소강은 200~300℃에서 청열취성(메짐)이 발생한다.
④ 아공석강 영역에서 탄소량이 증가하면 경도는 증가하나, 연신율은 감소한다.

02. 성크 키의 길이가 200mm, 키의 측면에 발생하는 전단력이 80kN이고, 키 폭은 높이의 1.5배라고 하면 키의 허용 전단응력이 200 MPa일 경우 키 높이는 약 몇 mm 이상으로 하면 되는가 ?

① 13.33 ② 18.05
③ 25.42 ④ 30.06

03. 양단에 베어링으로 지지되어 있으며 그 중앙에 회전체 1개를 가진 원형 단면 축에 대한 위험속도의 계산에 필요한 설계인자로서 가장 거리가 먼 것은 ?

① 축의 길이
② 전단탄성계수
③ 회전체의 무게
④ 축의 단면 2차 모멘트

04. 두랄루민은 알루미늄에 무엇을 첨가한 합금인가 ?

① 구리, 마그네슘, 주석
② 구리, 마그네슘, 망간
③ 주석, 마그네슘, 철
④ 주석 마그네슘, 아연

05. 축에 작용하는 비틀림 모멘트를 T, 전단탄성계수를 G, 극관성 모멘트를 I_P, 길이를 l이라 할 때 전체 비틀림 각은 ?

① $\dfrac{TI_P}{Gl}$ ② $\dfrac{Tl}{GI_P}$
③ $\dfrac{TG}{I_P l}$ ④ $\dfrac{Gl}{TI_P}$

06. 공작물을 회전시키고, 공구는 직선운동으로 공작물을 가공하는 공작기계는 ?

① 드릴 ② 밀링
③ 연삭 ④ 선반

선반은 공작물을 회전시키고, 공구(바이트)는 직선운동으로 공작물을 가공한다.

07. 길이 300mm인 구리봉 양단을 고정하고 20℃에서 70℃로 가열하였을 때 열응력에 의해 발생되는 압축응력(N/mm²)은 ?(단, 구리봉의 세로탄성계수는 9.2×10^3N/mm², 선팽창계수(α)는 1.6×10^{-3}℃이다)

① 6.28 ② 7.36
③ 8.39 ④ 10.2

$\sigma h = E \times \alpha \times (t_2 - t_1)$
$= 9.2 \times 10^3 \times 1.6 \times 10^{-3} \times (70 - 20)$
$= 7.36$N/mm²

σh : 열응력, E : 세로탄성계수
α : 선팽창 계수, t_1, t_2 : 온도

08. 2개의 축이 같은 평면 내에 있으면서 그 중 심선이 30° 이내의 각도로 교차하고 있는 경우의 축 이음으로 가장 적합한 것은 ?

① 고정 커플링(fixed coupling)
② 올덤 커플링(oldham's coupling)
③ 플렉시블 커플링(flexible coupling)
④ 유니버설 커플링(Universal coupling

09. 아공석강에서 Ac3 점에서 40~60℃ 높은 범위에서 가열하여 노 내에서 서냉시키는 방법으로 주로 가공경화 된 재료를 연화시키거나 내부응력 제거 및 불순물의 방출 등을 할 수 있는 열처리 방법은 ?

① 불림(normalizing)
② 뜨임(tempering)
③ 담금질(quenching)
④ 풀림(annealing)

10. 다음 중 언더컷에 대한 설명으로 옳은 것은?

① 과잉의 용착금속이 용착부 밖으로 덮인 비드의 상태를 말한다.
② 용접 중에 용착금속 내에 녹아 들어간 슬래그가 용착금속 내에 혼입되어 있는 결함을 말한다.
③ 용착금속 내에 포함되어 있는 가스나 응고할 때 생긴 수소 등의 가스가 밖으로 방출되지 못하여 생긴 작은 공간을 말한다.
④ 용접전류가 과다할 경우 용융이 지나치게 되어 비드 가장자리에 홈 또는 오목한 현상이 생기는 것을 말한다.

11. 유압펌프의 종류 중 회전식이 아닌 것은 ?

① 피스톤 펌프 ② 기어펌프
③ 베인 펌프 ④ 나사 펌프

12. 안전율을 나타내는 식으로 옳은 것은 ?

① $\frac{\text{인장강도}}{\text{허용응력}}$ ② $\frac{\text{사용응력}}{\text{허용응력}}$
③ $\frac{\text{허용응력}}{\text{인장강도}}$ ④ $\frac{\text{허용응력}}{\text{사용응력}}$

안전율= $\frac{\text{인장강도}}{\text{허용응력}}$

13. 드럼의 지름이 400mm인 브레이크 드럼에 브레이크 블록을 누르는 힘 280N이 작용하고 있을 때 브레이크의 제동력은 몇 N 인가 ?(단, 마찰계수는 0.15이다.)

① 42N ② 60N
③ 8400N ④ 16800N

$f=\mu W=$ 0.15×280N= 42N
f : 제동력, μ : 마찰계수
W : 브레이크 블록을 미는 힘

14. 측정방법에 따라 직접측정, 비교측정, 간접측정, 절대측정으로 구분할 수 있는데 다음 중 비교측정법으로 측정하는 것은 ?

① 마이크로미터
② 다이얼 게이지
③ 사인바
④ 테보 게이지

15. 다이 또는 롤러를 사용하여 재료를 회전시키면서 압력을 가하여 제품을 만드는 가공방법으로 나사의 가공에 가장 적합한 것은 ?

① 압연가공(rolling)
② 압출가공(extruding)
③ 전조가공(form rolling)
④ 프레스가공(press working)

16. 길이가 l인 단순보의 중앙에 집중하중 P가 작용할 때 처대 처짐은 중앙에서 발생한다. 이때 처짐량(δ_{max})을 산출하는 식으로 옳은 것은 ?(단, E는 세로탄성계수, I는 2차 모멘트이다.)

① $\delta_{max} = \dfrac{Pl^3}{3EI}$

② $\delta_{max} = \dfrac{Pl^3}{8EI}$

③ $\delta_{max} = \dfrac{Pl^3}{48EI}$

④ $\delta_{max} = \dfrac{Pl^3}{384EI}$

보의 최대 처짐을 나타내는 값은 $\dfrac{P\ell^3}{48EI}$ 이다.

17. 유압펌프에서 송출량이 10L/min이고 0.5 MPa로 압력이 작용할 경우 유압펌프의 동력은 약 몇 W인가 ?

① 45.06 ② 66.67

③ 83.33 ④ 120.42

$H_{kW} = \dfrac{PQ}{102 \times 60} = \dfrac{10 \times 0.5 \times 10^6}{102 \times 60 \times \times 9.8}$

= 83.36W

H_{kW} : 출력, P : 펌프의 송출압력

Q : 유량

18. 유압기기는 작은 힘으로 큰 힘을 얻는 장치인데, 이것은 무슨 이론을 이용한 것인가 ?

① 보일의 법칙

② 베르누이 정리

③ 파스칼의 원리

④ 아르키메데스의 원리

19. 매분 200회전하는 지름 300mm의 평 마찰차를 400N으로 밀어붙이면 약 몇 kW의 동력을 전달시킬 수 있는가 ?(단, 접촉부 마찰계수는 0.3이다.)

① 0.288 ② 0.377

③ 268 ④ 377

$P_{kW} = \dfrac{\pi DNP\mu}{1002 \times 60 \times 9.8}$

$= \dfrac{3.14 \times 300 \times 200 \times 400 \times 0.3}{102 \times 60 \times 9.8 \times 10^3} = 0.377\text{kW}$

P_{kW} : D : 지름, N : 회전수

P : 밀어붙이는 힘, μ : 마찰계수

20. 다음 중 축과 보스의 양쪽에 키 홈을 파며, 가장 널리 사용되는 일반적인 키는 무엇인가?

① 안장 키 ② 납작 키

③ 둥근 키 ④ 묻힘 키

Answer

1. ① 2. ① 3. ② 4. ② 5. ② 6. ④
7. ② 8. ④ 9. ④ 10. ④ 11. ①
12. ① 13. ① 14. ② 15. ③ 16. ③
17. ③ 18. ③ 19. ② 20. ④

| 2016.05.08 |

자동차 정비 산업기사

01. 하이트 게이지의 사용상의 주의 점에 관한 설명으로 틀린 것은 ?

① 측정 전에 정반 표면과 하이트 게이지의 베이스 밑면을 깨끗이 닦고 측정해야 한다.

② 측정 전에 스크라이버 밑면을 정반 위에 닿게 하여 0점 확인을 하며, 맞지 않을 경우 0점 조정을 하는 것이 좋다.

③ 아베의 원리에 맞는 구조이므로 스크라이버를 정확히 수평으로 셋팅하는 것이 정확도를 올릴 수 있다.

④ 시차를 없애기 위해서는 어미자와 버니어의 눈금이 일치하는 곳의 수평위치에서 눈금을 읽어야 한다.

02. 회전수 2000rpm에서 최대토크가 35N・m로 계측된 축의 전달동력은 약 몇 kW인가 ?

① 7.3　　② 10.3

③ 13.3　　④ 26.3

$H_{kW} = \frac{TR}{974} = \frac{35 \times 2000}{974 \times 10} = 7.187\text{kW}$

H_{Kw} : 전달마력, T : 축의 전달토크

R : 회전수

03. 합금강에 첨가되는 합금원소 중 내마멸성을 증대시키고 담금질성을 높게 하는 효과가 있어 Si와 같이 탈산제로 이용되며, 특히 황에 의하여 일어나는 적열취성을 방지하는 효과를 가진 것은 ?

① Cr　　② Ni

③ Mn　　④ V

04. 한꺼번에 여러 개의 구멍을 뚫거나 공정수가 많은 구멍을 가공할 때 가장 적합한 드릴링 머신은 ?

① 탁상 드릴링 머신

② 레이디얼 드릴링 머신

③ 다축 드릴링 머신

④ 직립 드릴링 머신

05. 두 축의 중심선이 평행이고 그 편심거리가 크지 않으며 교차하지 않을 때 사용되는 축 이음은 ?

① 유니버설 조인트

② 머프 커플링

③ 세레이션 커플링

④ 올덤 커플링

06. 제품의 표면에만 내마모성을 위하여 경도를 부여하고, 제품의 내부에는 연성과 인성을 가지도록 하기 위한 가공법은 ?

① 풀림　　② 담금질

③ 항온 열처리　　④ 표면 경화법

07. 다음 중 원형단면 축에 작용하는 비틀림 모멘트 T와 비틀림각 θ와의 관계식으로 옳은 것은 ?(단, G는 전단탄성계수, I_p는 극관성모멘트, l은 축의 길이이다)

① $\theta = \frac{GI_p}{Tl}$　　② $\theta = \frac{GI_p}{T^2l^2}$

③ $\theta = \frac{Tl}{GI_p}$　　④ $\theta = \frac{T^2l^2}{GI_p}$

08. 기계 구조물에 여러 하중이 각각 작용할 때, 일반적으로 안전율을 가장 크게 설계해야 하는 하중의 형태는 ?

① 정하중 ② 반복하중
③ 충격하중 ④ 교번하중

09. 강판 원통 내부에 내화벽돌을 쌓은 것으로서 제작이 용이하고 구조가 간단하며 일반 주철을 용해시키는데 쓰이는 대표적인 용해로는 ?

① 전기로 ② 도가니로
③ 아크로 ④ 큐폴라

10. 외접하는 마찰차의 지름이 각각 D_1, D_2 일 때 중심거리의 계산공식은 ?

① $\frac{1}{4}(D_1+D_2)$

② $\frac{1}{4}\mid(D_1-D_2)\mid$

③ $\frac{1}{2}(D_1+D_2)$

④ $\frac{1}{2}\mid(D_1-D_2)\mid$

11. 인발에 영향을 미치는 요건으로 가장 거리가 먼 것은 ?

① 윤활방법
② 펀치의 각도
③ 단면감소율
④ 다이(die)의 각도

인발에 영향을 주는 조건은 단면감소율, 다이의 각도, 윤활방법 등이 있다.

12. 큰 토크를 전달하고자 할 때 사용하며 축과 보스에 여러 개의 홈을 동일 간격으로 만들어서 축과 보스를 끼워지도록 만든 기계요소는 ?

① 스플라인 ② 코터
③ 리벳 ④ 스냅링

13. 다음 중 Ni-Fe계 합금에서 Ni 35~36%, 망간 4% 정도의 합금으로 선팽창계수가 낮아 표준자, 바이메탈, 시계 추 등에 사용되는 기계재료는 ?

① 인코넬(inconel)
② 인바(invar)
③ 미하나이트(meehanite)
④ 듀랄루민(duralumin)

14. 다음 중 하물을 감아올릴 때는 제동 작용은 하지 않고 클러치 작용을 하며, 내릴 때는 하물 자중에 의해 제동이 걸리는 브레이크에 속하는 것은 ?

① 원판 브레이크
② 나사 브레이크
③ 밴드 브레이크
④ 내부확장식 브레이크

15. 둥근 축에 작용하는 굽힘 모멘트가 3000N·mm이고, 축의 허용 굽힘응력이 10N/mm^2 일 때 축의 바깥지름은 약 몇 mm 이상이어야 하는가 ?

① 7.4mm ② 13.2mm
③ 14.5mm ④ 55.3mm

$d=\sqrt[3]{\frac{10.2Me}{\sigma b}}=\sqrt[3]{\frac{10.2\times3000}{10}}$

= 14.5mm

d : 축의 바깥지름
Me : 굽힘 모멘트
σb : 허용 굽힘 응력

16. 아크용접에서 모재에 (+)극, 용접봉에 (-)극을 연결하여 용접할 때의 극성은 ?

① 역극성 ② 정극성
③ 음극성 ④ 모극성

17. 다음 키의 종류 중 축은 가공하지 않고 보스에만 키 홈을 가공하는 키는 ?

① 안장 키 ② 묻힘 키

③ 미끄럼 키 ④ 둥근 키

18. 다음 중 마찰차의 일반적인 특징에 관한 설명으로 옳지 않은 것은 ?

① 일정한 속도비를 얻기 어렵다.

② 기어장치보다 큰 회전력을 전달할 수 있다.

③ 무단변속기구로도 이용할 수 있다.

④ 과부하의 경우 안전장치의 역할을 할 수 있다.

19. 다음 유압밸브 중 유압제어밸브에 속하는 것은 ?

① 스로틀밸브 ② 릴리프밸브

③ 체크밸브 ④ 언로딩 밸브

20. 다음 유압펌프 중 일반적으로 부품수가 적고 구조가 단순하여 가격적인 면에서 저렴한 펌프는 ?

① 베인 펌프

② 기어펌프

③ 피스톤 펌프

④ 왕복동 펌프

Answer

1. ③ 2. ① 3. ③ 4. ③ 5. ④ 6. ④
7. ③ 8. ③ 9. ④ 10. ③ 11. ②
12. ① 13. ② 14. ② 15. ③ 16. ②
17. ① 18. ② 19. ① 20. ②

| 2016.08.21 |

자동차 정비 산업기사

01. 다음 용접부의 검사 중 비파괴검사법에 해당하는 것은 ?

① 인장시험 ② 피로시험

③ 크리프시험 ④ 침투탐상시험

02. 허용 인장응력이 100N/mm^{2}인 아이볼트에 축방향으로 1t의 화물을 들어 올리는 경우, 이 볼트의 골지름은 최소 몇 mm 이상이어야 하는가 ?

① 9.8 ② 11.2

③ 13.4 ④ 16.9

해 $d=\sqrt{\dfrac{2W}{\sigma a}}$

골 지름은 바깥지름의 80% 정도이므로

$\dfrac{\sqrt{2\times1000\times9.8}}{100}\times0.8=11.2\text{mm}$

d : 볼트의 지름, W : 하중

σa : 허용 인장응력

03. 다음 중 무단변속을 만들 수 없는 마찰차는?

① 구면 마찰차 ② 원추 마찰차

③ 원통 마찰차 ④ 원판 마찰차

04. 2줄 나사의 피치가 0.5mm일 때, 이 나사의 리드는 ?

① 1mm ② 1.5mm
③ 0.25mm ④ 0.5mm

$L = nP$ = 2×0.5mm = 1mm
L : 리드, n : 줄 수, P : 피치

05. 원형 단면축이 비틀림 모멘트를 받을 때 생기는 최대 전단응력에 관한 설명으로 옳지 않은 것은 ?

① 극단면계수에 비례한다.
② 비틀림 모멘트에 비례한다.
③ 극관성 모멘트에 반비례한다.
④ 축 지름의 3제곱에 반비례한다.

06. 판재를 굽힘가공시 탄성의 영향으로 굽힘각의 정밀도가 나지 않는 경우가 있는데 가장 큰 이유는 ?

① 가공경화 ② 이송굽힘
③ 시효경화 ④ 스프링 백

07. 다음 중 기어펌프에 속하지 않는 것은 ?

① 로브 펌프 ② 트로코이드 펌프
③ 스크루 펌프 ④ 베인펌프

08. 버니어캘리퍼스의 어미자의 1눈금이 1mm이고, 아들자의 눈금은 어미자의 19mm를 20 등분하였을 때 읽을 수 있는 최소 눈금은 ?

① 0.02mm ② 0.20mm
③ 0.50mm ④ 0.05mm

최소눈금 = $1 - \frac{19}{20} = \frac{20}{20} - \frac{19}{20} = \frac{1}{20}$
= 0.05mm

09. 미끄럼 베어링 재료가 구비하여야 할 성질이 아닌 것은 ?

① 열에 녹아 붙음이 잘 일어나지 않을 것
② 마멸이 적고, 면압 강도가 클 것
③ 피로 한도가 작을 것
④ 내식성이 높을 것

10. 바닥이 넓은 축열실(蓄熱室) 반사로를 사용하여 선철을 용해, 정련하는 제강법은 ?

① 평로 ② 전기로
③ 전로 ④ 용광로

11. γ-Fe에 탄소가 최대 2.11% 고용된 γ고용체로 면심입방격자 결정구조를 가지고 있으며, A_1변태점 이상에서 주로 존재하는 철강의 기본 조직은 ?

① 오스테나이트 ② 페라이트
③ 펄라이트 ④ 시멘타이트

12. 알루미늄에 관한 일반적인 설명으로 틀린 것은 ?

① 은백색으로 비중이 2.7 정도이다.
② Mg보다도 비중이 작아서 중량 경감이 요구되는 자동차 항공기 등에 많이 사용된다.
③ 공기 중에 산화가 잘 되지 않아 내식성이 우수하다.
④ Al에 Cu, Mg, Si 등의 금속을 첨가하거나 석출경화, 시효경화 및 풀림 등의 처리를 통하여 기계적 성질을 개선할 수 있다.

13. 페놀계 수지로 페놀, 크레졸 등과 포르말린을 반응시켜 제조하는 것이며 전기절연체, 전화기 등에 사용되는 수지로 가장 적합한 것은?

① 베이클라이트
② 멜라민 수지
③ 카보런덤
④ 실리콘 수지

14. 비례한도 내에서 인장시험을 할 때 늘어난 길이 ⊿L에 관한 공식으로 옳은 것은 ?(단, E는 재료의 세로 탄성계수, P는 인장하중, L은 시험편의 초기 길이, A는 시험편의 초기 단면적이다)

① $\Delta L = \frac{PA}{LE}$　　② $\Delta L = \frac{LE}{PA}$

③ $\Delta L = \frac{PL}{AE}$　　④ $\Delta L = \frac{AE}{PL}$

15. 밀폐된 용기에 넣은 정지 유체의 일부에 가해지는 압력은 유체의 모든 부분에 동일한 힘으로 전달된다는 유압장치의 기초가 되는 원리 또는 법칙은 ?

① 뉴튼의 제1법칙

② 보일-샤를의 법칙

③ 파스칼의 원리

④ 아르키메데스의 원리

16. 두 개의 스프링을 그림과 같이 연결하였을 때 합성스프링 상수 k를 구하는 식은 ?

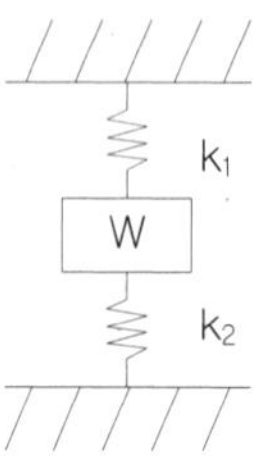

① k= k_1 − k_2

② k= k_1 + k_2

③ $\frac{1}{k} = \frac{1}{k_1} - \frac{1}{k_2}$

④ $\frac{1}{k} = \frac{1}{k_1} + \frac{1}{k_2}$

스프링 상수

•직렬연결의 합성 스프링 상수 : $k = \frac{1}{k_1} + \frac{1}{k_2}$

•병렬연결의 합성 스프링 상수 : $k = k_1 + k_2$

17. 유압회로에서 어큐뮬레이터(축압기)의 역할로 거리가 먼 것은 ?

① 회로 내 충격압력의 흡수

② 펌프 등에서 발생하는 맥동 제거

③ 유압을 일정하게 유지

④ 유압유의 여과 및 냉각

18. 비례한도 이내에서 응력과 변형률이 정비례한다는 것은 다음 중 어느 법칙인가 ?

① 오일러의 법칙

② 변형률의 법칙

③ 훅의 법칙

④ 모어의 법칙

19. 그림과 같이 균일분포하중을 받는 단순보에서 최대 굽힘 응력은 ?

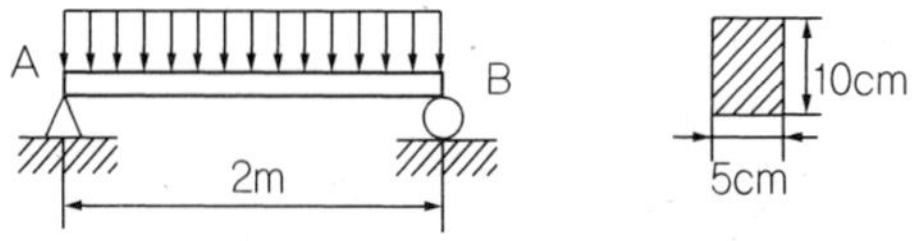

① 10kPa　　② 40kPa

③ 60kPa　　④ 80kPa

$$\sigma_{max} = \frac{M_{max}}{Z} = \frac{\frac{Pl}{4}}{\frac{bh^2}{6}} = \frac{6Pl}{4bh^2}$$

$$= \frac{6\times5\times2}{4\times0.05\times0.1^2} = 30000\text{N/m}^2 = 30\text{kPa}$$

20. 선반가공 중에 발생할 수 있는 구성인선을 방지할 수 있는 대책으로 거리가 먼 것은 ?

① 절삭 깊이를 낮게 한다.

② 경사각을 작게 한다.

③ 절삭 공구의 인선을 예리하게 한다.

④ 절삭속도를 크게 한다.

Answer

1. ④ 2. ② 3. ③ 4. ① 5. ① 6. ④
7. ④ 8. ④ 9. ③ 10. ① 11. ①
12. ② 13. ① 14. ③ 15. ③ 16. ②
17. ④ 18. ③ 19. ① 20. ②

| 2017.03.05 |

자동차 정비 산업기사

01. 하중 30kN을 지지하는 훅 볼트의 미터나사 크기로 적절한 것은 ?(단, 나사재질의 허용응력은 60MPa이고, 나사의 골 지름(d_1)은 'd_1 = 0.8×바깥지름' 이다)

① M20　② M24

③ M28　④M32

$$d = \sqrt{\frac{2W}{\sigma a}} = \sqrt{\frac{2 \times 30 \times 1000}{60}} = 31.6$$

따라서 M32를 선택한다.

d : 볼트의 지름, W : 하중, σ_a : 허용응력

σ_{max} : 최대 굽힘응력, l : 스팬의 길이

M_{max} : 최대 굽힘 모멘트, P : 하중

b : 너비, h : 높이, 1Pa = 1N/m^2

02. 다음 중 기어의 언더컷이 발생하는 원인으로 옳은 것은 ?

① 잇수가 많을 때

② 이 끝이 둥글 때

③ 잇수비가 아주 클 때

④ 이 끝 높이가 낮을 때

03. 인장시험에 나타난 각 점 중 훅의 법칙(Hooke's law)이 적용되는 범위는 ?

① 비례한도　② 극한강도

③ 파단점　④ 항복점

04. 2개의 너트를 사용하여 충분히 죈 후 안쪽의 너트를 풀어 너트의 풀림을 방지하는 방법은 ?

① 2줄 나사에 의한 방법

② 로크너트에 의한 방법

③ 멈춤 나사에 의한 방법

④ 자동 죔 너트에 의한 방법

05. 용접봉 피복제의 역할이 아닌 것은 ?

① 아크를 안정시킨다.

② 용착금속의 급냉을 방지한다.

③ 용착금속의 탈산·정련작용을 한다.

④ 용융점이 높은 슬래그를 많이 만든다.

06. 속이 빈 모양의 목형을 주형 내부에서 지지할 수 있도록 목형에 덧붙여 만든 돌출부는 ?

① 라운딩(rounding)

② 코어 프린트(core print)

③ 목형 기울기(draft taper)

④ 보정 여유(compensation allowance)

07. 회주철의 일반적인 탄소 함량은 ?

① 2~4%　② 1~1.5%

③ 1.5~2%　④ 3.0~3.6%

08. 압력제어밸브가 아닌 것은 ?

① 교축 밸브　② 감압 밸브

③ 릴리프 밸브　④ 무부하 밸브

09. 강의 표면에 알루미늄(Al)을 침투시켜 내식성을 증가시키는 침투법은 ?

① 크로마이징(Chromizing)

② 칼로라이징(Calorizing)

③ 보론나이징(Boronizing)

④ 실리콘나이징(Siliconizing)

10. 충격응력에 대한 설명으로 옳은 것은 ?

① 체적에 비례한다.

② 재료의 탄성계수에 반비례한다.

③ 운동에너지를 증가시킴으로써 응력이 감소한다.

④ 단면적이나 길이를 증가시킴으로써 응력이 감소한다.

11. 유압의 특성에 대한 설명으로 틀린 것은 ?

① 과부하에 대한 안전장치가 필요하다.

② 작은 힘으로 큰 출력을 얻을 수 있다.

③ 열 발생에 대한 냉각장치가 필요 없다.

④ 힘과 속도를 자유롭게 변속시킬 수 있다.

12. 압출가공에 관한 설명으로 틀린 것은 ?

① 속이 빈 용기의 생산에는 충격압출이 적합하다.

② 납 파이프나 건전지 케이스의 생산에 적합하다.

③ 단면의 형태가 다양한 직선과 곡선 제품의 생산이 가능하다.

④ 압출에 의한 표면결함은 소재온도와 가공속도를 늦춤으로써 방지할 수 있다.

13. 비교측정의 표준이 되는 게이지는 ?

① 한계 게이지 ② 센터 게이지

③ 게이지 블록 ④ 마이크로미터

14. 저널과 베어링이 직접 미끄럼에 의해 접촉을 하는 베어링은 ?

① 슬라이딩 베어링 ② 롤러 베어링

③ 니들 베어링 ④ 볼 베어링

15. 그림과 같은 외팔보에 2kN의 집중하중이 작용할 때, 지지점 A에서의 굽힘응력은 약 몇 MPa인가 ?(단, 길이 50cm, 8.5cm×8.5cm)

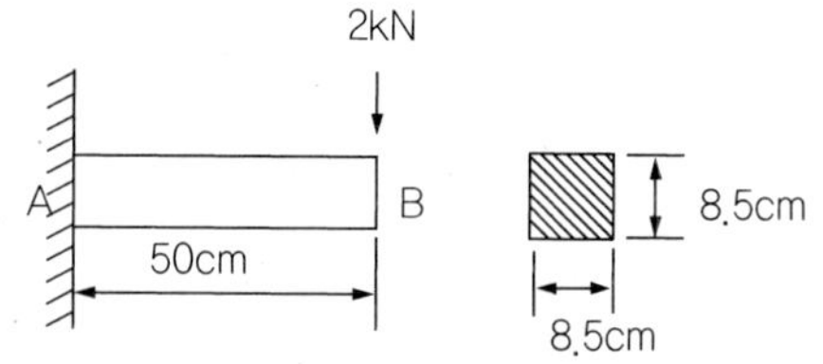

① 2.44 ② 4.88

③ 9.77 ④ 19.54

$Q_{max} = \frac{6P\ell}{bh^2} = \frac{6\times2\times1000\times50}{8.5\times8.5^2\times100}$

= 9.77MPa

P : 하중, ℓ : 보의 길이, b : 보의 너비

h : 보의 높이

16. 선반작업에서 공작물의 지름 D(mm), 1분간의 회전수 N(r/min)일 때, 절삭속도 V(m/min)는 ?

① $V=\pi DN$

② $V=\frac{\pi DN}{1000}$

③ $V=\frac{\pi D}{1000N}$

④ $V=\frac{\pi N}{1000D}$

절삭속도 $V=\frac{\pi DN}{1000}$

17. 비틀림 모멘트(T)와 휨모멘트(M)를 동시에 받는 재료의 상당 비틀림 모멘트(Te)는 ?

① $M\sqrt{1+(T/M)^2}$

② $T\sqrt{1+(T/M)^2}$

③ $\sqrt{M^2+2T^2}$

④ $\sqrt{(M+T)^2}$

18. 원심펌프에서 송출압력 0.2N/mm^2, 흡입진공 압력 0.05N/mm^2, 압력계와 진공계 사이의 높이차 600mm^{2}일 때, 펌프의 전양정(m)은 ?(단, 흡입관과 송출관의 지름은 같다)

① 16.5 ② 26.1
③ 30.6 ④ 36.3

$H = \frac{Pd - Ps}{\gamma} + y = \frac{(0.2+0.05)\times 10^6}{9800} + 0.6$

= 26.1m

H : 전양정, Pd : 송출압력

Ps : 흡입진공 압력

γ : 물의 비중량(9800N/m^3)

y : 압력계와 진공계 사이의 높이차이

19. 다음의 특징을 갖는 금속은 ?

-비중이 4.5 정도이다.
-단조 및 열간 가공이 가능하다.
-스테인리스강과 비슷한 내식성이 있다.

① 니켈(Ni) ② 구리(Cu)
③ 아연(Zn) ④ 티탄(Ti)

티탄은 비중이 4.5 정도이고, 단조 및 열간 가공이 가능하며 스테인리스강과 비슷한 내식성이 있다.

20. 그림의 단식블록 브레이크에서 브레이크에 가해지는 힘(F)은 ?(단, W는 브레이크 드럼과 브레이크 블록사이에 작용하는 힘, μ는 마찰계수, f는 마찰력이다)

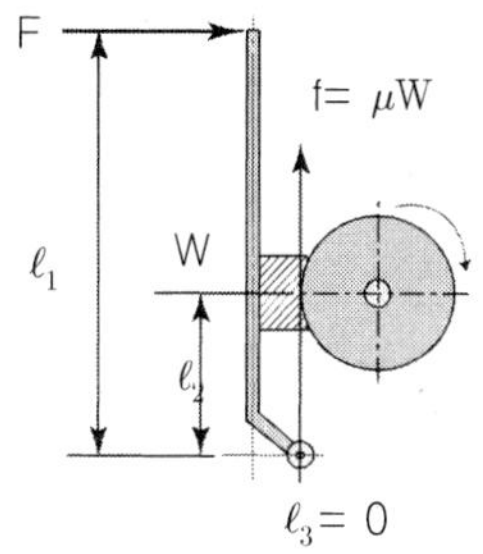

① $F = \frac{\mu W \ell_2}{\ell_1}$ ② $F = \frac{W \ell_1}{\ell_2}$

③ $F = \frac{W \ell_2}{\ell_1}$ ④ $F = \frac{\mu W \ell_1}{\ell_2}$

Answer

1. ④ 2. ③ 3. ① 4. ② 5. ④ 6. ②
7. ④ 8. ① 9. ② 10. ④ 11. ③
12. ③ 13. ③ 14. ① 15. ③ 16. ②
17. ① 18. ② 19. ④ 20. ③

| 2017.05.07 |

자동차 정비 산업기사

01. 선반에서 베드(bed)의 구비조건이 아닌 것은?

① 마모성이 클 것
② 직진도가 높을 것
③ 가공정밀도가 높을 것
④ 강성 및 방진성이 있을 것

02. 측정기 내의 기포를 이용하여 측정면의 미소한 경사를 측정하는 것은 ?

① 수준기
② 사인바
③ 컴비네이션-세트
④ 오토 콜리메이터

03. 50kN의 물체를 4개의 아이볼트로 들어 올릴 때 볼트의 최소 골지름은 약 몇 mm인가?(단, 볼트 재료의 허용 인장응력은 62MPa이다.)

① 10.02　　② 12.02
③ 14.02　　④ 16.02

$d = \sqrt{\dfrac{2W}{\sigma a \times n}}$

d : 볼트의 지름, W : 하중, σa : 허용응력
n : 볼트의 개수

∴ 골 지름은 바깥지름의 80% 정도이므로

$\sqrt{\dfrac{2 \times 50 \times 1000}{62 \times 4}}$ ×0.8= 16.06mm

04. 유압펌프의 용적효율이 70%, 압력효율이 80%, 기계효율이 90% 일 때 전체 효율은 약 몇 %인가 ?

① 50　　② 60
③ 70　　④ 80

$\eta = \eta m \times \eta v \times \eta h$ = 0.7×0.9×0.8
= 0.504= 50.4%

ηm : 기계효율, ηv : 체적효율
ηh : 압력효율

05. 일반적으로 나사면에 증기, 기름 등의 이물질이 들어가는 것을 방지하는 너트는 ?

① 캡 너트　　② 육각 너트
③ 와셔붙이 너트　　④ 스프링판 너트

06. 스폿(spot)용접에 대한 설명으로 옳은 것은?

① 가압력이 필요 없다.
② 가스용접의 일종이다.
③ 알루미늄 용접이 불가능하다.
④ 로봇을 이용한 자동화가 용이하다.

07. 펌프의 송출압력이 90N/cm², 송출량이 60L/min인 유압펌프의 펌프동력은 약 몇 W인가 ?

① 700　　② 800
③ 900　　④ 1000

$H_{kW} = \dfrac{PQ}{102 \times 60}$

$\therefore \dfrac{90 \times 60 \times 1000}{102 \times 60 \times 100 \times 9.8}$ = 0.9kW= 900W

H_{kW} : 출력, P : 펌프의 송출압력
Q : 유량

08. 외팔보의 자유단에 집중하중 W가 작용할 때, 작용하는 하중의 전단력선도는 ?

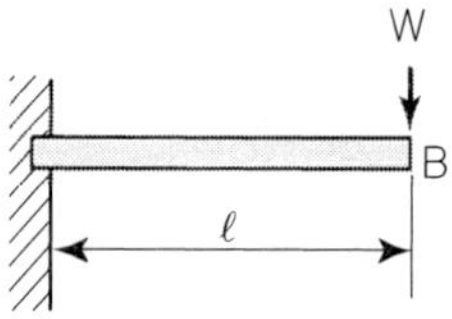

①
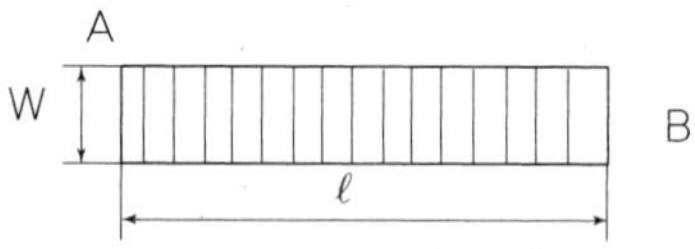

②
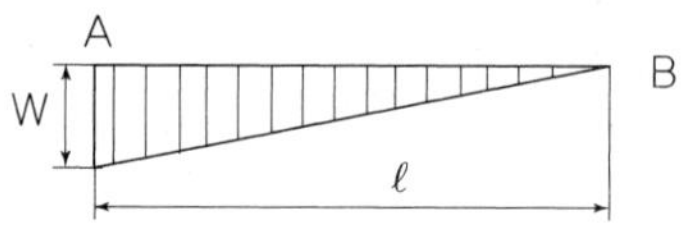

③
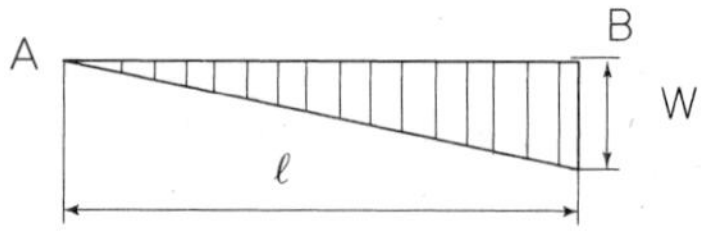

④
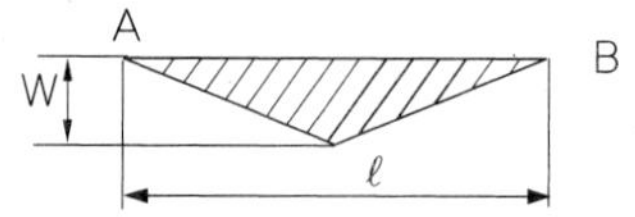

09. 배관 및 밸브에서 급격한 서지압력을 방지하기 위해 설치하는 것은 ?

① 디퓨저 ② 액셀레이터
③ 액추에이터 ④ 어큐뮬레이터

10. 2500rpm으로 회전하면서 25kW를 전달하는 전동축의 비틀림 모멘트는 약 몇 N·m인가 ?

① 7.5 ② 9.6
③ 70.2 ④ 95.5

$T=\frac{974\times H_{kW}\times 9.8}{R}=\frac{974\times 25\times 9.8}{2500}$

= 95.5N·m

T : 축의 전달토크, H_{Kw} : 전달마력

R : 회전수

11. 금형가공법 중 재료를 펀칭하고 남은 것이 제품이 되는 가공은 ?

① 전단 ② 세이빙
③ 드리밍 ④ 블랭킹

12. 패킹 재료의 구비조건이 아닌 것은 ?

① 내열성이 높아야 한다.
② 부식성이 높아야 한다.
③ 내구성이 높아야 한다.
④ 유연성이 높아야 한다.

13. 40℃에서 연강봉 양쪽 끝을 고정한 후, 연강봉의 온도가 0℃가 되었을 때 연강봉에 발생하는 열응력은 약 몇 N/cm^{2}인가?(단, 연강봉의 선팽창계수는 a= 11.3 ×10^{-6}/℃, 탄성계수는 E= 2.1×10^{6}N/cm^{2}이다)

① 215 ② 252
③ 804 ④ 949

$\sigma h = E\times \alpha \times (t_2 - t_1)$

∴ 2.1×10^6×11.3×10^{-6}×(40-0)= 949N/cm^2

σh : 열응력, E : 세로탄성계수

α : 선팽창 계수, t_1, t_2 : 온도

14. 표준 스퍼 기어에서 이의 크기를 결정하는 기준 항목이 아닌 것은 ?

① 모듈 ② 지름 피치
③ 원주 피치 ④ 피치원 지름

15. 브레이크 드럼에 500N · m의 토크가 작용하고 있을 때, 축을 정지시키는데 필요한 접선방향 제동력은 몇 N인가 ?(단, 브레이크 드럼의 지름은 500mm이다)

① 3000 ② 2500
③ 2000 ④ 1500

$f=\frac{2T}{D}=\frac{2\times 500\times 1000}{500}$= 2000N

f : 제동력

T : 드럼에 작용하는 토크

D : 드럼의 지름

16. 다이캐스팅을 이용한 제품생산의 설명으로 틀린 것은 ?

① 단면이 얇은 주물의 주조가 가능하다.
② 균일한 제품의 연속 주조가 불가능하다.
③ 마그네슘, 알루미늄합금의 대량 생산용으로 적합하다.
④ 정밀도가 좋아서 제품의 표면이 양호하고 후가공이 적다.

17. 강을 담금질 과정에서 급냉시켰을 때 나타나는 침상조직으로 담금질 조직 중 가장 경도가 큰 조직은 ?

① 펄라이트
② 소르바이트
③ 트루스타이트
④ 마텐자이트

18. Ni-Cu계 합금 중 내식성 및 내열성이 우수하므로 화학기계, 광산기계, 증기 터빈의 날개 등에 주로 이용되는 합금은 ?

① 켈밋
② 포금
③ 모넬 메탈
④ 델타 메탈

19. 재료의 성질을 나타내는 세로 탄성계수(E)의 단위는 ?

① N ② N/m^2
③ N·m ④ N/m

20. 축 이음에서 두 축 중심이 약간 어긋나 있거나 축 중심선을 맞추기 곤란할 때 이를 보완하기 위하여 사용하는 축이음은 ?

① 머프 커플링
② 셀러 커플링
③ 플렉시블 커플링
④ 마찰 원통 커플링

Answer
1. ① 2. ① 3. ④ 4. ① 5. ① 6. ④
7. ③ 8. ① 9. ④ 10. ④ 11. ④
12. ② 13. ④ 14. ④ 15. ③ 16. ②
17. ④ 18. ③ 19. ② 20. ③

| 2017.08.26 |

자동차 정비 산업기사

01. 길이가 ℓ인 양단 단순 지지보에 균일 분포하중 W가 작용할 때 최대 처짐량은 ?(단, 굽힘 강성계수는 EI이다)

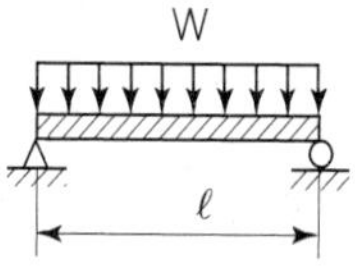

① $\frac{5W\ell^4}{384EI}$ ② $\frac{W\ell^3}{48EI}$
③ $\frac{W\ell^4}{8EI}$ ④ $\frac{W\ell}{3EI}$

02. 아크용접에서 언더컷(under cut)의 발생 원인과 방지책이 아닌 것은 ?

① 전류가 너무 낮을 때 발생한다.
② 용접속도를 늦추어 방지한다.
③ 아크 길이가 너무 길 때 발생한다.
④ 적절한 용접봉을 선택하여 방지한다.

03. 회로 내의 최고압력을 설정하고, 압력의 상승을 제한하는 밸브는 ?

① 릴리프 밸브 ② 유압구동 밸브
③ 방향제어 밸브 ④ 유량제어 밸브

04. 축의 지름 d, 축 재료에 작용하는 전단응력이 τ일 때 비틀림 모멘트(T)는 ?

① $T=\frac{\pi}{32}d^3\tau$ ② $T=\frac{\pi}{32}d^2\tau$
③ $T=\frac{\pi}{16}d\tau$ ④ $T=\frac{\pi}{16}d^3\tau$

비틀림 모멘트 $T=\frac{\pi}{16}d^3\tau$

05. 베어링 합금인 켈밋(kelmet) 메탈의 설명으로 옳은 것은 ?

① 구리에 철을 30~40% 첨가한 것이다.
② 구리에 납을 30~40% 첨가한 것이다.
③ 구리에 인을 30~40% 첨가한 것이다.
④ 구리에 주석을 30~40% 첨가한 것이다.

06. 나사절삭 시 바이트의 각도위치를 교정하는 게이지는 ?

① 피치 게이지 ② 틈새 게이지
③ 센터 게이지 ④ 플러그 게이지

07. 측정된 버니어 캘리퍼스의 측정값은 몇 mm인가 ?(단, 아들자의 최소눈금은 1/50 mm 이다)

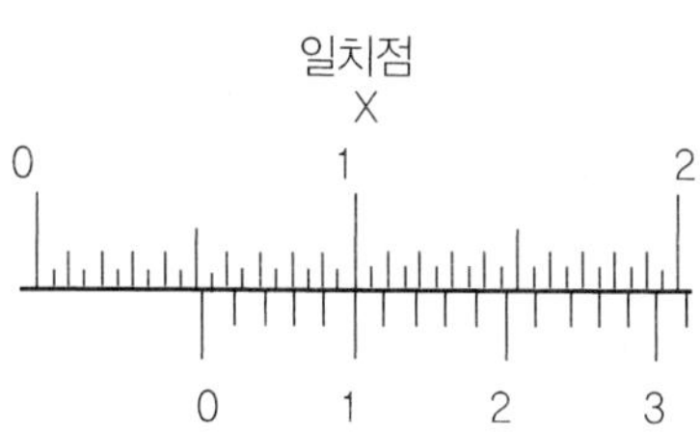

① 5.01mm ② 5.05mm
③ 5.10mm ④ 5.15mm

08. 3줄 나사에서 피치 1.5mm하면, 2회전 시킬 때의 이동량은 몇 mm 인가 ?

① 3 ② 6
③ 9 ④ 12

$L = nPR$ = 3×1.5mm×2= 9mm

L : 리드, n : 줄수

P : 피치, R : 회전수

09. 터보형 원심식 펌프의 한 종류로서 회전자의 바깥둘레에 안내 깃이 없는 펌프는 ?

① 플런저펌프 ② 볼류트 펌프
③ 베인 펌프 ④ 터빈펌프

10. 내마모성과 경도를 동시에 요구하는 탄소강의 경우 가장 적합한 탄소함유량은 ?

① 0.05~0.1%
② 0.2~0.3%
③ 0.35~0.45
④ 0.65~1.2%

11. 특정한 온도영역에서 이전의 입자들을 대신하여 변형이 없는 입자가 새롭게 형성되는 현상은 ?

① 전위 ② 회복
③ 슬립 ④ 재결정

12. 유압펌프의 전 효율(η_t)을 구하는 식으로 옳은 것은 ?

① $\dfrac{\text{축동력}}{\text{유체동력}}$

② $\dfrac{\text{펌프동력}}{\text{축동력}}$

③ $\dfrac{\text{전압동력}}{\text{축동력} \times \text{용적효율}}$

④ $\dfrac{\text{정압동력}}{\text{전압동력}}$

유압펌프의 전 효율 = $\dfrac{\text{펌프동력}}{\text{축동력}}$

13. 감속비가 Z_1 : Z_2= 1 : 4, 모듈(M)이 4, 피니언의 잇수(Z_1)가 40개인 스퍼기어의 중심거리는 몇 mm 인가 ?

① 200 ② 300
③ 400 ④ 500

$C = \dfrac{M(Z_1 + Z_2)}{2}$ = $\dfrac{4 \times (40 + 160)}{2}$ = 400

C : 중심거리, M : 모듈

Z_1, Z_2 : 기어의 잇수

14. 다음 중 주물의 결함에 속하지 않는 것은 ?

① 수축공 ② 기공

③ 편석 ④ 압탕

15. 비틀림을 받는 축의 비틀림을 작게 하는 방법으로 옳은 것은 ?

① 가로 탄성계수의 값과 축의 지름을 크게 한다.

② 가로 탄성계수의 값과 축의 지름을 작게 한다.

③ 가로 탄성계수의 값을 작게, 축의 지름은 크게 한다.

④ 가로 탄성계수의 값은 크게, 축의 지름을 작게 한다.

16. 키(key)가 전달할 수 있는 토크(T)의 크기가 큰 것부터 작은 순서로 나열한 것은 ?

① 성크키 〉 스플라인 〉 새들키 〉 평키

② 스플라인 〉 성크키 〉 평키 〉 새들키

③ 평키 〉 새들키 〉 성크키 〉 스플라인

④ 새들키 〉 성크키 〉 스플라인 〉 평키

17. 축 길이 150mm, 직경 5mm의 축이 850N·mm의 토크를 받을 때, 축에서 발생되는 비틀림 각은 몇 ° 인가 ?(단, 축 재료의 횡탄성계수는 8.3×10^5N/mm^{2}이다)

① 0.05 ② 0.14

③ 1.40 ④ 2.55

• $\theta_1 = \dfrac{32Tl}{\pi d^4 G} = \dfrac{32\times850\times150}{3.14\times5^4\times8.3\times10^5}$

= 0.0025

T : 축이 받는 토크, l : 축의 길이

d : 축의 지름, G : 횡 탄성계수

• $\theta_2 = \dfrac{\theta_1\times180}{\pi} = \dfrac{0.0025\times180}{3.14} = 0.143°$

18. 길이가 2m이고, 직경이 1cm인 강선에 작용하는 인장하중 1600N일 때, 늘어난 강선의 길이는 약 몇 mm인가 ?(단, 탄성계수(E)=210kPa이다)

① 0.194 ② 0.181

③ 0.158 ④ 0.133

$\delta = \dfrac{P\ell}{AE}$

$\therefore \dfrac{1600\times200}{0.785\times1^2\times210\times10^4} = 0.194$mm

δ : 늘어난 길이, P : 하중, ℓ : 길이

A : 단면적, E : 세로탄성 계수

19. 다음 중 화학적 표면경화법이 아닌 것은 ?

① 침탄법

② 질화법

③ 하드 페이싱

④ 침탄 질화법

20. 스프링에 작용하는 하중 P, 스프링 상수 k, 변형량이 δ일 때 스프링의 관계식으로 옳은 것은 ?

① $P=\dfrac{1}{2}k\delta$ ② $P=\dfrac{k}{\delta}$

③ $P=k\delta$ ④ $P=k\delta^2$

Answer

1. ① 2. ① 3. ① 4. ④ 5. ② 6. ③
7. ③ 8. ③ 9. ② 10. ④ 11. ④
12. ② 13. ③ 14. ④ 15. ① 16. ②
17. ② 18. ① 19. ③ 20. ③

| 2018.03.04 |

자동차 정비 산업기사

01. 기계구조용으로 많이 사용되는 KS 재료기호 SM35C의 설명으로 가장 적합한 것은 ?

① 최저 인장강도 35kgf/mm^{2}인 기계 구조용 탄소강

② 최저 인장강도 35kgf/cm^{2}인 기계 구조용 탄소강

③ 탄소 함유량이 약 35% 정도인 기계 구조용 탄소강

④ 탄소 함유량이 약 0.35% 정도인 기계 구조용 탄소강

이 강종(鋼種)의 기호 표시법은 평균 탄소량을 나타내는 S(steel), M(machine)용으로 C(carbon) 사이에 써서 표기한다. 그러므로 SM35C란 탄소의 평균 함유량이 0.35%인 강재라는 것을 의미한다.

02. 용접 이음부에 입상의 용재를 공급하고, 이 용제 속에서 전극과 모재사이에 아크를 발생시켜 연속적으로 용접하는 방법은 ?

① TIG용접

② MIG용접

③ 서브머지드 아크용접

④ 이산화탄소 아크용접

03. 소성가공 방법이 아닌 것은 ?

① 롤링(rolling)

② 호닝(honing)

③ 벌징(bulging)

④ 드로잉(drawing)

04. 다음 중 비중이 2.7이며 내부식성, 강도, 연성이 좋은 합금원소는 ?

① 알루미늄 ② 아연

③ 니켈 ④ 납

05. 재료의 인장강도 σ_u= 7200MPa, 허용응력 σ_a= 900MPa일 때, 안전율(S)은 ?

① 4 ② 6

③ 8 ④ 10

안전율= $\frac{인장강도}{허용응력} = \frac{7200}{900} = 8$

06. 금긋기용 공구 중 가공물의 중심을 잡거나 가공물을 이동시켜 평행선을 그을 때 사용되는 공구는 ?

① 서피스 게이지

② 스크레이퍼

③ 리머

④ 펀치

07. 롤러 체인전동의 특징으로 틀린 것은 ?

① 유지 보수가 용이하다.

② 고속회전에 부적당하다.

③ 진동과 소음이 발생하기 쉽다.

④ 일정한 속도비로 전동이 불가능하다.

08. M5×0.8로 표기되는 나사에 관한 설명으로 옳지 않은 것은 ?

① 미터나사이다.

② 나사의 피치는 0.8mm이다.

③ 암나사는 지름 5mm의 드릴로 가공한다.

④ 나사를 180° 회전시키면 축방향으로 0.4mm 이동한다.

09. 정육면체의 외형 평면가공에 가장 적합한 공작기계는 ?

① 밀링 머신 ② 태핑 머신
③ 선반 ④ 슬로터

10. 성능이 같은 2대의 펌프를 직렬로 연결하는 경우 양정과 유량의 관계는 ?

① 유량 및 양정 모두 변함없다.
② 유량 및 양정 모두 2배로 된다.
③ 유량은 변화가 없고 양정이 2배로 된다.
④ 양정은 변화가 없고 유량이 2배로 된다.

11. 보의 중간지점(L/2)에서의 처짐값은 ?(단, 여기서 EI는 굽힘강성이다)

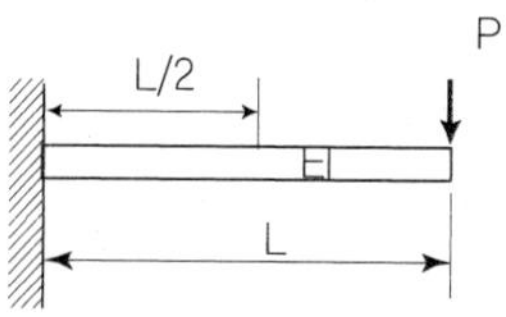

① $\frac{7}{96}\ \frac{PL^3}{EI}$ ② $\frac{5}{48}\ \frac{PL^3}{EI}$
③ $\frac{7}{24}\ \frac{PL^3}{EI}$ ④ $\frac{3}{8}\ \frac{PL^3}{EI}$

12. 동일한 크기의 전단응력이 작용하는 볼트 A와 볼트 B가 있다. A볼트에 작용하는 전단하중이 B볼트에 작용하는 전단하중의 4배라고 하면, A볼트의 지름은 B볼트의 몇 배인가 ?

① 0.5 ② 2
③ 4 ④ 8

13. 유체에너지를 기계적 에너지로 변화시키는 장치는 ?

① 여과기 ② 액추에이터
③ 컨트롤 밸브 ④ 압력제어 밸브

14. 10m/s의 속도로 흐르는 물의 속도수두는 약 몇 m인가 ?(단, 중력가속도는 $9.8m/s^2$이다)

① 2.8 ② 3.2
③ 3.8 ④ 5.1

$h_v = \frac{v_a^2}{2g} = \frac{10^2}{2\times 9.8} = \frac{100}{19.6} = 5.1\text{m}$

h_v : 속도수두, v_a : 유속(m/s)
g : 중력가속도($9.8m/s^2$)

15. 동력 H(W)를 구하는 식으로 옳은 것은 ?(단, T는 회전토크(N · m), N는 회전수(rpm)이다)

① H= $\frac{T}{2\pi N}$ ② H= $\frac{T\times 60}{2\pi N}$
③ H= $T\times 2\pi N$ ④ H= $T\times\frac{2\pi N}{60}$

16. 다음 중 주물사의 시험 항목이 아닌 것은 ?

① 압도 ② 유분도
③ 점토분 ④ 동기도

17. 직경 4cm의 원형 단면봉에 200kN의 인장하중이 작용할 때 봉에 발생하는 인장응력은 약 몇 N/mm^2인가 ?

① 159.15 ② 169.42
③ 179.56 ④ 189.85

$\sigma = \frac{W}{A} = \frac{200}{3.14\times 4} = 159.15N/mm^2$

18. 베어링에 오일 실(oil seal)을 사용하는 목적은 ?

① 열 발산을 높이기 위하여
② 축 하중을 지지하기 위하여
③ 유막이 끊어지지 않도록 하기 위하여
④ 기름이 새는 것과 먼지 등의 침입을 막기 위하여

19. 자동차 현가장치 중 코일스프링의 코일 자체에 작용하는 가장 큰 응력은 ?

① 열에 의한 열응력
② 스프링 자중에 의한 응력
③ 굽힘 모멘트에 의한 굽힘응력
④ 비틀림 모멘트에 의한 전단응력

20. 다음 패킹재료의 구비조건으로 가장 적절하지 않은 것은 ?

① 강인하고 내구력이 클 것
② 사용 온도 범위가 넓을 것
③ 유연하고 탄력성이 있을 것
④ 내열 및 화학적 변화가 클 것

Answer
1. ④ 2. ③ 3. ② 4. ① 5. ③ 6. ①
7. ④ 8. ③ 9. ① 10. ③ 11. ②
12. ② 13. ② 14. ④ 15. ④ 16. ②
17. ① 18. ④ 19. ④ 20. ④

| 2018.04.28 |

자동차 정비 산업기사

01. 지름 42mm, 표점거리 200mm의 연강제 둥근 막대를 인장 시험한 결과, 표점거리가 250mm로 되었다면 연신율은 얼마인가 ?

① 20% ② 25%
③ 35% ④ 40%

$$\psi = \frac{L_1 - L}{L} \times 100\% = \frac{250-200}{200} \times 100$$

= 25%

ψ : 연신율, L_1 : 늘어난길이, L : 원래길이

02. 두 축의 중심선이 어느 정도 어긋났거나 경사시켰을 때 사용하며 결합부분에 합성고무, 가죽, 스프링 등의 탄성재료를 사용하여 회전력을 전달하는 것은 ?

① 플렉시블 커플링(flexible coupling)
② 클램프 커플링(clamp coupling)
③ 플랜지 커플링(flange coupling)
④ 머프 커플링(muff coupling)

03. 유압제어밸브를 기능상 크게 3가지로 분류할 때 여기에 속하지 않는 것은 ?

① 압력제어밸브
② 온도제어밸브
③ 유량제어밸브
④ 방향제어밸브

04. 자동차, 내연기관, 항공기, 펌프 등의 구성부품의 접합부 및 접촉면의 기밀을 유지하고 유체가 새는 것을 방지하기 위해 사용하는 패킹재료로서 적합하지 않은 것은 ?

① 가죽 ② 고무
③ 네오프렌 ④ 세라믹

05. 모듈이 8, 잇수가 45개인 표준 평기어의 피치원 지름은 몇 mm인가 ?

① 180 ② 260
③ 360 ④ 440

피치원 지름 = 모듈 × 잇수 = 8×45 = 360

06. 다음 중 일반적으로 벨트 풀리(belt pulley)와 같은 원형모양의 주형 제작에 편리한 주형법은 ?

① 혼성 주형법 ② 회전 주형법
③ 조립 주형법 ④ 고르게 주형법

07. 용접 이음부에 입상의 용제를 공급하고, 이 용제 속에서 전극과 모재 사이에 아크를 발생시켜 연속적으로 용접하는 방법은 ?

① TIG용접
② MIG용접
③ 테르밋 용접
④ 서브머지드 아크용접

08. 재료의 인장강도가 400MPa, 안전율이 10이라면 허용응력은 몇 MPa인가 ?

① 200 ② 300
③ 400 ④ 500

$\sigma a = \frac{\sigma u}{S} = \frac{400}{10} = 40$

σa : 허용응력, σu : 인장강도, S : 안전율

09. 다음 중 가장 일반적으로 사용하면서 묻힘 키라고도 하며 축과 보스 양쪽에 키 홈을 파는 키는 ?

① 성크 키 ② 반달 키
③ 접선 키 ④ 미끄럼 키

10. 그림과 같은 단순보에서 R_A와 R_B의 값으로 적절한 것은 ?

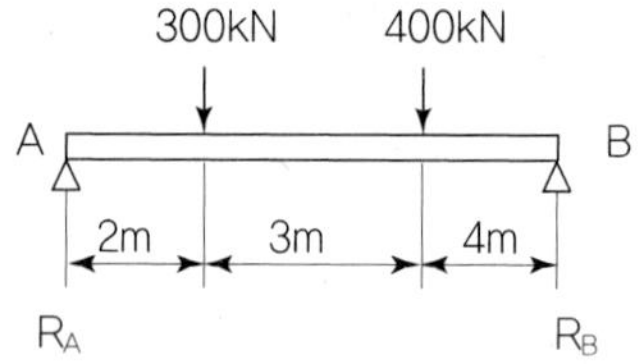

① R_A = 396.8kN, R_B= 303.2kN
② R_A = 411.1kN, R_B= 288.9kN
③ R_A = 432.3kN, R_B= 267.7kN
④ R_A = 467.4kN, R_B= 232.6kN

① $R_A = \frac{300\text{kN} \times (3\text{m} + 4\text{m}) + 400\text{kN} \times 4\text{m}}{9\text{m}}$

= 411.1kN

② $R_B = 300\text{kN} + 400\text{kN} - R_A$= 288.9kN

11. 나사산의 각도는 60도이고 인치계 나사이며, 보통나사와 가는 나사가 있다. 미국, 영국, 캐나다 등 세 나라의 협정나사로서 ABC나사라고도 하는 것은 ?

① 관용나사 ② 톱니나사
③ 사다리꼴 나사 ④ 유니파이 나사

12. 다음 중 암나사를 수기가공으로 작업을 할 때 사용되는 공구는 ?

① 탭 ② 리머
③ 다이스 ④ 스크레이퍼

13. 다음 중 베인 펌프(vane pump)의 형식으로 가장 적절한 것은 ?

① 원심식 ② 왕복식
③ 회전식 ④ 축류식

14. 비틀림을 받는 원형 단면 축의 관성 모멘트는 ?(단, d는 원형 단면의 지름이다)

① $\frac{\pi d^3}{16}$ ② $\frac{\pi d^3}{32}$

③ $\frac{\pi d^4}{16}$ ④ $\frac{\pi d^4}{32}$

15. 관로의 도중에 단면적이 좁은 목(throat)을 설치하여 이 부분에서 발생하는 압력차를 측정하여 유량을 구하는 것은 ?

① 초크 ② 위어
③ 오리피스 ④ 벤투리미터

16. 일명 드로잉(drawing)이라고도 하며 소재를 다이 구멍에 통과시켜 봉재, 선재, 관재 등을 가공하는 방법은 ?

① 단조 ② 압연
③ 인발 ④ 전단

17. 선반작업용 부속장치 중 가늘고 긴 공작물을 가공할 때, 발생하는 미세한 떨림을 방지하기 위하여 사용하는 것은 ?

① 방진구 ② 돌림판
③ 돌리개 ④ 연동척

18. 탄소강에 함유되어 있는 원소 중 연신율을 감소시키지 않고 강도를 증가시키며, 고온에서 소성을 증가시켜 주조성을 좋게 하는 원소는 ?

① 망간(Mn) ② 규소(Si)
③ 인(P) ④ 황(S)

19. 다음 중 마그네슘의 일반적인 성질로 가장 거리가 먼 것은 ?

① 고온에서 발화하기 쉽다.
② 상온에서 압연과 단조가 쉽다.
③ 비중은 1.74이다.
④ 대기 중에서 내식성이 양호하나 물이나 바닷물에 침식되기 쉽다.

20. 코일스프링에서 코일의 평균지름이 50mm, 유효권수가 10, 소선지름이 6mm, 축방향의 하중이 10N 작용할 때 비틀림에 의한 전단응력은 약 몇 MPa인가 ?

① 1.5 ② 3.0
③ 5.9 ④ 11.8

$\tau b = \frac{8WD}{\pi d^3} = \frac{8 \times 10 \times 50}{3.14 \times 6^3}$ = 5.89MPa

tb : 비틀림 응력, W : 축방향 하중
D : 코일의 평균지름, d : 소선지름

Answer

1. ② 2. ① 3. ② 4. ④ 5. ③ 6. ②
7. ④ 8. ③ 9. ① 10. ② 11. ④
12. ① 13. ③ 14. ④ 15. ④ 16. ③
17. ① 18. ① 19. ② 20. ③

| 2018.08.19 |

자동차 정비 산업기사

01. 밀폐된 용기의 정지 유체에 가해진 압력이 모든 방향으로 균일하게 전달되는 원리는 ?

① 벤투리의 원리
② 파스칼의 원리
③ 베르누이의 원리
④ 토리첼리의 원리

파스칼의 원리
① 유체의 압력은 면에 직각으로 작용한다.
② 각 점에서의 압력은 모든 방향으로 같다.
③ 가한 압력은 유체 각부에 같은 세기로 전달된다.

02. 토크를 전달함과 동시에 보스를 축 방향으로 이동시킬 때 사용하는 키(key)는 ?

① 평키 ② 안장키
③ 페더키 ④ 접선키

03. 다음 중 일반적인 플라스틱의 성질과 가장 거리가 먼 것은 ?

① 전기 절연성이 좋다.
② 단단하나 열에는 약하다.
③ 무겁고 기계적 강도가 크다.
④ 가공 및 성형성이 용이하다.

플라스틱(합성수지)은 가볍고 튼튼하다.

04. 그림과 같이 길이가 l인 보에 집중하중 P가 작용할 때, 최대 굽힘 모멘트는 ?

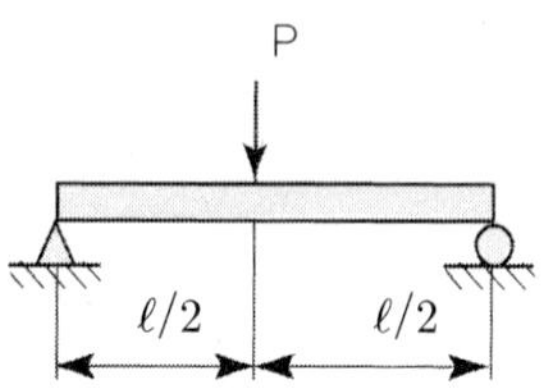

① $\frac{P\ell}{4}$　② $P\ell^2$
③ $\frac{P\ell^2}{2}$　④ $\frac{P\ell}{2}$

05. 주조할 때 주형에 접한 표면을 급랭시켜 표면은 시멘타이트가 되게 하고, 내부는 서서히 냉각시켜 펄라이트가 되게 한 주철은 ?

① 백주철　② 회주철
③ 칠드주철　④ 가단주철

06. 다음 중 플렉시블 커플링의 특징으로 가장 거리가 먼 것은 ?

① 약간의 굽힘은 허용한다.
② 어느 정도의 진동에 견딜 수 있다.
③ 축 중심이 일치하지 않을 때 사용한다.
④ 마찰력으로 동력을 전달할 때 사용한다.

플렉시블 커플링 : 두 축의 축선을 정확히 일치시키기 어려울 때나 진동·충격을 완화할 경우에 사용하는 축이음. 고무·가죽·스프링 등의 탄성이 풍부한 재료를 중간에 넣어 사용한다. 동력 전달은 체결 볼트(coupling bolt)의 전단력에 의하여 행해진다.

07. 다음 중 원의 중심 위치를 표시하는데 사용하는 공구로 적절한 것은 ?

① 톱　② 줄
③ 리머　④ 펀치

08. 6개가 합성된 겹판 스프링으로 각각의 폭 50mm, 두께 9mm, 스프링의 길이 600mm, 하중이 70N이면 최대응력은 약 몇 MPa인가?

① 13.25　② 10.37
③ 7.89　④ 5.75

09. 스폿 용접(spot welding)의 3대 요소가 아닌 것은 ?

① 가압력　② 열전도율
③ 용접전류　④ 통전시간

10. 유압 밸브 중 방향제어 밸브로 옳은 것은 ?

① 감압밸브　② 체크밸브
③ 릴리프밸브　④ 언로딩밸브

11. 전동축에 전달하고자 하는 동력(H)을 2배로 증가시키면 이 축에 작용하는 비틀림 모멘트(T)의 크기는 ?(단, 회전수는 일정하다.)

① T　② 1/2T
③ 2T　④ 4T

$T=\frac{H}{N}$

T : 비틀림 모멘트(kgf · mm), H : 전달동력(kw)
N : 축의 회전수(rpm)

12. 다음 중 와셔의 사용 용도가 아닌 것은 ?

① 내압력이 낮은 고무면일 때 사용
② 너트에 맞지 않는 볼트일 때 사용
③ 볼트 구멍이 볼트의 호칭용 규격보다 클 때 사용
④ 너트와 볼트의 머리 접촉면이 고르지 않을 때 사용

13. 마찰판의 수가 4인 다판 클러치에서 접촉면의 안지름 50mm, 바깥지름 90mm, 스러스트 하중 600N을 작용시킬 때, 토크는 몇 kN・mm인가 ?(단, 마찰계수는 μ= 0.3이다.)

① 25.2 ② 252
③ 2520 ④ 25200

$$T = \mu\frac{\frac{D_1 + D_2}{2}}{2}Z = 0.3\times600\frac{\frac{50+90}{2}}{2}\times4$$
= 25200– 25.2N・mm

14. 비틀림이 발생하는 원형 단면봉의 직경을 2배로 증가시킬 때 비틀림 각은 어떻게 되는가?

① $\frac{1}{2}\theta$ ② $\frac{1}{4}\theta$
③ $\frac{1}{8}\theta$ ④ $\frac{1}{16}\theta$

15. 구조물의 AB 부재에 작용하는 인장력은 약 몇 N인가 ?

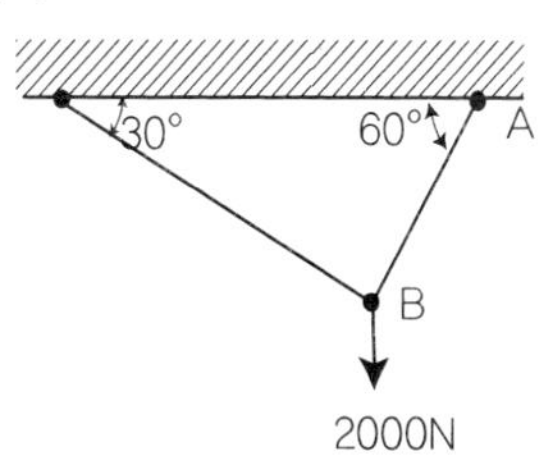

① 1232 ② 1309
③ 1732 ④ 2309

인장력 = cos30° × 2000N = 1732N

16. 주형 주물사의 구비조건으로 옳지 않은 것은?

① 주물 표면에서 이탈이 용이할 것
② 가스 및 공기가 잘 빠지지 않을 것
③ 내열성이 크고 화학적인 변화가 없을 것
④ 반복 사용에 따른 형상 변화가 거의 없을 것

17. 연삭숫돌의 구성 3요소가 아닌 것은 ?

① 조직 ② 입자
③ 기공 ④ 결합제

18. 원통형 케이싱 안에 편심 회전자가 있고 그 회전자의 홈 속에 판 모양의 깃이 원심력 또는 스프링 장력에 의하여 벽에 밀착되면서 회전하여 액체를 압송하는 펌프는 ?

① 베인펌프 ② 기어펌프
③ 나사펌프 ④ 피스톤펌프

19. 비철합금의 설명으로 틀린 것은 ?

① 7 : 3 황동은 연신율이 크고 인장강도가 높다.
② 6 : 4 활동은 가공이 쉽고, 볼트, 너트, 밸브 등에 사용된다.
③ 델타 메탈은 해수 등에 대한 내식성이 우수하다.
④ 네이벌 황동은 6 : 4 황동에 1%의 Mn을 첨가한 것이다.

네이벌 황동은 6 : 4 황동에 1%의 주석(Sn)을 첨가한 것이다.

20. 탄소강의 열간가공과 냉간가공을 구분하는 온도는 ?

① 연성 온도 ② 취성 온도
③ 재결정 온도 ④ A_1변태 온도

냉간가공은 재결정 온도보다 낮은 온도, 열간가공은 재결정 온도보다 높은 온도

Answer

1. ② 2. ③ 3. ③ 4. ① 5. ② 6. ④
7. ④ 8. ② 9. ② 10. ② 11. ③
12. ② 13. ① 14. ④ 15. ③ 16. ②
17. ① 18. ① 19. ④ 20. ③

| 2019.03.03 |

자동차 정비 산업기사

01. 언더컷에 대한 설명으로 옳은 것은 ?

① 아크길이가 짧을 때 생긴다.
② 용접 전류가 너무 작을 때 생긴다.
③ 운봉 속도가 너무 느릴 때 생긴다.
④ 용접시 경계부분이 오목하게 생기는 홈을 말한다.

02. 유체기계의 펌프에서 터보형에 속하지 않는 것은 ?

① 왕복식 ② 원심식
③ 사류식 ④ 축류식

03. 밴드 브레이크 제동장치에서 밴드의 최소 두께 t(mm)를 구하는 식은 ?(단, 밴드의 허용 인장응력은 σ(N/mm^2). 밴드의 폭은 b(mm), 밴드의 최대 긴장측 장력은 F_1(N)이다)

① $t = \dfrac{\sigma \cdot b}{F_1}$ ② $t = \dfrac{F_1}{\sigma \cdot b}$
③ $t = \dfrac{\sigma}{b \cdot F_1}$ ④ $t = \dfrac{b \cdot F_1}{\sigma}$

04. 유압펌프 중 피스톤펌프에 대한 설명으로 옳지 않은 것은 ?

① 베인펌프라고도 한다.
② 누설이 작아 체적효율이 좋다.
③ 피스톤의 왕복운동을 이용하여 유압 작동유를 흡입하고 토출한다.
④ 작은 크기로 토출압력을 높게 할 수 있고 토출량을 크게 할 수 있다.

05. 재료의 인장강도 3200N/mm^{2}인 재료를 안전율 4로 설계할 때 허용응력은 약 몇 N/mm^{2}인가 ?

① 400 ② 600
③ 800 ④ 1600

허용응력 $= \dfrac{\text{인장강도}}{\text{안전율}} = \dfrac{3200}{4}$

$= 800\text{N/mm}^2$

06. 원판 클러치에서 마찰면의 마모가 균일하다고 가정할 때 바깥지름 300mm, 안지름 250mm, 클러치를 미는 힘 500N, 마찰계수가 0.2라고 할 경우 클러치의 전달토크는 몇 N・mm인가 ?

① 11390 ② 13750
③ 17530 ④ 18275

$$T = P\mu \frac{\frac{D_1 + D_2}{2}}{2}$$

$$= 500 \times 0.2 \frac{\frac{300+250}{2}}{2} = 13750\text{N} \cdot \text{mm}$$

P : 클러치를 미는 힘(N), μ : 마찰계수
D_1 : 바깥지름(mm), D_2 : 안지름(mm)

07. 그림과 같이 판, 원통 도는 원통용기의 끝부분에 원형단면의 테두리를 만드는 가공법은?

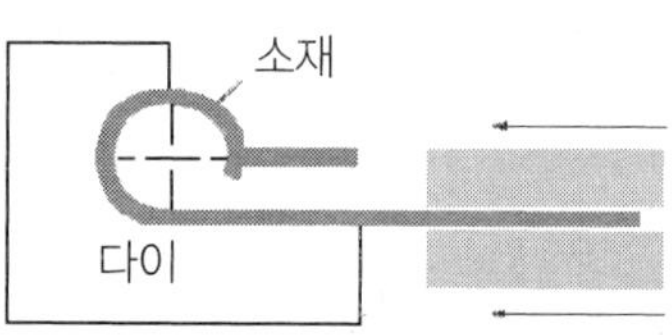

① 버링(burring) ② 비딩(beading)
③ 컬링(curling) ④ 시밍(seaming)

08. 숫돌이나 연삭입자를 사용하지 않는 것은?

① 호닝 ② 래핑
③ 브로칭 ④ 슈퍼피니싱

09. 유압기계에 사용하는 작동유가 갖추어야 할 특성으로 틀린 것은 ?

① 윤활성 ② 유동성
③ 기화성 ④ 내산성

10. 그림과 같은 기어 열에서 각 기어의 잇수가 Z_1= 40, Z_2= 20, Z_3= 40일 때 O_1기어를 시계방향으로 1회전시켰다면 O_3기어는 어느 방향으로 몇 회전하는 가 ?

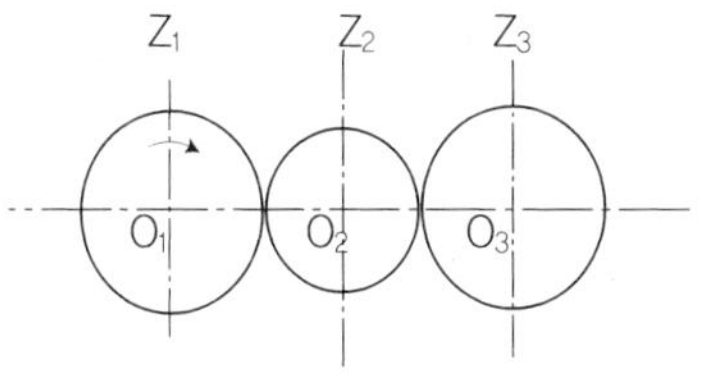

① 시계방향으로 1회전
② 시계방향으로 2회전
③ 시계 반대방향으로 1회전
④ 시계 반대방향으로 2회전

$$O_3 = O_1 \times \frac{Z_1}{Z_3} = 1 \times \frac{40}{40} = 1$$

O_1기어가 시계방향으로 1회전하면 O_2기어는 시계반대방향으로 2회전하고 O_3는 시계방향으로 1회전하게 된다.

11. 다음 중 손다듬질 작업에서 일반적으로 쓰지 않는 측정기는 ?

① 암페어미터
② 마이크로미터
③ 하이트 게이지
④ 버니어 캘리퍼스

12. 비중이 1.74이고, 실용 금속 중 가장 가벼우나 고온에서는 발화하는 성질을 가진 금속은 ?

① Cu ② Ni
③ Al ④ Mg

13. 제품이 대형이고 제작수량이 적은 경우 제품 형태의 중요 부분만을 골격으로 만들어 사용하는 목형은 ?

① 골격형 ② 긁기형
③ 회전형 ④ 코어형

14. 공구강의 한 종류로 텅스텐(W) 85~95%, 코발트(CO) 5~6%의 소결합금이며, 상품명은 비디아, 탕갈로이, 카볼로이 등으로 불리는 것은 ?

① 스텔라이트 ② 고속도강
③ 초경합금 ④ 다이아몬드

15. 그림과 같은 탄소강의 응력(σ) - 변형율(ε) 선도에서 각 점에 대한 내용으로 적절하지 않은 것은 ?

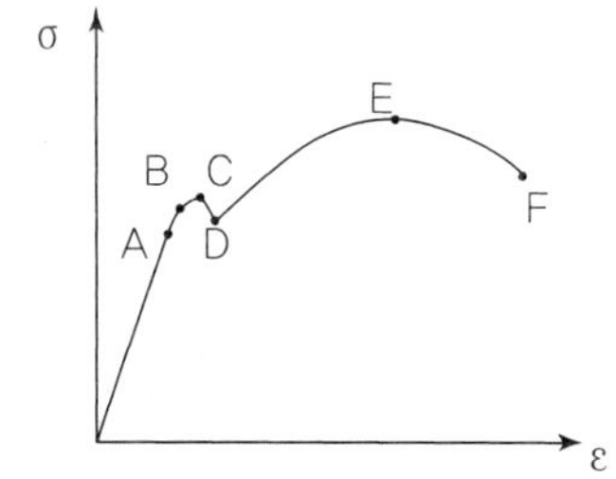

① A: 비례한도 ② B: 탄성한도
③ C: 극한강도 ④ F: 항복점

16. 미끄럼 키와 같이 회전토크를 전달시키는 동시에 축방향의 이동도 할 수 있는 것은 ?

① 묻힘 키 ② 스플라인
③ 반달키 ④ 안장키

17. 철강의 표면 경화법 중 강재를 가열하여 그 표면에 Al를 고온에서 확산 침투시켜 표면을 경화하는 것은 ?

① 실리콘나이징(siliconizing)
② 크로마이징(chromizing)
③ 세라다이징(sheradizing)
④ 칼로라이징(calorizing)

18. 체결용 요소인 나사의 풀림방지용으로 사용되지 않는 것은 ?

① 이중너트 ② 캡나사
③ 분할 핀 ④ 스프링 와셔

19. 중앙에 집중하중 W를 받는 양단지지 단순보에서 최대 처짐을 나타내는 식은 ?(단, E= 세로 탄성계수, I= 단면 2차 모멘트, l = 보의 길이이다)

① $\frac{Wl^2}{48EI}$ ② $\frac{Wl^3}{48EI}$
③ $\frac{Wl^3}{24EI}$ ④ $\frac{Wl^4}{48EI}$

20. 강재 원형봉을 토션바(torsion bar)로 사용하고자 할 때 원형봉에 발생하는 최대 전단응력에 대한 설명으로 틀린 것은 ?

① 최대 전단응력은 비틀림각에 비례한다.
② 최대 전단응력은 원형봉의 길이에 반비례한다.
③ 최대 전단응력은 전단 탄성계수에 반비례한다.
④ 최대 전단응력은 원형봉 반지름에 비례한다.

Answer
1. ④ 2. ① 3. ② 4. ① 5. ③ 6. ②
7. ③ 8. ③ 9. ③ 10. ① 11. ①
12. ④ 13. ① 14. ③ 15. ④ 16. ②
17. ④ 18. ② 19. ② 20. ③

| 2019.04.27 |

자동차 정비 산업기사

01. 펌프의 캐비테이션 방지책으로 틀린 것은 ?

① 펌프의 설치 위치를 높인다.
② 회전수를 낮추어 흡입 비교 회전도를 낮게 한다.
③ 단흡입 펌프 대신 양 흡입펌프를 사용한다.
④ 펌프의 흡입관 손실을 작게 한다.

02. 알루미늄 분말, 산화철 분말과 점화제의 혼합반응으로 열을 발생시켜 용접하는 방법은 ?

① 테르밋 용접
② 피복 아크용접
③ 일렉트로 슬래그 용접
④ 불활성가스 아크용접

03. 구멍형 한계 게이지에 포함되지 않는 것은?

① C형 스냅게이지
② 원통형 플러그 게이지
③ 봉 게이지
④ 판 플러그 게이지

04. 그림과 같이 자유단에 집중하중을 받고 있는 외팔보의 굽힘 모멘트 선도로 가장 적합한 것은 ?

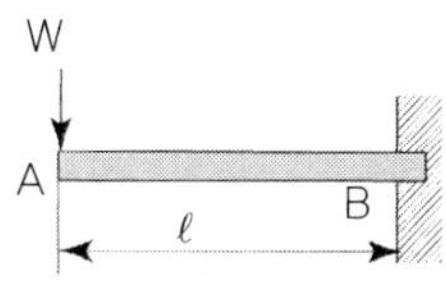

①
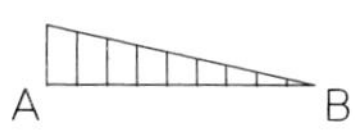

②
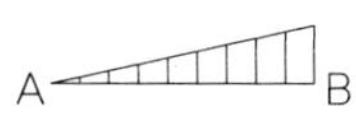

③
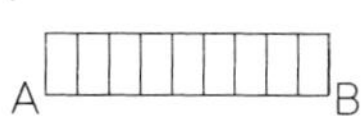

④
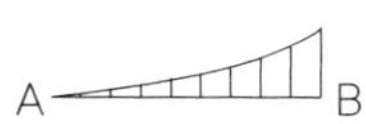

05. 다음 중 새들 키라고도 하며 축에는 키 홈이 없고, 축의 원호에 접할 수 있도록 하며 보스에만 키 홈을 파는 것은 ?

① 안장 키 ② 접선 키
③ 평 키 ④ 반달 키

06. 속이 찬 회전축의 전달마력이 7kW이고, 회전수가 350rpm일 때 축의 전달 토크는 약 몇 N · m인가 ?

① 101 ② 151
③ 191 ④ 231

$$T=\frac{974\times Hkw\times 9.8}{R}=\frac{974\times 7\times 9.8}{350}$$

= 191N · m
T : 축의 전달토크
HkW : 전달마력, R : 회전수

07. 강과 주철은 어떤 원소의 함유량에 의해 구분하는가 ?

① C ② Mn
③ Ni ④ S

08. 용기 내의 압력을 대기압력 이하의 저압으로 유지하기 위해 대기압력 쪽으로 기체를 배출하는 장치는 ?

① 공기압축기 ② 진공펌프
③ 송풍기 ④ 축압기

09. 연성재료의 절삭가공 시 발생하는 칩의 형태로 절삭저항이 가장 적고, 매끈한 가공면을 얻을 수 있는 칩의 형태는 ?

① 전단형 ② 유동형
③ 균열형 ④ 열단형

10. 도가니로의 규격은 어떻게 표시하는가 ?

① 시간당 용해 가능한 구리의 중량
② 시간당 용해 가능한 구리의 부피
③ 한 번에 용해 가능한 구리의 중량
④ 한 번에 용해 가능한 구리의 부피

11. 평벨트와 비교하여 V벨트의 전동특성에 해당하지 않는 것은 ?

① 미끄럼이 적다.
② 운전이 정숙하다.
③ 평벨트와 같이 벗겨지는 일이 없다.
④ 지름이 작은 풀리에는 사용이 어렵다.

12. 원형 단면의 축에 발생한 비틀림에 대한 설명으로 옳지 않은 것은 ?(단, 재질은 동일하다)

① 비틀림각이 클수록 전단 변형률은 크다.
② 축의 지름이 클수록 전단 변형률은 크다.
③ 축의 길이가 길수록 전단 변형률은 크다.
④ 축의 지름이 클수록 전단응력은 크다.

13. 다음 중 체결용으로 가장 많이 쓰이는 나사는 ?

① 사각나사　② 삼각나사
③ 톱니나사　④ 사다리꼴나사

14. 판 두께 10mm, 인장강도 3500N/cm^2, 안전계수 4인 연강판으로 5N/cm^{2}의 내압을 받는 원통을 만들고자 한다. 이때 원통의 안지름은 몇 cm인가 ?

① 87.5　② 175
③ 350　④ 700

$\delta = \frac{PrN}{t}$, $r = \frac{\delta t}{PN} = \frac{3500 \times 1}{5 \times 4}$,= 175cm

d = 2r = 2×175= 350cm

15. 기어나 피스톤 핀 등과 같이 마모작용에 강하고 동시에 충격에도 강해야 할 때, 강의 표면을 경화하기 위하여 열처리하는 방법이 아닌 것은 ?

① 침탄법　② 고주파법
③ 침탄질화법　④ 저온풀림법

16. 그림의 유압장치에서 A부분 실린더 면적이 200cm^2, B부분 실린더 면적이 50cm^{2}일 때 F2에 작용하는 힘이 1000N이면 F1에는 몇 N의 힘이 작용하는가 ?

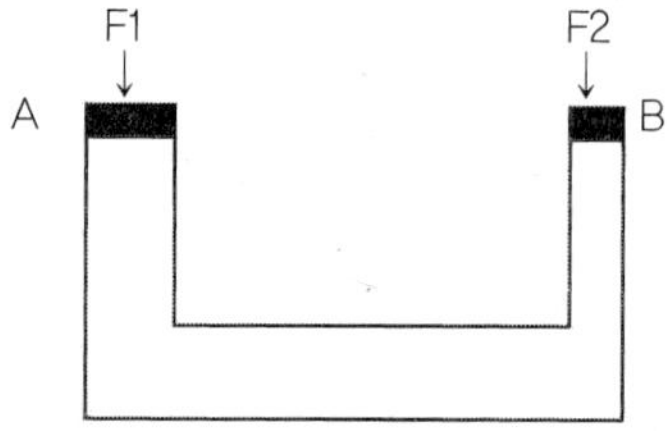

① 3000　② 4000
③ 5000　④ 6000

F1에 작용하는 힘 = $\frac{A단면적}{B단면적} \times F2$에 작용하는 힘= $\frac{200}{50} \times 1000$= 4000N

17. Al, Cu, Mg으로 구성된 합금에서 인장강도가 크고 시효경화를 일으키는 고력(고강도) 알루미늄 합금은 ?

① Y합금　② 실루민
③ 로우엑스　④ 두랄루민

18. 프와송의 비로 옳은 것은 ?

① $\frac{세로\ 변형률}{가로\ 변형률}$　② $\frac{부피\ 변형률}{세로\ 변형률}$
③ $\frac{세로\ 변형률}{부피\ 변형률}$　④ $\frac{가로\ 변형률}{세로\ 변형률}$

19. 인발에 영향을 미치는 요인이 아닌 것은 ?

① 윤활방법
② 단면 감소율
③ 펀치의 각도
④ 다이(die)의 각도

20. 그림과 같은 코일 스프링 장치에서 작용하는 하중을 W, 스프링 상수를 K_1, K_2라 할 경우, 합성 스프링 상수를 바르게 표현한 것은 ?

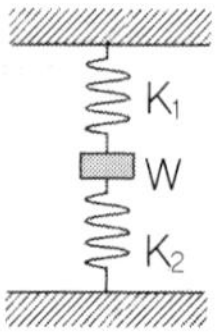

① $K_1 + K_2$　② $\frac{1}{K_1 + K_2}$
③ $\frac{K_1 K_2}{K_1 + K_2}$　④ $\frac{K_1 + K_2}{K_1 K_2}$

Answer

1. ① 2. ① 3. ① 4. ② 5. ① 6. ③
7. ① 8. ② 9. ② 10. ③ 11. ④
12. ③ 13. ② 14. ③ 15. ④ 16. ②
17. ④ 18. ④ 19. ③ 20. ①

| 2019.08.04 |

자동차 정비 산업기사

01. 다음 중 금긋기에 적당하고 0점 조정이 불가능한 하이트 게이지는?

① HM형 하이트 게이지
② HB형 하이트 게이지
③ HT형 하이트 게이지
④ 다이얼 하이트 게이지

02. 허용 굽힘응력 $60N/mm^2$인 단순지지보가 $1\times10^6N\cdot mm$의 최대 굽힘모멘트를 받을 때 필요한 단면계수의 최소값은 몇 mm^3인가?

① 1667 ② 16667
③ 17660
④ 26667

$$Z=\frac{M}{\sigma}=\frac{1000000}{60}=16667$$

Z : 단면계수, M : 굽힘모멘트, σ : 굽힘응력

03. 열응력에 대한 설명으로 옳지 않은 것은?

① 재료의 온도차에 비례한다.
② 재료의 단면적에 비례한다.
③ 재료의 세로탄성계수에 비례한다.
④ 재료의 선팽창계수에 비례한다.

04. 축과 보스에 모두 키 홈을 판 것으로 고정된 상태로 사용되는 키(key)는?

① 코터 ② 원뿔 키
③ 묻힘 키 ④ 안장 키

05. 일정한 방향의 회전으로 발생한 원심력에 의해 자동으로 작동되는 브레이크는?

① 캠 브레이크 ② 블록 브레이크
③ 내확 브레이크 ④ 원판 브레이크

06. 기어전동에서 원동 축과 종동축이 서로 평행하지 않은 경우에 사용되는 기어는?

① 스퍼 기어 ② 내접기어
③ 헬리컬 기어 ④ 하이포이드 기어

07. 탄소강을 담금질 했을 때 나타나는 다음 조직 중 경도가 가장 낮은 것은?

① 오스테나이트
② 트루스타이트
③ 마텐자이트
④ 소르바이트

08. 축열실과 반사로를 사용하여 장입물을 용해 정련 하는 방법으로 우수한 강을 얻을 수 있고 다량생산 에 적합한 용해로는?

① 전로 ② 평로
③ 전기로 ④ 도가니로

09. 판금가공(sheet metal working)의 종류에 해당되지 않는 것은?

① 접합 가공 ② 단조 가공
③ 성형 가공 ④ 전단 가공

10. 외부로부터 윤활유 또는 윤활제의 공급 없이 특수한 조건에서도 사용 가능한 베어링은?

① 블루메탈 베어링
② 화이트메탈 베어링
③ 오일리스 베어링
④ 주석베어링메탈 베어링

11. 2개의 입구와 1개의 공통 출구를 가지고, 출구는 입구 압력의 작용에 의하여 입구의 한쪽 방향에 자동적으로 접속되는 밸브는 ?

① 리밋 밸브 ② 셔틀 밸브
③ 2압 밸브 ④ 급속배기 밸브

12. 공작물을 단면적 $100cm^2$인 유압실린더로 1분에 2m의 속도로 이송시키기 위해 필요한 유량은 몇 L/min인가 ?

① 10 ② 20
③ 30 ④ 40

$Q = AV = \dfrac{100cm^2 \times 200cm/min}{1000}$

= 20L/min

Q : 유량, A : 단면적, V : 흐름속도(유속)

13. 보의 지지방법에 따른 분류 중 부정정보의 종류 인 것은 ?

① 단순지지보 ② 외팔보
③ 내다지보 ④ 양단고정보

보는 지지 방법에 따라 분류한다. 보를 크게 두 가지, 정정보와 부정정보로 분류한다. 정정보는 평형방정식만으로 미지의 반력을 구할 수 있는 것이고 반대로는 부정정보가 있다. 정정보에는 단순보, 외팔보, 돌출보(내다지보), 게르버보가 있다. 반대로 부정정보에는 고정지지보, 양단 고정보, 연속보가 있다.

14. 피복 아크용접봉의 구비조건이 아닌 것은 ?

① 슬래그 제거가 쉬울 것
② 용착금속의 성질이 우수할 것
③ 용접 시 유해가스가 발생하지 않을 것
④ 심선보다 피복제가 약간 빨리 녹을 것

용융점이 낮은 슬랙을 만든다. 그러므로 용접봉 심선이 피복제보다 빨리 녹아서 아크 기둥을 대기 중의 산소 및 질소의 영향에서 보호하며 아크를 용접부에 집중시킨다.

15. FRP라고도 하며 우수한 경량성 재료로 폴리에스테르와 에폭시 수지가 기지재료인 복합재료는 ?

① 섬유강화 금속
② 섬유강화 콘크리트
③ 섬유강화 세라믹
④ 섬유강화 플라스틱

16. 유압회로에서 액추에이터를 작동시키지 않는 시간에는 펌프에서 송출되어 온 작동유체를 저압으로 탱크에 복귀시키는 회로는 ?

① 감압 회로
② 동기 회로
③ 무부하 회로
④ 미터 인 회로

17. 다음 중 삼각나사에 대한 일반적인 설명으로 옳은 것은 ?

① 동력전달용으로 적합하다.
② 나사효율이 좋다.
③ 마찰계수가 크다.
④ 자립(self lock)작용이 없다.

18. 작은 입자의 숫돌로 작은 압력으로 일감을 누르면서 가공물에 이송을 주고, 동시에 숫돌에 진동을 주어 단시간에 원통의 내면이나 외면 및 평면을 다듬질 가공하는 것은 ?

① 슈퍼 피니싱 ② 브로칭
③ 호닝 ④ 래핑

19. 프와송 비(Poisson's ratio)에 대한 설명으로 옳은 것은 ?

① 종 변형률과 횡 변형률의 곱이다.
② 수직응력과 종탄성계수를 곱한 값이다.
③ 횡 변형률을 종 변형률로 나눈 값이다.
④ 전단응력과 횡 탄성계수의 곱이다.

20. 다음 중 내식용 알루미늄 합금에 속하지 않는 것은 ?

① Al-Mn계의 알민
② Al-Mg-Si계의 알드리
③ Al-Mg계의 하이드로날륨
④ Al-Cu-Ni-Mg계의 Y합금

내식용 AL합금
① 하이드로날륨(Al-Mg계) : 해수, 알칼리성에 대한 내식성이 강하며, 용접성 양호.
② 알민(Al-Mn 1~1.5%) : 내식성 우수, 용접성 우수 ex) 저장탱크, 기름 탱크 등
③ 알드리(Al-Mg-Si계) : 강도와 인성이 있고 큰 가공변형에도 잘 견딤. ex)송전선
④ 알클래드 : 강력 AL 합금 표면에 순수 AL 또는 내식 AL합금을 피복 한 것. 내식성과 강도 증가의 목적.

Answer
1. ① 2. ② 3. ② 4. ③ 5. ① 6. ④
7. ① 8. ② 9. ② 10. ③ 11. ②
12. ② 13. ④ 14. ④ 15. ④ 16. ③
17. ③ 18. ① 19. ③ 20. ④

| 2019.08.04 | 자 동 차 정 비 기 사

01. 금속재료를 압착하여 강성을 향상하고 기계나 해머로 두들겨서 원하는 모양으로 성형하는 가공법은 ?

① 단조 ② 용접
③ 압접 ④ 납땜

02. 엔드 저널에서 지름 50mm의 전동축을 받치고 있는 상태의 허용 베어링 압력을 6N/mm^2, 저널의 길이를 100mm라 할 때 최대 베어링 하중은 몇 kN인가 ?

① 30 ② 60
③ 300 ④ 500

•압력 = $\dfrac{하중}{단면적} = \dfrac{하중}{길이 \times 지름}$

$= \dfrac{하중}{100 \times 50} = 6$

• 하중 = 6×5000= 30kN

03. 유압회로를 구성할 때 회로 내의 최대 압력을 제어하는 밸브는 ?

① 셔틀 밸브
② 릴리프 밸브
③ 언로드 밸브
④ 카운터밸런스 밸브

04. 고급주철 제조방법 중 Fe-Si 또는 Ca-Si 등을 접종시켜 흑연의 형상을 미세화, 균일화하여 연성과 인성을 증가시키는 주철제조 방법은 ?

① 피보와르스키법
② 란쯔법
③ 에멜법
④ 미한법

05. 회전축에 발생하는 진동의 주기는 축의 회전수에 따라 변하며, 이 진동수와 축 자체의 고유 진동수가 일치하게 되면 공진 현상을 일으켜 축이 파괴되는 현상과 관계가 있는 것은 ?

① 축의 주응력
② 축의 위험속도
③ 축의 인장응력
④ 축의 최대 변형률

06. 배관시스템에서 공동현상(cavitation)발생에 따른 결과로 나타나는 현상이 아닌 것은 ?

① 소재의 손상
② 기포발생 저하
③ 소음 진동의 발생
④ 제어 특성의 저하

07. 체결용 기계요소 중 조립된 보스(boss)를 축 방향으로 이동시킬 수 없는 것은 ?

① 원뿔 키
② 슬라이딩 키
③ 삼각형 세레이션
④ 인벌류트 스플라인

08. 다음 중 길이를 계측할 수 있는 측정기는 ?

① 사인바 ② 수준기
③ 다이얼게이지 ④ 옵티컬플랫

09. 물체의 밀도를 순수한 물의 밀도로 나눈 값은 ?

① 밀도 ② 비중
③ 비중량 ④ 비체적

10. 코일 스프링에서 코일의 평균지름을 D, 소선의 지름을 d, 스프링 권수를 n, 스프링에 작용하는 하중을 P, 선재의 전단탄성계수를 G라 하면 스프링 처짐량 δ를 구하는 식은 ?

① $\delta = \dfrac{64PD^2n}{Gd^3}$ ② $\delta = \dfrac{32PD^2n}{Gd^3}$

③ $\delta = \dfrac{16PD^3n}{Gd^4}$ ④ $\delta = \dfrac{8PD^3n}{Gd^4}$

11. 기밀을 더욱 완전하게 하기 위해 끝이 넓은 끌로 때려 리벳과 판재의 안쪽 면을 완전히 밀착시키는 것은 ?

① 이음 ② 세팅
③ 리베팅 ④ 풀러링

12. 내접하는 표준 평기어 전동장치에서 잇수가 각각 Z_1= 20, Z_2= 45이고 모듈이 4일 때 두 축의 중심거리는 몇 mm인가 ?

① 50 ② 100
③ 130 ④ 260

내접 축간거리 = $\dfrac{m(Z_2 - Z_1)}{2} = \dfrac{4(45-20)}{2}$ = 50

13. 알루미늄에 Cu, Mg, Mn 등의 원소를 첨가하여 기계적 성질을 개선한 고강도 알루미늄 합금은 ?

① Lo-Ex ② 실루민
③ 두랄루민 ④ 콘스탄탄

14. 열경화성 플라스틱에 해당되는 것은 ?

① 페놀(PF)
② 폴리에틸렌(PE)
③ 폴리프로필렌(PP)
④ 폴리염화비닐(PVC)

열경화성 플라스틱(thermosetting plastics) : 열을 가해도 연화하지 않는 플라스틱. 한번 굳어지면 다시 가열하였을 때 녹지 않고 타서 가루가 되거나 기체를 발생시키는 플라스틱이다. 에폭시 수지, 아미노 수지, 페놀 수지, 폴리에스테르 수지 따위가 있다.

15. 지름 6cm, 길이 300cm인 연강본재에 5000N의 인장하중이 작용할 때 봉재가 늘어난 길이는 약 몇 mm인가 ?(단, 세로탄성계수는 200GPa이다.)

① 0.015　　② 0.027
③ 0.030　　④ 0.054

$$\lambda = \frac{\sigma l}{E} = \frac{4Pl}{\pi d^2 E} = \frac{4 \times 5000 \times 3}{3.14 \times 0.06^2 \times 200 \times 10^9}$$

$$= \frac{60000}{2260800000} = 0.000027\text{m} = 0.027\text{mm}$$

16. 물건을 달아 올리거나 운반하는 경우에 사용되는 볼트는 ?

① 탭 볼트　　② 관통 볼트
③ 아이 볼트　　④ 스테이 볼트

17. 축의 지름이 10cm이고, 분당 120회전을 하는 고정된 축으로부터 1000cm 떨어진 단면에서의 비틀림 각이 1/10라디안 일 때, 이 축에 작용하고 있는 비틀림 모멘트는 몇 kN·cm인가 ?(단, $I_p = \frac{\pi d^4}{32}$이고, 전단탄성계수 $8 \times 10^6 \text{N/cm}^2$이다.)

① 100π　　② 150π
③ 200π　　④ 250π

18. 미리 가공된 제품의 윤곽이나 드로잉된 제품의 플랜지를 소정의 형상과 치수로 잘라내는 가공방법은 ?

① 버링(burring)
② 노칭(notching)
③ 트리밍(trimming)
④ 구멍뚫기(punching)

19. 주조하려는 주물과 동일한 모형을 왁스, 파라핀 등으로 만들어 주형재에 파묻고 다진 후 가열로에서 주형을 경화시킴과 동시에 모형재인 왁스, 파라핀을 유출시켜 주형을 완성하는 방법은 ?

① 셀몰드법
② 다이캐스팅
③ 연속주조법
④ 인베스트먼트법

20. 보(Beam)가 휨을 받았을 때, 곡률은 어떻게 변하는가 ?

① 탄성계수(E)에 비례한다.
② 굽힘강성(EI)에 비례한다.
③ 보의 단면적에 비례한다.
④ 굽힘모멘트(M)에 비례한다.

Answer

1. ① 2. ① 3. ② 4. ④ 5. ② 6. ②
7. ① 8. ③ 9. ② 10. ④ 11. ④
12. ① 13. ③ 14. ① 15. ② 16. ③
17. ④ 18. ③ 19. ④ 20. ④

저자약력 | **조성철**
국제대학교 미래자동차과 교수
박정덕
신성대학교 자동차계열 교수

일반기계공학

초판 인쇄 | 2022년 8월 25일
초판 발행 | 2022년 8월 31일
초판 2쇄 발행 | 2023년 8월 31일

저 자 | 조성철·박정덕
발행인 | 조규백
발행처 | 도서출판 구민사
(07293) 서울특별시 영등포구 문래북로 116, 604호(문래동3가 46, 트리플렉스)
전화 | (02) 701-7421(~2)
팩스 | (02) 3273-9642
홈페이지 | www.kuhminsa.co.kr

신고번호 | 제2012-000055호 (1980년 2월 4일)
I S B N | 979-11-6875-086-9 93550

값 24,000원